U0303558

全国普通高等院校电子信息规划教材

TMS320C6000系列
DSP系统结构
原理与应用教程

董言治 娄树理 刘松涛 编著

清华大学出版社
北 京

内容简介

本书是一本面向普通地方院校的本科生教材，针对目前广泛应用的DSP系统设计，以TI公司的C6000数字信号处理器为硬件平台，详细介绍了DSP系统设计及算法实现。全书共分9章，内容包括DSP系统概述、DSP的硬件结构、DSP指令系统、DSP流水线及中断、集成开发环境及软件开发过程、DSP/BIOS实时操作系统、C6000系列编程及代码优化、存储器接口及其访问控制器以及其他外设及芯片引导和程序烧写。

本书内容全面、实用，讲解通俗易懂，书中的有些案例略作修改即可在工程中直接应用。本书可作为高等院校电子工程、通信工程、计算机、电气工程、自动控制、电力电子等专业的高年级本科生和研究生学习DSP的参考教材，也可供从事DSP应用系统设计开发的技术人员参考。

图书在版编目(CIP)数据

TMS320C6000系列DSP系统结构原理与应用教程/董言治，娄树理，刘松涛编著. —北京：清华大学出版社，2014(2024.1重印)
全国普通高等院校电子信息规划教材
ISBN 978-7-302-36548-8

Ⅰ. ①T… Ⅱ. ①董… ②娄… ③刘… Ⅲ. ①数字信号处理—高等学校—教材 ②数字信号—微处理器—系统结构—高等学校—教材 Ⅳ. ①TN911.72 ②TP332

中国版本图书馆CIP数据核字(2014)第105576号

责任编辑：白立军　徐跃进
封面设计：何凤霞
责任校对：李建庄
责任印制：曹婉颖

出版发行：清华大学出版社
网　址：https://www.tup.com.cn，https://www.wqxuetang.com
地　址：北京清华大学学研大厦A座　**邮　编：**100084
社 总 机：010-83470000　**邮　购：**010-62786544
投稿与读者服务：010-62776969，c-service@tup.tsinghua.edu.cn
质 量 反 馈：010-62772015，zhiliang@tup.tsinghua.edu.cn
课 件 下 载：https://www.tup.com.cn，010-83470236
印 装 者：三河市铭诚印务有限公司
经　销：全国新华书店
开　本：185mm×260mm　**印　张：**18.5　**字　数：**459千字
版　次：2014年9月第1版　**印　次：**2024年1月第11次印刷
定　价：49.00元

产品编号：052944-02

前 言

Foreword

DSP 数字信号处理(Digital Signal Processing,DSP)是一门涉及许多学科而又广泛应用于许多领域的新兴学科,其技术的先进性在很大程度上决定着信息社会的发展速度,其应用已经深入到航空、航天、雷达、声呐、通信、家用电器等各个领域。

TI 公司 1997 年推出的高端 DSP TMS320C6000 系列芯片,使得传统的基于硬件设计变为基于软件设计,创新的线性汇编语言和 C6000 汇编优化器配合使用,实现高效编码效率,在芯片设计上瞄准的是多通道无线通信和有线通信的应用领域,例如蜂窝基站、pooled modem 以及 xDSL 系统,并且由于 C6000 系列的高速处理能力及其出色的对外接口能力,使得它在雷达、声呐、医用仪器、图像处理等领域都具有极大的应用潜力。

为深入贯彻落实教育部关于进一步加强高等学校本科教学工作的若干意见和固化本科教学质量与教学改革工程建设所取得的成果,各高校先后制(修)订了 2011 版本科专业人才培养方案,修改了许多课程的内容和学时,其中《DSP 原理与应用》课程增加到 64 学时,为此我们将原教材进行了修订,每章开始有教学重点和主要内容提示,最后有本章小结、为进一步深入学习推荐的参考书目和习题,力求内容准确、讲解详细,并配有电子教案,便于教师讲授和学生学习。

本书主要面向普通高等学校电子工程、通信工程、计算机、电气工程、自动控制、电力电子等专业高年级学生,目的在于帮助广大学生能够比较容易地理解和接受 DSP 系统设计和编程实现的相关知识。本教材内容共分 9 章:第 1 章 DSP 系统概述,介绍 DSP 系统构成、特点和芯片情况;第 2 章 TMS320C6000 系列的硬件结构,介绍 C6000 的 CPU 结构、存储器;第 3 章 TMS320C6000 系列的指令系统,介绍 C6000 的公共指令集和编程语言;第 4 章 TMS320C6000 系列流水线与中断,介绍 C6000 的流水线及中断控制系统;第 5 章集成开发环境与软件开发过程,介绍 C6000 的集成开发环境、代码开发基础知识和编程常见问题等内容;第 6 章 DSP/BIOS 实时操作系统,全面介绍 DSP/BIOS 程序开发、任务调度、输入输出和管道等;第 7 章 C6000 系列编程及代码优化,详细介绍 C6000 的软件开发和优化方法;第 8 章存储器接口及其访问控制器,介绍 C6000 系列的外部存储器接口控制器、内部存储器;第 9 章其他外设及芯片引导和程序烧写,介绍多通道缓冲串口、主机接口、定时器等知识。

本书第1～4章由董言治编写，第5～8章由娄树理编写，第9章由刘松涛编写，全书由董言治统稿。海军航空工程学院吕俊伟教授仔细审校了本书，并提出了宝贵意见，烟台持久钟表集团公司技术总监王波博士对本书中DSP实践应用给予了技术支持和帮助，在此一并表示衷心感谢！

本书在编写过程中参考了许多已经出版的相关教材，大都列在了参考文献中，在此向有关教材的作者和出版社表示衷心感谢！感谢清华大学出版社对本书编写和出版的支持和帮助，感谢所有关心和采用本教材的读者对本教材的厚爱和支持。

由于作者水平有限，书中难免存在不足与错误，欢迎广大读者批评指正。联系邮箱：dongyanzhi@sina.com。

作　者

2014年5月

目录

Contents

第1章

DSP系统概述

教学提示：自从第一片数字信号处理器（Digital Signal Processor，DSP）芯片问世以来，DSP就以数字器件特有的稳定性、可重复性、可大规模集成，特别是可编程性高和易于实现自适应处理等特点，给数字信号处理的发展带来了巨大机遇，并使信号处理手段更灵活，功能更复杂，其应用领域也拓展到国民经济生活的各个方面，信号处理系统的研究重点又重新转向软件算法和高速实时应用方面。本章简单介绍DSP技术的内涵、发展的两个领域及实现方法，其次介绍可编程DSP芯片的结构特点、分类及其应用情况，最后概括地介绍了DSP芯片的产品系列。

教学要求：本章要求学生了解数字信号处理器芯片DSP应用所涉及的主要关键技术，重点是实时数字信号处理、DSP嵌入式系统、DSP器件的特点和DSP芯片产品概况，从而使后续各章的学习目标更加明确。

1.1 实时数字信号处理

信号处理的实质是对信号进行变换，目的是获取信号中包含的有用信息，并用更直观的方式进行表达。数字信号处理指以数字形式对信号进行采集、变换、滤波、估值、增强、压缩、识别等处理，以得到符合人们需要的信号形式。实时指的是系统必须在有限的时间内对外部输入信号完成指定的处理，即信号处理的速度必须大于等于输入信号更新的速度，而且从信号输入到处理后输出的延迟必须足够小，如一个制导系统的输出延迟就要求在几毫秒以内。

1.1.1 什么是DSP

在现代生活中，人们的周围存在着大量各种各样的信号。有些信号是自然产生的，但多数信号是人类制造出来的。这些信号中有些信号是必需的、令人舒服的，像语音信号、美妙的音乐，而有些信号是不需要的、令人烦躁的，像建筑工地冲击钻和木锯的噪声。从工程意义上讲，不管有用没用的信号，都携带着信息。信号处理最简单的功能就是从混乱的信息中提取出有用的信息。一般来讲，信号处理就是提取、增强、存储和传输有用信息的过程。信息有用没用是针对特定环境的，因此信号处理也是面向特定应用的。

现实生活中的信号多为模拟信号，这些信号在时间和幅度上连续变化。既可以使用电阻、电容、晶体管和运算放大器组成模拟信号处理器(Analog Signal Processor，ASP)来处理这些信号，也可以使用包含加法器、乘法器和逻辑单元的数字电路对这些信号进行处理。这种数字电路即为数字信号处理器。由于DSP使用离散的二进制数处理信号，所以必须先使用模数转换器(ADC)对模拟信号采样量化转换成数字信号，再由DSP来处理，最后由数模转换器(DAC)再转换成模拟信号输出。A/D与D/A转换器建立起了数字世界与现实模拟世界之间的桥梁。抗混叠滤波器其实就是低通滤波器，滤掉截至频率以上的信号，以免在采样过程中引起混叠。平波滤波器使输出信号更加平滑。这一过程如图1.1所示。ASP系统由于使用了大量的模拟器件，因此存在着系统设计复杂，灵活性不高，抗干扰能力差等缺点；而DSP系统是基于软件设计的，因此灵活性高，能够实时地修改程序以便适应不同的应用，抗干扰能力强，成本低。

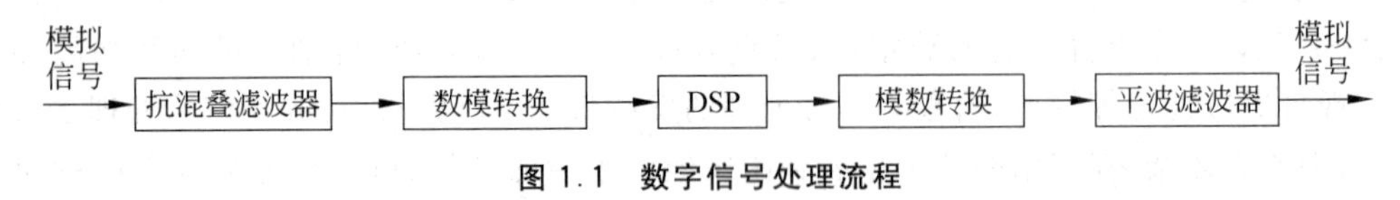

图1.1　数字信号处理流程

一般而言，DSP有两种解释：其一是Digital Signal Processing的缩写，即数字信号处理；其二是Digital Signal Processor，即数字信号处理器的意思。前者(数字信号处理)是利用计算机或专用处理设备以数字的形式对信号进行采集、变换、滤波、估值、增强、压缩、识别等处理，以得到符合人们需要的信号形式。后者(数字信号处理器)是用来完成数字信号处理要求的具有特殊结构的一种微处理器，即人们经常所说的DSP器件。

1.1.2　信号处理芯片的发展

从1979年Intel公司发明2920 DSP芯片以来，到目前为止，世界上能够生产DSP芯片的公司有十几个，其中主要有美国德州仪器公司(Texas Instruments，TI)、美国模拟器件公司(Analog Device，AD)和美国摩托罗拉公司(Motorola)。在众多DSP芯片种类中，最成功的是TI公司的一系列产品。TI公司在1982年成功推出第一代DSP芯片TMS320010及其系列产品TMS320011、TMS320C10/C14/C15/C16/C17之后不断推陈出新，相继设计生产了多种信号的DSP。目前TI将其DSP芯片归纳为三大系列，即TMS320C2000系列、C5000系列、C6000系列。如今，TI公司一系列DSP产品已经成为当今世界上最有影响的DSP芯片，TI公司也成为世界上最大的DSP芯片供应商，其DSP市场份额占全世界份额近50%。

美国模拟器件公司也占有一定的DSP芯片市场份额，相继推出了一系列具有自己特点的DSP芯片，其定点DSP芯片有ADSP2101/2103/2105、ADSP2111/2115、ADSP2161/2162/2164以及ADSP2171/2181，浮点DSP芯片有ADSP21000/21020、ADSP21060/21062等。

DSP芯片的高速发展，一方面得益于集成电路的发展，另一方面也得益于巨大的市场。在短短的二十多年时间里，DSP 芯片已经在信号处理、通信、雷达等许多领域得到广泛的应用。目前，DSP 芯片的价格也越来越低，性能价格比日益提高，具有巨大的应用潜力。

1.2 DSP 嵌入式系统介绍

DSP 系统是不同于模拟电路和数字逻辑电路的电路系统，它所要处理的信号必须是数字信号，并且强调运算过程。对于强调控制的数字电路，应采用可编程 ASIC 芯片，包括 FPGA/CPLD。DSP 系统是基于数字信号处理理论所提供的各种算法，用适于运算的 DSP 芯片完成系统所要求的各种运算，以达到对数字信号进行数字信号处理的加工过程的目的。

1.2.1 为什么要使用 DSP

现代社会是信息化社会，而信息化的基础是数字化。数字信号处理是数字化的核心技术之一，数字信号的处理任务，特别是实时处理的任务，在很大程度上需要由 DSP 器件或以 DSP 为核心的 ASIC 来完成，因而 DSP 技术已经成为人们日益关注的并得到迅速发展的前沿技术。

数字信号处理通常需要进行大量的实时计算。一个典型的数字信号处理算法（FIR 滤波器）如式 1.1 所示。

$$y(n) = \sum_{i=0}^{L-1} h_i x(n-i) = h_0 x(n) + h_1 x(n-1) + \cdots + h_{L-1} x(n-L+1) \quad (1.1)$$

通过观察可以发现：乘与累加（MAC）是数字信号处理中的典型计算。

目前，数字信号处理子系统的实现方法一般有以下几种。

1. 在通用计算机系统中用软件实现

速度相对较慢，不适合实时数字信号处理，一般只用于算法的模拟。

2. 在通用计算机系统中用专用的处理模块实现

- 不适合嵌入式应用。
- 专用处理模块针对性强，缺乏灵活性，应用受到很大限制。

3. 用通用单片机系统（MCU），例如 89C51 实现

只适合一些不太复杂的数字信号处理，不适合以乘加为主的运算密集型算法。

4. 用通用可编程 DSP 芯片实现

与单片机相比，DSP 芯片更适合于数字信号处理的软件和硬件资源，可用于复杂的数字信号处理。

5. 用专用 DSP 芯片实现

专用芯片针对性强，缺乏灵活性，应用受到很大限制。

6. 用基于通用 DSP 内核的 ASIC 实现

上述几种方法中，方法 4 由于通用数字信号处理器具有强大的处理能力和可编程性，因此应用很普遍，在实时 DSP 领域居于主导地位。基于通用 DSP 内核的 ASIC 由于较好的系统性价比在近年来得到了广泛应用。通用 DSP 芯片是一种具有特殊结构的微处理器，芯片内部采用程序和数据分开的哈佛总线结构，能同时读取指令和数据。CPU 内核具有并行的多个功能单元，支持流水线操作，使取指、译码和执行等操作可以重叠执行，大大加快了程序的执行速度。CPU 内核还具有专门的硬件乘法器，独特的循环寻址模式，可以用来快速地实现各种数字信号处理(Digital Signal Processing)算法，例如快速傅里叶变换(FFT)、有限冲击响应滤波器(FIR)和无限冲击响应滤波器(IIR)等。

以可编程的 DSP 芯片为核心组成的应用系统具有以下优点：

(1) 能够快速制造原理样机和进行验证，加快产品上市时间；

(2) 高度可编程性使产品能够迅速应用新算法、新标准或新协议；

(3) 可以通过软件更新，快速地进行产品升级。

由于具有这些优点，使得通用 DSP 善于处理图形图像、语音信号，在工业控制、仪器仪表、电信、汽车、医学和消费等领域得到了大量的应用。

1.2.2 DSP 系统的构成

基于 DSP 芯片的数字信号处理子系统结构框图如图 1.2 所示。整个子系统一般由控制处理器、DSP 芯片、数据传输网、存储器和 I/O 接口构成。

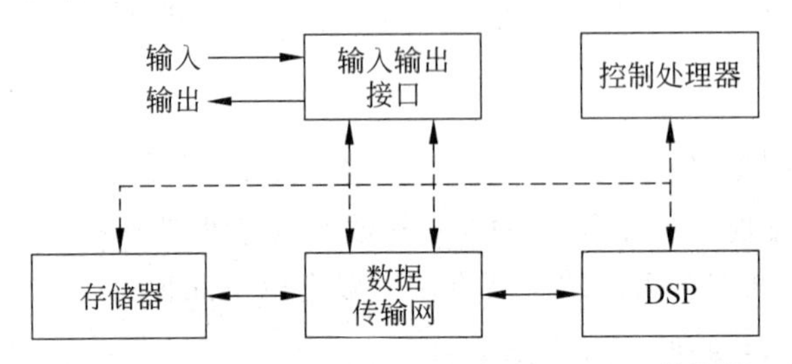

图 1.2 基于 DSP 芯片的数字信号处理子系统结构

1. 控制处理器

完成系统控制功能包括主机命令解释、数据传输控制和数据 I/O 控制等。控制处理器可以用通用微处理器或 DSP 芯片独立实现，也可以在图 1.2 中的 DSP 模块内实现。

2. DSP 芯片

完成实时信号处理算法。

3. 数据传输网

实现各个模块之间的互连。

4. 存储器

数据存储。

5. 输入输出接口

输入待处理的数据或输出处理结果。

根据具体应用的不同，上述数字信号处理子系统的复杂程度会有很大的差异，设计和实现难度也千差万别。

1.2.3 DSP 系统应用领域

随着 DSP 芯片价格的下跌和性能的日益提高，已经在很多领域得到广泛的应用。目前 DSP 的应用主要包括如下方面(见图 1.3～图 1.10)。

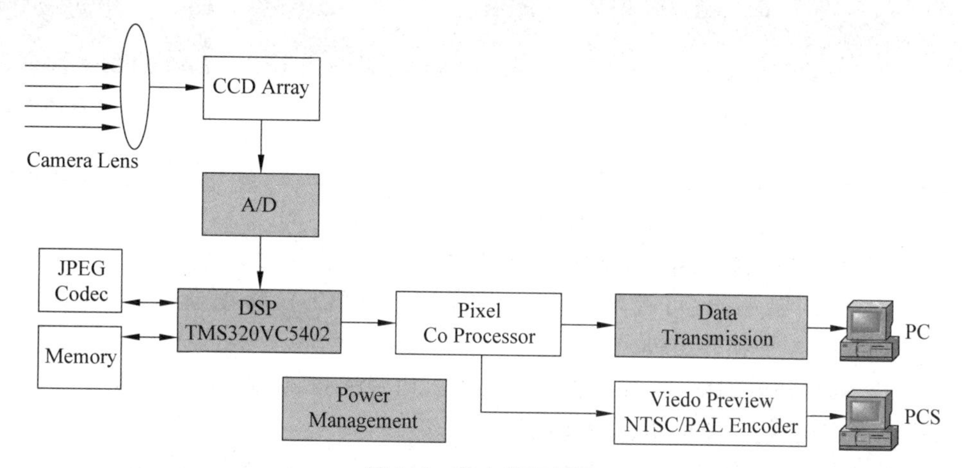

图 1.3 数字相机框图

图 1.4 数字化士兵，数字化战争

图 1.5 雷达/声呐

图 1.6 巡航导弹

图 1.7 激光制导灵巧炸弹

图 1.8 风动试验

图 1.9 图像识别

图 1.10 卫星遥感遥测

(1) 信号处理，如数字滤波、自适应滤波、快速傅里叶变换、希尔伯特变换、小波变换、相关运算、谱分析、卷积、模式匹配、加窗、波形产生等。

(2) 通信，如调制解调器、自适应均衡、数据加密、数据压缩、回波抵消、多路复用、传真、扩频通信、纠错编码、可视电话、个人通信系统(PCS)、移动通信、个人数字助手(PDA)、X.25 分组交换开关等。

(3) 语音，如语音编码、语音合成、语音识别、语音增强、说话人辨认、说话人确认、语音邮件、语音存储、扬声器检验、文本转语音等。

(4) 军事，如保密通信、雷达处理、声呐处理、图像处理、射频调制解调、导航、导弹制导等。

(5) 图形与图像，如二维和三维图形处理、图像压缩与传输、图像增强、动画与数字地图、机器人视觉、模式识别、工作站等。

(6) 仪器仪表，如频谱分析、函数发生、锁相环、地震处理、数字滤波、模式匹配、暂态分析等。

(7) 自动控制，如引擎控制、声控、自动驾驶、机器人控制、磁盘控制器、激光打印机控制、电动机控制等。

(8) 医疗，如助听器、超声设备、诊断工具、病人监护、胎儿监控、修复手术等。

(9) 家用电器，如高保真音响、音乐合成、音调控制、玩具与游戏、数字电话与电视、数字收音机、小仆人、电动工具、雷达检测器、固态应答机等。

(10) 汽车，如自适应驾驶控制、防滑制动器、车载移动电话、发动机控制、导航及全球定位、振动分析、声控、防撞雷达等。

DSP 的应用领域取决于设计者的想象空间。

1.3 DSP 器件的特点

1.3.1 DSP 芯片的发展历史、现状和趋势

DSP 微处理器是 20 世纪 70 年代末发展起来的。1978 年，AMI 公司生产的 S2811 和 1979 年美国 Intel 公司宣布诞生的商用可编程器件 2920 是 DSP 芯片的一个主要里程碑。这两种芯片内部都没有现代 DSP 芯片所必须有的单周期乘法器。1980 年，日本

NEC公司推出的μPD7720是第一片具有乘法器的商用DSP芯片。1982年，美国德州仪器公司（Texas Instruments，TI）推出了TMS320系列DSP芯片中的第一代DSP TMS32010/32011及其系列产品TMS320011、TMS320C10/C14/C15/C16/C17等，之后相继推出了第二代DSP芯片TMS320020、TMS320C25/C26/C28，第三代DSP芯片TMS320C30/C31/C32/C33，第四代DSP芯片TMS320C40/C44，第五代DSP芯片TMS320C5x/C54x，第二代DSP芯片的改进型TMS320C2xx，集多片DSP于一体的高性能DSP芯片TMS320C8x以及目前速度最快的第六代DSP芯片TMS320C62x/C67x等。TI公司的系列DSP产品已经成为了当今世界最有影响的DSP芯片，其DSP市场占有量占全世界份额的近50%，TI公司已成为世界上最大的DSP芯片供应商。

日本东芝公司1982年推出浮点DSP芯片。AT&T公司1984年推出的DSP32是较早的具备较高性能的浮点DSP芯片。与其他公司相比，Motorola公司推出DSP芯片相对较晚，1986年，该公司推出了定点DSP MC56001。1990年，推出了与IEEE浮点格式兼容的浮点DSP芯片MC96002。美国模拟器件公司（Analog Devices，AD）在DSP芯片市场上也占有较大的份额，它相继推出了一系列具有自己特点的DSP芯片，其定点DSP芯片有ADSP2101/2103/2105、ADSP2111/2115、ADSP2161/2162/2164、ADSP2171/2181等，浮点DSP芯片有ADSP21000/21020、ADSP21060/21062等。

由于DSP芯片独特的结构特点和高速实现各种数字信号处理复杂算法的优点，自1980年以来，得到了突飞猛进的发展，DSP芯片的应用越来越广泛。从运算速度来看，MAC（一次乘法和一次加法）时间从原来的400ns（如TMS32010）减少到10ns（如TMS320C54x等）以下，处理能力提高了几十倍，甚至上百倍。DSP芯片内部关键的乘法器部件从原来的占模片区的40%左右下降到5%以下，片内RAM数量增加一个数量级以上。从制造工艺来看，1980年采用4μm的NMOS工艺发展到现在采用亚微米（Micron）CMOS工艺。DSP芯片的引脚数量从1980年的最多64个增加到现在的200个以上，引脚数量的增加，意味着结构的灵活性增加，如外部存储器的扩展和处理器间的通信等。从芯片的发展来看，代码兼容和管脚兼容性在不断增强。代码兼容是指为某种DSP产品开发的代码可以在不加修改或只作很小修改的情况下在其他DSP上执行，称为完全兼容或部分兼容。基本上同一厂家同系列DSP中不同型号之间是代码兼容的，有的厂家还尽量保持不同系列DSP之间的兼容性。此外DSP芯片的发展，使DSP应用系统的成本、体积、重量和功耗都有很大程度的下降。

20多年来，DSP芯片得到了迅猛发展，随着其应用的不断扩展和深入，今后DSP芯片将发展更快。主要体现在如下方面：

(1) 在生产工艺上，采用1μm以下的CMOS制造工艺技术和砷化镓集成电路制造技术，使集成度更高，功耗更低，从而使高频、高速的DSP处理器得到更大的发展。

(2) 研制高速、高性能DSP器件将以RISC（精简指令系统计算机）结构和Transporter（单片并行计算机）基本结构为主导，以完成并行处理系统操作。脉冲阵列和数据流阵列也将成为并行处理器的主要体系结构。

(3) 由于具备设计、测试简单，易模块化，易于实现流水线操作和多处理器结构，专用单片机 DSP 芯片将有较大发展。

(4) 模拟/数字混合式 DSP 芯片(集滤波、A/D、D/A 及 DSP 处理于一体)将有很大的发展,应用领域将会进一步扩大。模拟/数字混合式 DSP 芯片将成为 DSP 发展的主要方向,是 DSP 厂商的主要增长点。

(5) 将 DSP 技术与 ASIC 技术融合,在 DSP 芯片中嵌入 ASIC 模块,进一步扩大 DSP 逻辑控制功能。

(6) 将推出更新的、更强大的优化 C 编译器来适应不同型号的 DSP 代码生成,各种 DSP 的开发、加速、并行处理插件板也将大量涌现。

1.3.2 DSP 芯片的特点

1. 功能特点

数字信号处理通常需要进行大量的实时计算。其中的数据操作往往具有高度重复的特点,特别是乘加操作($Y=A\times B+C$)在常见数字信号处理算法中用得最多。DSP 芯片在很大程度上是针对上述特点设计的。

2. 结构特点

1) 算术单元

(1) 硬件乘法器。

乘法操作是 DSP 的一个主要任务,因此现代的 DSP 内部都设有硬件乘法器。

(2) 多功能单元。

为了进一步提高速度,可以在 CPU 内设置多个并行操作的功能单元(ALU、乘法器和地址产生器等)。

针对乘加运算,多数 DSP 的乘法器和 ALU 都支持在 1 个周期内同时完成 1 次乘法和 1 次加法操作。许多定点 DSP 还支持在不增加操作时间的前提下对操作数或操作结果的任意位移位。

另外,数字信号处理算法的特点和数据流特点可以使现代 DSP 采用 RISC 结构,有利于简化结构和降低成本。

2) 总线结构

从成本上考虑,通用微处理器通常采用冯·诺依曼(von Neuman)结构(见图 1.11(a)),其指令和数据共用同一个存储空间和单一的地址及数据总线,统一编址。处理器要执行任何指令,都要先从存储器中取出指令,解码,再取操作数,然后才能执行,即使单条指令也要耗费许多周期。

DSP 采用程序总线和数据总线分离的哈佛结构(见图 1.11(b)),其主要特点是将程序和数据存储在不同的存储空间,即程序存储器和数据存储器是两个相互独立的存储器,每个存储器独立编址,独立访问。在哈佛结构中,由于程序和数据存储器在两个分开的空间中,因此取指和执行能完全重叠运行。为了进一步提高效率,在哈佛结构的基础上再加以改进,使得程序存储器和数据存储器之间可以进行数据传送,称为改进的哈佛结构。

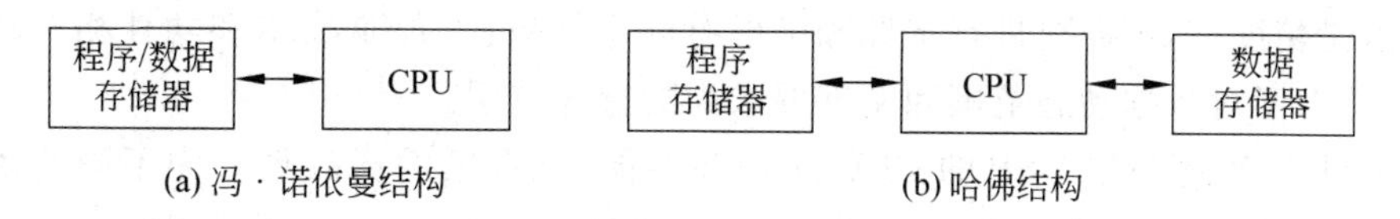

(a) 冯・诺依曼结构　　(b) 哈佛结构

图 1.11　冯・诺依曼结构与哈佛结构

TI公司的C6000系列DSP芯片采用了甚长指令字(Very Long Instruction Word, VLIW)结构,片内提供8个独立的运算单元,256位程序总线,2套32位数据总线和1套32位DMA总线。

3) 专用寻址单元

DSP面向的是数据密集型应用,随着频繁的数据访问,数据地址的计算时间也线性增长。

如果不在地址计算上作特殊考虑,有时计算地址的时间甚至比实际的算术操作时间还长。因此DSP通常都有支持地址计算的算术单元:地址产生器。地址产生器与ALU并行工作,地址的计算不再额外占用CPU时间。由于有些算法通常需要一次从存储器中取两个操作数,所以DSP内的地址产生器一般也有两个。

DSP芯片的地址产生器一般都支持间接寻址,有些DSP芯片还能够支持位反转寻址(用于FFT算法)和循环寻址。

4) 片内存储器

数字信号处理算法的特点是需要大量的简单计算,其程序相应来说比较短小。为了减少指令传输时间,并有效缓解芯片外部总线接口的压力,DSP片内一般都集成有程序存储器。

此外,DSP一般在片内还集成有数据存储器,用于存放参数和数据。

5) 流水线

流水技术是提高DSP程序执行效率的主要手段之一。流水技术可以使多个不同的操作重叠执行。DSP广泛采用流水线技术以提高程序执行效率。

1.3.3 DSP芯片的分类

DSP芯片可以按照以下的两种方式进行分类。

1. 按数据格式分类

这是根据DSP芯片工作的数据格式来分类的。数据以定点格式工作的DSP芯片称为定点DSP芯片。以浮点格式工作的称为浮点DSP芯片。不同的浮点DSP芯片所采用的浮点格式不完全一样,有的DSP芯片采用自定义的浮点格式,有的DSP芯片则采用IEEE的标准浮点格式。

定点DSP进行算术操作时,使用的是小数点位置固定的有符号数或无符号数。浮点DSP进行算术操作时,使用的是带指数的小数,小数点的位置随具体数据的不同进行浮动。

定点器件在硬件结构上比浮点器件简单，价格低、速度快，因此应用得最多。浮点器件的优点是精度高，不需要进行定标和考虑有限字长效应，但是成本和功耗相对较高，速度较慢，适合于对数据动态范围和精度要求高的特殊应用。

各DSP厂家还根据DSP的CPU结构和性能，把自己的产品划分为不同的系列，如TI公司的定点DSP芯片C62x和C64x，浮点DSP芯片C67x。不同系列的DSP的CPU结构不同，性能和价格也有很大差异。同一系列的DSP中，不同型号的DSP在CPU结构上基本相同，不同之处在于片内存储器和外设的配置不同。

2. 按用途分类

按照DSP芯片的用途来分，可分为通用型DSP芯片和专用型的DSP芯片。通用型DSP芯片适合普通的DSP应用，如TI公司的一系列DSP芯片。专用型DSP芯片是为特定的DSP运算而设计，更适合特殊的运算，如数字滤波、卷积和FFT等。

1.3.4 选择DSP芯片考虑的因素

DSP芯片的技术含量越来越高，在产品的总成本中占有的比重也越来越大，如何选择合适的DSP芯片是DSP工程师和系统设计师们特别关注的问题。通常依据系统的运算速度、运算精度和存储器的需求等选择DSP芯片。

一般来说，选择DSP芯片时应考虑如下一些因素。

1. DSP芯片的运算速度

运算速度是DSP芯片的一个重要指标，也是选择DSP芯片时所需要考虑的主要因素。DSP芯片的运算速度可以用如下几种性能指标来衡量。

- 指令周期：执行一条指令所需的时间，以ns(纳秒)为单位。
- MAC时间：一次乘法和一次加法的时间。大部分DSP芯片可在一个指令周期内完成一次乘法和一次加法操作。
- FFT执行时间：运行一个N点FFT程序所需时间。由于FFT运算在数字信号处理中很有代表性，因此FFT运算时间常作为衡量DSP芯片运算能力的一个指标。

2. DSP芯片的价格

DSP芯片的价格也是选择DSP芯片要考虑的一个重要因素。如果采用价格昂贵的DSP芯片，即使性能再好，其应用范围也受到一定限制，尤其是民用产品。因此应根据实际系统的应用情况，确定价格适中的DSP芯片。当然，由于DSP芯片发展迅速，价格下降较快，在开发阶段选用价格稍贵的DSP芯片，等到系统开发完毕时，价格可能下降了一半甚至更多。

3. DSP芯片的硬件资源

不同DSP芯片所提供的硬件资源不同，如片内RAM、ROM的数量，外部可扩展的程序和数据空间，总线接口、I/O接口等。即便是同一系列的DSP芯片，系列中不同DSP芯片也具有不同的内部硬件资源，可适应不同的需要。

4. DSP芯片的运算精度

一般的定点DSP芯片字长为16位，如TMS320系列。但有的公司的定点芯片为24位，如Motorola公司的MC56001等。浮点芯片的字长一般为32位，累加器为40位。

5. DSP芯片的开发工具

在DSP系统的开发过程中，开发工具是必不可少的。如果没有开发工具的支持，要想开发一个复杂的DSP系统几乎是不可能的。如果有功能强大的开发工具的支持，如C语言支持，则开发的时间就会大缩短。所以在选择DSP芯片时必须考虑开发工具的支持情况，包括软件和硬件开发工具。

6. DSP芯片的功耗

某些DSP应用场合，功耗也是需要注意的问题，如便携式的DSP设备、手持设备、野外应用的DSP设备等对功耗有特殊的要求。目前3.3V以下供电的低功耗高速DSP芯片已大量使用。

7. 其他因素

除了上述因素外，选择DSP芯片还要考虑到封装形式、质量标准、供货情况、生命周期等。

一般地讲，定点DSP芯片的价格较便宜，功耗较低，但运算精度稍低。而浮点DSP芯片的优点是运算精度高，用C语言编程调试方便，但价格稍高，功耗较大。DSP应用系统的运算量是确定选用DSP芯片处理能力的基础。运算量小，则可选用处理能力不是很强的DSP芯片，降低系统成本。相反，运算量大的DSP系统，则必须选用处理能力强的DSP芯片，如果单片DSP芯片达不到要求，则需要选用多个DSP芯片并行处理。

1.3.5 DSP芯片的性能评价

DSP芯片的性能可以用许多方法来评价，最常用的性能评价主要考察DSP完成特定任务所需要的时间、存储器的使用及功耗等。

DSP芯片的综合性能除了与芯片的处理能力直接相关外，还与DSP的片内、片外数据传输能力有关。DSP芯片的数据处理能力通常用DSP的处理速度来衡量；数据传输能力用内部总线和外部总线的配置，以及总线或I/O口的数据吞吐率来衡量。下面是传统上用来衡量DSP芯片性能的一些常用指标：

(1) MFLOPS(百万次浮点操作/秒)。

浮点操作包括浮点加法、减法、乘法和存储等操作。MFLOPS是表征浮点DSP芯片性能的重要指标。需要注意的是厂家提供的往往是峰值指标。

(2) MOPS(百万次操作/秒)。

这里的操作，除了包括CPU的操作外，还包括地址计算、DMA访问、数据传输和I/O操作等。MOPS可以对DSP芯片的综合性能进行描述。

(3) MIPS(百万条指令/秒)。

(4) MMACS(百万次乘加/秒)。

(5) MBPS(百万位/秒)。

用于衡量 DSP 芯片的数据传输能力。通常指某个总线或 I/O 口的带宽，是对总线或 I/O 口数据吞吐率的量度。

上述指标不可能完全表征处理器完成特定算法的处理能力，所以只是作为系统设计时的参考。特别是随着 DSP 结构的多样化和复杂化，这些指标越来越不能完全反映 DSP 的综合性能，不同厂家的指标甚至不具可比性。在进行系统设计时，要想得到具体参数下的精确指标，必须通过软件仿真器和软件评估模块等开发工具在 DSP 上进行实验。

1.4 DSP 芯片产品简介

目前，在生产通用 DSP 的厂家中，最有影响的公司有 TI 公司(美国德州仪器公司)、AT&T 公司(现在的 Lucent 公司)、Motorola 公司、ADI 公司、NEC 公司等。

1.4.1 TI 公司的 DSP 芯片概况

美国 TI 公司是 1930 年成立于美国德肯萨斯(Texas)州的一家从事石油勘探的公司，1951 年更名为 TI 公司。1982 年 TI 公司的 TMS320 系列 DSP 芯片的第一代处理器 TMS320C10 问世，TI 公司经营重点转向电子技术。经过十几年的发展，TI 公司又相继发展了 TMS320C2000、TMS320C5000 和 TMS320C6000 这 3 个系列的 DSP 产品。现今 TI 公司的 TMS320 系列已成为 DSP 市场中的主流产品，占有最大的市场份额，是世界最大的 DSP 芯片供应商。

TI 公司的 TMS320 主要按照 DSP 的处理速度、运算精度和并行处理能力分类，每一类产品的结构相同，只是片内存储器和片内外设配置不同。系列主要以 DSP 控制平台 C2000(C20x、C24x)、DSP 有效性能平台 C5000(C54x、C55x)、DSP 高性能平台 C6000(C62xx、C67xx、C64xx)以及 DSP 嵌入式平台(OMAP)这 4 个平台为发展基础。

1.4.1.1 TMS320C2000 系列

TMS320C2000 系列 DSP 一般应用于控制领域，可以替代老的 C1x 和 C2x 型号的 DSP。现在 TMS320C2000 系列 DSP 的应用主要集中在以下两个方面。

1. C20x

C20x 是 16 位定点 DSP 芯片，速度为 20～40MIPS(Million Instructions Per Second，每秒执行百万次指令)，片内 RAM 比较少，如 C204 片内只有 512 字节的 DARAM。有些型号的 C20x DSP 芯片中带有闪速存储器(Flash Memory)，如 F206 就带有 32Kb×16 的闪速存储器。C20x 的主要应用范围为数字电话、数码相机、自动售货机等。

2. C24x

C24x 是 16 位定点 DSP，速度为 20MIPS，一般用于数字马达控制、工业自动化、电力交换系统、变频设备、空调等设备。为了在有限的空间里提高数字控制设备的性能，TI 公司最近推出了 TMS320LF2401A、TMS320LF2403A 和 TMS320LC2402A 这 3 款新型 C24xx DSP。这 3 款新型 C24xx DSP 降低了业界的原始设备生产商(OEM)的系统成本，进一步实现了系统的小型化、智能化，使产品设计更趋完善。

TI公司的TMS320LF2410A DSP是将速度为40MIPS的DSP内核、闪速存储器以及外设集成到器件中，其封装尺寸不超过一个隐形眼镜片的大小，主要用于对实时性有严格要求的场合。而TMS320LF2410A DSP高度的系统集成和较小的封装体积，有助于OEM厂商快速地将产品推向市场。

TI公司的TMS320LF2403A、TMS320LC2402A主要针对有更大RAM需求而设计。TMS320LF2403A DSP控制器内部集成了16Kb×16闪速存储器、1Kb×16 RAM、8通道的10b ADC、事件管理器，具有CAN2.0B协议的CAN总线控制器、SPI总线接口及21个GPI/O被全部封装到一只64个引脚的10×10mm芯片中。TMS320LC2402A DSP是与TMS320LF2403A DSP处理器引脚兼容的处理器，其内部集成了能替代闪速存储器的6Kb×16 ROM存储器，生产成本较低。

上述几种新产品都是基于TI公司的TMS320C2x DSP内核而设计，从而进一步地拓展了TI公司的C2000系列DSP的应用范围。

1.4.1.2 TMS320C5000系列

TMS320C5000系列是16位定点，速度为40～200MIPS，可编程、低功耗和高性能的DSP，主要用于有线或无线通信、互联网协议(Internet Protocol，IP)电话、便携式信息系统、手机、助听器等。

目前，TMS320C5000系列中有3种有代表性的常用芯片。第一种是TMS320C5402，速度为100MIPS，片内存储空间较小，RAM为16Kb×16、ROM为4Kb×16。主要用于无线modem(调制解调器)、新一代个人数字助理(Personal Digital Assistant，PDA)、网络电话和数字电话系统以及消费类电子产品。TMS320C5402每片的价格在5美元以下，属廉价型的DSP。第二种常用芯片TMS320C5420，它拥有两个DSP内核，速度可达到200MIPS，200Kb×16片内RAM，功耗为0.32mA/MIPS，200MIPS全速工作时功耗不超过120mW，为业内功耗较低的DSP。TMS320C5420是当今集成度较高的定点DSP，适合于多通道基站、服务器、modem和电话系统等要求高性能、低功耗、小尺寸的场合。第三种是TMS320C5416，它是TI公司0.15μm器件中的第一款DSP芯片，有128Kb×16片内RAM，速度为160MIPS，有3个多通道缓冲串行口(Multi-channel Buffered Serial Port，MCBSP)，能够直接与T1或E1线路连接，不需要外部逻辑电路，主要用于IP语音(Voice Over IP，VOIP)、通信服务器、专用小型交换机和计算机电话系统等。

为满足对性能、尺寸、价格和功耗有严格要求的设备，TI公司设计了一种属于TMS320 C5000系列的DSP产品TMS320C5500™ DSP(以下简称TMS320C55xx)。TMS320C55xx与TMSC320C54xx代码兼容，且每个MIPS功耗只有0.05mW，是目前市场上的TMS320 C54xx产品功耗的0.4倍。TMS320C55xx有强大的电源管理功能，能进一步增强省电功能，可使网络音频播放器用两节AA电池工作200个小时以上(相当于目前播放器的工作时间的10倍)。

TMS320C55xx系列的代表产品有TMS320C5509和TMS320C5502。TMS320C5509

DSP 芯片主要用于网络媒体娱乐终端、个人医疗、图像识别、保密技术、数码相机、个人摄像机等设备。TMS320C5509 DSP 芯片是目前集成度较高的通用型 DSP,能提供完备的系统解决方案,具有 96Kb×16 的单口 SRAM、32Kb×16 的双口 SRAM,32Kb×16 的 ROM 和 6 通道的直接访问存储器(Direct Memory Access,DMA)。此外,TMS320C5509 DSP 芯片还含有 USB 1.0 接口、用于全双工通信的 3 个多通道缓冲串行接口、Watchdog 定时器、32kHz 晶振输入和单电源的实时时钟、片上 10 位 ADC、连接微控制器的 I2C 总线接口以及用于芯片内的编解码器、增强型 16 位主机接口、两个 16 位定时器等。TMS320C5509 DSP 支持流行的存储方式,包括对记忆棒、多媒体卡和安全数字卡(Secure Digital Card,SDC)的支持。因此,TMS320C5509DSP 可以广泛地支持 DSP 系统板上的外围器件,包括用于直接连接 PC 或其他 USB 主机设备的 USB 1.0 端口,并能遵循大多数流行的可移动存储标准,以及多媒体的文件格式。

TMS320C5502 DSP 芯片作为 TI 的 TMS320C5000 DSP 系列平台上新型的性价比较佳的产品,每秒执行的指令高达 4 亿条,可满足当今个人设备对价格和性能的要求。TMS320C5502 DSP 芯片具有 32Kb×16 的片上双口 RAM、一个主机接口、通用外围设备(如 3 个多通道缓冲串行接口)、1 个硬件 UART、I2C 总线接口和 76 个专用 GPIO 口,提供传输速度为 400Mb/s 的 32 位外部存储接口,并支持低价 SDRAM 外设。

1.4.1.3 TMS320C6000 系列

TMS320C6000 系列 DSP 是 TI 公司 1997 年 2 月推向市场的高性能 DSP,综合了目前 DSP 性价比高、功耗低等一些优点。TMS320C6000 系列中又分为定点 DSP 和浮点 DSP 两类。

1. TMS320C62xx

该系列是 TMS320C6000 系列中的 32 位定点 DSP,内部集成了多个功能单元,可同时执行 8 条指令,运算速度为 1200~2400MIPS。其主要特点如下。

(1) 运行速度快。指令周期为 5ns,运算能力为 1600 MIPS。

(2) 内部结构不同于一般 DSP 芯片。内部同时集成了 2 个乘法器和 6 个算术运算单元,且它们之间是高度正交的,使得在一个指令周期内最大能支持 8 条 32 位的指令。

(3) 指令集不同。为充分发挥其内部集成的各执行单元的独立运行能力,TI 公司使用了 VelociTI 超长指令字(VLIW)结构。它在一条指令中组合了几个执行单元,结合其独特的内部结构,可在一个时钟周期内并行执行几个指令。

(4) 大容量的片内存储器和大范围的寻址能力。片内集成了 512 千字程序存储器和 512 千字数据存储器,并拥有 32 位的外部存储器界面。

(5) 智能外设。内部集成了 4 个 DMA 接口,2 个多通道缓存串口,2 个 32 位计时器。

(6) 低廉的使用成本。在一个无线基站的应用中,每片 TMS320C62xx 能同时完成 30 路的语音编解码,且成本最低。

这种芯片适合于无线基站、无线 PDA、组合 modem、GPS 导航等需要大运算能力的应用场合。

2. TMS320C67xx

该系列是TMS320C6000系列中的32位浮点DSP，内部同样集成了多个功能单元，可同时执行8条指令，其运算速度为1GFLOPS。该系列除了具有TMS320C62xx系列的特点外，其主要特点如下：

(1) 运行速度快。指令周期为6ns，峰值运算能力为1336 MIPS，对于单精度运算可达1G FLOPS，对于双精度运算可达250M FLOPS。

(2) 硬件支持IEEE格式的32位单精度与64位双精度浮点操作。

(3) 集成了32×32位的乘法器，其结果可为32或64位。

(4) TMS320C67xx的指令集在TMS320C62xx的指令集基础上增加了浮点执行能力，可以看作是TMS320C62xx指令集的超集。TMS320C62xx指令能在TMS320C67xx上运行，而无须任何改变。

与TMS320C62xx系列芯片一样，由于其出色的运算能力、高效的指令集、智能外设、大容量的片内存储器和大范围的寻址能力，这个系列的芯片适合用于基站数字波束形成、图像处理、语音识别、3D图形等对运算能力和存储量有高要求的应用场合。

目前，TMS320C6000系列主要向两个方向发展，一是追求更高的性能，二是在保持高性能的同时向廉价型发展。

3. TMS320C64x

TMS320C6000系列中的C64x系列在DSP芯片中处于领先水平。C64x系列DSP不但提高了时钟频率，而且在内部结构上也采用了新的优化，主要表现在以下几个方面。

(1) 寄存器个数比C62x增大了一倍，从原来的32个变成了64个。

(2) 乘法器、累加器、桶式移位器和加法器等特殊硬件运算器的数量比原来增加了1～3倍。

(3) CPU通过L1程序缓存(L1 Program Cache，L1P)和L1数据缓存(L1 Data Cache，L1D)执行指令并处理数据，通过L2缓存(L2，L2 cache)与增强型DMA控制器(Enhanced DMA Controller，EDMAC)相连，且能控制外围设备，从而使cache空间增大。

(4) 外部的总线变成了64位，是C62x的一倍。

(5) 数据结构支持8位的运算操作。尤其适应于8位图像信号的处理。

(6) 在C62x系列DSP指令基础上增加了一些新的指令。例如增加了GF域的乘法，一次可以实现4个GF域的乘法，为无线通信的RS编译码提供快速实现。

(7) 内部嵌入各种应用软件。

1.4.1.4 OMAP系列

开放式多媒体应用程序平台(Open Multimedia Applications Platform，OMAP)是TI公司推出的专门为支持第三代(3G)无线终端应用而设计的应用处理器体系结构。该处理器结合了TI公司的DSP处理器核心以及ARM公司的RISC架构处理器，成为一款高度整合性的片上系统(System of Chip，SoC)，OMAP处理器平台提供了语音、数据和多媒体所需的带宽和功能，可以极低的功耗为高端3G无线设备提供极佳的性能。OMAP嵌入式处理器系列包括应用处理器及集成的基带应用处理器，目前已广泛应用于实时的多媒体数据处理、语音识别系统、互联网通信、无线通信、PDA、Web 记事本、医疗器械等领域。

OMAP5910 是 OMAP 系列的最新成员，它采用独特的 MCU＋DSP 双内核架构，把高性能低功耗的 DSP 核与控制性能强的 ARM 微处理器结合起来，具有集成度高、硬件可靠性和稳定性强、速度快、数据处理能力强、功耗低、开放性好等优点。

OMAP5910 应用处理器双核结构的主要优势在于：由两个独立的组件来完成应用处理任务，其中 MCU 负责支持应用操作系统并完成以控制为核心的应用处理；而 DSP 则负责完成多媒体信号(如音频、语音和图像/视频信号)的处理。与单核结构相比，双核架构的一个明显优势就是可以使操作系统的效率和多媒体代码的执行更加优化并延长电源寿命；同时采用双处理器可以将总工作负荷进行合理划分，从而降低时钟工作频率，使系统的功耗降至最低，成功地实现了性能与功耗的最佳场合。

OMAP5910 的软件结构建立在两个操作系统之上：一是基于 ARM 的 Windows CE、Linux 等操作系统；二是基于 DSP 的 DSP/BIOS。连接两个操作系统的核心技术是 DSP/BIOS 桥，它是 OMAP5910 的关键。对于软件开发者来说，DSP/BIOS 桥提供了一种使用 DSP 的无缝接口，允许开发者在通用处理器上使用标准应用编程接口访问并控制 DSP 的运行环境，比如，利用 TI 公司的集成代码开发工具 CCS(Code Composer Studio)。从开发者的角度来看，OMAP 好像仅用 GPP 处理器就完成了所有处理功能，这样，开发者就不需要为两种处理器分别编程，这使编程工作大为简化。在 OMAP 体系结构下，开发者可以像对待单个 GPP 那样对 OMAP 的双处理器平台进行编程。而在开发多媒体应用程序时，也可以通过标准的多媒体应用编程接口使用多媒体引擎，从而方便了应用程序的开发，多媒体引擎对相应的 DSP 任务通过 DSP 应用编程接口(DSPAPI)使用 DSP/BIOS 桥，最后由 DSP/BIOS 桥对数据、I/O 流和 DSP 任务控制进行协调。OMAP 支持 Symbian OS、Linux、Microsoft Windows CE 3.0 和.NET 以及 Palm OS 等操作系统。

TI 其他系列的 DSP 曾经风光过，但现在都非 TI 主推产品了，除了 C3X 系列外，其他基本处于淘汰阶段。

1.4.2 AD 公司的 DSP 芯片

美国 AD 公司的 DSP 芯片在 DSP 芯片市场上也占有一定的份额。与 TI 公司相比，AD 公司的 DSP 芯片有自己的特点，如系统时钟一般不经分频直接使用，串行口带有硬件压扩，可从 8 位 EPROM 引导程序，可编程等待状态发生器等。

AD 公司的 DSP 芯片可分为定点 DSP 芯片和浮点 DSP 芯片。定点 DSP 芯片的程序字长为 24 位，数据字长为 16 位。运算速度较快，内部具有较为丰富的硬件资源，一般具有 2 个串行口、1 个内部定时器和 3 个以上的外部中断源，此外还提供 8 位 EPROM 程序引导方式。具有一套高效的指令集，如无开销循环、多功能指令、条件执行等。

(1) ADSP2101 的指令周期有 80ns、60ns 和 50ns 3 种，内部有 2 千字的程序 RAM 和 1 千字的数据 RAM。ADSP2103 与 ADSP2101 相比，指令周期为 100ns，工作电压为 3.3V。ADSP2105 是 ADSP2101 的简化，指令周期为 72ns，内部程序 RAM 为 1 千字，数

据 RAM 为 512 字，串行口减为 1 个。

(2) ADSP216x 系列的指令周期为 50～100ns，与其他定点芯片相比，具有较大的内部程序 ROM，如 ADSP2161/2163 内部提供了 8 千字的程序 ROM，ADSP2162/2164 内部提供了 4 千字程序 ROM，工作电压为 3.3V，这些芯片的内部数据 RAM 均为 512 字。而 ADSP2165/2166 除了具有 1 千字的程序 ROM 外，还提供 12 千字的程序 RAM 和 4 千字的数据 RAM，其中 ADSP2166 的工作电压为 3.3V。

(3) ADSP2171 的指令周期为 30ns，速度为 33.3MIPS，是 AD 公司芯片中运算速度最快的定点芯片之一。内部具有 2 千字的程序 RAM 和 2 千字的数据 RAM。ADSP2173 的资源与 ADSP2171 相同，工作电压为 3.3V。

(4) ADSP2181 是目前 ADSP 的定点 DSP 芯片中处理能力最强的。这种芯片具有以下特点：

① 运算速度快。指令周期为 30ns，运算能力为 33.3MIPS。

② 片内空间大。内部程序和数据 RAM 均为 16 千字，共 80KB。

③ 数据交换速度快。内部具有直接存储传输接口(BDMA)，最大可以扩展到 4KB。两个串行口都具有自动数据缓冲功能，并且支持 DMA 传输。

④ 支持 8 位 EPROM 和通过 IDMA 方式的程序引导。

⑤ 如果采用基 4FFT 做 1024 点复数 FFT 运算，运算时间仅为 1.07ms。

ADSP2181 在 1 个处理器周期内可以完成的功能包括产生下一个程序地址、取下一个指令、进行 1 个或 2 个数据移动、更新 1 个或 2 个数据地址指针、进行 1 次数据运算。与此同时，还可从两个串行口发送或接收数据，通过 IDMA 或 BDMA 发送或接收数据及内部定时计数器。

(5) ADSP21020、21060 和 21062 等是 AD 公司的浮点 DSP 芯片，程序存储器为 48 位，数据存储器为 40 位，支持 32 位单精度和 40 位扩展精度的 IEEE 浮点格式，内部具有 32×48 位的程序 cache，有 3 至 4 个外部中断源。

ADSP21060 采用超级的哈佛结构，具有 4 条独立的总线(2 条数据总线、1 条程序总线和 1 条 I/O 总线)，内部集成了大容量的 SRAM 和专用 I/O 总线支持的外设，指令周期为 25ns，是一个高性能的浮点 DSP 芯片。其主要特点如下：

① 运算速度达 40MIPS 和 80MFLOPS，最高达 120MFLOPS。每条指令均在 1 个周期内完成。

② 片内具有 4 兆位的 SRAM，可灵活地进行配置，如配置为 128 千字的数据存储器(32 位)和 80 千字的程序存储器(48 位)。可寻址 4 吉字的外部存储器。

③ 10 个 DMA 通道。6 个点对点连接口，传输速率为 240MB/s。

④ 支持多处理器连接，提供与 16/32 位微处理器的接口。外部微处理器可直接读写内部 RAM。

⑤ 2 个具有 μ/A 律压扩功能的同步串行口。

⑥ 支持可编程等待状态发生器，可用 8 位 EPROM 或外部处理器引导程序。

⑦ 1024 点复数 FFT 的运算时间为 0.46ms。

⑧ 支持 IEEE JTAG1149.1 标准仿真接口。

1.4.3 AT&T 公司的 DSP 芯片

AT&T 是第一家推出高性能浮点 DSP 芯片的公司。AT&T 公司的 DSP 芯片包括定点和浮点两大类。定点 DSP 主要包括 DSP16、DSP16A、DSP16C、DSP1610 和 DSP1616 等。浮点 DSP 包括 DSP32、DSP32C 和 DSP3210 等。

AT&T 定点 DSP 芯片的程序和数据字长均为 16 位，有 2 个精度为 36 位的累加器，具有 1 个深度为 15 字的指令 cache，支持最多 127 次的无开销循环。DSP16 的指令周期为 55ns 和 75ns，累加器长度为 36 位，片内具有 2 千字的程序 ROM 和 512 字的数据 RAM。DSP16A 速度最快的为 25ns 的指令周期，片内有 12 千字的程序 ROM 和 2 千字的数据 RAM。DSP16C 的指令周期为 38.5ns 和 76.9ns，片内存储器资源与 DSP16A 相同，增加了片内的 codec。此外，还有 1 个 4 引脚的 JTAG 仿真口。DSP1610 片内有 512 字的 ROM 和 2 千字的双口 RAM，支持软件等待状态。DSP1610 和 DSP1616 提供了仿真接口。

DSP32C 是 DSP32 的增强型，是性能较优的一种浮点 DSP 芯片。其主要特点如下：

(1) 80/100ns 的指令周期。

(2) 地址和数据总线可以在单个指令周期内访问 4 次。

(3) 片内具有 3 个 512 字的 RAM 块，或 2 个 512 字的 RAM 块加 1 个 4 千字的 ROM 块。可以寻址 4 兆字的外部存储器。

(4) 具有串行和并行 I/O 口接口。串行 I/O 采用双缓冲，支持 8/16/24/32 位串行数据传输微处理器可以控制 DSP32C 的 8/16 位并行口。

(5) 采用专用的浮点格式，可在单周期内与 IEEE 754 浮点格式进行转换。

(6) 具有 4 个 40 位精度的累加器和 22 个通用寄存器。

(7) 支持无开销循环和硬件等待状态。

DSP3210 内部具有两个 1 千字的 RAM 块和 512 字的引导 ROM，外部寻址空间达 4GB，可用软件编程产生等待状态，具有串行口、定时器、DMA 控制器和一个与 Motorola 和 Intel 微处理器兼容的 32 位总线接口。

1.4.4 Motorola 公司的 DSP 芯片

Motorola 公司的 DSP 芯片可分为定点、浮点和专用 3 种。定点 DSP 芯片主要有 MC56000、MC56001 和 MC56002。程序和数据字长为 24 位，有 2 个精度为 36 位的累加器。DSP56001 的周期为 60ns 和 74ns 两种。片内具有 512 字的程序 RAM、512 字的数据 RAM 和 512 字的数据 ROM。3 个分开的存储器空间，每个均可寻址 64 千字。片内 32 字的引导程序可以从外部 EPROM 装入程序。支持 8 位异步和 8～24 位同步串行 I/O 接口。并行接口可与外部微处理器接口，支持硬件和软件等待状态产生。MC56000 是 ROM 型的 DSP 芯片，内部具有 2 千字的程序 ROM。MC56002 则是一个低功耗型芯片，可在 2.0～5.5V 电压范围内工作。

浮点 DSP 芯片主要有 MC96002，采用 IEEE 754 标准浮点格式，累加器精度达 96 位，可支持双精度浮点数，该芯片的指令周期为 50/60/74ns。片内有 3 个 32 位地址总线和5个32位数据总线。片内具有1千字的程序RAM、1千字的数据RAM和1千字的数据ROM。64字的引导ROM可以从外部8位EPROM引导程序。内部具有10个96位或32位基于寄存器的累加器。支持无开销循环及硬件和软件等待状态。具有3个独立的存储空间,每个空间可寻址4吉字。

MC56200是一种基于MC56001的DSP核,适合于自适应滤波的专用定点DSP芯片,指令周期为97.5ns,程序字长和数据字长分别为24位和16位,内部的程序和数据RAM均为256字,累加器精度为40位。MC56156则是一个在片内集成了模数转换器和锁相环的DSP芯片,主要用于蜂窝电话等通信应用,其指令周期为33/50ns。

此外,还有NEC公司的μPD77C25、μPD77220定点DSP芯片和μPD77240浮点DSP芯片等。LUCENT的DSP1600等,INTEL也有自己的DSP产品。

1.5 本章小结

数字信号处理是模拟电子时代向数字电子时代前进的理论基础,而数字信号处理器(Digital Signal Processor,DSP)是随着数字信号处理而专门设计的可编程处理器,是现代电子技术、计算机技术和信号处理技术相结合的产物。随着信息处理技术的飞速发展,DSP在电子信息、通信、软件无线电、自动控制、仪器仪表、信息家电等高科技领域获得了越来越广泛的应用。DSP不仅快速实现了各种数字信号处理算法,而且拓宽了数字信号处理的应用范围。DSP的功能将越来越强大,应用范围也将越来越广泛。

本章简单介绍DSP技术的内涵、发展的两个领域及实现方法,其次介绍可编程DSP芯片的结构特点、分类及其应用情况,最后概括地介绍了DSP芯片的产品系列。

1.6 为进一步深入学习推荐的参考书目

为了进一步深入学习本章有关内容,向读者推荐以下参考书目:

1. 许邦建等编著. DSP处理器算法概论[M]. 北京:国防工业出版社,2012.

2. 杜普选主编. 闻跃等编著. DSP技术及浮点处理器的应用[M]. 北京:清华大学出版社,2012.

3. 江金龙等编. DSP技术及应用[M]. 西安:西安电子科技大学出版社,2012.

4. 郑阿奇主编. 孙承龙编著. DSP开发宝典[M]. 北京:电子工业出版社,2012.

5. 邹彦主编. DSP原理及应用[M]. 北京:电子工业出版社,2012.

6. 陈纯锴等编著. TMS320C54XDSP原理、编程及应用[M]. 北京:清华大学出版社,2012.

7. 张永祥,宋宇,袁慧梅编著. TMS320C54系列DSP原理与应用[M]. 北京:清华大学出版社,2012.

8. 岂兴明,胡小冬,周火金编著. DSP嵌入式开发入门与典型实例[M]. 北京:人民邮电出版社,2011.

9. 汪春梅,孙洪波编著. TMS320C55x DSP原理及应用[M]. 北京:电子工业出版社,2011.

10. 张雄伟等编著. 语音信号处理及 Blackfin DSP 实现[M]. 北京：电子工业出版社,2011.

11. 陈峰编著. Blackfin 系列 DSP 原理与系统设计[M]. 北京：电子工业出版社,2010.

12. 任润柏,周荔丹,姚钢编著. TMS320 F28x 源码解读[M]. 北京：电子工业出版社,2010.

13. (美)美国德州仪器公司(Texas Instruments Incorporated)著;杨占昕,邓纶晖,余心乐编译. TMS320C54X 系列 DSP 指令和编程指南[M]. 北京：清华大学出版社,2010.

1.7 习题

1. 一个音频信号,假设用 40kHz 时钟采样,样本数据字长 16 位,则该信号的输入数据率就是(　　),它对实时处理速度的要求是大于等于(　　)。对于一个每帧数据字长 512×512×16 位、传输速率为 30 帧/秒的图像信号,其输入数据率是(　　),因而它对实时处理速度的要求是大于等于(　　)。

2. 以高清晰度数字电视信号为例,分辨率为 1920×1080,每秒 60 场(30 帧),每个样点 12 位,其输入数据率约为(　　),因此它对实时处理速度的要求是大于等于(　　)。

3. DSP 应用系统模型包括哪些主要部分?

4. DSP 系统有何特点?

5. 选择 DSP 芯片的依据是什么?

6. 比较不同种类 DSP 芯片的区别是什么?

7. 在你接触到的问题中,哪些可用 DSP 来解决?

8. 试列举 DSP 芯片的特点。

9. 传统上用来衡量 DSP 芯片性能的常用指标有哪些?

10. 查阅相关 DSP 芯片生产厂家网站,了解其最新进展。

第2章

TMS320C6000 系列的硬件结构

教学提示：DSP 器件的高性能是以其复杂的硬件结构为基础的。本章从芯片的设计角度出发，利用简单的汇编指令实现经典的数字信号处理算法——点积运算，同时引出 C6000DSP 芯片的结构。

教学要求：本章要求学生了解 C6000DSP 芯片常见的汇编语言，掌握 TMS320C6000 系列芯片中央处理器内核结构和特点、CPU 数据通路和控制以及片内存储器等相关内容。

2.1 C6000 系列芯片中央处理器内核结构

C6000 系列 DSP 最主要的特点是在体系结构上采用了高性能的 VelociTI 甚长指令字(Very Long Instruction Word，VLIW)结构，使得该系列 DSP 适合于多通道和多任务的应用。

在 VLIW 体系结构 DSP 中，是由一个超长的机器指令字来驱动内部的多个功能单元的(这也是 VLIW 名字的由来)。每个指令字包括多个字段(指令)，字段之间相互独立，各自控制一个功能单元，因此可以单周期发射多条指令，实现很高的指令并行效率。并行是突破传统设计而获得高性能的关键。

2.1.1 基本结构

C6000 系列 DSP 处理器由 CPU 内核、外设和存储器 3 个主要部分组成，通用的 DSP 系统框图如图 2.1 所示。

在第 1 章中介绍乘累加(Sum of Product，SoP)是大多数 DSP 应用中的主要算法。而乘法是单片机中运算非常费时的运算，所以要有效提高 DSP 的处理速度，就必须解决乘累加的计算瓶颈问题，使得 DSP 在单周期内实现一次乘累加运算。

下面从 DSP 的设计入手，用 C6000 的汇编语言来实现这一算法，在熟悉汇编语言的同时引出 C6000DSP 芯片的结构。

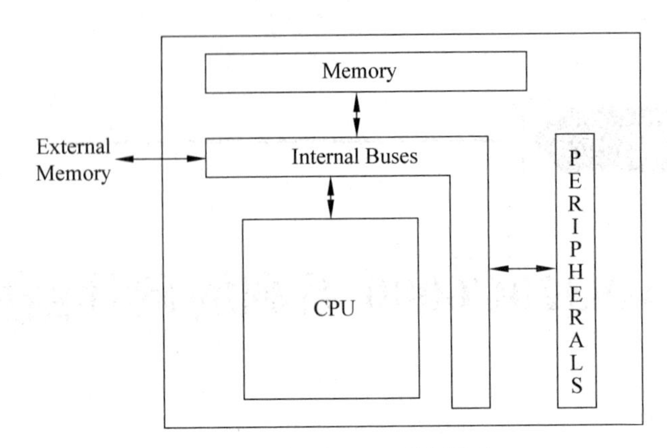

图 2.1　通用 DSP 系统框图

$$Y = \sum_{n=1}^{N} a_n X_n = a_1 x_1 + a_2 x_2 + \cdots + a_N x_N \tag{2.1}$$

式(2.1)是一个典型的点积运算，可以发现在这个运算中需要两种基本运算：乘法和加法，因此在算法中需要两条基本的指令。

a1 与 x1 的乘法由下面汇编指令实现：

```
MPY     a1, x1, Y
```

该指令在乘法器单元中运行，命名该单元为.M。

.M 单元通过硬件实现乘法运算，改写上述汇编指令为：

```
MPY  .M   a1, x1, Y
```

这里要注意，16 位与 16 位的乘法会产生 32 位的结果，32 位与 32 位的乘法会产生 64 位的结果，也就是结果可能溢出。

同样，加法由下面汇编指令实现：

```
ADD  .?    Y, prod, Y
```

为在单周期内实现加法，设计一个加法单元，命名为.L，改写上述汇编指令为：

```
ADD  .L  Y, prod, Y
```

类似 C6000 的 RISC(精简指令集机器)处理器需要使用寄存器来保存操作数，所以改写上述代码为：

```
MPY  .M   A0, A1, A3
ADD  .L   A4, A3, A4
```

A0、A1、A3 和 A4 寄存器含有指令运行所需要的数据。寄存器组 A 包含 16 个寄存器(A0～A15)，均为 32 位宽度。

为了将操作数加载到寄存器中，需要设计新的硬件功能单元和汇编指令。DSP 中为快速加载单独设置了.D 功能单元，用于加载等涉及地址运算的操作。因此，在 DSP 芯片中涉及访问内存的操作只能使用.D 单元这条通路。

在专用硬件功能单元的基础上，引入新的加载指令。指令语法为：

```
LD   *Rn,Rm
```

其中，Rn是含有需要被加载操作数的地址寄存器，Rm是源寄存器。

使用加载指令前要清楚处理器是可字节寻址的，也就是说每一个字节都用一个独一无二的地址表示。同时C6000的DSP芯片中地址是32位宽度的。

为了加载不同字节长度的数据，芯片设计时设置了不同类型的加载指令，从而确定每次加载的字节长度。

LDB：加载1字节(byte：8位)；

LDH：加载半个字，2字节(half word：16位)；

LDW：加载1个字，4字节(a word：32位)；

LDDW：加载2个字(双字)，4字节(double word：64位)。

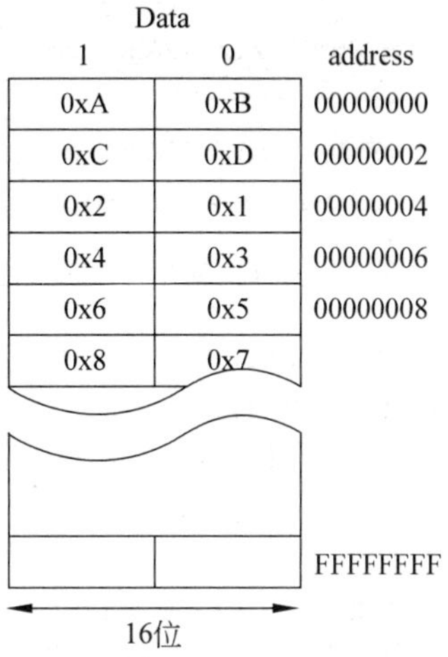

Data 1	Data 0	address
0xA	0xB	00000000
0xC	0xD	00000002
0x2	0x1	00000004
0x4	0x3	00000006
0x6	0x5	00000008
0x8	0x7	
		FFFFFFFF

16位

图2.2　地址和数据排放表

例如：假设地址和数据排放如图2.2所示。

假设A5=0x4，那么：

LDB *A5,A7;运行后A7=0x00000001。

LDH *A5,A7;运行后A7=0x00000201。

LDW *A5,A7;运行后A7=0x04030201。

LDDW *A5,A7：A6;运行后A7：A6=0x0807060504030201。

由于数据只能由加载指令通过.D功能单元进行访问，所以在加载数据前要做的是向指针寄存器中加载地址。这种地址数据的加载是由转移指令完成的。

汇编指令MVKL可以移动16位常数到寄存器中去，语法如下：

```
MVKL  .?   a, A5
```

其中，'a'是一个常数或者标签。

我们知道一个完整的地址需要使用32位二进制来表示，而一条指令的长度是32位宽度的，所以一条指令无法一次移动一个32位的常数，为此需要另一条汇编指令MVKH，即：

```
MVKH  .?   a, A5
```

这条指令的作用是移动32位常数的高16位到指定寄存器中去。

最终，为了移动一个32位的常数到一个寄存器中去，可以使用如下汇编指令：

```
MVKL    a, A5
MVKH    a, A5
```

一般而言，总是先使用MVKL后使用MVKH，这样才能正确移动，否则得到的结果将不同，前后顺序的差别导致的加载效果如下所示。

例2.1　假设A5=0x87654321。

```
MVKL   0x1234FABC, A5
A5=0xFFFFFABC  (sign extension)
MVKH   0x1234FABC, A5
A5=0x1234FABC  ; OK
```

例 2.2 假设 A5=0x87654321。

```
MVKH   0x1234FABC, A5
A5=0x12344321
MVKL   0x1234FABC, A5
A5=0xFFFFFABC; Wrong
```

使用 LDH、MVKL 和 MVKH 指令,可以加载所需要的数据,从而改写代码如下:

```
MVKL  pt1, A5
MVKH  pt1, A5
MVKL  pt2, A6
MVKH  pt2, A6
LDH   .D   *A5, A0
LDH   .D   *A6, A1
MPY   .M   A0, A1, A3
ADD   .L   A4, A3, A4
```

其中 pt1 和 pt2 指向需要加载数据的地址。

到目前为止,仅实现了 SOP(乘累加)的一步运算,也就是:

```
Y=a1 * x1
```

对于 N 抽头的 SOP 运算,需要一个循环算法。就 C6000 处理器而言,不存在复杂的诸如块重复等复杂的指令,循环是通过跳转指令 B 实现的。

实现一个循环的步骤如下:

(1) 创建一个跳转目的标签;

(2) 增加一个跳转指令 B;

(3) 增加一个循环计数器;

(4) 增加一条汇编指令使循环计数器递减;

(5) 使程序根据循环计数器有条件地跳转。

为提高效率,增设一个硬件功能单元.S,改写汇编指令如下:

```
MVKL    .S2    pt1, A5
MVKH    .S2    pt1, A5
MVKL    .S2    pt2, A6
MVKH    .S2    pt2, A6
MVKL    .S2    pt3, A7
MVKH    .S2    pt3, A7
MVKL    .S2    count, B0
ZERO    .L     A4
```

```
LOOP    LDH     .D   *A5++, A0
        LDH     .D   *A6++, A1
        MPY     .M   A0, A1, A3
        ADD     .L   A4, A3, A4
        SUB     .S   B0, 1, B0
[B0]    B       .S   loop
        STH     .D   A4, *A7
```

为进一步提高处理器的运算能力,可以采用以下两种方式:提高效率和增设处理单元数量。

(1) 增加 CPU 的时钟主频;

(2) 增加 CPU 的处理单元数量。C6000 的 CPU 增加了一倍的处理单元,达到 8 个,相应的寄存器等模块也增设了一倍。

图 2.3 是 TMS320C62x/C64x/C67x DSP 结构框图。C6000 的程序存储器在某些型号的条件下可以作为程序高速缓存。不同型号的 C6000 含有不同大小的数据存储器。

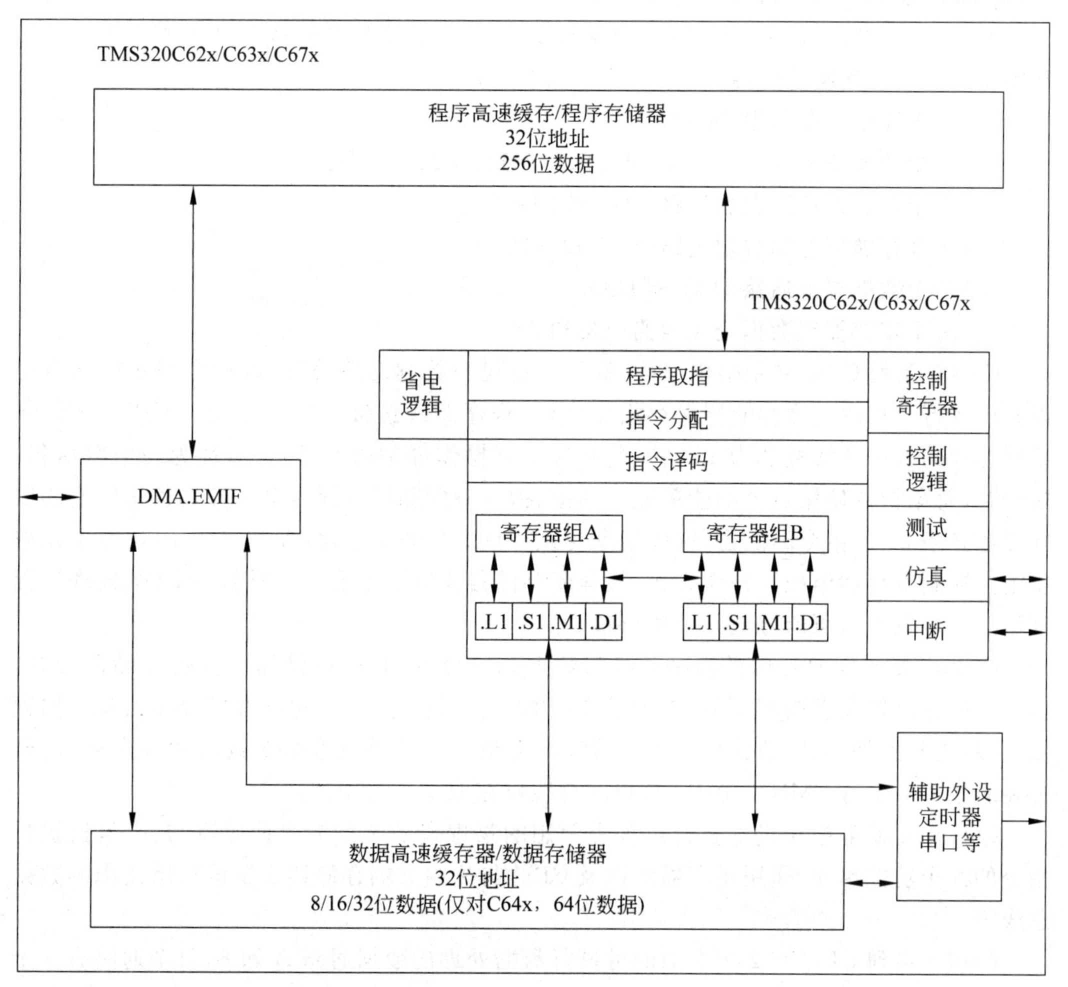

图 2.3 TMS320C62x/C64x/C67x DSP 结构框图

直接存储器访问(DMA)控制器、省电逻辑和外部存储器接口(EMIF)等外设与CPU一样是必备组成,而串口和主机接口是特定器件上具有的外设。

图2.3中心框图部分是C62x/C64x/C67x器件的CPU。其组成包括:

(1) 程序取指单元。

(2) 指令分配单元,高级指令打包(仅C64)。

(3) 指令译码单元。

(4) 2个数据通路,每个有4个功能单元。

(5) 32个(C64x有64个)32位寄存器。

(6) 控制寄存器。

(7) 控制逻辑、测试、仿真和中断逻辑。

程序取指、指令分配和指令译码单元可以传送高达每CPU时钟周期8个32位指令到功能单元。对指令的处理分别在两个数据通路(A和B)中进行,每个数据通路含4个功能单元(.L .S .M .D)和16个(C62x,C67x)或32个(C64x)32位通用寄存器。控制寄存器组提供了配置和控制多种处理器操作的方法。

TMS320C62x、TMS320C67x和TMS320C64x数据通路的组成分别如图2.4、图2.5和图2.6所示。其组成包括:

(1) 2个通用寄存器组(A和B)。

(2) 8个功能单元.L1、.L2.、.S1、.S2、.M1、.M2、.D1和.D2。

(3) 2个存储器读取数据通路LD1和LD2。

(4) 2个存储器存储数据通路(ST1和ST2)。

(5) 2个数据寻址通路DA1和DA2。

(6) 2个寄存器组数据交叉通路(1X和2X)。

C6000系列CPU采用哈佛结构,其程序总线与数据总线分开,取指令与执行指令可以并行运行。片内程序存储器保存指令代码,程序总线连接程序存储器与CPU。C6000系列芯片的程序总线宽度为256位,每一次取指操作都是取8条指令,称为一个取指包。执行时,每条指令使用1个功能单元。取指、指令分配和指令译码单元都具备每周期读取并传递8条32位指令的能力,这些指令的执行在2个数据通路(A和B)中的功能单元内实施。控制寄存器组控制操作方式,从程序存储器读取一个取指包时起,VLIW处理流程开始。一个取指包可能分成几个执行包。

C6000系列DSP片内的程序总线与数据总线分开,程序存储器与数据存储器分开,但片外的存储器及总线都不分,二者是统一的。全部存储空间(包括程序存储器和数据存储器,片内和片外)以字节为单位统一编址。无论是从片外读取指令或与片外交换数据,都要通过DMA与EMIF。在片内,程序总线仅在取指令时用到。

C6000文献常把在指令执行过程中使用的物理资源统称为数据通道,其中包括执行指令的8个功能单元、通用寄存器组以及CPU与片内数据存储器交换信息所使用的数据总线等。

C6000系列CPU有2个类似的可进行数据处理的数据通路A和B,每个通路有4个功能单元(.L、.S、.M和.D)和1组包括16个(C64则有32个)32位寄存器的通用寄存

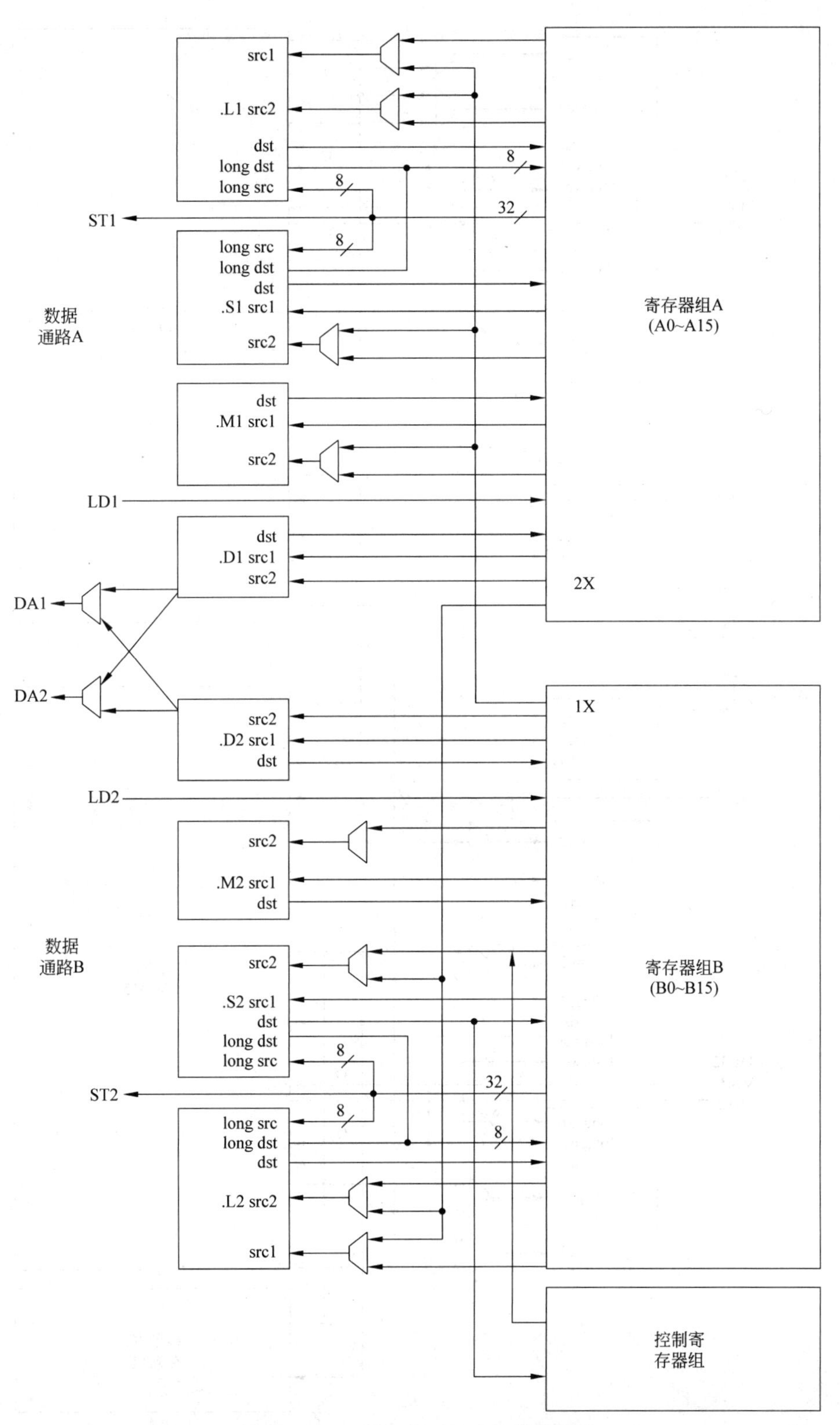

图 2.4　TMS320C62x CPU 的数据通路

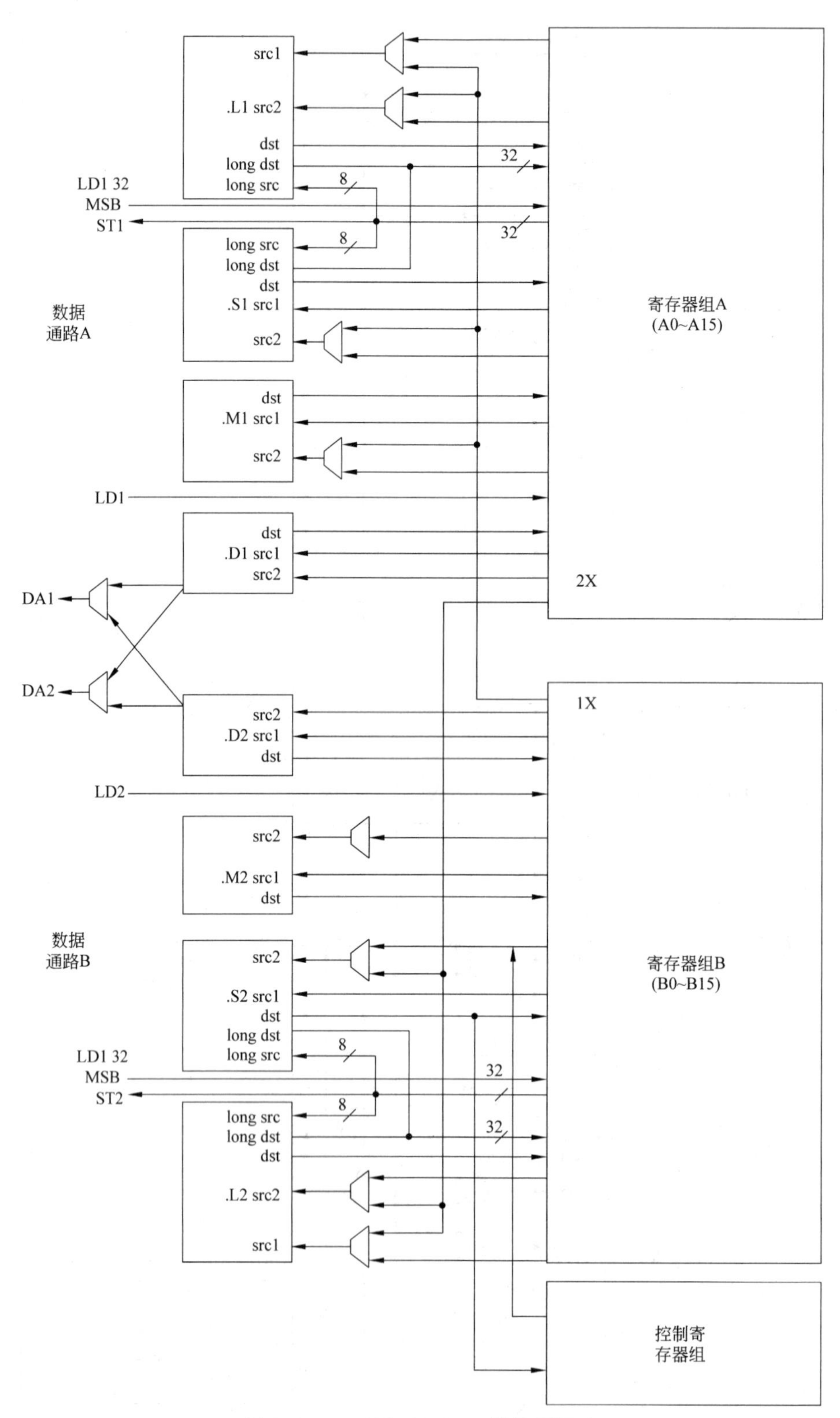

图 2.5　TMS320C67x CPU 的数据通路

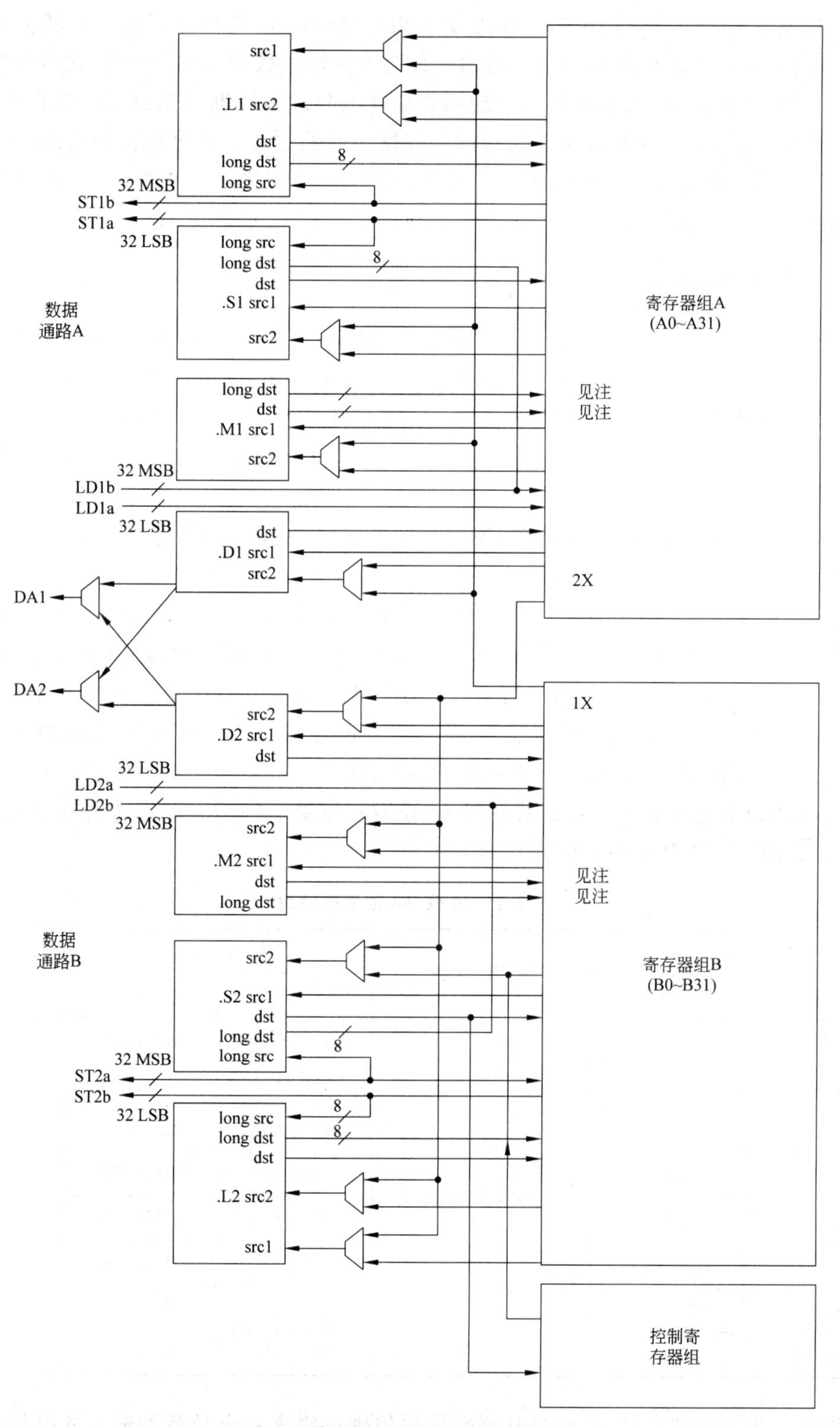

注：.M单元long dst是32 MSB，dst是32 LSB

图 2.6　TMS320C64x CPU 的数据通路

器组。功能单元执行指令指定的操作除读取和存储(Store)类指令以及程序转移类指令外,其他所有算术逻辑运算指令均以通用寄存器为源操作数和目的操作数,使程序能够高速运行。Load和Store类指令用于在通用寄存器组与片内数据存储器之间交换数据,此时2个数据寻址单元(.D1和.D2)负责产生数据存储器地址。每个数据通路的4个功能单元有单一的数据总线连接到CPU另一侧的寄存器上(见图2.4~图2.6),使得两侧的寄存器组可以交换数据。

2.1.2 通用寄存器

C6000数据通路中有2个通用寄存器组(A和B),C62x/C67x中的每个寄存器组包括16个32位寄存器,C64x内的通用寄存器数目增加1倍。通用寄存器的作用是:

(1) 存放数据,作为指令的源操作数和目的操作数。图2.4~图2.6中src1、src2、long src、dst和long dst给出了通用寄存器与功能单元之间的数据联系、传送方向和数据字长。

(2) 作为间接寻址的地址指针,寄存器A4~A7和B4~B7还可以循环寻址方式工作。

(3) A1、A2、B0、B1和B2可用做条件寄存器,C64x的A0也可用做条件寄存器。

C6000所有芯片都支持32位和40位定点运算。32位数据可放在任一通用寄存器内,40位数据需放在一个寄存器对内。一个寄存器对由一个偶寄存器及序号比它大1的奇寄存器组成,书写时奇寄存器在前面,两个寄存器之间加冒号,C6000有效的寄存器对见表2.1。数据的低32位放在偶寄存器,数据的高8位放在奇寄存器的低8位。C67xx和C64xx也以下述方式用寄存器对存放64位双精度数。C64xx的通用寄存器数目多1倍,所以它的寄存器对也多1倍。

表2.1 40位/64位寄存器对

寄存器对		适用器件	寄存器对		适用器件
A	B		A	B	
A1:A0	B1:B0	C62x/C64x/C67x	A17:A16	B17:B16	C64x
A3:A2	B3:B2		A19:A18	B19:B18	
A5:A4	B5:B4		A21:A20	B21:B20	
A7:A6	B7:B6		A23:A22	B23:B22	
A9:A8	B9:B8		A25:A24	B25:B24	
A11:A10	B11:B10		A27:A26	B27:B26	
A13:A12	B13:B12		A29:A28	B29:B28	
A15:A14	B15:B14		A31:A30	B31:B30	

图2.7为寄存器存储40位长整型数据的规则。要求一个长整型输入的操作忽略奇寄存器的高24位,即将高24位添0。操作码中指定的偶寄存器和奇寄存器的低8位存

储数据。

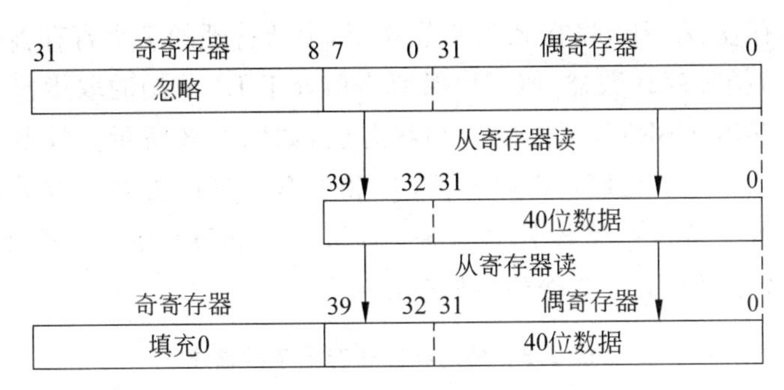

图 2.7　寄存器存储 40 位存储数据的规则

2.1.3　控制寄存器

用户可以通过控制寄存器组编程来选用 CPU 的部分功能。编程时应注意，仅功能单元.S2 可通过搬移指令 MVC 访问控制寄存器，从而对控制寄存器进行读写操作。表 2.2 列出了 C62xx/C64xx/C67 共有的控制寄存器组，并对每个控制寄存器做了简单描述。

表 2.2　C62xx/C64xx/C67 共有的控制寄存器

缩写	寄存器名称	描　　述
AMR	寻址模式寄存器	分别指定 8 个寄存器的寻址模式(线性寻址或循环寻址)；也包括循环寻址的大小
CSR	控制状态寄存器	包含全局中断使能定位，高速缓存控制位及其他控制和状态位
IFR	中断标志寄存器	显示中断状态
ISR	中断设置寄存器	允许手动设置挂起的中断
ICR	中断清除寄存器	允许手动清除挂起的中断
IER	中断使能寄存器	允许使能/禁止单个中断
ISTP	中断服务表指针	指向中断服务表的起点
IRP	中断返回指针	含有从可屏蔽中断返回的地址
NRP	非可屏蔽中断返回指针	含有从非可屏蔽中断返回的地址
PCE1	程序计数器，E1 节拍	含有 E1 节拍中获取包的地址

所有 MVC，在完成访问 E1 节拍中指明的寄存器时均为单周期指令，不管 MVC 是将通用寄存器的值读至控制寄存器，还是反之。在所有情况下，源寄存器内容被读取，通过.S2 单元，写入 E1 节拍指定的目的寄存器。

MVC 在单周期内修改某些控制寄存器，但对另一些寄存器的修改则需要更多的周期。比如，MVC 不能直接修改 IFR 中的位，只可以将 1 写入 ISR 或 ICR 来分别指定设置或清除 IFR 中的位。因此，MVC 在一个单周期内完成 ISR/ICR 的写入。但是 IFR 位自身的修改则滞后一个时钟发生。

寻址模式寄存器(AMR)将在3.1.6节介绍,中断管理的7个寄存器将在4.3.3节介绍。流水线E1节拍程序计数器(PCE1)保留当前处于E1节拍的取指包的32位地址。

控制状态寄存器(CSR)包括控制位和状态位,如图2.8所示。控制状态寄存器各位字段功能列于表2.3。对于EN、PWRD、PCC和DCC字段,要查看有关数据手册来确定所使用的芯片是否支持这些字段控制选择。TMS320C67xx除上述控制寄存器外,为支持浮点运算,还另外配置了3个寄存器控制浮点运算。

表2.3 控制状态寄存器字段描述

<table>
<tr><th>位</th><th>宽度</th><th>字段名</th><th colspan="4">功　　能</th></tr>
<tr><td rowspan="5">31:24</td><td rowspan="5">8</td><td rowspan="5">CPU ID</td><td colspan="4">CPU ID用于识别CPU</td></tr>
<tr><td colspan="4">CPU ID=00b:C62x</td></tr>
<tr><td colspan="4">CPU ID=10b:C67x</td></tr>
<tr><td colspan="4">CPU ID=100b:C64x</td></tr>
<tr><td colspan="4">版本ID识别CPU硅片的版本</td></tr>
<tr><td rowspan="7">23:16</td><td rowspan="7">8</td><td rowspan="7">版本ID</td><td>器件</td><td>CPU</td><td>内核电压</td><td>CSR的31:16位</td></tr>
<tr><td>C6201</td><td>C62x</td><td>2.5V</td><td>0x0001</td></tr>
<tr><td>C6201B,C6202,C6211</td><td>C62x</td><td>1.8V</td><td>0x0002</td></tr>
<tr><td>C620B,C6203,C6204,C6205</td><td>C62x</td><td>1.5V</td><td>0x0003</td></tr>
<tr><td>C6701 revision(早期CPU)</td><td>C62x</td><td>1.8V</td><td>0x0201</td></tr>
<tr><td>C6701,C6711,C6712</td><td>C62x</td><td>1.8V</td><td>0x0202</td></tr>
<tr><td>C64xx</td><td>C62x</td><td>1.5V</td><td>0x0801</td></tr>
<tr><td>15:10</td><td>6</td><td>PWRD</td><td colspan="4">控制省电模式,其值总被读为0</td></tr>
<tr><td>9</td><td>1</td><td>SAT</td><td colspan="4">饱和位,任一功能单元执行饱和时设置;仅由MVC指令清除仅由功能单元设置。若设置与清除发生在同一周期,前者具有优先级。饱和发生后一个整周期设置饱和位。条件为假的条件指令不能修改位</td></tr>
<tr><td>8</td><td>1</td><td>EN</td><td colspan="4">端点模式位:1=小端模式,0=大端模式</td></tr>
<tr><td>7:5</td><td>3</td><td>PCC</td><td colspan="4">程序高速缓存控制模式</td></tr>
<tr><td>4:2</td><td>3</td><td>DCC</td><td colspan="4">数据高速缓存控制模式</td></tr>
<tr><td>1</td><td>1</td><td>PGIE</td><td colspan="4">先前的GIE(全局使能中断)值;当中断被调用时保存GIE值</td></tr>
<tr><td>0</td><td>1</td><td>GIE</td><td colspan="4">全局中断使能:使能(1)或禁止,(0)所有中断,被重置或不可屏蔽的中断除外</td></tr>
</table>

TMS320C64xx另外配置了一个寄存器控制Galois生成多项式函数,称为GFPGFR。

图2.9中有一些TI公司C6000文献图表符号惯例:R代表可读,对控制寄存器须用MVC指令才能读;W代表可写,对控制寄存器须用MVC指令才可写;+x代表在复位

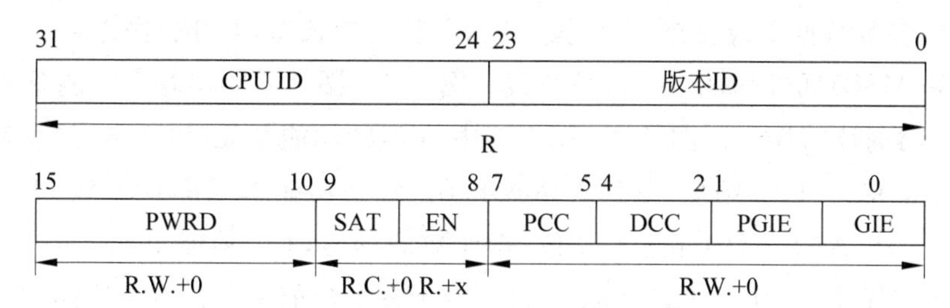

注：R表示由MVC指令可读，W表示由MVC指令可写，+0表示复位后值为0，+x表示复位后值未定义，W表示由MVC指令可清除。

图 2.8　控制状态寄存器(CSR)

(reset)后数值不定；+0 代表在复位(reset)后数值为 0(若为++1 则代表在 reset 后数值为 1)；C 代表可清零，对控制寄存器须用 MVC 指令清零。

如图 2.9 所示，FCEI 含有 E1 流水线节拍获取包的 32 位地址。

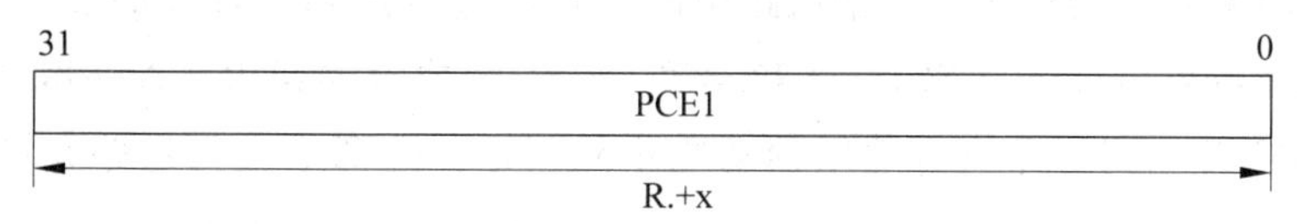

注：R表示由MVC指令可读，+x表示复位后未定义

图 2.9　E1 节拍程序地址寄存器(PCE1)

2.2　CPU 数据通路和控制

2.2.1　数据通路的功能单元

C6000 的数据通路如图 2.4～图 2.6 所示。C62xx、C67xx 和 C64xx 有类似的数据通道，只是 C67xx 和 C64xx 的数据通道的结构和功能都有发展，复杂一些。由图 2.4～图 2.6 可见 C6000 数据通路包括下述物理资源：

(1) 2 个通用寄存器组(A 和 B)。

C64xx 每组有 32 个寄存器，而 C62xx 和 C67xx 的寄存器数目为 16。

(2) 8 个功能单元(.L1、.L2、.S1、.S2、.M1、.M2、.D1 和.D2)。

(3) 2 个数据读取通路(LD1 和 LD2)。

C64xx 和 C67xx 每侧有 2 个 32 位读取总线，图 2.4～图 2.6 中以下标 a、b 注明，C62xx 每侧只有 1 个 32 位读取总线。C64xx 每侧有 2 个 32 位存储总线，图 2.4～图 2.6 中以下标 a、b 注明，C62x/C67x 每侧只有 1 个 32 位存储总线。

(4) 2 个寄存器组交叉通路(1X 和 2X)。

(5) 2 个数据寻址通路(DA1 和 DA2)。

C62xx/C64xx/C67 每组数据通路有 4 个功能单元。两组数据通路功能单元的功能基本相同。.M 单元主要完成乘法运算，.D 单元是唯一能产生地址的功能单元，.L 与.S 是主要的算术逻辑运算单元(ALU)。表 2.4 描述了各功能单元的功能。

CPU 内多数数据总线支持 32 位操作数，有些支持长型(40 位)操作数。双精度操作数则分成高(MSB)低(LSB)2 组 32 位总线。图 2.4～图 2.6 给出每个功能单元都有各自到通用寄存器的读写端口。图 2.4～图 2.6 中 A 组的功能单元(以 1 结尾)写到寄存器组 A，B 组的功能单元(以 2 结尾)写到寄存器组 B。每个功能单元都有 2 个 32 位源操作数 src1 和 src2 的读入口。为了长型(40 位)操作数的读写，4 个功能单元(.L1、.L2、.S1 和 .S2)分别配有额外的 8 位写端口和读入口。由于每个功能单元都有自己的 32 位写端口，所以在每个周期 8 个功能单元可以并行使用。C64x 的.M 单元可以返回 64 位结果，所以它还多了一个 32 位写端口。从图 2.6 中可看出 C64x 长型数据连接方式与 C62xx/C67xx 有很大差别。

2.2.2 寄存器交叉通路

每个功能单元直接对各自数据通路中的寄存器进行读和写，即.L1、.S1、.D1 和.M1 单元写入寄存器组 A，.L2、.S2、.D2 和.M2 单元写入寄存器组 B。寄存器组分别通过交叉通路 1X 和 2X 与另一个寄存器组的功能单元相连。这两个交叉通路允许一个数据通路的功能单元访问另一个数据通路寄存器的 32 位操作数，其中通路 A 中的功能单元通过交叉通路 1X 读取寄存器组 B 的资源，通路 B 中的功能单元通过交叉通路 2X 读取寄存器组 A 的资源。

C62x/C67x 的 8 个功能单元中的 6 个可以通过交叉通路访问另一个数据通路的寄存器。其中.M1、.M2、.S1、.S2、.D1 和.D2 单元的 src2 输入可选择为交叉通路或本数据通路寄存器；而.L1 和.L2 的 src1 和 src2 两个输入均可选择为交叉通路和本数据通路寄存器。

表 2.4 为各功能单元的功能。

表 2.4 各功能单元的功能

功能单元	定点操作	浮点操作
.L 单元(.L1、.L2)	32/40 位算术操作和比较 32 位中最左边 1 或 0 的位数计数 32 位和 40 位归一化操作 32 位逻辑操作 字节移位 数据打包/解包 5 位常数产生 双 16 位算术运算 4 个 8 位算术运算 双 16 位极小/极大运算 4 个 8 位极小/极大运算	算术操作 数据类型转换操作： DP(双精度)→SP(单精度) INT(整型)→DP，INT→SP

续表

功 能 单 元	定 点 操 作	浮 点 操 作
. S 单元(. S1、. S2)	32 位算术操作 32/40 位移位和 32 位位域操作 32 位逻辑操作 转移 常数产生 寄存器与控制寄存器数据传递(仅. S2) 字节移位 数据打包/解包 双 16 位比较操作 4 个 8 位比较操作 双 16 位移位操作 双 16 位带饱和的算术运算 4 个 8 位带饱和的算术运算	比较 倒数和倒数平方根操作 绝对值操作 SP→DP 数据类型转换
. M 单元(. M1、. M2)	16×16 乘法操作 16×32 乘法操作 4 个 8×8 乘法操作 双 16×16 乘法操作 双 16×16 带加/减运算的乘法操作 4 个 8×8 带加法运算的乘法操作 位扩展 位交互组合与解位交互组合 变量移位操作 旋转 Galois 域乘法	32×32 乘法操作 浮点乘法操作
. D 单元(. D1、. D2)	32 位加、减、线性及循环寻址计算 带 5 位常数偏移量的字读取与存储 带 15 位常数偏移量的字读取与存储(仅. D2) 带常数偏移量的双字读取与存储 无边界调节的字读取与存储 5 位常数产生 32 位逻辑操作	带 5 位常数偏移量的双字读取

C64x 的全部 8 个功能单元均可通过交叉通路访问另一个数据通路的寄存器;其中,. M1、. M2、. S1、. S2、. D1 和. D2 单元的 src2 输入可为交叉通路或本数据通路寄存器;而. L1和. L2 的 src1 和 src2 输入都可为交叉通路或本数据通路寄存器。在 C6000 结构中,只有 1X 和 2X 两个交叉通路口,这样就造成了在每个周期只能从另一个数据通路的寄存器中读一个资源,也就是说每个时钟周期总共只有两个资源交叉读取。

对 C62x/C67x,每个执行包中,一个数据通路中只有一个功能单元可以从另一个数据通路的寄存器中获得操作数;而对 C64x,一个数据通路中的多个单元可以同时读取同一交叉通路的资源。因此在一个执行包中,C64x一个交叉通路的操作数可以最多被两个功能单元使用。

对C64x一条指令试图通过交叉通路读取一个被上一周期更新的寄存器时,将引入一个延时时钟周期。这个周期称为交叉通路阻塞。这种阻塞是由硬件自动插入时无须NOP指令。需要注意的是,如果要读取的寄存器中存放了LDx指令的结果数据,将不会发生阻塞。

2.2.3 存储器存取通路

C62x有两个32位的通路把数据从存储器读取到寄存器:.LD1对应寄存器组A,.LD2对应寄存器组B,C67x的两个寄存器组还有第二个32位读取通路。这允许LDDW指令同时读取两个32位的值到寄存器组A和读取两个32位的值到寄存器组B。在A组,LD1a是低32位(LSBs)数据的读取通路,LD2b是高32位(MSBs)数据的读取通路。还有两个32位通路ST1和ST2,分别将数据从两个寄存器组存储到存储器中。

C64x支持双字的读取和存储,利用4个32位通路将存储器中的数据读取到寄存器中。在A寄存器组中,LD1a是低32位(LSBs)数据的读取通路,LD1b是高32位(MSBs)数据的读取通路。在寄存器组B中,LD2a是低32位(LSBs)数据的读取通路,LD2b是高32位(MSBs)数据的读取通路。同时有4个32位通路将数据从寄存器组中存储到存储器里。ST1a和ST1b分别是A组中的低32位和高32位的写通路,ST2a和ST2b分别是B组中的低32位 和高32位的写通路。

在C6000结构中,有些长整型和双字操作数的端口可被不同的功能单元共享。因此必须限定在同一执行包的数据通路中指定了哪个长整型或双字型操作。

2.2.4 数据地址通路

数据地址通路DA1和DA2都与两个数据通路中的.D单元相连接,这就允许任一侧通路产生的数据地址均可以访问任何寄存器的数据..DA1和.DA2资源及其相关的数据通路分别被表示为T1和T2。T1由DA1地址通路和LD1及ST1数据通路组成。C64x和C67x的LD1包括LD1a和LD1b,支持64位读取。

C64x的ST1包括ST1a和ST1b,支持64位存储。同样,T2由DA2地址通路和LD2和ST2数据通路组成。C64x和C67x的LD2包括LD2a和LD2b,支持64位读取。C64x的ST2包括ST2a和ST2b,支持64位存储、读取和存储指令。T1和T2出现在功能单元区。

2.3 片内存储器

从程序员的角度看存储器的层次如图2.10所示,DSP不同层次的结构特点如图2.11所示。

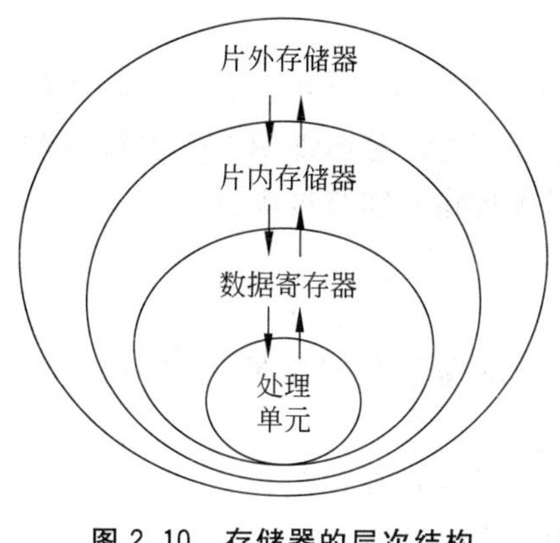

图 2.10 存储器的层次结构

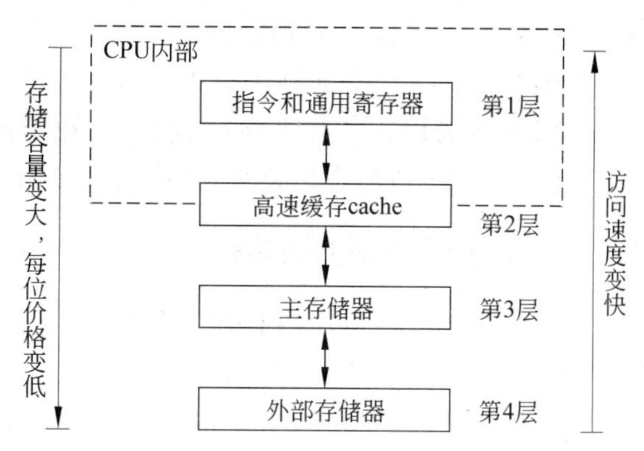

图 2.11 DSP 存储结构特点

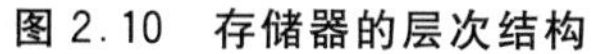

2.3.1 存储器空间分配

C6000 DSP 片内集成了大容量存储器，存储器的容量和结构随芯片不同而有所差别。对于 C620x/C670x，片内存储器分为程序区间和数据区间两个独立的部分，其中程序区间可以作为普通 SRAM 映射到存储空间，也可以作为高速缓存使用。对于 C621x/C671x/C64x，片内采用 2 级存储器结构。第 1 级存储器包括相互独立的程序 cache(L1P)和数据 cache(L1D)，只能作为高速缓存被 CPU 访问。第 2 级存储器(L2)是个统一的程序/数据空间，可以整体作为 SRAM 映射到存储空间，也可以整体作为第 2 级 cache，或是作为二者按比例的一种组合。当 CPU 控制状态寄存器的 PCC 位被设置为映射模式时，所有的内部程序 RAM 映射到内部程序空间。

在映射模式下 CPU 和 DMA 都能访问 RAM 的全部空间，如图 2.12 所示。任何对 RAM 外部地址空间的访问都由 EMIF 来控制。如果 CPU 和 DMA 试图在同一时间对 RAM 的同一块地址进行访问，DMA 将等待 CPU 完成其相应块的访问。在 CPU 访问完

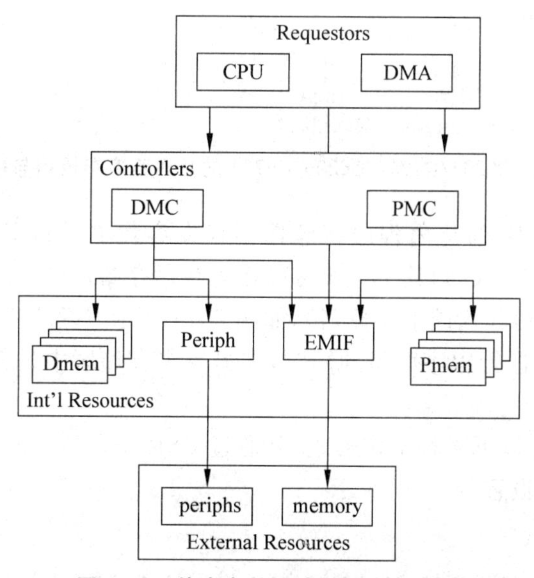

图 2.12 片内存储区访问请求的来源

成后，DMA 方可对该 RAM 进行访问。

对于 C6202(B)/C6203(B)，DMA 只能在同一时间对两块 RAM 中的一块进行访问。CPU 和 DAM 可以在没有干涉(也就是分别访问不同的块)时对内部 RAM 进行访问。DMA 不能在单步传输中跨越块 0 和块 1。分离的 DMA 传输必须跨过块边界。

2.3.2 程序存储器控制器

C620x/C670 中，对片内程序存储器的访问需要通过程序存储器控制器(Program Memory Controller，PMC)，后者的任务包括：

(1) 对 CPU 或 DMA 提交的访问片内程序存储器的请求进行仲裁。

(2) 对 CPU 提交的访问 EMIF 外部存储器的申请进行处理。

(3) 片内程序存储器设置为 cache 时，对其进行维护。

2.3.3 内部程序存储器

C6201/C6204/C6205/C6701 片内程序存储器容量为 64KB，可容纳 16K 条 32 位的指令或者是 2K 个 256 位的取指包(fetch package)。CPU 借助于 PMC 的控制，通过 256 位的数据通道可以对片内程序 RAM 进行单周期访问，如图 2.13 所示。

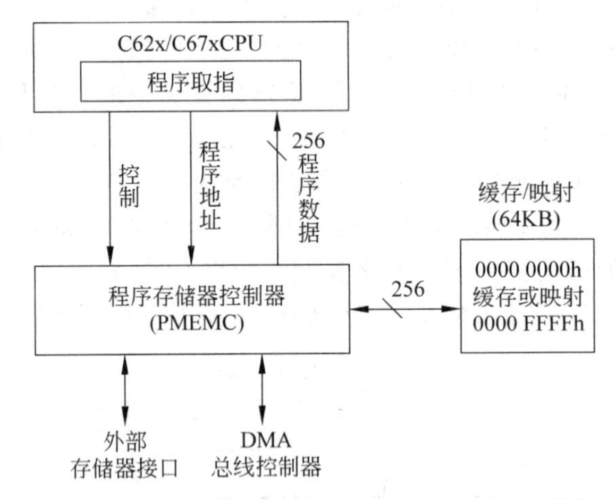

图 2.13 C6201/C6204/C6205/C6701 的片内程序存储器与控制器

C6202(B)/C6203(B)的片内程序存储器不仅在容量上进行了扩展，而且片内程序 RAM 分为两个存储块(block)，其中一块可以作为映射存储器或者高速缓存，另一块可以作为映射存储器(也只能作为映射存储器)，如图 2.14 所示。两块程序存储区可以独立存取，允许对一个存储区进行程序取指的同时，在另一个存储区中进行 DMA 访问，二者不会产生冲突。

片内程序 RAM 有以下 4 种工作模式，可通过 CSR 寄存器(CPU Control and Status Register)的 PCC 字段设置。

1. 存储器映射

片内程序 RAM 映射在 DSP 的地址空间中。在该模式下，CPU 访问该空间将返回相

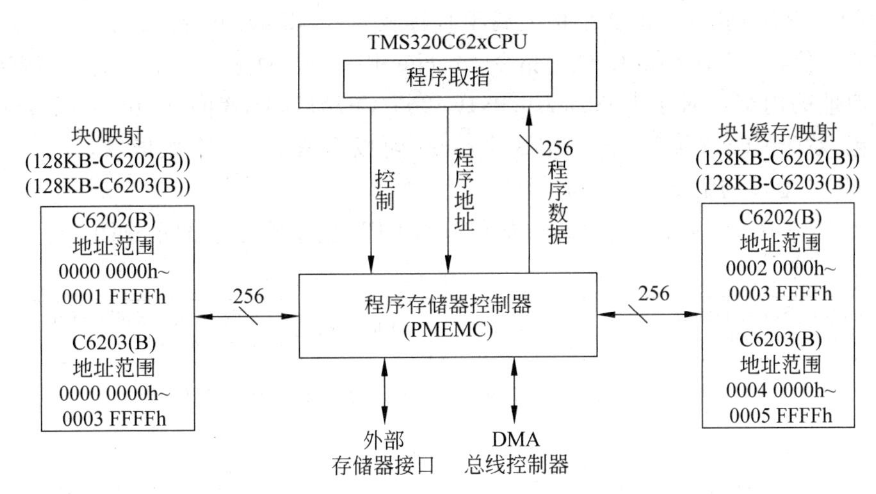

图 2.14 C6202(B)/C6203(B)的片内程序存储器与控制器

应地址中的取指包。CPU 不能通过数据存储器控制器(DMC)来访问程序 RAM。用户可以通过选择不同的映射方式(map0/map1),决定片内程序 RAM 在地址空间的映射地址。

2. cache 使能

这一模式下,最初对任何地址的程序取指都被视为高速缓存缺失(cache miss)。发生缺失时,首先通过 EMIF(外存储器接口)读入需要的取指包,取指包在送入 CPU 的同时被存入片内 cache。读入取指包的过程中,CPU 被挂起。期间 CPU 等待的时间取决于外部存储器的类型、该存储器的状态以及 EMIF 当时是否正被其他设备占用等。对于已经缓存的取指包的访问将引起高速缓存命中(cache hit),缓存中的取指包立即送入 CPU 不再需要等待。程序 RAM 由存储器映射模式改为 cache 使能模式时,会自动产生程序 cache 的冲洗(flush),这也是冲洗 cache 的唯一方式。

3. cache 冻结

cache 冻结模式下,将保持 cache 当前状态不变。与前面 cache 使能模式相比,唯一不同的是,发生缺失时,从 EMIF 读入的指令包不会同时存入 cache。cache 冻结模式可以保证缓存中的关键代码不会被置换掉。

4. cache bypass

bypass 模式意味着任何指令包都将从外部存储器中读取。cache 同样保持当前状态不变。bypass 模式可以确保仅从外部存储空间中取指令。对 C6201/C6204/C6205/C6701,整个片内 RAM 都可以设置为上述 4 种模式;对 C6202/C6203,PCC 的值只对 Block1 起效,Block0 始终工作在存储器映射模式下。存储器映射模式下,CPU 和 DMA 可以访问程序 RAM 的任何一个地址。超出地址映射范围的取指操作将转发给 EMIF 接口。cache 模式下,CPU 和 DMA 对该地址空间范围的任何访问都将返回未定义数据。需要注意的是,在用户改变 PCC 值,控制程序 RAM 在映射模式和 cache 模式之间进行切换期间,必须禁止一切中断,以避免 PCC 值的误操作。

C620x/C670x 的 cache 在结构上属于直接映射式(direct mapped),cache 的行(line)容量为 256 位,可容纳 8 条 32 位的指令。cache 中每一行对应一个取指包,直接映射外存中某个地址的内容。对于 C6201/C62041C6205/C6701,64KB 的 cache 可以容纳 2×2^{10} 个取指包;对于 C6202/C6203,128KB 的 cache 可以容纳 4×2^{10} 个取指包。

1) CPU 地址的解析

图 2.15 和图 2.16 给出了 cache 如何解析 CPU 的取指地址的示意图。

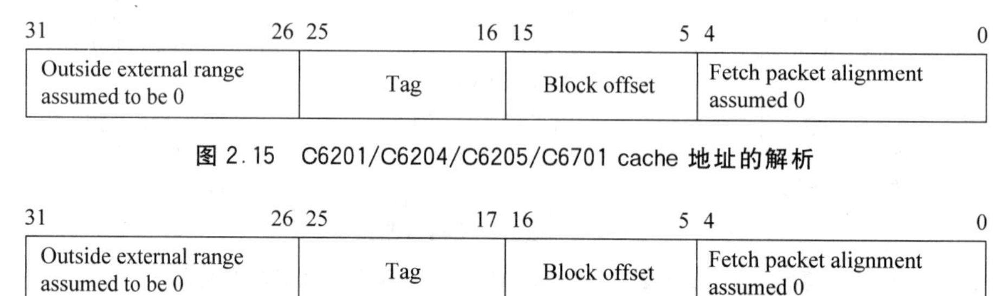

图 2.15　C6201/C6204/C6205/C6701 cache 地址的解析

图 2.16　C6202(B)/C6203(B)cache 地址的解析

(1) 取指包的固定偏移(fetch packet alignment)。

这 5 个低位比特固定为 0,以满足程序取指令时总能发生在 8 条 32 位指令构成的取指包的边界上。

(2) 块内偏移地址(block offset)。

对 C6201/C6204/C6205/C6701 是 11 位,对 C6202/C6203 是 12 位。块内偏移地址确定的是该取指包在 cache 中的偏移位置。外存中任意两个彼此相距 64KB(对 C6201/C6204/C6205/C6701)的整数倍或是 128KB(对 C6202/C6203)的整数倍的取指包都将缓存在 cache 中的同一位置。

(3) 标记(tag)。

C6000 DSP 的 cache 假设外部地址空间最大为 64MB,由 Tag 标记的是取指包所在存储块在外部存储空间中的原始位置。对 C6201/C6204/C6205/C6701 cache 中另外有一个独立的 2Kb×11 的标记 RAM,其中每一个地址中除了记录上述 10 位的标记外,还有 1 位有效标志位,用来标志该取指包是否缓存在 cache 中。对 C6202/C6203,cache 中另外有一个独立的 4Kb×10 的标记 RAM 可完成同样的任务。

2) cache 的冲洗(flush)

cache 的冲洗仅发生在片内程序 RAM 由映射模式转换为 cache 使能模式时。此时标记 RAM 中的 1 位有效性标志将全部清 0,确保当前所有的 cache 行都无效。cache 清洗期间,CPU 挂起,对于 C6202/C6203,DMA 对程序 RAM Block0 的访问不受影响。

3) 缓存中 cache 行的置换

有两种情况会导致 cache 缺失:

(1) CPU 申请的取指地址的 Tag 字段不对应 cache 标记 RAM 中的任何一个 10 位标记;

(2) 有相应的标记存在,但是对应的有效位是 0,如果此时 cache 被使能,PMC 将从外部存储器读入需要的取指包，存入 cache 中映射的位置，同时设置该帧的 Tag 标记，将有效标记置 1，然后将指令包送入 CPU。芯片复位后，程序存储器默认设置为存储器映射模式，以便能够由 DMA 控制器向片内程序存储器加载代码。

在存储器映射模式下，允许 DMA 控制器对程序存储器进行 32 位的读写。此时 CPU 的优先级始终高于 DMA 控制器，如果 CPU 和 DMA 同时申请访问同一块程序 RAM，DMA 会被挂起，等候 CPU 先访问完毕。对于 C6202/C6203，DMA 的一次数据传输不能跨越 Block0 和 Block1 的地址边界，如果访问需要跨越 RAM 块，则只能由两次 DMA 任务来完成。为了避免在 DMA 存取期间遗漏新的访问申请，CPU 会对每一个 DMA 存取操作都插入一个等待状态，因此 DMA 的最高效率是每两个周期完成一次存取。在 cache 模式下，如果 DMA 控制器访问该区域，DMA 控制器中有关的标志信号将保持“申请已完成”状态，所有的写操作会被 PMC 忽略，而读操作将返回一个无效数。

2.3.4 数据存储器控制器

C620x/C670x 中，数据存储器控制器（Data Memory Controller，DMC）负责处理 CPU 和 DMA 控制器对片内数据存储器的访问申请，其作用包括：

（1）对 CPU 或 DMA 控制器访问片内数据存储器的申请进行仲裁。

（2）对 CPU 访问 EMIF 的申请进行处理。

（3）协助 CPU 通过外设总线控制器访问片内集成外设。

CPU 通过两条地址总线（DA1 和 DA2）向 DMC 提交数据访问申请，存储总线 ST1 和 ST2 用于传输写操作的数据，取数总线 LD1 和 LD2 用于传输读操作的数据。

2.3.5 内部数据存储器

1. 片内数据存储器的组织结构

1）C6201/C6204/C6205

片内 64KB 的数据 RAM 分为两块，各 32KB，占据的地址为 80000000h～80007FFFh 和 80008000h～8000FFFFh。每一个 RAM 块（block0/1）组织为 4 个 4Kb×16（32KB）的存储体（bank），如图 2.17 所示。每一个存储体都有独立的数据总线与 DMC 相连。DMA 控制器与 CPU，或者是 CPU 的 A 侧与 B 侧，可以对位于不同 RAM 块，或是不同的存储体中的数据进行同时存取，而不会发生冲突。用户在编程时可以充分利用这一特点来提高数据访问的效率。

2）C6701

C6701 的片内数据存储器容量为 64KB，同样分为两块，占据地址 80000000h～80007FFFh 和 80008000h～8000FFFFh，如图 2.18 所示。与 C6201/C6204/C6205 的不同之处在于每一块 RAM 被组织为 8 个 2Kb×16 的存储体，因此数据吞吐率最高可以达到每周期同时完成 2 个 64 位的 CPU 访问和 1 个 32 位的 DMA 访问。

3）C6202(B)

C6202(B)的片内数据存储器容量增加为 128KB，组织结构与 C6201/C6204/C6205 相同，占据地址 80000000h～8000FFFFh 和 80010000h～8001FFFFh。

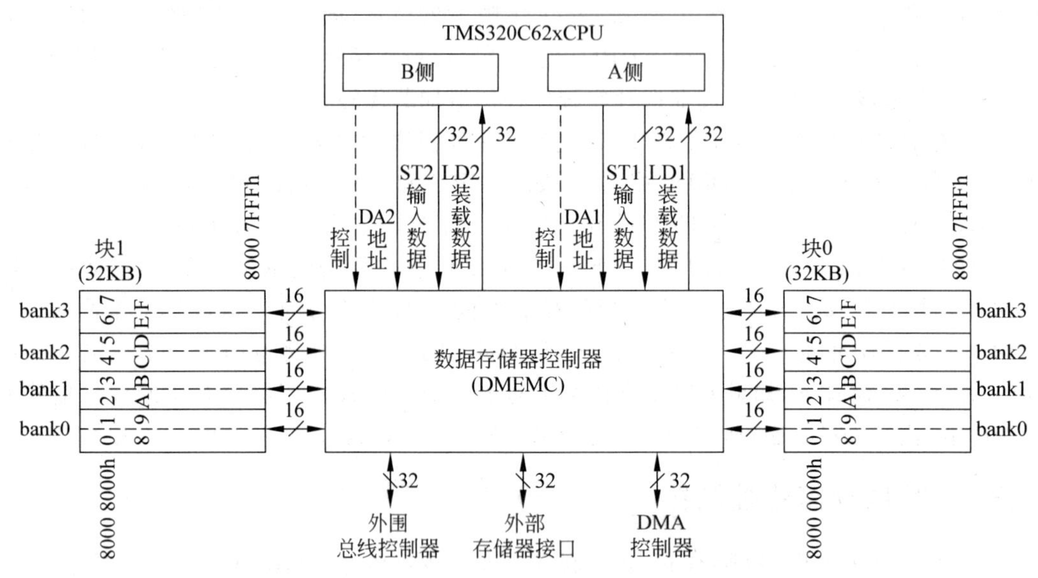

图 2.17　C6201/C6204/C6205 的片内数据存储器与控制器

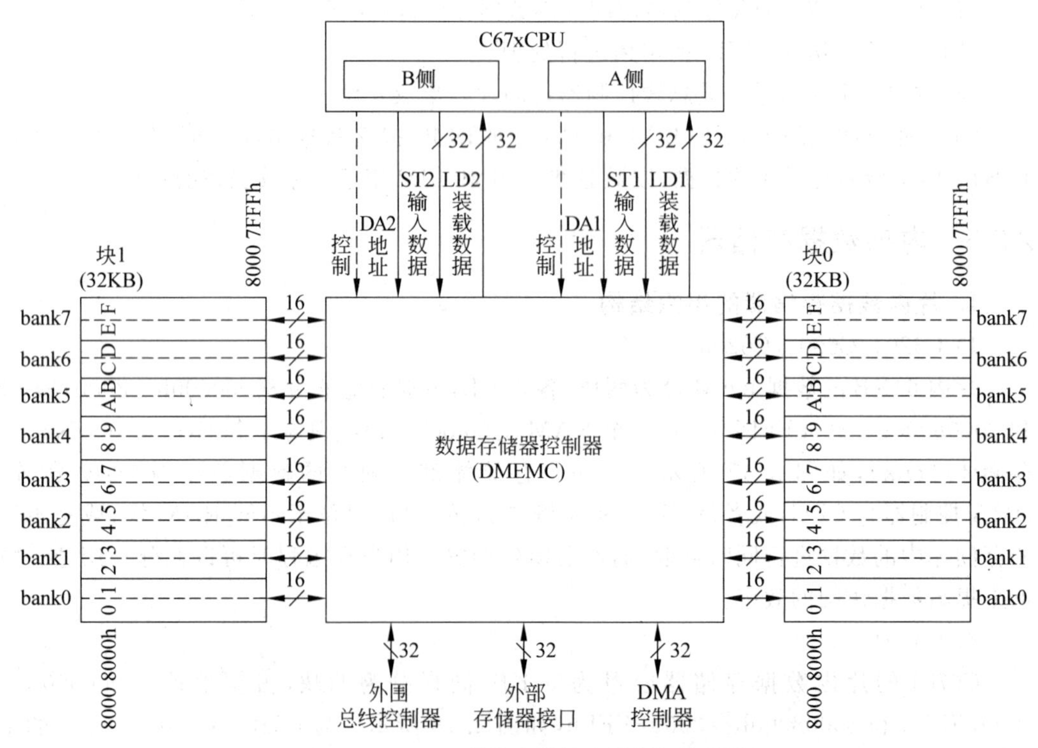

图 2.18　C6701 的片内数据存储器与控制器

4) C6203(B)

C6203(B)的片内数据存储器的容量进一步增加到 512KB，占据地址 80000000h～8003FFFFh 和 80040000h～8007FFFFh。存储器的组织结构与 C6201/C6204/C6205

相同。

2. 对片内数据存储器的访问

1）数据访问的格式控制

CPU 和 DMA 可以对数据存储器进行 8/16/32 位的数据访问，C6000 中对不同字长数据的访问有如下限制：

（1）双字（double-word）。

只有 C6701 的 LDDW 命令可以访问双字型数据。双字型数据必须位于偶数个 8B 的边界，即地址的低 3 位为 0。

（2）字（word）。

字型数据占据 2 个相邻的存储体（bank），位于偶数个 4B 的边界，其访问地址的低 2 位必须为 0。

（3）半字（half-word）。

字型数据占据 1 个存储体（bank），位于偶数个 2B 的边界，其访问地址的最低 1 位必须为 0。

（4）字节（byte）。

对字节数据的访问没有任何限制。

在支持字节寻址的微处理器中，通常有两种数据排列方式：

① Little endian 排序，多字节数据中，字节从右向左排，高位地址对应数据的 MSB（高位高地址）。

② Big endian 排序，多字节数据中，字节从左向右排，高位地址对应数据的 LSB。

C6000DSP 中，CPU 和 DMA 支持可配置的 endian 访问模式。芯片 LENDIAN 管脚的电平决定芯片访问的 endian 模式。前面提到的不同字长数据访问地址的限制，对于 little-endian 和 big-endian 模式都同样有效。表 2.5 以读操作为例，比较了不同 endian 模式下得到的数据的情况（假设源地址 xxxxxx00h 中预先存放的数据同样都是 BA987654h）。

表 2.5 不同 endian 模式下的数据访问结果

指　令	地址位	big-endian 模式下寄存器结果	little-endian 模式下寄存器结果
LDW	00	BA987654h	BA987654h
LDH	00	FFFFBA98h	00007654h
LDHU	00	0000BA98h	00007654h
LDH	10	00007654h	FFFFBA98h
LDHU	10	00007654h	0000BA98h
LDB	00	FFFFFFBAh	00000054h
LDBU	00	000000BAh	00000054h
LDB	01	FFFFFFBAh	00000076h

续表

指令	地址位	big-endian 模式下寄存器结果	little-endian 模式下寄存器结果
LDBU	01	00000098h	00000076h
LDB	10	00000076h	FFFFFF98h
LDBU	10	00000076h	00000098h
LDB	11	00000054h	FFFFFFBAh
LDBU	11	00000054h	000000BAh

2）CPU 的双存取(Dual Access)

DMC 以 16 位的存储体(bank)为单元，对访问片内数据 RAM 的申请进行仲裁和控制。对片内数据 RAM 的多个访问，只要它们要求存取的数据位于不同的 bank 或不同的 block 中，就可以同时进行。因此，对于 CPU 的访问而言，只要数据满足上述条件，CPU 就可以在 1 个周期内同时对片内 RAM 进行两次存取(Dual Access)而无须插入等待。如果要求同时存取的两个数据位于片内数据 RAM 的同一个 bank 中，那么它们会阻塞流水，此时需要两个周期完成。进行字节(8 位)访问时，包含该字节的整个 16 位都不允许同时被另一个存取所访问。

处于一个执行包(Execute Package)中的 load 和 store 命令是同时被提交给片内 DMC 的。不在同一个 CPU 周期里的 load/store 命令不会互相影响(指发生资源冲突，需要插入等待，等等)，只有处于同一个 CPU 周期中(或者说处于同一个执行包中)的 load/store 指令才有可能导致插入等待状态，条件是它们要求访问的地址位于同一个存储体中。此时，DMC 会将 CPU 阻塞 1 个 CPU 周期，将发生冲突的两个存取指令处理为顺序执行。在优先级上，load 命令总是优先于 store 命令执行。如果两个都是 store 命令，由 DA1 执行的 store 命令要优先于由 DA2 执行的 store 命令。

3）DMA 访问

DMA 控制器对片内数据 RAM 的访问可以与 CPU 同时进行，只要它们存取的数据位于不同的块(block)中，或是位于相同块的不同存储体(bank)中。如果访问同一个存储体，则会产生资源冲突，此时由设置的 DMA/CPU 优先级(DMA 通道寄存器的 PRI 位)决定谁先进行访问。如果 DMA 的优先级高，那么 CPU 的访问将被延迟 1 个 CPU 周期，等候 DMA 的访问结束；如果 CPU 的两个数据通道与 DMA 三者同时要求访问同一块 RAM，CPU 的访问将被插入两个等待周期；如果 DMA 需要连续访问数据 RAM，则 CPU 的访问需要等待所有的 DMA 存取结束后才能进行。如果 CPU 的优先级高，DMA 的存取操作将被推迟，且不会使 CPU 产生任何等待。

2.4 二级内部存储器

C621x/C671x/C64x 的片内 RAM 采用二级高速缓存结构，程序和数据拥有各自独立的高速缓存。片内的第一级程序 cache 称为 L1P，第一级数据 cache 称为 L1D，程序和数据共享的第二级存储器称为 L2。图 2.19 是片内二级高速缓存的结构。

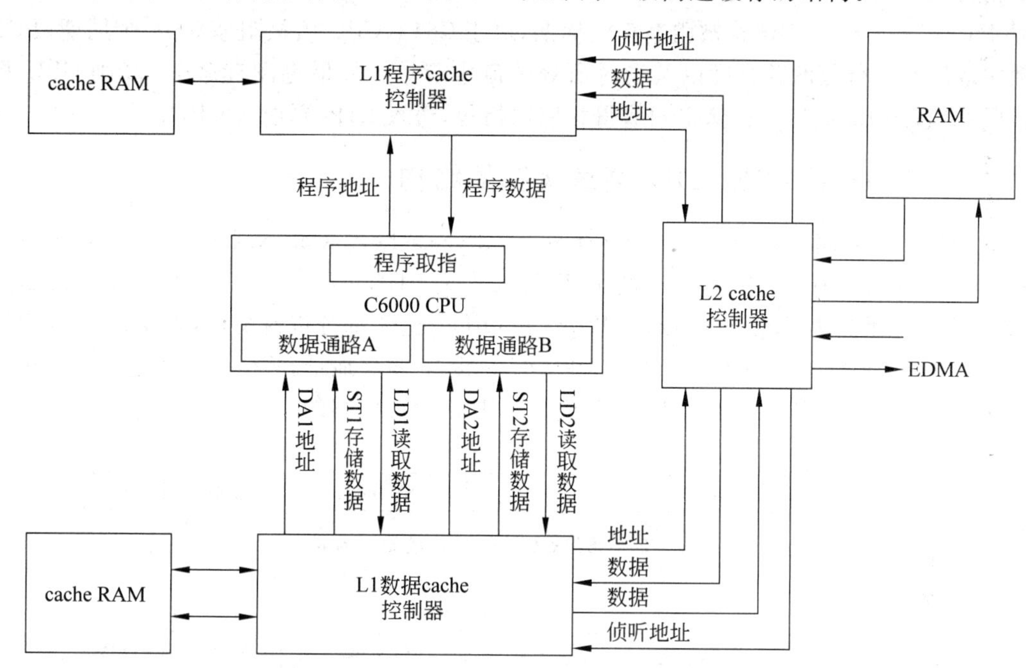

图 2.19 C6000 的片内二级高速缓存结构

2.4.1 片内一级程序(L1P)高速缓存的结构

L1P 采用直接映射结构(direct mapped cache)。

C621x/C671x 的 L1P 行大小为 64B(2 个取指包宽度),C64x L1P 的行大小为 32B。CPU 发出的 32 位取指地址分为 Tag、Set Index 和 Offset 这 3 部分进行解析,以确定在 L1P 中的映射位置。图 2.20 和图 2.21 分别是 C621x/C671x 和 C64x 的地址解析方式,二者只是对应字段的比特数不同。其中 Offset 字段确定取指包字节偏移地址,Set Index 是指令数据在 cache 中映射位置的索引,Tag 是 cache 中缓存数据的一个唯一标记。由于 CPU 每次总是读取一个取指包,实际上最低 5 位总是被忽略,而对于 C621x/C671x,bit5 决定 cache 行的哪一半内容送入 CPU。

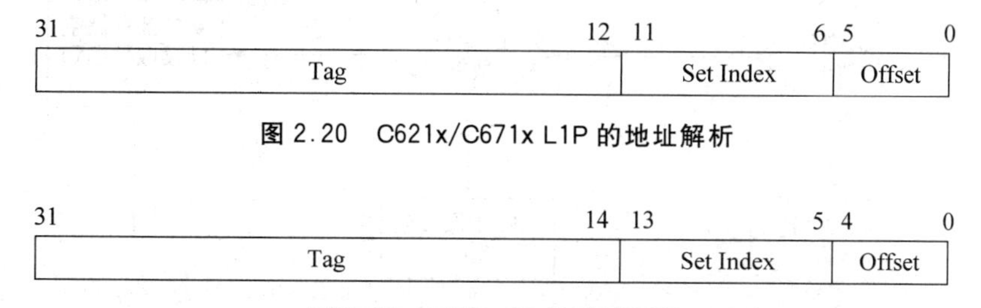

图 2.20 C621x/C671x L1P 的地址解析

图 2.21 C64x L1P 的地址解析

用户可以通过 CPU 控制状态寄存器(CSR)、L1P flush 基址寄存器(L1PFBAR)、L1P 冲洗字计数寄存器(L1PFWC)和 cache 配置寄存器(CCFG)实现对 L1P 的控制。CPU 的取指访问如果命中 L1P，将单周期返回需要的取指包。如果没有命中 L1P，命中的是 L2，对于 C621x/C671xCPU 将被阻塞 5 个周期；对于 C64x，CPU 将被阻塞 0～7 个周期，具体数字取决于执行包的并行度以及当时所处的流水节拍。如果也没有命中 L2 则 CPU 将被阻塞，直到 L2 从外部存储空间取得相应取指包，送入 L1P，再送入 CPU。

2.4.2 片内一级数据(L1D)高速缓存的结构

L1D 采用双路联合结构(2-way set associative cache)。C621x/C671x 中 L1D 的行大小为 32B，可以缓存 64 组。C64x 的 L1D 行大小为 64B，可以缓存 128 组。CPU 发出的 32 位物理地址分为 Tag、Set Index、Word 和 Offset 这 4 部分进行解析，以便在 L1D 中检索缓存内容(见图 2.22 和图 2.23)，其中 Offset 是字偏移地址，Word 字段选择组中相应的字，Set Index 确定该组在 L1D 中位置，Tag 是该地址数据的一个唯一标记。

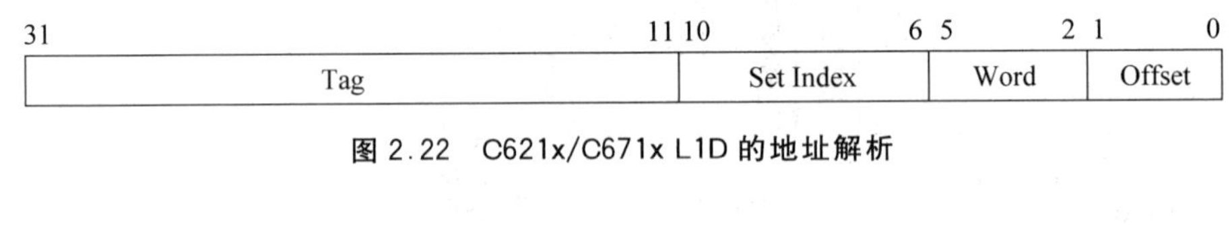

图 2.22 C621x/C671x L1D 的地址解析

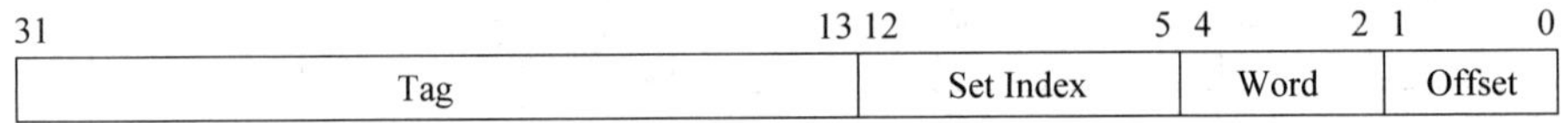

图 2.23 C64x L1D 的地址解析

用户可以通过 CPU 控制状态寄存器 CSR、L1D flush 基址寄存器 L1DBBAR、L1D 冲洗字计数寄存器 L1DFWC 和 cache 配置寄存器 CCFG 实现对 L1D 的控制。

CPU 的数据访问如果命中 L1D，将单周期返回需要的数据。如果没有命中 L1D，命中的是 L2，对于 C621x/C671x，CPU 将被阻塞 4 个周期；对于 C64x，CPU 将被阻塞 2～8 个周期。如果也没有命中 L2，CPU 将被阻塞，直到 L2 从外部存储空间取得相应数据，送入 L1D，再送入 CPU，访问逻辑如图 2.24 所示。

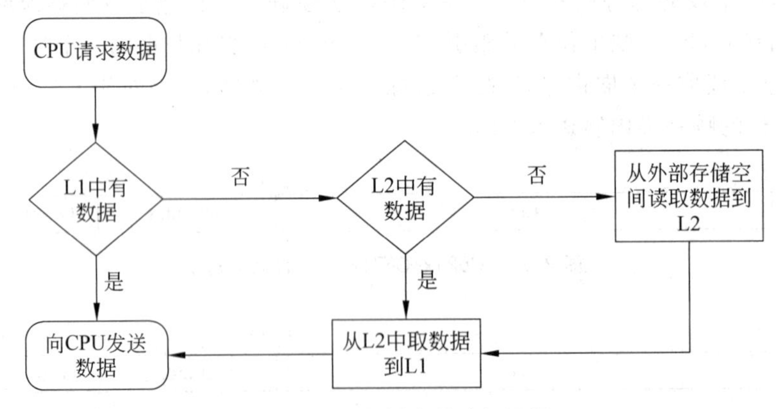

图 2.24 二级缓存的访问逻辑

对于 C64x、L1D 和 L1P 还提供一种高速缓存缺失的流水处理机制，称为 miss pipeline，能够减小第一级高速缓存缺失时的阻塞周期。单独 1 个 cache 缺失会阻塞 CPU

8 个周期，如果同时（或顺序）发生 2 个高速缓存缺失，利用流水处理，平均的 CPU 阻塞时间可以降低为 5 个周期，如果同时（或顺序）有多个 cache 缺失发生，平均的 CPU 阻塞时间还可以进一步降低。

C64x 的 L1D 和 L2 之间存在一个写缓存（write buffer）。利用写缓存，cache 控制器最多可以处理 4 个不可合并（non-mergeable）的写缺失而不会阻塞 CPU。满足下列条件时，写缓存能够将 2 个写缺失合并为 1 个双字操作：

（1）两个访问的双字地址相同；

（2）是对配置为 RAM 的两个访问；

（3）最早的写访问则进入写缓存队列；

（4）最近的写访问还没有进入写缓存队列。

2.4.3 片内二级（L2）高速缓存的结构

C621x/C671x 的 L2 容量为 64KB，C64x 的 L2 容量为 1024KB，可以由 CCFG 寄存器的 L2MODE 字段配置为 5 种模式。用户可以通过 cache 配置寄存器（CCFG）、L2 冲洗（clean）基址寄存器（L2FBAR）、L2 冲洗字计数寄存器（L2FWC）、L2 冲洗基址寄存器 C（L2CBAR）、L2 冲洗字计数寄存器（L2CWC）、L2 冲洗寄存器（L2FLUSH）和 L2 冲洗寄存器（L2CLEAN）实现对 L2 的控制。

图 2.25 给出了 C621x/C671xL2 作为 64KB/48KB cache 时的解析结构。

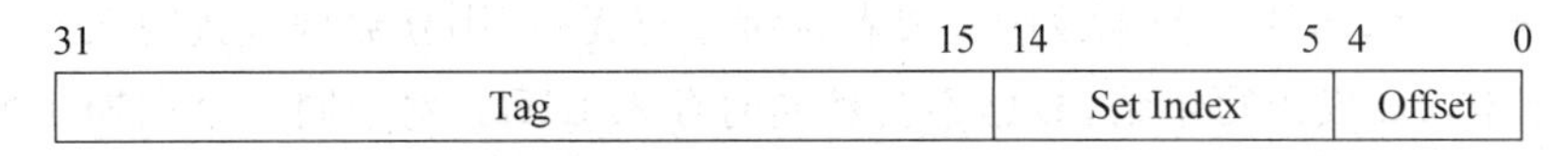

图 2.25 C621x/C671xL2 作 64K/48KB cache 时地址解析

2.4.4 片内高速缓存的控制

1. 控制寄存器

除了前面提到的多个 cache 控制寄存器，C621x/C671x/C64x 还提供了一组存储器属性寄存器（Memory Attribute Registers，MAR），用于控制外存某一段空间的高速缓存使能。如果某一个 EMIF 地址范围设置为不可高速缓存（not cacheable），对该地址的访问将略过所有的 cache，直接访问外部存储器。这种访问称为远距离访问（long distance accesses），此时只返回要求的数据。设置为可高速缓存（cacheable）时，访问外存会返回整个高速缓存行大小的数据。C64x 的 MAR 寄存器与 C621x/C671x 是兼容的，相同映射地址的 MAR 寄存器控制的地址区间也相同。

2. L1P 的控制

L1P 只能作为缓存，不能设置为映射存储器，也没有冻结（freeze）和直通（bypass）模式。最初 CPU 对任何一个地址的取指访问都会产生 cache 缺失，因此会转向 L2 提出数据申请，返回的数据（指令包）同时存入 L1P，以后再取该指令包时就会产生 cache 命中。

L1P 中内容的更新由 L1P 控制器自动完成。用户有两种方法手工控制使 L1P 中的缓存内容失效。第 1 种方法是向 CCFG（Cache Configuration Register）的 IP 位写入 1，使

L1P Tag RAM 中的所有 cache 标记变无效。第 2 种方法是使 L1P 中某一段缓存数据失效，此时需要用到 L1PFBAR 和 L1PFWC 控制寄存器。操作时首先向 L1PFBAR 中写入一个地址（必须是 word-aligned）表明强制失效操作的起始地址，然后向 L1 PFWC 写入要求失效的数量（单位：word）。L1P 将搜索那些对应的外部地址落在 L1PFBAR～L1PFBAR＋L1PFWC 这一范围内的行（line），并将它们置为无效。如果 L1PFBAR 和 L1PFWC 的值不是 L1P 中行大小（16 word）的整数倍，则包含属于这一范围内地址的所有行都变为无效。L1PFWC 寄存器被写入时，指定区段的缓存置无效操作立即完成。第 1 种方法在操作过程中会阻塞 CPU 对 L1P 的访问，第 2 种方法不会阻塞任何正在进行的 CPU 访问。

3. L1D 的控制

同样，L1D 只能作为缓存，不能作为映射的存储器，也没有冻结（freeze）和直通（bypass）模式。CPU 最初对任何一个数据的访问都会产生 cache 缺失，导致从外部读取数据，并缓存在 L1D 中。后续对同一数据的访问将产生 cache 命中，CPU 在单周期内得到需要的数据。cache 缺失情况下的操作取决于数据访问的方向。如果是读缺失，L1D 向 L2 发出取数据申请。数据从 L2 返回后，L1D 控制器根据访问地址决定映射的缓存组（set），然后将新的数据存入最近最少使用（Least Recently Used，LRU）的行。若该行缓存数据曾经重写但对应源地址的内容未被更新（称为 cache line dirty），则旧数据会先写入 L2，不会被丢弃；若原数据未被修改或者该缓存行无效，则新数据直接写入。如果是写缺失，L1D 转向 L2 发出写申请，数据不会被同时存入 L1D。对于同一个周期中发生两次 cache 缺失，L1D 会将这两次缺失排序，然后向 L2 顺序发出申请。L1D 是一个读分配（read-allocate）cache，发生写缺失时，L1D 直接向 L2 发出写申请，数据不会保存在 L1D 中。L1D 也是一个回写式（write-back）cache，发生写命中时，数据写入 L1D，不会对 L2 操作，因而会导致 cache 重写（dirty）。当后续的访问需要置换该缓存器内容时，才会对 L2 中的原始数据进行更新。在某些场合下，用户如果需要强制将 L1D 中已修改的数据对外进行更新，例如现场的切换，可以通过将缓存数据置无效来实现。

用户使 L1D 缓存数据失效的方法同样有两个：

（1）将 CCFG 控制寄存器（Cache Configuration Register）中的 ID 位置 1，这样 L1D Tag RAM 中的所有 cache 标记都将变为无效；

（2）利用 L1DFBAR 和 L1DFWC 控制寄存器使一段缓存无效，方法和 L1P 中的操作类似，即先向 L1DFBAR 中写入一个 word-aligned 的起始地址，再将失效的 word 数目写入 L1DFWC。当 L1DFWC 的写入操作完成时，对应外部地址在 L1DFBAR～L1DFBAR＋L1DFWC 内的缓存内容将变为无效，这些行的数据将被送入 L2，并存入相应的原始地址中。如果 L1DFBAR 和 L1DFWC 的值不是行大小的整数倍，则包含上述范围地址的行都将变为无效，但是只有该范围内的那些字（word）才会存入 L2。

4. L2 的控制

L2 控制器处理的申请来自 3 个方向：L1P、L1D 和 EDMA。来自 L1P 的只有读请求，它们之间是 1 条 256 位宽的单向数据总线。L1D 和 L2 间的接口包括 1 条 L1D 到 L2 的写总线和 1 条 L2 到 L1D 的读总线。L2 与 EDMA 间是 1 条 64 位的读写总线。由于 L1D 行大小是 L1D 和 L2 间总线宽度的 2 倍，因此每次 L1D 的读请求需要进行两次，L1D 对 L2 的每次存取需要两个周期，因此，如果 L2 包含所需数据，L1D 的读缺失将在 4 个周期后得到数据。L1P 的 cache 缺失最快需要 5 个周期得到数据。L2 SRAM 分为多个存储体(bank)，只要数据在不同的 bank 中，就可以同时进行两个存取访问。发生冲突时将按如表 2.6 所示的优先级仲裁。

表 2.6　L2 的访问优先级

优　先　级	访　　问
1	L1P 或 L1D(命中)
2	EDMA 读写
3	读填充(L2 cache 维护)
4	被驱逐数据的写(利用 EDMA 由 L2 向外部存储器回写数据)
5(低)	监听(与 L1D 数据合并)

当 L1P 和 L1D 发生 cache 缺失时，向 L2 发出申请，L2 怎样响应该申请将取决于 L2 的模式设置。复位时 L2 的默认模式为 SRAM，以支持上电自加载。一旦 L2 RAM 中的任何一部分设置为 cache，则该部分不再出现在存储器映射空间中。

L2 中配置为 SRAM 的部分，其存取与一般 RAM 完全一样，配置为 cache 的部分，其操作与 L1D 类似。L2 读 cache 命中时返回申请的数据，读缺失时阻塞申请，将申请转给 EDMA，并采用 LRU 策略缓存新数据。此时如果取出的 cache 行包含有效数据，由于被取出的数据可能同时缓存在 L1D 中，所以还需要监听(snoop)L1D(即使 L2 读缺失是源于 L1P 的缺失)。若监听 L1D 返回数据，则 L1D 和 L2 中对应的数据同时失效，以维持两级缓存的一致性。如果监听没有返回数据，则只有所取出的 L2 数据失效。若 L1D 返回重写(dirty)的数据，或者被取出数据重写过，则数据会送入外部存储器。L2 是一个读通过式(load through)高速缓存，发生 L1/L2 读缺失时，EDMA 一旦读到所需的数据，就会直接由 L2 送入 L1，以减小 CPU 的阻塞时间。此时 EDMA 读入整个 L2 行数据，而不只是所需的 L1 行。

L2 写命中时，会修改 L2 中数据，并标记为重写。L2 是一个写分配(write-allocate)高速缓存，写缺失时，会查找 LRU 的行，并准备缓存新数据。

C621x/C671x/C64x 不对外部存储器执行一致性检查，因此 L2 不会监听 MAR 寄存器中使能的外部地址空间。如果外存某一空间的数据已缓存在 L2 中，然后外存中的数据又被其他器件修改，L2 将无法获得这一信息。在这种情况下，需要用户通过一些中断服务程序，自行维护高速缓存的一致性。

2.5 本章小结

C6000 系列 DSP 处理器由 CPU 内核、外设和存储器 3 个主要部分组成，本章从芯片的设计角度出发，利用简单的汇编指令实现经典的数字信号处理算法——点积运算，同时引出 C6000DSP 芯片的 CPU 结构，讨论了 CPU 数据通路和控制，介绍了片内存储器和二级内部存储器的原理、寄存器和应用。

2.6 为进一步深入学习推荐的参考书目

为了进一步深入学习本章有关内容，向读者推荐以下参考书目：

1. 张东亮编著. DSP 控制器原理与应用[M]. 北京：机械工业出版社，2011.

2. 郑阿奇主编. 孙承龙编著. DSP 实用教程[M]. 北京：电子工业出版社，2011.

3. 粟思科主编. 李拥军，杨龙，安吉宇等编著. DSP 原理及控制系统设计[M]. 北京：清华大学出版社，2010.

4. 程善美，蔡凯，龚博编著. DSP 在电气传动系统中的应用[M]. 北京：机械工业出版社，2010.

5. The C6000 Embedded Application Binary Interface Migration Guide(Rev. A), Texas Instruments Incorporated, 10 Nov 2010.

6. 卞红雨等. TMS320C6000 系列 DSP 的 CPU 与外设[M]. 北京：清华大学出版社，2008.

7. TMS320C674x DSP CPU and Instruction Set User's Guide(Rev. B), Texas Instruments Incorporated, 30 Jul 2010.

8. TMS320C64x/C64x+ DSP CPU and Instruction Set Reference Guide(Rev. J), Texas Instruments Incorporated, 30 Jul 2010.

9. TMS320C62x DSP CPU and Instruction Set Reference Guide(Rev. A), Texas Instruments Incorporated, 20 May 2010.

10. TMS320C6000 Instruction Set Simulator Technical Reference(Rev. I), Texas Instruments Incorporated, 05 Apr 2007.

11. TMS320C67x/C67x+ DSP CPU and Instruction Set Reference Guide(Rev. A), Texas Instruments Incorporated, 07 Nov 2006.

12. TMS320C6000 CPU and Instruction Set Reference Guide(Rev. G), Texas Instruments Incorporated, 11 Jul 2006.

2.7 习题

1. 简述 C6000 的组成和基本结构。

2. 为进一步提高处理器的运算能力，C6000 采用了哪些方式？

3．C6000 数据通路包括哪些物理资源？

4．C6000 数据通路中通用寄存器数目是多少？其作用是什么？

5．简述 C6000 的存储器空间分配特点。

6．C620x/C670 中，对片内程序存储器的访问需要通过哪个控制器？其任务包括哪些？

7．片内程序 RAM 有几种工作模式，可通过什么寄存器设置？

8．C620x/C670x 中，数据存储器控制器其作用包括哪些？

9．简述 C6000 二级缓存的访问逻辑。

第3章

TMS320C6000 系列的指令系统

教学提示：TMS320C6000 系列芯片具有许多强大的功能，针对其具体功能以及结构的不同，C6000 具有不同于 TMS320C2000 和 TMS320C5000 的指令系统。本章主要介绍 TMS320C6000 系列的指令系统，包括与指令有关的概念、公共指令集、汇编、线性汇编、伪指令以及 C 语言与汇编的混合编程等。

教学要求：本章要求学生掌握 TMS320C6000 系列芯片指令系统的基本概念，了解公共指令集的特点，熟悉常用的汇编指令，了解其汇编、线性汇编和伪指令，理解 C 语言与汇编的混合编程等内容。

3.1 TMS320C6000 公共指令集概述

3.1.1 指令和功能单元之间的映射

C6000 汇编语言的每一条指令只能在一定的功能单元执行，因此就形成了指令和功能单元之间的映射关系。2.2.1 节，给出了功能单元所能执行的操作。相应地，可以给出指令到功能单元的映射，指出每一条指令可在哪些功能单元运行；也可以给出功能单元到指令的映射，指出每个功能单元可以运行哪些指令。一般而言，与乘法相关的指令都是在.M 单元执行；需要产生数据存储器地址的指令，则要用到.D 功能单元；算术逻辑运算大多在.L 与.S 单元执行。

3.1.2 延迟间隙

C6000 采用流水线结构，从指令进入 CPU 的取指单元到指令执行完毕，需要多个时钟周期。C6000 所宣传的单指令周期是指它最高的流水处理速度。由于指令复杂程度的不同，各种指令的执行周期也不相同，因此程序员就需要了解指令执行的相对延迟，以掌握一条指令的执行结果何时可以被后续指令利用。指令的执行速度可以用延迟间隙(delay slots)来说明。延迟间隙在数值上等于从指令的源操作数被读取直到执行的结果可以被访问所需要的指令周期数。对单周期类型指令(如 ADD)而言，源操作数在第 i 周期被读取，计算结果在第($i+1$)周期即可被访问，等效于无延迟。对乘法指令(MPY)而言，如源操作数在第 i 周期被读取，计算结果在第($i+2$)周期才能被访问，延迟周期为 1。表 3.1 给出了各类指令的延迟间隙。

表 3.1 C6000 公共指令集的延迟间隙和功能单元等待时间

指令类型	延迟间隙	功能单元等待时间	读周期	写周期	转移发生
NOP	0	1			
Store	0	1	i	i	
单周期	0	1	i	i	
乘法(16×16)	1	1	i	$i+1$	
Load	4	1	i	$i, i+4$	
转移	5	1	i		$i+5$

表 3.1 中第 4、5 列以进入流水线 E1 节拍为第 i 周期，列出了各类指令要做读写操作所发生的周期号。对于转移类指令，如果是转移到标号地址的指令或是由中断 IRP 和 NRP 引起的转移，没有读操作；对于 Load 指令，在第 i 周期读地址指针并且在该周期内修改基地址，在第 $i+4$ 周期向寄存器写，使用的是不同于 D 单元的另一个写端口。

C6000 所有的公共指令都只有一个功能单元等待时间，这意味着每一个周期功能单元都能够开始一个新指令。单周期功能单元等待时间的另一术语是单周期吞吐量。

3.1.3 指令操作码映射图

C6000 的每一条指令都是 32 位。每一条指令都有自己的代码，详细指明指令相关内容。图 3.1 给出一个使用.L 功能单元指令编码的指令操作码映射图(opcode map)。其中 op 为指令操作代码，creg 指定条件寄存器的代码，z 指定条件，src、dst 分别指定源及目的操作数代码，s 选择寄存器组 A 或 B 作为目的操作数，x 指定源操作数 2(src2)是否使用交叉通道，p 指定是否并行执行，等等。把汇编语句变成代码，由汇编器(assembler)完成；把代码反汇编成汇编语句也是由专用工具程序完成的。

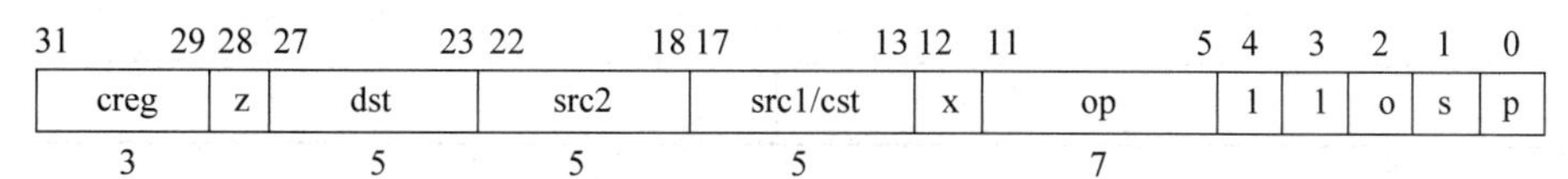

图 3.1 TMS320C6000 .L 指令操作码映射图

3.1.4 并行操作

CPU 运行时，总是一次取 8 条指令，组成一个取指包。取指包的基本格式由图 3.2 给出。取指包一定在地址的 256 位(8 个字)边界定位。

每一条指令的最后一位是并行执行位(P 位)，P 位决定本条指令是否与取指包中的

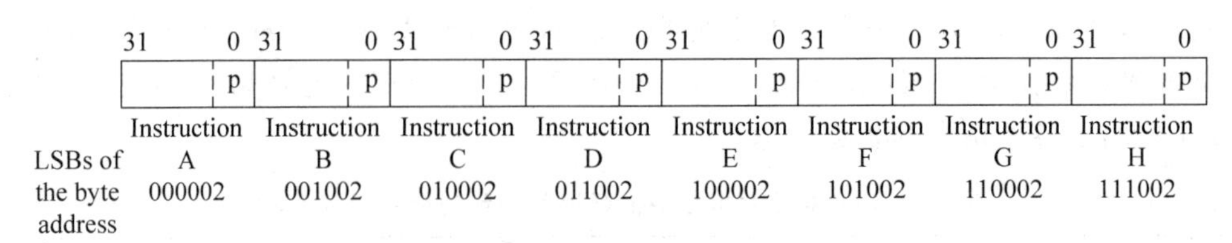

图 3.2 取指包的基本格式

下一指令并行执行。CPU 对 P 位从左至右(从低地址到高地址)进行扫描：如果指令 i 的 P 位是 1,则指令 $i+1$ 就将与指令 i 在同一周期并行执行；如果指令 i 的 P 位是 0,则指令 $i+1$ 将在指令 i 的下一周期执行。所有并行执行的指令组成一个执行包,其中最多可以包括 8 条指令。执行包中的每一条指令使用的功能单元必须各不相同。执行包不能超出 256 位边界,因此,取指包最后一条指令的 P 位必须设定为 0,而每一取指包的开始也将是一个执行包的开始。

一个取指包中 8 条指令的执行顺序可能有几种不同形式：完全串行,即每次执行一条指令；完全并行,即 8 条指令是一个执行包；部分串行,即分成几个执行包。下面给出一个由不同的 P 位设置造成部分串行执行的例子。

例 3.1 一个取指包分成几个执行包时,各个指令的并行执行位(P 位)模式,如图 3.3 所示。

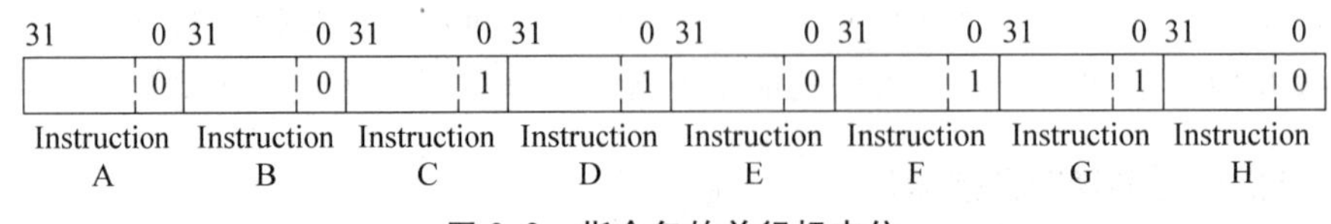

图 3.3 指令包的并行标志位

根据各个指令并行位的模式,此指令包将如表 3.2 所示的顺序执行。

表 3.2 例 3.1 的指令执行包

周期/执行包	指 令
1	A
2	B
3	C D E
4	F G H

注：指令 C、D 和 E 不能使用相同的功能单元、交叉通路或其他路径资源。这同样适用于指令 F、G 和 H。

此例所示指令包的指令代码描述如下：

```
指令 A
指令 B
指令 C
||指令 D
||指令 E
```

```
指令 F
||指令 G
||指令 H
```

其中,符号||表示本条指令与前一条指令并行执行。

如果有转移指令使程序在执行过程中由外跳转至某一执行包中间的某一条指令,则程序从该条指令继续执行,该执行包中跳转目标之前的指令将被忽略。以例 3.1 为例,如果跳转目标是指令 D,则只有指令 D 和 E 将被执行。虽然指令 C 与 D 处于同一执行包中,它也得不到执行。至于指令 A 和 B,由于处于前一执行包,更不会得到执行。如果程序的运行结果依赖于指令 A、B 或 C 的执行结果,像这样直接向指令 D 的跳转将会产生错误。

3.1.5　条件操作

所有的 C6000 指令都可以是有条件执行的,反映在指令代码的 4 个最高有效位(参见图 3.1)。其中 3 位操作码字段 creg 指定条件寄存器,1 位字段 z 指定是零测试还是非零测试。在流水操作的 E1 节拍,对指定的条件寄存器进行测试:如果 z=1,进行零测试,即条件寄存器的内容为 0 是真;如果 z=0,进行非零测试,即条件寄存器的内容非零是真。如果设置为 creg=0,z=0,则意味着指令将无条件地执行。C62xx/C67xx,可使用 A1、A2、B0、B1 和 B2 这 5 种寄存器做条件寄存器,对 C64xx,还可增加 A0 寄存器作为条件寄存器。

在书写汇编程序时,以方括号对条件操作进行描述,方括号内是条件寄存器的名称。下面所示的执行包中含有两条并行的 ADD 指令。第 1 个 ADD 指令在寄存器 B0 非零时条件执行,第 2 个 ADD 指令在 B0 为零时条件执行。

```
[B0]     ADD     .L1       A1, A2, A3
|| [!B0]   ADD     .L2       B1, B2, B3
```

以上两条指令是相互排斥的,也就是说只有 1 条指令将会被执行。互斥指令被安排并行时也有一些限制。

3.1.6　寻址方式

寻址方式指 CPU 是如何访问其数据存储空间。C6000 全部采用间接寻址,所有寄存器都可以做线性寻址的地址指针。A4～A7,B4～B7 等 8 个寄存器还可作为循环寻址的地址指针,由寻址模式寄存器 AMR 控制地址修改方式:线性方式(默认方式)或循环方式。

1. AMR 寄存器

AMR 为 8 个可以执行线性和循环寻址的寄存器(A4～A7,B4～B7)来指定寻址模式。每个寄存器对应两位字段,指定该寄存器的寻址模式:线性(默认模式)或者循环模式。在循环模式下,这两位还要指定哪个 BK(块的大小)段用于循环缓冲器:模式选择字段和 BK 字段如图 3.4 所示,模式选择字段编码如表 3.3 所示。

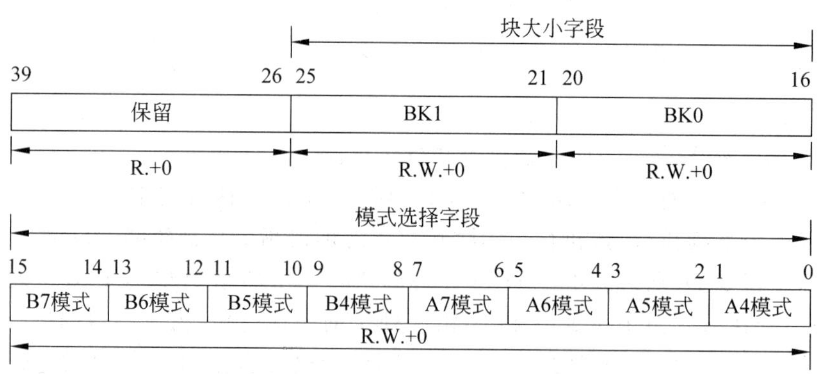

注：R表示由MVC指令可读；W表示由MVC指令可写；+0表示复位后值为0。

图 3.4　寻址模式寄存器 AMR 各个位域的定义

表 3.3　寻址模式寄存器(AMR)模式选择字段编码

模　式	描　　述	模　式	描　　述
00	线性模式(复位时的默认值)	10	使用 BK1 段循环寻址
01	使用 BK0 段循环寻址	11	保留

AMR 的保留部分常为 0，AMR 在复位时初始化为 0。块大小字段 BK0 和 BK1，包含 5 位值，用于计算循环寻址的块的大小：块大小(以字节为单位)=2^(*N*+1)。*N* 为 BK0 或 BK1 的 5 位值。

表 3.4 为 32 种可能的块的计算尺寸。

表 3.4　块尺寸计算

N	块　尺　寸	*N*	块　尺　寸
00000	2	10000	131072
00001	4	10001	262144
00010	8	10010	524288
00011	16	10011	1048576
00100	32	10100	2097152
00101	64	10101	4194304
00110	128	10110	8388608
00111	256	10111	16777216
01000	512	11000	33554432
01001	1024	11001	67108864
01010	2048	11010	134217728
01011	4096	11011	268435456
01100	8192	11100	536870912
01101	16384	11101	1073741824
01110	32768	11110	2147483648
01111	65536	11111	4294967296

注：当 *N* 为 11111 则被认为是线性寻址。

在线性寻址方式下，基地址按照指定的加减量线性修改。在循环寻址方式下，从第 N 位向第 $N+1$ 位的进位/借位被禁止，即第 $0 \sim N$ 位地址在块尺寸范围内循环修改，超出块尺寸字段的高位地址（第 $N+1$ 至 32）不变。块尺寸字段 BK0 和 BK1 含有 5 位数值，用于计算循环寻址循环块的尺寸。例如，设 N 的二进制数为 10000，等于十进制 16，则块尺寸为 2^(16+1)=131 072 字节。

2. 读取/存储(load/store)类指令

表 3.5 列出了 load/store 类指令访问数据存储器地址的汇编语法格式。其中 ucst5 代表一个无符号的二进制 5 位常数偏移量。对寄存器 B14 和 B15 可用 ucst15(无符号的二进制 15 位常数偏移量)。变址计算的符号与常用的 C 语言惯例相同。

表 3.5 load/store 类指令间接地址的产生

寻址类型	不修改地址寄存器	先修改地址寄存器	后修改地址寄存器
寄存器间接寻址	*R	*++R *--R	*R++ *R--
寄存器相对寻址	*+R[ucst5] *-R[ucst5]	*++R[ucst5] *--R[ucst5]	*R++[offsetR] *R--[offsetR]
带 15 位常数偏移量的寄存器相对寻址	*+B14/B15[ucst15]		
基地址+变址	*+R[offsetR] *-R[offsetR]	*++R[offsetR] *--R[offsetR]	*R++[offsetR] *R--[offsetR]

例 3.2 用汇编程序设置循环寻址方式。

下面的汇编程序段将 A4 寄存器设置成循环寻址方式，用 BK0 定义块尺寸为 16 字节。注意，只有用 MVC 指令和.S2 功能单元才能访问控制类寄存器。

```
MVK     .S1     0001h,     A2
MVKLH   .S1     0003h,     A2
MVC     .S2x     A2,      AMR
```

3.2 C6000 公共指令集

C62xx 的所有指令对 C64xx/C67xx 均有效，它的指令集就是本节介绍的所有 C6000 芯片共有的指令集。TMS320C6000 公共指令集是一个定点运算指令集。

TMS320C6000 的指令主要有读取/存储类指令、算术运算类指令、乘法运算指令、逻辑及位操作运算类指令、搬移类指令、跳转(程序转移)类指令 6 种。

3.2.1 读取/存储类指令

load 指令可从数据存储器读取数据送到通用寄存器，store 指令可把通用寄存器的内容送到数据存储器保存。使用此类指令应注意下列问题。

1. 符号扩展指令与无符号扩展指令的区别

LDB/LDH 指令读入的是有符号数(补码数),将字节/半字写入寄存器时,应对高位做符号扩展。LDBU/L、DHU 指令读入的是无符号数,将字节/半字写入寄存器时,应对高位补零。

2. 数据类型对地址偏移量的影响

LDB(U)/LDH(U)/LDW 指令分别读入字节/半字/字,因为地址均以字节为单位,在计算地址修正量时,要分别乘以相应的比例因子 1、2、4。STB/STH/STW 同样计算地址。

例 3.3 线性寻址下的变址计算。

1) LDH .D1 *++A4[A1],A8

此例为先修改地址,地址偏移量按[A1]×2 计算,实际读取第 00000024h 单元的内容。

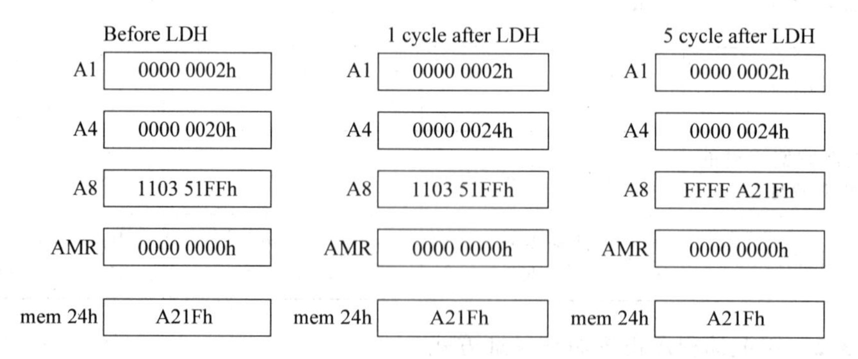

2) LDW .D1 *A4++[1],A6

此例为后修改地址,地址偏移量按 1×4 计算。

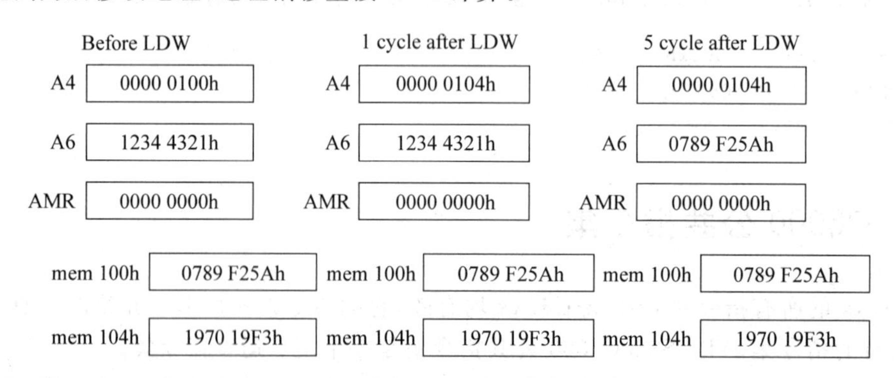

例 3.4 循环寻址方式下的地址计算。

```
LDW  .D1    *++ A4[9],A1
```

此处假设 A4 已按例 3.2 的程序被制定为循环寻址方式,块字节尺寸为 16(N=3)。因为是以字为单位读取,变址偏移量应乘 4。在线性寻址时,地址为 00000124h;循环寻址时,低 4 位(第 0~3 位)地址以 10h 为模,余数为 4,故实际寻址地址为 00000104h。

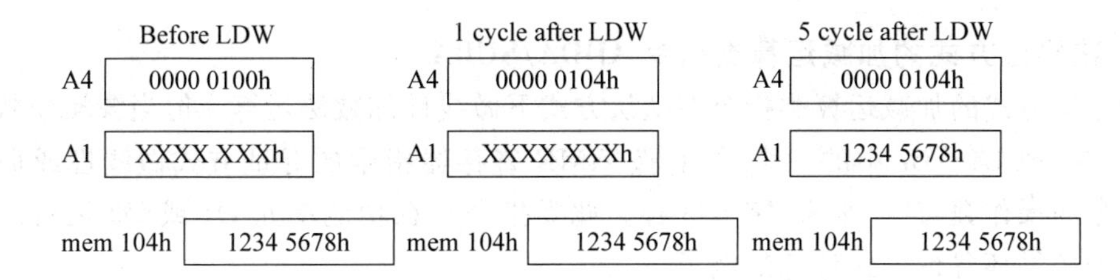

3. 数据类型与地址边界调整,终结方式(EN)对数据读取、存放的影响

在 C6000 的 Load/Store 指令里,数据长度有单字节、双字节(半字、短型定点数)和 4 字节(字、定点数)等多种。对 C62xx/C67xx 双字节型数据的地址必须从偶数开始,即其地址最低位为 0;4 字节数据地址最低 2 位必为 0,分别称为半字、字边界。在计算或书写地址时,均以它们的最低位地址作为存储单元地址的代表。

在汇编语言或 C 语言中开辟数据或变量区时,需要根据数据类型调节其地址起始点,称为地址边界调整(alignment)。虽然 C64xx 的某些指令具有无须边界调整的功能,但其默认工作方式仍是有地址边界调整,仅在特别声明情况(例如 LDNW 等指令)下,才可以使用无边界调整的地址。

终结方式(EN 或 Endian)是指多字节数据内部高低有效位的存放顺序。在小端终结方式(Little-Endian)下,数据的高有效位字节存放在地址高位字节(高位高地址),低有效位放在地址低位字节,这与 Intel 公司数据存放惯例相同。大端终结方式(Big-Endian)则反过来,与 Motorola 等公司的数据存放惯例相同。终结方式(EN)由芯片的相应管脚 LENDIAN 的电平决定,并反映在 CSR 寄存器的 EN 位,LENDIAN=1 为小端终结,LENDIAN=0 为大端终结。

表 3.6 给出了不同终结方式下执行 Store 指令后存储器的内容(设寄存器内容为 BA987654h,存储器原内容为 01121970h)。表 3.7 给出了不同终结方式下执行 Load 指令后寄存器的内容(设存储器的内容为 BA987654h)。

表 3.6 寄存器内容为 BA987654h,不同终结方式下执行 Store 指令后存储器内容

指令	地址最低位(1:0)	大端终结时的存储结果	小端终结时的存储结果
STW	00	BA987654h	BA987654h
STH	00	76541970h	01127654h
STH	10	01127654h	76541970h

表 3.7 寄存器内容为 BA987654h,不同终结方式下执行 Load 指令后存储器内容

指令	地址最低位(1:0)	大端终结时的存储结果	小端终结时的存储结果
LDW	00	BA987654h	BA987654h
LDH	00	FFFFBA98h	00007654h
LDHU	00	0000BA98h	00007654h
LDH	10	00007654h	FFFFBA98h

4. 按寻址方式的加减运算类指令 ADDA/SUBA

按寻址方式的加减运算类指令在默认方式下做线性加减法运算。但当源操作数 src2 是 A4～A7 或 B4～B7 中的一个时，它按 AMR 寄存器指定的寻址方式做线性或循环计算。指令的操作数有字/半字/字节 3 种。此类指令只在功能单元 D1 或 D2 运行。下面给出两个按循环寻址方式计算的例子。

例 3.5　按寻址方式的加法运算指令。

```
ADDAH   D1  A4,A2,A4
```

假定 AMR 寄存器设定 A4 为循环寻址，块尺寸为 8 字节（$N=2$）。ADDAH 指令以半字为单位，A2、A4 高半字都是 0，加法结果仍为 0。低半字运算，仅 A4 的低 3 位（bit0～bit2）改变。计算加法偏移量时，ADDAH 指令以半字为单位，地址以字节为单位，所以偏移量为 A2 低半字乘 2。加法结果的低 3 位以 8 为模，保留余数。

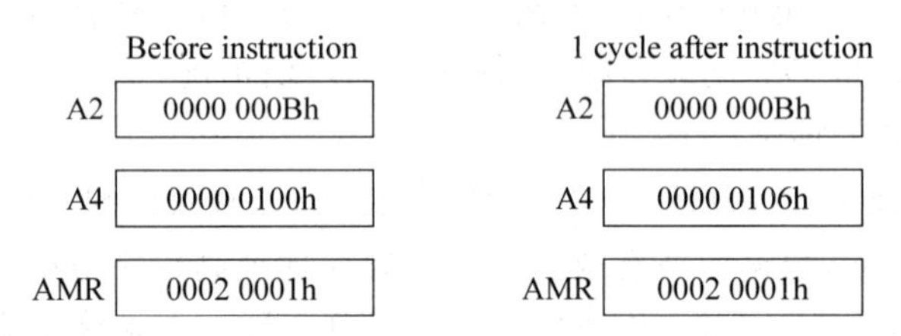

例 3.6　按寻址方式的减法运算指令。

```
SUBAB, D1  A5,A0,A5
```

此处假定 AMR 寄存器指定 A5 为循环寻址，块尺寸为 16 字节（$N=3$）。SUBAB 指令以字节为单位，寄存器 A0 高 3 个字节都是 0，故 AS 的高 3 个字节结果不变。最低字节运算，仅 AS 的低 4 位（bit0～bit3）改变。计算减法偏移量时，SUBAB 指令以字节为单位，地址亦以字节为单位，所以偏移量就是 A0 最低字节。减法结果的低 4 位以 10h 为模，保留余数。

	Before instruction		1 cycle after instruction
A0	0000 0004h	A0	0000 0004h
A5	0000 4000h	A5	0000 400Ch
AMR	0003 0004h	AMR	0003 0004h

3.2.2　算术运算类指令

1. 加减运算指令

加减运算指令可分为以下几类：

（1）有符号数加减运算指令，包括操作数为整型（32 位）或长整型（40 位）的 ADD、SUB 指令，操作数为半字（16 位）的 ADD2/SUB2 指令。ADD2/SUB2 指令的特点是同时进行 2 个 16 位补码数的加减运算，高半字与低半字之间没有进/借位，各自独立进行。

(2) 无符号数加减运算指令 ADDU、SUBU，操作数为 32 位或 40 位无符号数。

(3) 带饱和的有符号数加减运算指令 SADD、SSUB，操作数为 32 位或 40 位有符号数。

(4) 与 16 位常数进行加法操作的指令 ADDK。

加减运算指令操作容易，重点是计算中的溢出问题。

2. 溢出问题

运算结果超出目的操作数字长所能表示数的范围，造成运算结果的高位丢失，使保存的运算结果不正确，称为溢出。由于定点数以全字长表示一个整数，其能覆盖的数据动态范围较小，定点加减运算指令(无论是无符号或有符号加减运算指令)易产生溢出。例如，若目的操作数选定为半字(16 位字长)，它所能表示的补码数范围是－32 768～＋32 767，能表示的无符号数范围是 0～65 535。如果运算结果超出此范围，它将只保留运算结果的低 16 位，高位丢失，运算结果不正确。有符号数(补码数)在产生溢出时，会改变运算结果的符号。这两种情况都是十分有害的。在 C6000 指令里，普通加减运算指令产生溢出时在 CPU 内不会留下任何标志，所以对此要充分重视。

解决溢出问题的方法通常有以下 3 种：

(1) 用较长的字长来存放运算结果，使目的操作数字长超出源操作数的字长。超出源操作数字长的部分称为保护位(guard bits)。例如 2 个 32 位整型数的加减，用 40 位存放结果，有 8 个保护位。但增加保护位要占用系统资源，还可能会降低运算速度(例如，有些系统存储 40 位整数要比存 32 位整数占用较多时间)，使用时必须综合考虑。

(2) 用带饱和的加减运算指令 SADD、SSUB 做补码数加减运算。当产生溢出时，这类指令将使目的操作数置为同符号的最大值(绝对值)，即保持运算结果的符号不变，同时使 CPU 的状态寄存器 CSR 内的 SAT 位置 1。这一点需要注意。

(3) 对整个系统乘一个小于 1 的比例因子，亦即将所有参入的数值减小，以保持运算过程不产生溢出，但这种方法会降低计算精度。

一般而言，用与源操作数相同字长的数据类型来保存累加和是非常危险的。通常的选择是在计算过程(循环)内用较长的数据类型保存和数，最后根据具体情况选取适当字长。总之，应根据源操作数及运算次数，慎重选择数据类型和运算方法，防止溢出。

3. 定标和 Q 格式数

定点运算指令里的操作数都是整数，但是数字信号处理中的数值运算涉及小数运算。小数需要乘一个比例因子并取整变成整型数后，才能使用定点运算指令。把实际系统转换成可用定点运算的过程由用户自身完成，在定点指令程序中无法反映。在转换中保证系统的比例因子一致是非常重要的，因为定点运算指令认为操作数都是整数，做加减运算不存在对阶(即小数点位置)问题，只有所有数的比例因子一致才能得到正确结果。通常用 Q 格式数表示小数，以 16 位定点数为例：最高位为符号位，如规定符号位后即是小数点位置，则称为 Q15 格式数，其表示的实际小数范围是 $-1 \leqslant x \leqslant 0.9999695$。如转换时确定符号位后有 1 位整数，而后才是小数点位置，则称为 Q14 格式数，其表示的实际小数范围是 $-2 \leqslant x \leqslant 1.9999390$。数值动态范围大了，小数点后的有效位就减少。依此可类推

Q13、Q12 等格式数的定义。在字长为 32 位时，则可定义 Q31、Q30……Q15 等格式数。

选定 Q 格式值之后，应将系统的全部数值转换成同一格式的定点数，称为定标，即确定同一标尺。有时为防止溢出，也可以将所有参与操作的数除以同一比例因子。例如，都右移 1 位，即除以 2，然后再做加减运算。这样做的缺点是降低了计算精度。

4. 其他算术运算类指令

C6000 还提供了 ABS(取绝对值)、ADDK(与 16 位有符号常数相加)和 SAT(将 40 位长型有符号数转换为 32 位有符号数)等算术运算指令。SAT 指令在转换时，如果被转换数超出了 32 位有符号数所能表示的范围，则取 32 位的饱和值，并将 CSR 寄存器中的 SAT 位置 1。

3.2.3 乘法运算指令

C6000 公共指令集内的乘法指令以 16×16 位的硬件乘法器为基础，可分为以下两大类：

(1) 适宜于整数乘法的指令。

(2) 适宜于 Q 格式数相乘的指令。

1. 适宜于整数乘法的指令

整数乘法的 2 个源操作数都是 16 位字长，目的操作数为 32 位的寄存器。根据源操作数为有/无符号数以及源操作数是寄存器的低/高半字，可以组合出 16 种不同的乘法指令。除了 2 个无符号源操作数相乘外，只要有 1 个源操作数是有符号数，其结果就认定是有符号数。由于目的操作数为 32 位，乘法指令不存在溢出问题。

2. 适宜于 Q 格式数相乘的 3 条指令

在 2 个 Q 格式数相乘时，用有符号整数乘法指令，其结果将有 2 个符号位，其小数点位置也需重新判定。C6000 提供了一类带左移及饱和的乘法指令 SMPY/SMPYLH/SMPYHL，它将 2 个有符号数相乘的结果左移 1 位，使之只有 1 位符号位。如果原来是 2 个 Q15 格式数，则该类乘法指令运算结果为 Q31 格式数。

SMPY/SMPYLH/SMPYHL 指令有一个特殊情况，那就是当 2 个源操作数都是 8000h 时，按上述处理将出现错误。C6000 规定，当 SMPY/SMPYLH/SMPYHL 指令的 2 个源操作数都是 8000h 时，则将运算结果置为 32 位有符号数的最大正值，并将 CSR 寄存器的饱和位(SAT)置位。

3.2.4 逻辑及位域操作指令

1. 逻辑运算(布尔代数运算)指令

C6000 支持典型的布尔代数运算指令 AND、OR 和 XOR。这类指令都是对两个操作数按位做“与”、“或”和“异或”运算，并将结果写入目的寄存器。

C6000 还提供求补码的指令 NEG，可用于对 32 位、40 位有符号数求补码。

2. 移位指令

C6000 公共指令集共有 4 种移位指令：算术左移指令 SHL、算术右移指令 SHR、逻辑右移(无符号扩展右移)指令 SHRU 和带饱和的算术左移指令 SSHL。图 3.5 给出了一个长型数据(40 位)执行 SHR 指令操作的示意图。

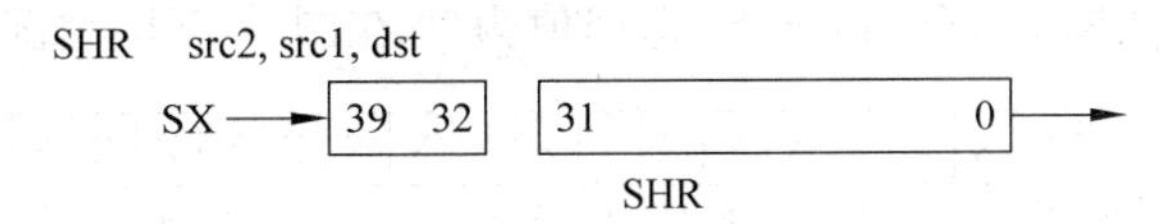

图 3.5 SHR 指令对 40 位长型数据的操作,位移次数由 SCR1 指定

在 SHR 指令里,源操作数 src2 可以是 32 或 40 位有符号数,src1 的低 6 位指定右移位数,将 src2 右移,得数放到 dst。移位时,最高位按符号位扩展。其他移位指令格式与 SHR 相似,其中 SHL 指令在左移时用 0 填补低位,SHRU 指令把 src2 视做无符号数,右移时,用 0 填补最高位。

算术左移指令 SHL 在左移过程中,其符号位有可能改变。带饱和的算术左移指令 SSHL 可用于防止这个问题产生。在 SSHL 指令情况下,src2 是 32 位有符号数,只要被 src1 指定移出的数位中有 1 位与符号位不一致,它就用与 src2 同符号的极大值填入 dst,并使 CSR 寄存器中的 SAT 位置位。

3. 位操作指令

在 C6000 公共指令集内对定点数的位域操作指令可分为 3 类:

(1) 位域清零/置位指令 CLR/SET;

(2) 带符号扩展与无符号扩展的位域提取指令 EXT/EXTU;

(3) LMBD 与 NORM 指令。

CLR、SET、EXT 和 EXTU 等指令的操作及指定操作域的方法相似。下面以 CLR 指令为例说明。CLR 指令的汇编语言有以下两种形式:

```
CLR  (.unit)  src2,  csta,  cstb,  dst
CLR  (.unit)  src2,  src1,  dst
```

前一种形式以常数 csta、cstb 指定位操作的域,后一种形式以 src1 的 bit0～bit4 代替 cstb,以 src1 的 bit5～bit9 代替 csta,这样用 src1 可动态地指定操作域,在指定范围内的位全被清零。CLR 指令操作内容如图 3.6 所示。

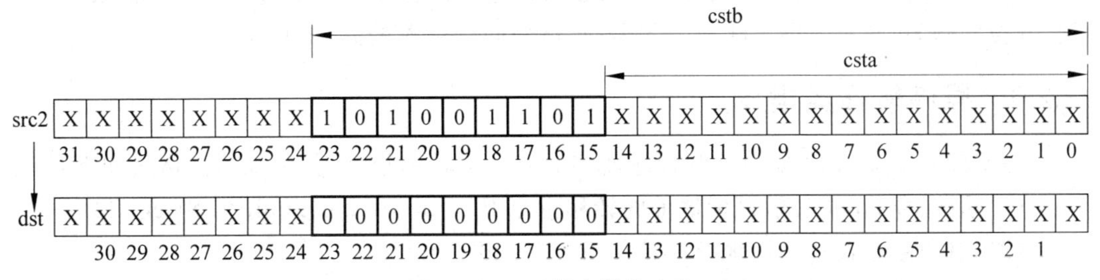

图 3.6 CLR 指令操作内容

LMBD 指令的汇编格式为:

```
LMBD        (.unit)    src1,src2,dst
```

其功能是寻找 src2 中与 src1 最低位(LSB)相同的最高位位置，并将其值(从左计起)返回送入 dst。图 3.7 是两个例子，两例都假设 src1 的 LSB 是 0。src2 分别如图 3.7(a)和图 3.7(b)所示。在图 3.7(a)情况下，返回值为 0；在图 3.7(b)情况下，返回值为 32。

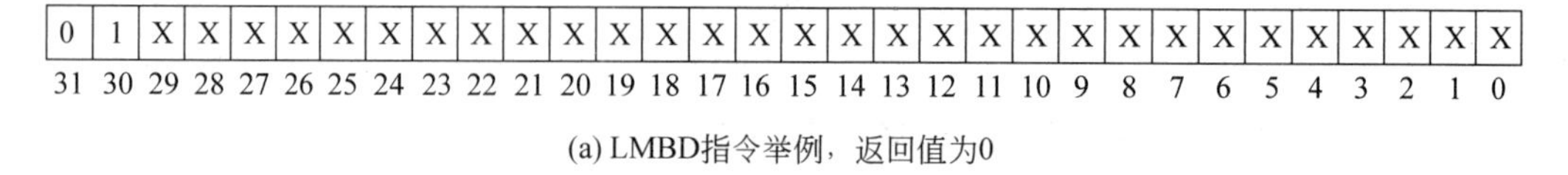

(a) LMBD指令举例，返回值为0

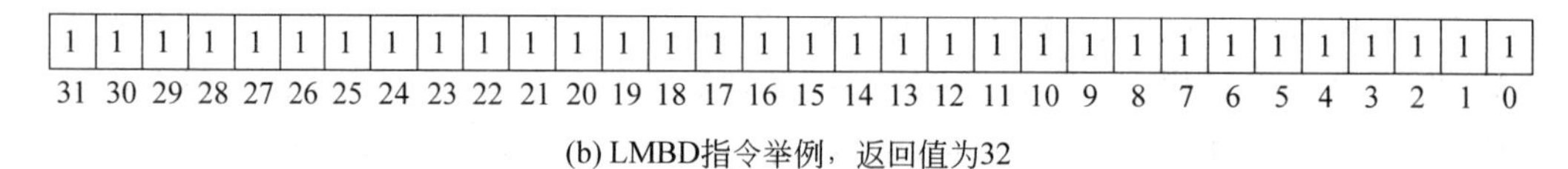

(b) LMBD指令举例，返回值为32

图 3.7　LMBD 指令举例

NORM 指令用来检测源操作数中有多少个冗余的符号位。其指令格式为：

```
NORM(.unit)  src2,dst
```

图 3.8 中 NORM 指令的执行结果为 3。

	31	30	29	28	27	26	25	24	23	22	21	20	19	18	17	16	15	14	13	12	11	10	9	8	7	6	5	4	3	2	1	0
src2	0	0	0	0	1	X	X	X	X	X	X	X	X	X	X	X	X	X	X	X	X	X	X	X	X	X	X	X	X	X	X	X

图 3.8　NORM 指令举例

4. 比较及判别类指令

CMPEQ/CMPGT(U)/CMPLT(U)指令用于比较 2 个有/无符号数是否相等、大于或小于，若为真，则目的寄存器置 1；反之，目的寄存器置 0。应该注意，比较有符号数与无符号数大小的指令是不同的，要根据被比较对象的不同来选择不同的指令。

3.2.5　搬移类指令

搬移指令共有 MV、MVC、MVK 3 类。MV 指令用于在通用寄存器之间传送数据。MVC 指令用于在通用寄存器与控制寄存器之间传送数据，此条指令只能使用.S2 功能单元。MVK 类指令用于把 16 位常数送入通用寄存器。在 C6000 指令集内，只能往寄存器送 16 位常数，可选择 MVKH 或 MVKLH 指令向寄存器的高 16 位送数。

3.2.6　程序转移类指令

在 C6000 公共指令集内控制程序转移的有 4 类转移指令，其汇编语法格式如下：

(1) 用标号 label 表示目标地址的转移指令 B(.unit) label(.unit=.S1 或.S2)；

(2) 用寄存器表示目标地址的转移指令 B .S2　src2；

(3) 从可屏蔽中断寄存器取目标地址的转移指令 B .S2 IRP；

(4) 从不可屏蔽中断寄存器取目标地址的转移指令 B .S2 NRP。

这 4 种转移指令只是目标地址不同，其执行过程相同。对用标号 label 表示目标地址的转移指令，在汇编阶段，汇编器(assembler)将计算从当前指令执行包到标号地址的相对值，并将它填入指令代码。用寄存器表示目标地址的转移指令，其指定的通用寄存器的内容就是目标的绝对地址。第3、第4这两种转移指令与第2种相似，只是它们是从指定的中断寄存器取目标地址，适用于从中断返回的情况。

转移指令有5个指令周期的延迟间隙，即在转移指令进入流水线后，要再等5个周期才发生跳转。所以，转移指令后的5个指令执行包都进入CPU流水线，并相继执行。

例 3.7　转移指令及其延迟间隙的影响。

图3.9是一段汇编程序，最左2列是假设的程序地址。表3.8实际列出了从转移指令进入CPU流水线后每个周期的程序计数器的运行情况。可以看出，在跳转实际发生前，程序已进入LOOP段，所以LOOP段的前4个执行包会重复执行。如果不希望重复执行LOOP段的前4个执行包，也没有别的指令要执行，则可以把连续4个空操作指令NOP写在LOOP语句前，或简写为NOP 4。NOP不执行任何操作，仅用于填补取指包的空白及延迟间隙。多周期的空操作指令会影响转移指令的执行。用户可以有效地利用这一个延迟间隙，执行代码优化，提高代码效率。

```
0000 0000           B     .S1    LOOP
0000 0004           ADD   .L1    A1, A2, A3
0000 0008        || ADD   .L2    B1, B2, B3
0000 000C   LOOP:   MPY   .M1X   A3, B3, A4
0000 0010        || SUB   .D1    A5, A6, A6
0000 0014           MPY   .M1    A3, A6, A5
0000 0018           MPY   .M1    A6, A7, A8
0000 001C           SHR   .S1    A4, 15, A4
0000 0020           ADD   .D1    A4, A6, A4
```

图3.9　含有转移指令的汇编程序段

表3.8　例3.7的汇编程序段执行时，其程序计数器的变化情况

周　期　数	程序计数器数值	操　　作
Cycle0	0000 0000h	转移指令开始执行(取得目标地址)
Cycle1	0000 0004h	
Cycle2	0000 000Ch	
Cycle3	0000 0014h	
Cycle4	0000 0018h	
Cycle5	0000 001Ch	
Cycle6	0000 000Ch	转移到目标地址，执行目标代码
Cycle7	0000 0014h	

3.2.7　资源对公共指令集的限制

指令执行过程会占用一定的资源，并行执行的指令所需资源不能冲突。例如，在同一个指令周期，不能有2条指令对同一寄存器执行写操作。指令间资源上的冲突，不仅要考虑同一个执行包内指令间的冲突，还要考虑前后指令间可能的冲突。这是因为C6000采

用流水线结构，某些指令执行需要多个指令周期，前后指令间潜在的冲突有可能发生。

1. 使用相同功能单元的指令的限制

使用相同功能单元的2条指令不能被安排在同一执行包中。例如下面的执行包是无效的：

```
ADD     .S1    A0,A1,A2
|| SHR  .S1    A3,15,A4             ;S1被2条指令同时使用,执行包无效
```

如果将上述执行包改成用不同的功能单元，下面的执行包就是有效的：

```
ADD     .L1    A0,A1,A2
|| SHR  .S1    A3,15,A4             ;使用2个不同的功能单元,执行包有效
```

2. 使用交叉通路(1X和2X)的限制

一个执行包内的一个功能单元(.L、.S或.M中的任一个)可以通过交叉通路从另一侧的寄存器组读取一个源操作数。使用同一条交叉通路的2条指令不能被安排在同一个执行包中。

下面的执行指令包是无效的：

```
ADD      .L1X   A0,B1,A1
|| MPY   .M1X  A4,B4,A5      ;在一个执行包内被2条指令同时使用,无效
```

上述执行包改成如下格式就是有效的：

```
ADD     .L1X     A0, B1, A1
|| MPY  .M2X    B4, A4, B2      ;.L1使用1X, .M2使用2X,执行包有效
```

3. 对Load/Store指令的限制

(1) Load/Store指令所用的地址指针寄存器必须与所用的.D功能单元处于同一侧。下面的执行指令包是无效的：

```
LDW     .D1       * A0,      A1
|| LDW  .D2       * A2,      B2      ;D2必须使用B组的寄存器作地址指针
```

执行指令包经过如下的改动成为有效的：

```
LDW     .D1       * A0,      A1
|| LDW  .D2       * B0,      B2      ;D2使用B组地址指针寄存器,正确
```

(2) 使用同一寄存器组作为目的地址/源地址的2条Load/Store指令不能被安排在同一个执行包中。下面的执行包，LDW指令要读取数据到A5，STW指令要将A6数据输出，A5和A6在同一个寄存器组内，是无效的：

```
LDW     .D1   * A4,A5
|| STW  .D2  A6, * B4  ;读取指令目的地址与存储指令的源地址都在A寄存器组,指令无效
```

下面2组执行包没有冲突，都是有效的执行包：

```
LDW     .D1   *A4, B5
|| STW  .D2   A6, *B4          ;读入到 B5,从 A6 存储,寄存器组不同,执行包有效
LDW     .D1   *A0,B2
|| LDW  .D2   *B0,A1           ;读入到 B2, A1,寄存器组不同,执行包有效
```

4. 使用长型数据(40 位)的限制

C62x/C67x 的.S 和.L 单元共用一套为长型源操作数的读通路和为长型结果的写寄存器通路，所以同一执行包只能容许每个寄存器组处理一个长型数据。

下面的指令执行包是无效的：

```
ADD     .L1   A5:A4,A1, A3:A2
|| SHL  .S1   A8,A9, A7:A6     ;2 个长数据同时写入 A 组寄存器
```

指令执行包经过如下的改动成为有效的：

```
ADD     .L1   A5:A4,A1,A3:A2
|| SHL     .S2   B8.B9.B7:B6   ;每一组寄存器只有 1 个长数据写
```

因为 C62x/C67x 的.S 和.L 单元的长数据读通路与数据存储通路共用，所以涉及同一.S 单元或.L 单元的长数据读操作和存储操作不能安排在同一个执行包中。下面的执行包是无效的：

```
ADD     .L1   A5:A4,A1,A3:A2
|| STW     .D1   A8, *A9       ;长数据读操作与同组存储操作冲突
```

执行包经过如下改动成为有效的：

```
ADD     .L1   A4,A1, A3:A2
|| STW     .D1   A8, *A9       ;没有长数据读操作,无冲突
```

5. 对寄存器读取的限制

对同一寄存器在 1 个指令周期读取多于 4 次是不允许的，条件寄存器不在此限制之列。

下述代码序列在 1 个指令周期内对寄存器 A1 进行了 5 次读取，是无效的：

```
MPY     .M1   A1, A1, A4
|| ADD     .L1   A1, A1, A5
|| SUB     .D1   A1, A2, A3    ;在 1 个指令周期内对寄存器 A1 进行 5 次读取
```

如下的代码序列是有效的：

```
MPY     .M1   A1,A1,A4
|| ADD     .L1   A0,A1,A5
|| SUB     .D1   A1,A2,A3      ;只对寄存器 A1 进行 4 次读取
```

6. 对寄存器存储的限制

在 1 个指令周期，不能同时存在 2 条写入同一寄存器的指令。具有同一目的地址的

2条指令只要向该目的寄存器的写操作不在同一个指令周期发生，就可以安排并行。例如，第 i 周期的 MPY 指令与其后第 $i+1$ 周期的 ADD 指令不能写入相同的寄存器，因为这2条指令的写操作都在第 $i+1$ 周期发生。因此，下面的代码序列是无效的，除非在 MPY 指令后有跳转操作发生，能够阻止 ADD 指令的执行：

```
MPY    .M1   A0,A1,A2
ADD    .L1   A4,A5,A2
```

然而，下面的代码序列却是有效的：

```
ADD    .L1   A4,A5,A2
|| MPY  .M1  A0,A1,A2
```

下面给出了多种可能发生写冲突的例子。汇编器(assembler)可能对某些错误检验不出来，对此，编程人员需特别注意。

```
L1:            ADD   .L2   B5,B6,B7
||             SUB   .S2   B8, B9,B7          ;执行包 L1 有冲突,能被汇编器发现
L2:            MPY   .M2   B0, B1,B2
L3:            ADD   .L2   B3, B4,B2          ;执行包 L2、L3 有冲突,汇编器不能发现
L4: [!B0]      ADD   .L2   B5, B6,B7
||   [B0]      SUB   .S2   B8, B9,B7          ;汇编器能判定本执行包无冲突
L5: [!B1]      ADD   .L2   B5, B6, B7
||   [B0]      SUB   .S2   B8, B9, B7         ;汇编器无法判定本执行包是否有冲突
```

执行包 L1 中，指令 ADD 与 SUB 写入同一寄存器，这个冲突能被汇编器发现。执行包 L2 中的 MPY 指令与 L3 中的 ADD 指令可能同时写入寄存器 B2，如果存在转移指令使执行包 L2 之后是其他执行包而非 L3 的话，则写冲突不会发生，因此 L2 与 L3 之间潜在的写冲突不会被汇编器检测出。L4 中的指令不会发生写冲突，因为它们是互斥的。相比之下，L5 中的指令既可能是互斥的，也可能不是互斥的，汇编器无法判断，也就不会指出有错。如果程序的流程安排确实出现了写冲突，程序的执行结果将不确定。

3.2.8 浮点运算指令集

TMS320C67xx 是 C6000 系列中的浮点芯片系列。除了能执行公共定点指令外，它增加了30余条指令。增加的指令主要是单/双精度浮点运算指令，还有双精度数据的读取与存储指令。另外，C67xx 采用与 IEEE 标准相同的浮点数表示法，有32位单精度与64位双精度两种。

3.3 汇编、线性汇编和伪指令

3.3.1 汇编代码结构

汇编语言必须是 ASCII 码文件，扩展名必须是 sa，用作汇编优化器的输入文件。C6000 任意一行汇编代码可能包括7个项目：标号、并行符号、条件、指令、功能单元、操

作数和注释。各项在一行汇编代码中的位置如图 3.10 所示。

```
label: parallel bars[||]  [condition] instruction  unit operands;comments
```

图 3.10 线性汇编语句

1. 标号

标号用来定义一行代码或一个变量，它代表一条指令或数据的存储地址，标号后面的冒号是可选的。标号必须满足下列条件：

(1) 标号的第 1 个字符必须是字母或下划线后跟一个字母。

(2) 标号的第 1 个字符必须在文件的第 1 列。

(3) 标号最多可包含 32 个字母字符。

(4) 并行指令不能使用标号。

2. 并行符号

若一条指令与前面的指令并行执行，这条指令用并行符号||表示。如果一条指令的并行符号处为空白，表示这条指令不与前面的指令并行执行。

3. 条件

C62xx 中有 A1、A2、B0、B1 和 B2 5 个寄存器用于条件寄存器，C64xx 中还可以使用 A0 寄存器。方括号内寄存器的值是指令执行的条件。所有 C6000 指令都是条件指令，其执行规则如下，见表 3.9。

表 3.9 指令条件的使用

指令的条件表示	指令执行条件	指令不执行条件
[A1]	A1!=0	A1=0
[!A1]	A1=0	A1!=0

(1) 如果指令没有指出条件，指令总被执行。

(2) 如果给定条件，当条件为真，指令执行。

(3) 如果给定条件，当条件为假，指令不执行。

4. 指令

汇编代码的指令包括伪指令和命令助记符：

(1) 伪指令用来在汇编语言中控制汇编过程或定义数据结构，所有伪指令都以圆点打头。

(2) 命令助记符代表有效微处理器命令，它执行程序操作。助记符必须在第 2 列或第 2 列以后的位置开始。

5. 功能单元

C6000 有 8 个功能单元，不同类型的功能单元完成不同的功能任务。功能单元都以圆点(.)开始，后跟一个功能单元分类符。与汇编语句相似，功能单元用来说明指令所使用的资源。功能单元也是可选项，其可选方式有 4 种：

(1) 指定具体使用的功能单元(如.D1)。

(2) 指定.D1、.D2 后面再加 T1 或 T2,指定使用哪一侧的寄存器,例如下面的指令用.D1 产生存储器地址,T2 指定 B 侧寄存器(dst)。

```
LDW     .D1T2   *src, dst
```

(3) 可指出功能单元类型(如.M),由汇编器优化器安排特定功能单元(如.M2)。

(4) 不指出功能单元或仅指定数据通道,由汇编优化器根据助记符安排功能单元。

用户指定功能单元,实际上是命令汇编优化器如何分配资源:分配功能单元和寄存器的使用。如果用户的资源使用不当,就限制了汇编优化器发挥作用。所以,用户对是否指定功能单元要很慎重。

6. 操作数

操作数由常数、符号以及常数与符号构成的表达式组成。操作数之间必须用逗号隔开。在线性汇编代码中,指令对操作数有如下要求:

(1) 所有指令都需要 1 个目的操作数。

(2) 多数指令需要 1 个或 2 个源操作数。

(3) 目的操作数必须与 1 个源操作数在同一寄存器组。

(4) 2 个源操作数可以在同一寄存器组,也可在不同寄存器组。

当一条指令中的一个操作数来自另一侧寄存器组时,该指令所使用的功能单元包含一个 X 符号,该符号表示这条指令使用一个交叉通路。例如:

```
ADD  .L1    A0,A1,A3
ADD  .L1X   A0,B1,A3
```

C6000 指令使用 3 种类型操作数访问数据:

(1) 寄存器操作数　指出一个包含数据的寄存器。

(2) 常数操作数　指定汇编代码内的数据。

(3) 指针操作数　包含数据的地址,仅读取和存入指令需要使用指针操作数来实现存储器和寄存器之间的数据传送。

在线性汇编代码中,如果未指定 CPU 寄存器(未使用 C6000 的专用寄存器名),则应以在伪指令.reg 中定义的变量名代替。

7. 注释

与所有编程语言一样,汇编代码中使用注释对代码进行说明。在汇编代码中使用注释应遵循如下规则:

(1) 当前面使用分号(;)时,注释可以在任何一列开始。

(2) 当前面使用星号(*)时,注释必须在第 1 列开始。

(3) 注释不是必需的,但为提高代码可读性,建议使用注释。

3.3.2 线性汇编语言结构

为了提高代码性能,对影响速度的关键 C 代码段可以用线性汇编重新编写。线性汇编文件是汇编优化器的输入文件。线性汇编代码类似于前面介绍的 C6000 汇编代码，不同的是在线性汇编代码中不需要给出汇编代码必须指出的所有信息，线性汇编代码对这些信息可进行一些选择，也可以由汇编优化器确定。下面是线性汇编不需要给出的信息：

(1) 使用的寄存器；

(2) 指令的并行与否；

(3) 指令的延迟周期；

(4) 指令使用的功能单元。

如果在代码中没有指定这些信息，汇编优化器会根据代码的情况确定这些信息。与其他代码产生工具一样，有时需要对线性汇编代码进行修改直到其性能令人满意为止。在修改过程中，可能要对线性汇编添加更详细的信息，如指出应该使用哪个功能单元等。

3.3.3 汇编优化器伪指令

1. 汇编优化器伪指令特点

线性汇编文件中必须包含一些汇编优化器伪指令。使用汇编优化器伪指令可以区分线性汇编代码和正规汇编代码，还能为汇编优化器提供有关代码的其他信息。线性汇编伪指令特点如下：

(1) 线性汇编文件的扩展名必须是. sa。

(2) 线性汇编代码应该包括. cproc 和. endproc 命令。. cproc 和. endproc 命令限定了需要优化器优化的代码段，. cproc 放在这段代码的开始位置，. endproc 放在这段代码的结尾。用这种方式可以设置需要优化的汇编代码段，如程序或函数等。

(3) 线性汇编代码中可能包含. reg 命令，这个命令允许使用将要存入寄存器的数值的描述名字。当使用. reg 时，汇编优化器为数值选择一个寄存器，这个寄存器与对该值进行操作的指令所选择的功能单元是一致的。

(4) 线性汇编代码中还可能包括. trip 命令，这个命令用于指出循环的迭代次数。

下面是一段线性汇编语言程序实现的点积运算：

```
_dotp:  .cproc  a_0, b_0                ;优化器开始优化代码

        .reg  a_4, b_4, cnt, tmp        ;定义变量寄存器
        .reg  prod1, prod2, prod3, prod4
        .reg  valA, valB, sum0, sum1, sum

        ADD     4,  a_0, a_4
        ADD     4,  b_0, b_4
        MVK     100,cnt
        ZERO    sum0
        ZERO    sum1
Loop:   .trip  25                       ;设置循环次数

        LDW  *a_0++[2],  valA           ;load a[0-1]
```

```
        LDW   * b_0++[2],   valB        ;load b[0-1]
        MPY   valA, valB, prod1         ;a[0] * b[0]
        MPYH  valA, valB, prod2         ;a[1] * b[1]
        ADD   prod1, prod2, tmp         ;sum+=(a[0] * b[0]+a[1] * b[1])
        ADD   tmp, sum0, sum0

        LDW   * a_4++[2],   valA        ;load a[2-3]
        LDW   * b_4++[2],   valB        ;load b[2-3]
        MPY   valA, valB, prod3         ;a[2] * b[2]
        MPYH  valA, valB, prod4         ;a[3] * b[3]
        ADD   prod3, prod4 tmp          ;sum+=(a[0] * b[0]+a[1] * b[1])
        ADD   tmp, sum1, sum1

[cnt]   SUB   cnt,  4,  cnt             ; cnt -=4
[cnt]   B     loop                      ; if(!u) goto loop
        ADD   sum0, sum1, sum1          ;computer final result
        .return  sum
        .endproc                        ;优化器停止优化
```

2. 常用的汇编优化器伪指令

线性汇编文件可使用汇编优化器的伪指令。汇编优化器仅对以伪指令“. proc, . endproc”或“. cproc,. endproc”定义的线性汇编程序段优化。如果不使用上述伪指令对,汇编优化器将不对线性汇编程序段优化。

现将常用的几个汇编优化器伪指令介绍如下:

(1) 定义一个可被汇编优化器优化,而且可被 C/C++ 当做函数调用的线性汇编代码段的伪指令:

```
Label   .cproc [ variable1 [, variable2, … ] ]
        .endproc
```

(2) 定义一个可被汇编优化器优化的线性汇编代码段的伪指令:

```
Label   .proc   [register1 [, register2, …] ]
        .endproc   [register1 [, register2, …] ]
```

(3) 表明存储器地址相关与不相关的伪指令:

```
.mdep  symbol1,  symbol2
```

该伪指令向汇编优化器指明符号 symbol1 与符号 symbol2 所对应的存储器地址区不相关。

该伪指令向汇编优化器指明在其后定义的函数段内,存储器地址区不相关,相当于在 C/C++ 程序中用 restrict 表明数组指针独立。下面的程序段表示在该程序段内存储器地址区不相关,因而 LDW * B4++,A1 指令与 STW B1,* A4++指令不相关,这对汇编优化极为重要:

```
move   . proc  A4,B4,B0
       . no_mdep
Loop :
       LDW   * B4++, A1
       MV     A1, B1
       STW   B1, * A4++
       ADD  -4, B0, B0
       [B0]  B  loop
         .endproc
```

(4) 指示汇编优化器避免存储体冲突的伪指令：

```
Mptr    {register | symbol},base[+offset][,stride]
```

该伪指令告诉汇编优化器，如果 register | symbol 用做存储器指针，它可以自行判定两个存储器操作是否可能存在存储体冲突，如果存在冲突，就不把它们编排为并行执行的指令。

(5) 定义一个变量，或者说描述存入寄存器的数值变量的伪指令：

```
. reg  variable1  [, variable2 …]
```

用做寄存器对的符号，必须用. reg 伪指令定义，如下例所示：

```
. reg  ahi : alo
ADD  a0,ahi : al0, ahi : al0
```

(6) 指出循环迭代次数的伪指令：

```
Label    .trip minimum value, [ maximum value[,factor]]
```

此处 label 代表循环的起始位置，后面的 3 个参数与 C/C++ 程序中 MUST_ITERATE 后的 3 个参数定义相同。

3.3.4 汇编优化器

表 3.10 列出了与汇编优化器有关的选项。严格地讲，-mt 在 C 编译优化与在汇编优化中的性能不完全一样，但从用户角度看，它都向优化器传递了这一信息：可以认为在所编译优化的段内没有存储器混迭。

表 3.10 汇编优化器有关选项

选 项	作 用
-el	改变汇编优化器源文件默认的扩展名
-fl	指定其后的文件为汇编优化器的源文件，不管该文件的扩展名
-k	在优化后输出的文件中保留编译、优化过程的. asm 中间文件
-mh n	允许推测执行

续表

选　项	作　　用
-mi n	制定中断门限制
-ms n	按-ms0、-ms1、-ms2、-ms3 四级控制代码尺寸
-mt	假定没有存储器混迭
-mu	关闭软件流水
-mv n	指定所使用的 6200CPU 版本，例如-mv6701、-mv6416 等，否则都按-mv6200 产生代码
-n	只对源文件编译或汇编优化，不做连接或其他任何工作，停止-z 指定的连接
-o n	选定优化级别
-q	除源文件及出错信息外，编译过程的其他任何信息都不输出

汇编优化最重要的方法仍是软件流水。线性汇编在更底层，可以更好地使用资源。在汇编优化过程中，汇编优化器在输出的文件中还附加了关于软件流水安排的信息，供用户分析。

注意：绝对不能把做了软件流水编排后输出的汇编语言程序再次作为汇编优化器的源程序输入，否则将导致整个程序编排错误。线性汇编语言应按照指令的自然逻辑顺序"线性"地安放指令，由汇编优化器对它分析，做出优化安排。

3.4　C 语言和线性汇编语言的混合编程

混合编程最重要的问题是如何让线性汇编语言产生的代码满足 C 语言的调用约定。所谓 C 语言的调用约定是指如何将传递参数放在寄存器中，如何保存和恢复寄存器之类的 C 编译器生成代码的规则。例如，C6000 的 C 编译器规定函数调用的前 10 个入口参数使用寄存器 A4、B4、A6、B6、A8、B8、A10、B10、A12 和 B12，调用者必须保存 A0～A9 和 B0～B9 寄存器(C64 平台上还要保存 A16～A31 和 B16～B31 寄存器)，被调用者使用堆栈存放临时变量，被调用函数中如果使用了 A10～A15 和 B10～B15 寄存器则需要进行保护，被调用者使用 A4 寄存器保存函数返回值，等等。

实际上，这一切可以通过使用.cproc 和.endproc 自动完成。汇编优化器会在.cproc 和.endproc 语句处生成满足 C 调用约定的入口代码和出口代码。汇编优化器会自动保存使用过的寄存器，并在.return 语句处正确地将返回值放到寄存器 A4 中。

3.4.1　在 C/C++代码中调用汇编语言模块

C/C++ 代码可以访问定义在汇编语言中的变量和调用函数，并且汇编代码可以访问 C/C++ 的变量和调用 C/C++ 的函数。汇编语言和 C、C++ 语言接口需要遵循如下规则：

(1) 所有的函数，无论是使用 C/C++ 语言编写还是汇编语言编写，都必须遵循寄存器的规定。

(2) 必须保存寄存器 A10～A15、B3 和 B10～B15，同时还要保存 A3，如果使用常数的堆栈,则不需要明确保存堆栈。换句话说,只要任何被压入堆栈的值在函数返回之前被弹回,汇编函数就可以自由使用堆栈。任何其他寄存器都可以自由使用而无须首先保存它们。

(3) 中断程序必须保存它们使用的所有寄存器。

(4) 当从汇编语言中调用一个 C/C++ 函数时,第一个参数必须保存到指定的寄存器,其他参数置于堆栈中。记住,只有 A10～A15 和 B10～B15 被编译器保存。C/C++ 函数能修改任何其他寄存器的内容。

(5) 函数必须根据 C/C++ 的声明返回正确的值。整型和 32 位的浮点值返回到 A4 中。双精度、长双精度、长整型返回到 A5:A4 中。结构体的返回是将它们复制到 A3 的地址。

(6) 除了全局变量的自动初始化外,汇编模块不能使用. cinit 段。在 C/C++ 启动程序假定. cinit 段完全由初始化表组成,其他信息放入. cinit 中将破坏表,并产生不可预料的结果。

(7) 编译器将连接名分配到所有的扩展对象。因此,当编写汇编代码时,必须使用编译器分配的相同的连接名。

(8) 任何在汇编语言中定义的在 C/C++ 语言中访问或者调用的对象或者函数,都必须以. def 或者. global 伪指令声明。这样可以将符号定义为外部符号并允许连接器对它识别引用。

例 3.8 说明了一个 C 函数 main(),它调用了一个汇编语言的函数 asmfunc(),该函数有一个参数,将它加到 C++ 的全局变量 gvar 中,同时返回结果。

例 3.8 C/C++ 语言调用汇编函数。

C 程序:

```
extern  "C"
{
extern int asmfunc(int a);               /* 声明外部函数 */
int gvar=4;                              /* 定义全局变量 */

}
Void main()
{
int i=5
i=asmfunc(i);                            /* 调用函数 */
⋮
}
```

汇编程序:

```
.global    _asmfunc
.global    _gvar
_asmfunc:
LDW        *+b14(_gvar),A3
```

```
NOP 4
ADD         a3,a4,a3
STW         a3, * b14(_gvar)
MV          a3,a4
B           b3
NOP         5
```

该例中函数 asmfunc 的外部声明可选，因为其返回值为 int 型，像 C/C++ 的函数，只有当函数返回值为非整型或者传送非整型参数时需要声明汇编函数。

在线性汇编程序 asmfunc. sa 中首先用. global 伪指令声明_asmfunc 这个全局符号，否则 C 程序和线性汇编程序将无法连接到一起。在 C 语言程序编译生成的. obj 文件中约定在函数名前加下划线，所以汇编子程序的标号也要加下划线，否则程序无法连接在一起。

3.4.2 用内嵌函数访问汇编语言

TMS320C6000 编译器识别若干内嵌操作。内嵌函数可以表达 C/C++ 中较难处理且不易表达的汇编语句的含义。内嵌操作的使用类似于函数；可以像普通函数一样使用。C/C++ 内嵌操作以下划线开头，访问的方式类似于函数。例如：

```
int  x1,x2,y;
y=_sadd(x1,x2);
```

其中，内嵌函数 int _sadd(int src1,int src2)，对应的汇编指令为 SADD。

3.4.3 C/C++语言中嵌入汇编语言

在 C/C++ 源代码中，可以使用 asm 语句将单行的汇编语言插入由编译器产生的汇编语言文件。该功能是对 C/C++ 语言的扩展，即 asm 语句。该语句提供了 C/C++ 语言不能提供的对硬件的访问。asm 语句类似于调用一个名为 asm 的函数。其参数为一个字符串常量。

语法格式为：

```
asm("汇编正文");
```

编译器将参数串直接复制到编译器的输出文件，汇编正文必须包含在双引号内。所有的字符串都保持它们原来的定义。使用 asm 语句需要注意以下的事项：

(1) 特别小心不要破坏 C/C++ 环境，编译器不会对插入的指令进行检查。

(2) 避免在 C/C++ 代码中插入跳转或者标号，因为这样可能会对插入代码或周围的变量产生不可预测的后果。

(3) 当使用汇编语句时不要改变 C/C++ 代码变量的值，因为编译器不检查此类语句。

(4) 不要用 asm 语句插入到改变汇编环境的汇编伪指令中。

(5) 避免在 C 代码中创建汇编宏指令和用-g 选项编译，C 环境调试信息和汇编宏扩展并不兼容。

3.4.4　C/C++语言中访问汇编语言变量

在C/C++程序中访问在汇编语言中定义的变量或者常量有时候很有用。完成这样的操作有几种方法，这取决于何时何地被定义：一个变量或者常量在.bss段定义或者不在.bss段定义。

1. 访问汇编语言的全局变量

在.bss段或者以.usect命名的段访问未初始化的变量很直接：

(1) 使用.bss或者.usect伪指令定义变量；

(2) 当使用.usect时，变量定义在一个非.bss的段内，必须在C中声明为far；

(3) 使用.def或者.global伪指令定义为外部变量；

(4) 在汇编语言中名字之前以下划线开头；

(5) 在C/C++中，将变量声明为外部的，然后正常访问。

例3.9　C中访问汇编语言。

C程序：

```
extern  int  var1;              /*外部变量*/
far  extern  int  var2;         /*外部变量*/
var1=1;                         /*使用变量*/
var2=1;                         /*使用变量*/
```

汇编语言程序：

```
        .bss      _var1,4,4       ;定义变量
        .global   var1            ;声明为外部变量
_var2   .usect    "mysect",4,4    ;定义变量
        .global   _var2           ;声明为外部变量
```

该例说明了在.bss段中如何访问一个变量。

2. 汇编语言的常量

使用.set、.def和.global伪指令在汇编语言中定义全局的常量，或者利用一个链接赋值语句在一个链接命令文件中定义它们。这些常量只能通过特殊的运算符在C/C++中访问。

对于正常的在C/C++或者汇编语言中定义的变量，符号表包含了变量值的地址，对应汇编常量，符号表包含了常量的值。编译器不能指明在符号表中哪些是值哪些是地址。

如果用户试图通过名称访问一个汇编寄存器(或者连接器)的常量，编译器会尝试从符号表中的地址获取一个值。这种捕获方式不是用户所期望的，为了阻止此类操作，用户必须使用&(取地址运算符)操作符来获取值。换句话说，如果x是一个汇编语言常量，则其值在C/C++中为&x。

例3.10　C中访问汇编语言常量。

C程序：

```
extern int table_size;                /*外部使用*/
#define TABLE_SIZE((int)(&table_size))
;     ./*使用 cast 隐藏地址*/
;.
;.
for(i=0;i<TABLE_SIZE;++i)
;     /*像普通符号一样使用*/
```

汇编语言程序:

```
_table_size  .set  10000        ;定义常量
.global _table_size             ;设置为全局变量
```

该例通过在C程序外部引用汇编程序中定义的常量(extern int table_size;),实现在C程序中访问汇编语言的常量。

3.5 本章小结

DSP芯片的一个重要特征是采用特殊的指令。本章首先介绍了TMS320C6000公共指令集的一些概念如指令和功能单元之间的映射、延迟间隙、指令操作码映射图、并行操作、条件操作和寻址方式等内容,随后本章详细介绍了C6000公共指令集的6类指令:读取/存储类指令、算术运算类指令、乘法运算指令、逻辑及位域操作指令、搬移类指令和程序转移类指令。

了解公共指令集的目的在于DSP的应用,本章在介绍公共指令集的基础上,讨论了编程中涉及的汇编、线性汇编、伪指令以及C语言和线性汇编语言的混合编程等问题,主要包括汇编代码结构、线性汇编语言结构、汇编优化器伪指令、汇编优化器以及C语言和线性汇编语言的混合编程。在混合编程内容中主要讨论了C/C++代码中如何调用汇编语言模块,如何用内嵌函数访问汇编语言,如何在C/C++语言中嵌入汇编语言以及C/C++语言中访问汇编语言变量等问题。

3.6 为进一步深入学习推荐的参考书目

为了进一步深入学习本章有关内容,向读者推荐以下参考书目:

1. 余成波,汪治华主编. 嵌入式DSP原理及应用[M]. 北京:清华大学出版社,2012.

2. 田黎育,何佩琨,朱梦宁. TMS320C6000系列DSP编程工具与指南[M]. 北京:清华大学出版社,2007.

3. 胡景春等编著. DSP技术及应用系统设计[M]. 北京:机械工业出版社,2010.

4. 邓琛主编. DSP芯片技术及工程实例[M]. 北京:清华大学出版社,2010.

5. TMS320C674x DSP CPU and Instruction Set User's Guide(Rev. B), Texas Instruments Incorporated,30 Jul 2010.

6. TMS320C64x/C64x+ DSP CPU and Instruction Set Reference Guide(Rev. J), Texas Instruments Incorporated,30 Jul 2010.

7. TMS320C62x DSP CPU and Instruction Set Reference Guide(Rev. A),Texas Instruments Incorporated,20 May 2010.

8. TMS320C6000 Instruction Set Simulator Technical Reference(Rev. I),Texas Instruments Incorporated,05 Apr 2007.

9. TMS320C67x/C67x+ DSP CPU and Instruction Set Reference Guide(Rev. A), Texas Instruments Incorporated,07 Nov 2006.

10. TMS320C6000 CPU and Instruction Set Reference Guide(Rev. G),Texas Instruments Incorporated,11 Jul 2006.

11. TMS320C6000 Assembly Language Tools v 7.4 User's Guide(Rev. W),Texas Instruments Incorporated,21 Aug 2012.

3.7 习题

1. 简述指令和功能单元之间的映射。

2. 解释下列概念：延迟间隙、并行操作、条件操作、地址边界调整(alignment)、终结方式(EN 或 Endian)。

3. 解释指令操作码映射图中各个位域的含义。

4. 资源对公共指令集的限制有哪些？

5. 汇编程序段将 B4 寄存器设置成循环寻址方式，使用 BK1 块，尺寸为 256 字节。注意，只有用 MVC 指令和.S2 功能单元才能访问控制类寄存器。

6. C6000 任意一行汇编代码可能包括哪些项目？

7. 线性汇编与汇编相比，可以不考虑哪些信息？

8. 汇编语言和 C/C++ 语言接口需要遵循哪些规则？

9. C/C++ 语言中嵌入汇编语言需要注意什么事项？

第4章

TMS320C6000 系列流水线与中断

教学提示：流水线技术是一种将每条指令分解为多步，并让各步操作重叠，从而实现几条指令并行处理的技术，是提高系统性能的重要方法。中断系统的目的是为了让CPU对内部或外部的突发事件及时地做出响应，并执行相应的程序，在DSP系统的开发中，它同样有着十分重要的作用。本章主要介绍TMS320C6000系列的流水线和中断系统相关内容。

教学要求：本章要求学生理解TMS320C6000系列的流水线和中断系统以及其所涉及的主要概念和关键技术，重点是流水线的作用、级数、时序和流水线操作过程中存在的问题以及中断系统的类型、中断信号、控制寄存器、中断的捕获和处理等相关内容。

4.1 流水线概述

现代微处理器是用结构的复杂性来换取速度的提高的，它把指令的处理分成几个子操作，每个子操作在微处理器内部由不同的部件来完成。对微处理器的每个部件来说，每隔1个时钟周期即可进入1条新指令，这样在同一时间内，就有多条指令交迭地在不同部件内处理，这种工作方式称为"流水线"(pipeline)工作方式。TMS320C6000的特殊结构又可使多个指令包(每包最多可达8条指令)交迭地在不同部件内处理，大大提高了微处理器的吞吐量。不同类型的非流水与流水CPU执行相同指令所需要的时钟周期示意图如图4.1所示。

4.1.1 C6000流水线概念

TMS320C6000中所有指令均按照取指(fetch)、译码(decode)和执行(execute)3级(stage)流水线运行，每一级又包含几个节拍(phase)。所有指令取指级有4个节拍，译码级有2个节拍。执行级对不同类型的指令有不同数目的节拍。C62x/64x和C67xx 3级流水分别如图4.2和图4.3所示，它们在取指与译码2级所完成的操作相同，主要差别在

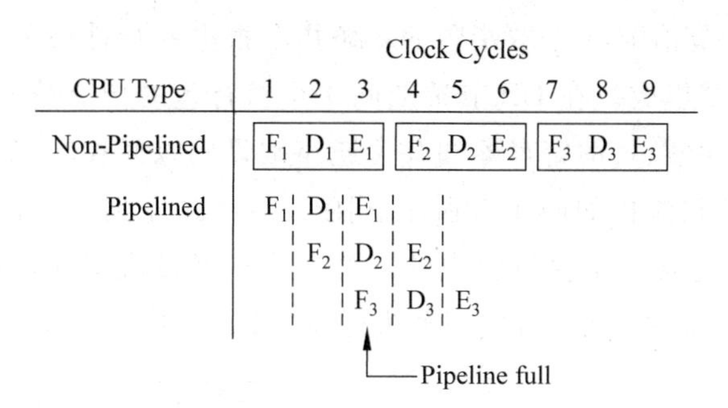

图 4.1 非流水与流水 CPU 执行相同指令所需要的时钟周期

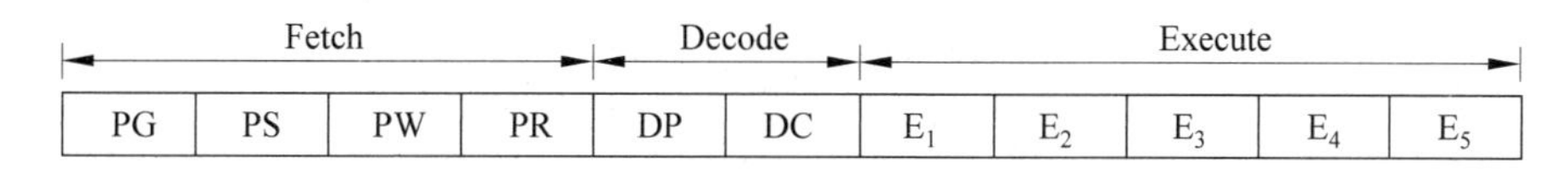

图 4.2 C62x/64x 定点流水线各个节拍

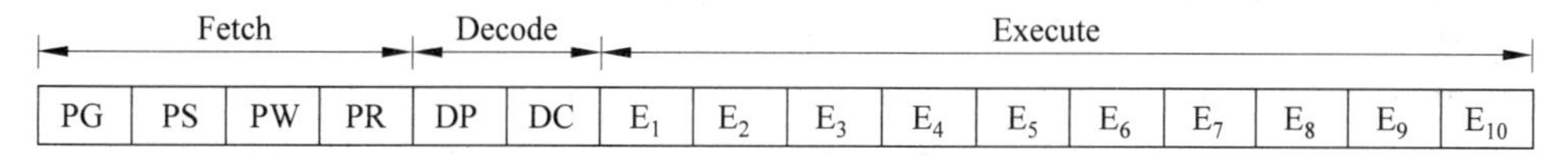

图 4.3 C67x 浮点流水线各个节拍

执行级。流水线操作以 CPU 周期为单位,一个执行包在流水线 1 个节拍的时间就是 1 个 CPU 周期。CPU 周期边界总是发生在时钟周期边界。随着节拍,代码流经 C6000 内部流水线各个部件,各部件根据指令代码进行不同处理。

流水线取指级的 4 个节拍如下:

(1) PG 程序地址产生(program address generate)。

(2) PS 程序地址发送(program address send)。

(3) PW 程序访问等待(program access ready wait)。

(4) PR 程序取指包接收(program fetch packet receive)。

图 4.4 是流水线取指各节拍示意图。

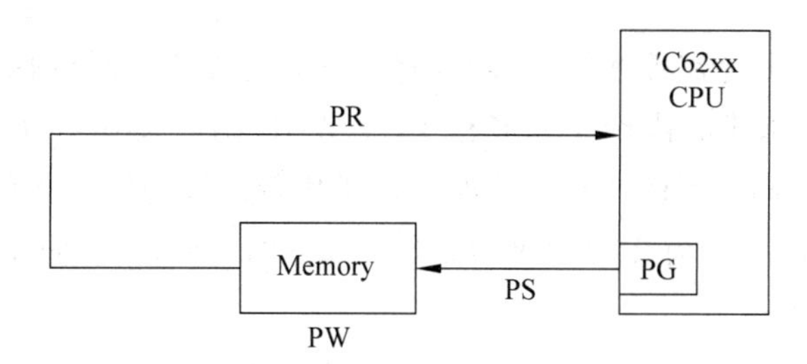

图 4.4 流水线取指各节拍流程

流水线译码级的 2 个节拍如下:

(1) DP 指令分配(instruction dispatch)。

(2) DC 指令译码(instruction decode)。

在流水线的DP节拍中,1个取指包的8条指令根据并行性被分成几个执行包,执行包由1~8条并行指令组成。在DP节拍期间1个执行包的指令被分别分配到相应的功能单元。同时,源寄存器、目的寄存器和有关通路被译码以便在功能单元完成指令执行。流水线译码级2个节拍流程如图4.5所示。图4.5(a)从左到右给出了译码各节拍的顺序,图4.5(b)显示了包含两个执行包中的一个取指包通过流水线译码的框图,其中取指包(FP)中的6条指令是并行的,组成一个执行包(EP),该执行包在译码阶段分配。

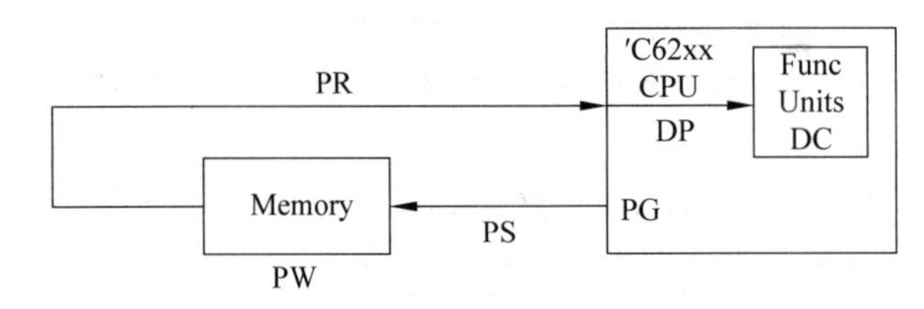

(a) 流水线译码级2个节拍流程

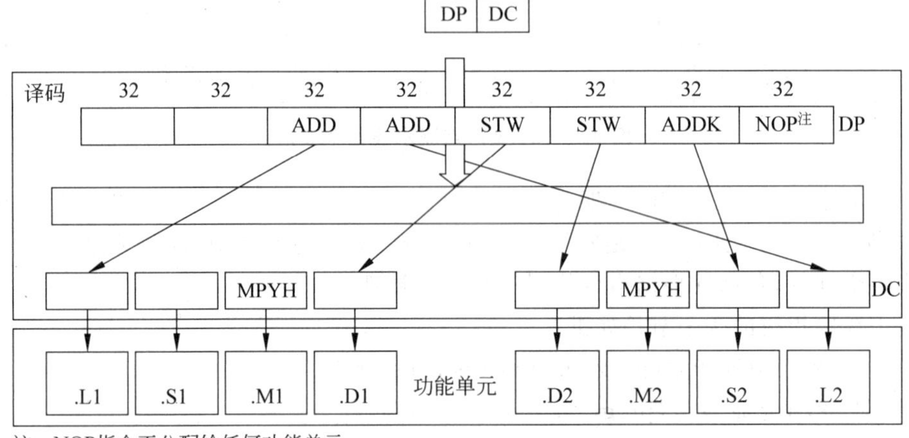

(b) 流水线译码级2个节拍框图

图4.5 流水线译码级2个节拍流程及框图

执行级根据定点和浮点流水线分成不同的节拍,定点流水线的执行级最多有5个节拍(E1~E5),浮点流水线的执行级最多有10个节拍(E1~E10)。不同类型的指令为完成它们的执行需要不同数目的节拍。浮点流水线执行阶段的操作比较复杂,它的执行周期从1到10不等。图4.6为TMS320C64x执行部分的功能框图,图4.7为TMS320C62x执行部分的功能框图。

4.1.2 流水线运行时序

下面用数字信号处理算法中常见的点积代码来观察一下通过流水线过程。其中图4.8为代码示意图,图4.9为代码通过流水线的时序图。

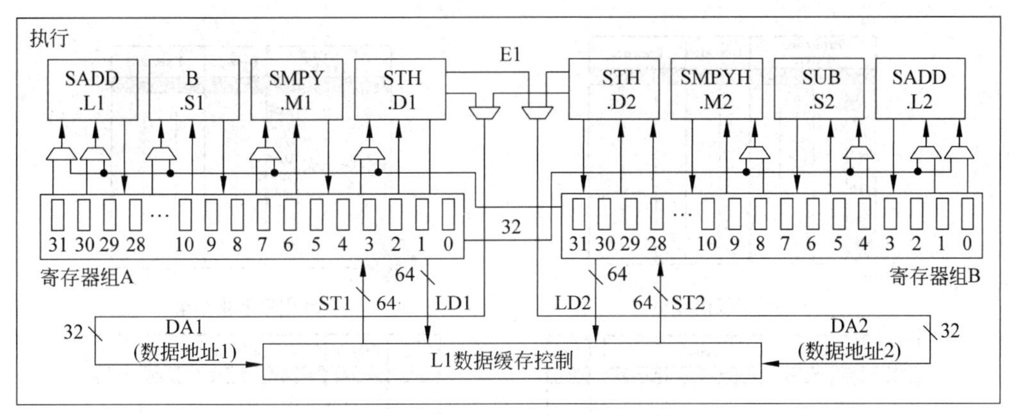

图 4.6 C64x 流水执行部分功能框图

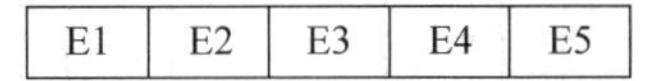

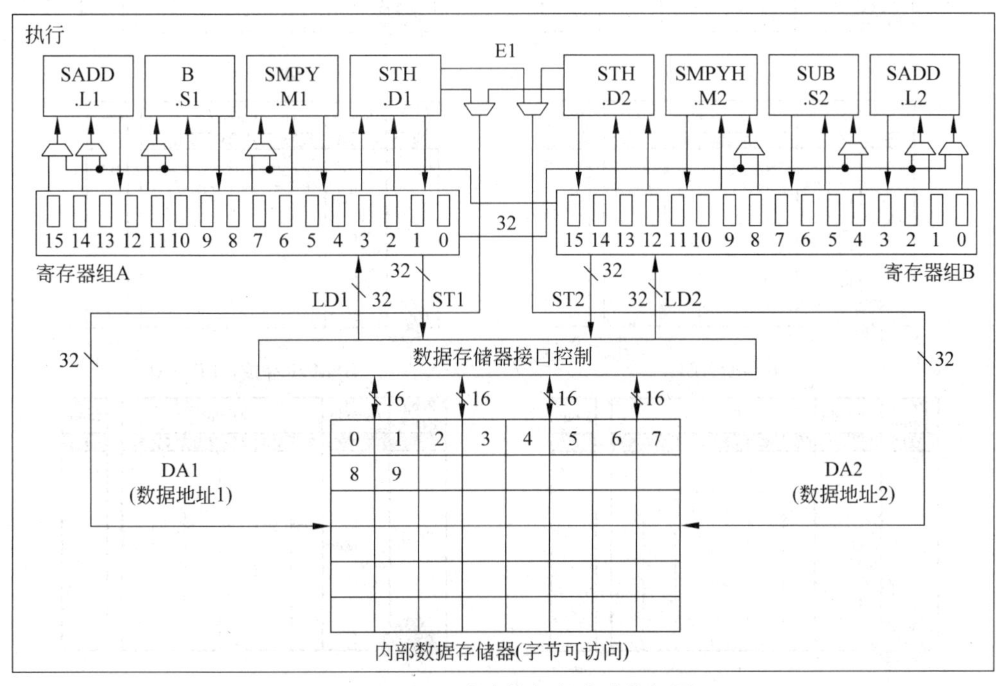

图 4.7 C62x 流水执行部分功能框图

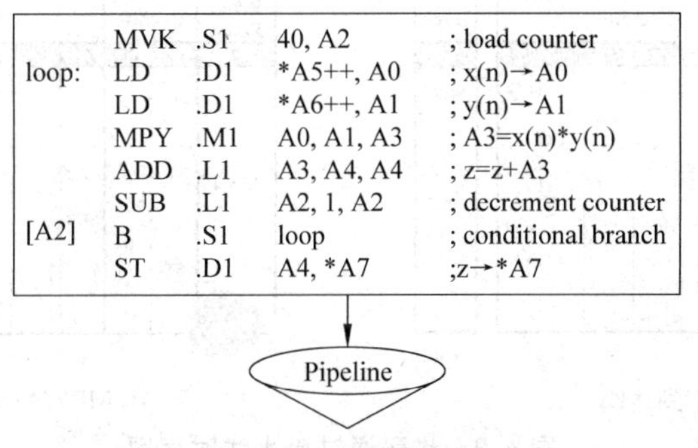

图 4.8 代码示意图

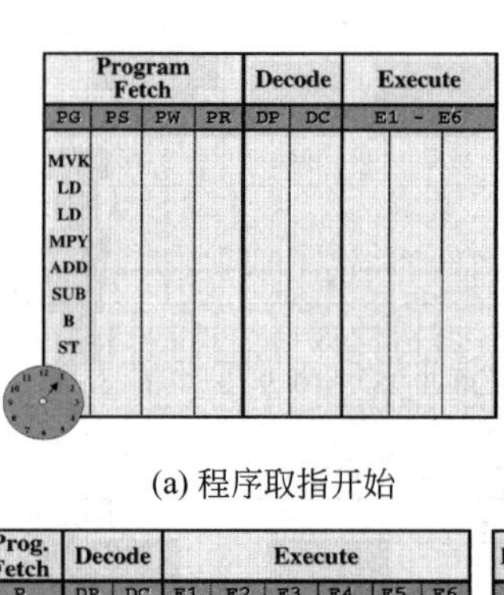

(a) 程序取指开始

(b) 程序取指结束

(c) 指令分配

(d) 指令译码

(e) 执行(E1)

(f) MVK完成，LD→E1

(g) 第二个LD进入E1

(h) MPY到达E1

(i) ADD到达E1

(j) MPY/ADD指令完成

图 4.9　代码通过流水线时序图

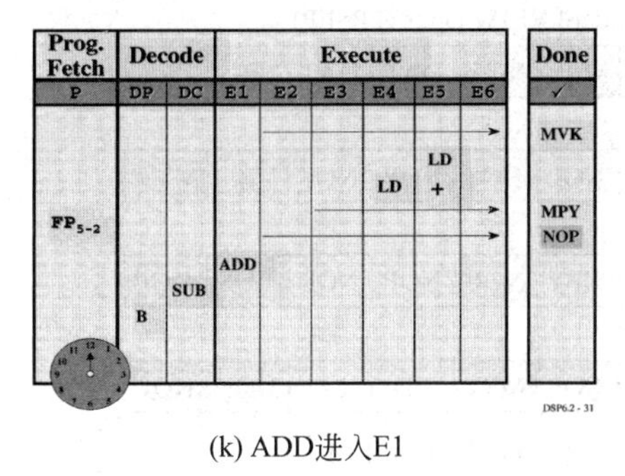

(k) ADD进入E1

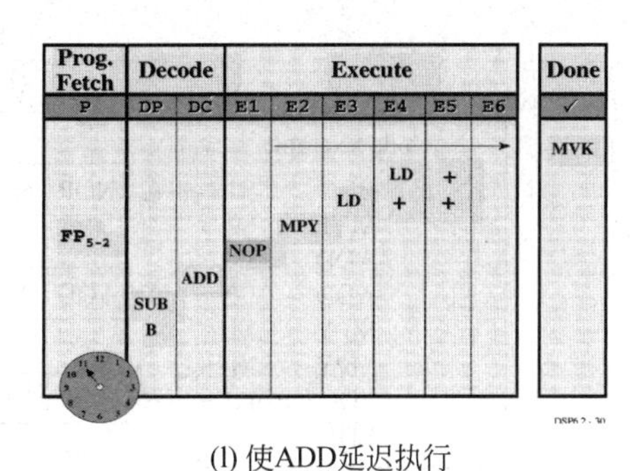

(l) 使ADD延迟执行

图 4.9(续)

4.1.3 VelociTI与标准VLIW

精简指令集(Reduced Instruction Set Computing,RISC),是CPU的一种设计模式。这种设计思路对指令数目和寻址方式都做了精简,指令系统相对简单,使其实现更容易,指令并行执行程度更好。它只要求硬件执行很有限且最常用的那部分指令,大部分复杂的操作则使用成熟的编译技术,由简单指令合成,编译器的效率更高。

实际上在后来的发展中,现在的RISC指令集也达到数百条,运行周期也不再固定。但是面向流水线化的处理器优化这一RISC设计根本原则没有改变,而且还在遵循这种原则的基础上发展出RISC的一个并发化变种VLIW,就是将简短而长度统一的精简指令组合成超长指令,每次运行一条超长指令,等于并发运行多条短指令。

超长指令字(Very Long Instruction Word,VLIW)是为具有指令级并行(ILP)优势的CPU体系结构设计的一种非常长的指令组合,它把许多条指令连在一起,充分的利用处理器的资源,增加了运算的速度。

超标量(superscalar)CPU架构是指在一颗处理器内核中实行了指令级并行的一类并行运算。这种技术能够在相同的CPU主频下实现更高的CPU吞吐率(throughput)。处理器的内核中一般有多个执行单元(或称功能单元)。超标量体系结构的CPU在一个时钟周期可以同时分派(dispatching)多条指令在不同的执行单元中被执行,这就实现了指令级的并行。超标量体系结构的CPU一般也都实现了指令流水化。但是一般认为这二者是增强CPU性能的不同的技术。

TI的C6000系列都是VLIW架构的RISC,而且C6000在VLIW的基础上进一步扩展开发了VelociTI结构。标准的VLIW一般由256位组成,这个指令字中的所有指令都是并行执行的,也就是一个取指包就是一个执行包。而VelociTI结构中取指包与执行包不再需要一致,如图4.10所示。

C6000的VelociTI是TI的VLIW结构,定义为含有8个32位指令的取指包,这256位组成一个甚长指令字(VLIW)。其中每条指令为32位的操作码,一个取指包中可以含有最多8个执行包(EP),如图4.11所示。

VelociTI与标准VLIW比较具有以下优势:

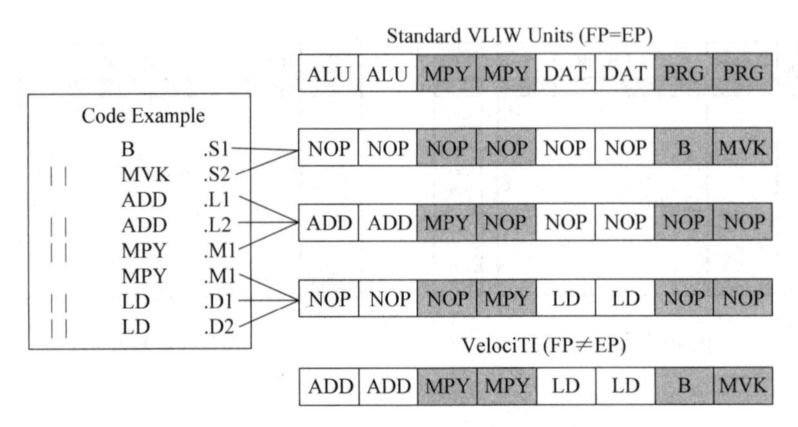

图 4.10　VelociTI 与标准 VLIW 的取指包与执行包差别

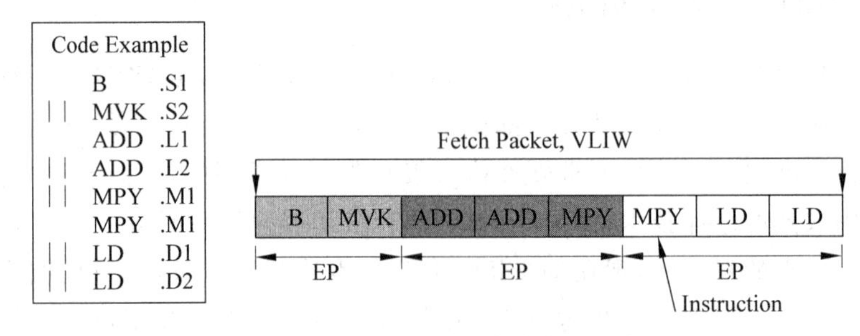

图 4.11　VelociTI 的取指包与执行包

(1) VelociTI 可减小代码尺寸达到 8∶1;

(2) 较少的程序取指;

(3) 较少的功耗;

(4) 较低的存储器成本。

VelociTI 的 EP/FP 编排遵循以下规则:

(1) 执行包不能超出取指包边界;

(2) 汇编器在编排执行包时,对于不够 8 条指令的取指包,用 NOP 填充。

VelociTI 结构使 C6000 DSP 在视频和图像处理中得到广泛应用。CPU 的 VLIW 结构由多个并行运行的执行单元组成,这些单元在单个周期内可执行多种指令。并行是 C6000 获得高性能的关键。C64x 在 C6000 的基础上有一些重要的改进,除了有更高的时钟频率外,C64x 从以前的 VelociTI 结构扩展到 VelociTI.2 结构,包含了许多新的指令,增加了额外的数据通道,寄存器的数量也增加了一倍。这些扩展使得 CPU 可以在一个时钟周期内处理更多的数据,从而获得更高的运算性能。

4.2　TMS320C6000 流水线操作

4.2.1　C6000 指令流水线执行级类型

TMS320C62x/C64x 指令的流水线执行级操作可分成 7 种类型,C67x 指令流水线执行级操作可分成 14 种类型。表 4.1 和表 4.2 给出了不同指令类型执行节拍的长度以及 C6000 流水线各个节拍完成的操作。

表 4.1　C62x/C64x 指令的流水线执行级长度描述(不包含 NOP 指令)

执行节拍	指令类型					
	单周期	16×16 乘法指令,C64x 的 M 单元非乘法指令	存储	C64x 扩展的乘法指令	读取	转移
E1	计算结果并写入寄存器	读操作数,开始计算	计算地址	读操作数开始计算	计算地址	目标代码处于 PG 节拍
E2		计算结果并写入寄存器	地址和数据内存		地址送内存	
E3			访问内存		访问内存	
E4				结果写入寄存器	数据送 CPU	
E5					数据写入寄存器	
延迟间隙	0	1	0	3	4	5

表 4.2　C6000 流水线各个节拍完成的操作

级别	节　　拍	代号	执行的操作	指令类型
取指	程序地址产生	PG	取指包的地址确定	
	程序地址发送	PS	取指包的地址送至内存	
	程序等待	PW	访问程序存储空间	
	程序数据接收	PR	取指包送至 CPU 边界	
译码	指令分配	DP	确定取指包的下一个执行包,并将其送至适当的功能单元准备译码	
	指令译码	DC	指令在功能单元进行译码	
执行	执行节拍 1	E1	测试指定执行条件及读取操作数,对所有的指令适用;对于读取和存储指令,地址产生,其修正值写入寄存器;对于转移指令,程序转移目的地址取指包处于 PG 节拍;对于单周期指令,结果写入寄存器;对于双精度(DP)比较指令、ADDDP 和 MPYDP 等指令,读取源操作数的低 32 位;对于其他指令读取操作数;对于双周期双精度(DP)指令,结果的低 32 位写入寄存器	单周期指令

续表

级别	节　　拍	代号	执行的操作	指令类型
执行	执行节拍 2	E2	读取指令的地址送至内存，存储指令的地址和数据送至内存，对结果进行饱和处理的单周期指令，若结果饱和，置 SRC 的 SAT 位对于 16×16 的乘法指令，C64x 的.M 单元的非乘法操作指令，对于 DP 比较指令和 ADDDP/SUBDP 指令，读取源操作数的高 32 位；对于 MPYDP 指令，读取源操作数 1 的低 32 位和源操作数 2 的高 32 位对于 MPYI 和 MPYID 指令，读取源操作数	乘法指令 2 周期 DP 指令 DP 比较指令
	执行节拍 3	E3	进行数据存储空间访问；对结果进行饱和处理的乘指令在结果饱和时置 SAT 位；对于 MPYDP 指令读取源操作数 1 的高 32 位和源操作数 2 的低 32 位；对于 MPYI 和 MPYID 指令，读取源操作数	Store 指令
	执行节拍 4	E4	对于读取指令，把所读的数据送至 CPU 边界 对于 MPYI 和 MPYID 指令读取源操作数对于 MPYDP 指令，读取源操作数的高 32 位 对于 4 周期指令，结果写入寄存器 对于 INTDP 指令，结果的低 32 位写入寄存器	4 周期指令
	执行节拍 5	E5	对于读取指令，把所读的数据写入寄存器 对于 INTDP 指令，把结果写入寄存器	LOAD 和 INTDP 指令
	执行节拍 6	E6	对于 ADDDP/SUBDP 指令，把结果的低 32 位写入寄存器	ADDDP、 SUBDP 指令
	执行节拍 7	E7	对于 ADDDP/SUBDP 指令，把结果的高 32 位写入寄存器	
	执行节拍 8	E8	无读写操作	
	执行节拍 9	E9	对于 MPYI 指令，把结果写入寄存器 对于 MPYDP 和 MPYID 指令，把结果的低 32 位写入寄存器	MPYI 指令
	执行节拍 10	E10	对于 MPYDP 和 MPYID 指令，把结果的高 32 位写入寄存器	MPYDP 和 MPYID 指令

1. 单周期指令

单周期指令的流水在 E1 节拍期间执行完成。读操作数、执行操作和结果写入寄存器都在 E1 阶段完成，单周期指令没有延迟时隙。图 4.12 为单周期指令流水的取指、译码及执行节拍和执行框图。

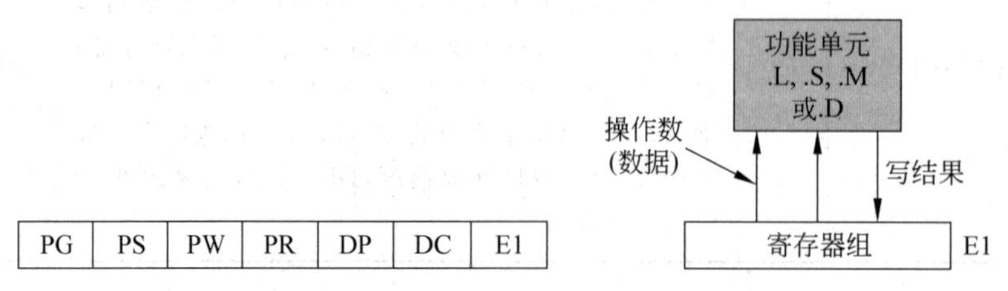

图 4.12　单周期指令执行节拍和执行操作框图

2. 16×16 乘法指令和 TMS320C64x. M 单元非乘法指令

乘法指令使用 E1 和 E2 节拍完成操作。在 E2 节拍期间，乘法结束，结果被写到目的寄存器，乘法指令有一个延迟时隙。图 4.13 为使用双周期指令的流水线节拍和一次乘法过程在流水线中发生的操作。该执行框图对 TMS320C64x 的其他非乘法. M 单元操作同样适用。

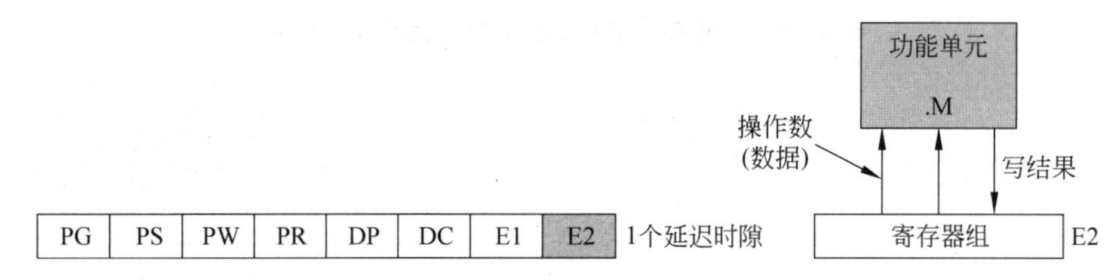

图 4.13 双周期指令执行节拍和执行操作框图

3. 存储指令

存储指令要求在 E1～E3 节拍完成其操作。在 E1 节拍，保存数据地址被计算。在 E2 节拍中，数据和目的地址被发送到数据存储器。在 E3 节拍阶段，执行一个存储器写操作。由于存储时，CPU 可以同时执行别的指令，不需要等待存储完成，所以存储指令的延迟间隙为 0。图 4.14 为使用存储指令的流水线节拍和一次存储指令中在流水线中发生的所有操作。

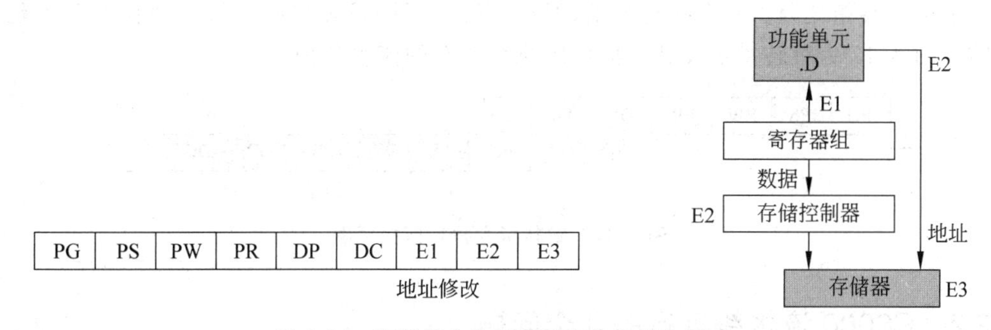

图 4.14 存储指令执行节拍和执行操作框图

4. 扩展乘法指令

扩展乘法指令使用 E1～E4 节拍来完成它们的操作。在 E1 节拍，操作数被读取并且乘法开始。在 E4 节拍，乘法完成，结果被写到目的寄存器中。扩展指令具有 3 个延迟时隙。图 4.15 为扩展乘法指令所使用的流水线节拍和一次乘法扩展中发生在流水线中的所有操作。

5. 加载指令

加载指令要求所有 5 个节拍完成其操作。在 E1 节拍，数据地址指针在其寄存器中被修改。E2 节拍，数据地址被传送到数据存储器；在 E3 节拍，该地址的一个存储器读操作被执行。图 4.16 为加载指令的流水线节拍和一次加载中在流水线节拍发生的所有

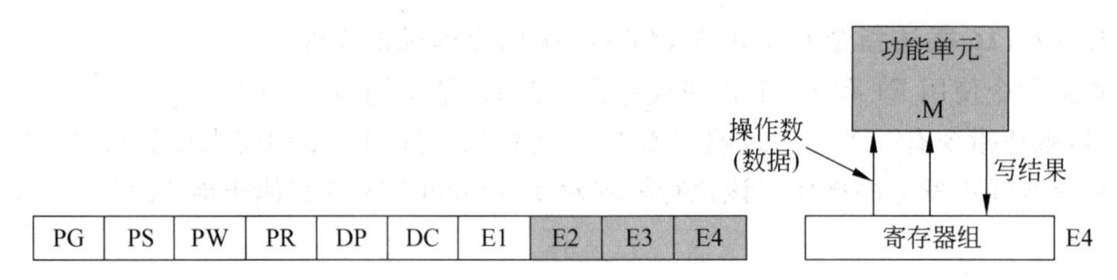

图 4.15　扩展乘法指令执行节拍和执行操作框图

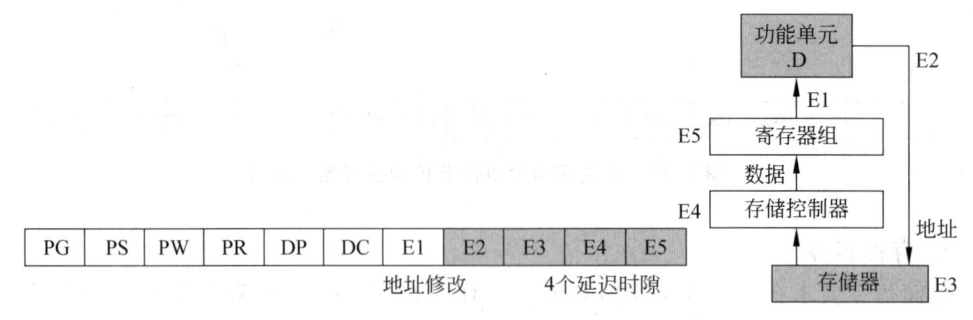

图 4.16　加载指令执行节拍和执行操作框图

操作。

6. 跳转指令

虽然跳转指令只占一个执行节拍，但从跳转执行到目标代码执行之间存在 5 个延迟时隙。图 4.17 为跳转指令及其目标代码执行所有的流水节拍。

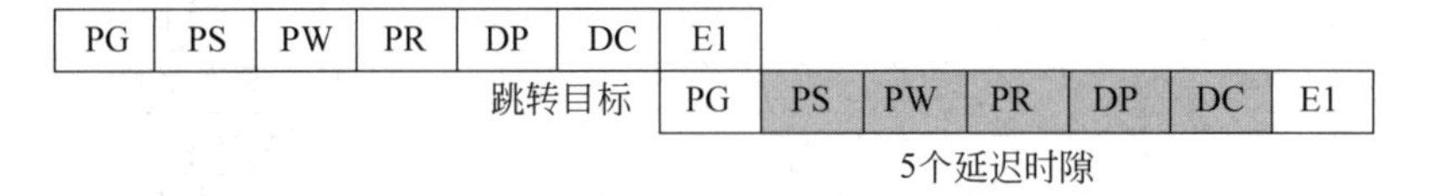

图 4.17　跳转指令执行节拍框图

4.2.2　C6000 流水线运行的几个问题

C6000 流水线是 C6000 高性能的一个重要因素。若程序中的算法能使流水线保持充满，这时的流水线最有效。为使 C6000 流水线发挥最大效率，需要注意下列影响流水线运行性能的情形。

1. 在一个取指包中有多个执行包的流水线操作

1 个取指包(FP)包含 8 条指令，每个取指包可分成 1～8 个执行包(EP)，每个执行包是并行执行的指令，每条指令在 1 个独立的功能单元内执行。当一个取指包包含多个执行包时，这时将出现流水线阻塞，图 4.18 给出了这种情形。图 4.18 中取指包 n 包含 3 个执行包，取指包 $n+1$ 到 $n+6$ 只有 1 个执行包。取指包 $n \sim n+6$ 的所有指令代号依次按 A、B、C……排列。取指包 n 的 8 条指令中，A 和 B 是一个执行包，C、D 和 E 是一个执行包，F、G 和 H 是一个执行包。

Fetch Packet (Fp)	Execute Packet (Ep)	Clock cycle 1	2	3	4	5	6	7	8	9	10	11	12	13	14	15	16	17
n	*k*	PG	PS	PW	PR	DP	DC	E1	E2	E3	E4	E5	E6	E7	E8	E9	E10	
n	*k*+1						DP	DC	E1	E2	E3	E4	E5	E6	E7	E8	E9	E10
n	*k*+2							DP	DC	E1	E2	E3	E4	E5	E6	E7	E8	E9
n+1	*k*+3		PG	PS	PW	PR			DP	DC	E1	E2	E3	E4	E5	E6	E7	E8
n+2	*k*+4			PG	PS	PW	Ppeline		PR	DP	DC	E1	E2	E3	E4	E5	E6	E7
n+3	*k*+5				PG	PS	Stall		PW	PR	DP	DC	E1	E2	E3	E4	E5	E6
n+4	*k*+6					PG			PS	PW	PR	DP	DC	E1	E2	E3	E4	E5
n+5	*k*+7								PG	PS	PW	PR	DP	DC	E1	E2	E3	E4
n+6	*k*+8									PG	PS	PW	PR	DP	DC	E1	E2	E3

图 4.18 取指包含 3 个执行包的流水线操作

取指包 *n* 在周期 1～4 通过取指级的 4 个节拍，同时在周期 1～4 的每个周期都有 1 个新的取指包进入取指的第 1 个节拍。在周期 5 的 DP 节拍，CPU 扫描 FP*n* 的 p 位，检测出在 FP*n* 中有 3 个执行包 EP*k*－EP*k*＋2，迫使流水线阻塞，允许 EP*k*＋1 和 EP*k*＋2 在周期 6 和周期 7 进入 DP 节拍。一旦 EP*k*＋2 准备进入 DC 节拍(周期 8)，流水线阻塞就被释放。FP*n*～FP*n*＋4 在周期 6 和周期 7 均被阻塞，以便 CPU 有时间处理 EP*k*－EP*k*＋2，使其进入 DP 节拍。

图 4.18 的代码如下：

```
    指令 A        ;EPk     FPn
||  指令 B
    指令 C        ;EPk+1   FPn
||  指令 D
||  指令 E
    指令 F        ;EPk+2   FPn
||  指令 G
||  指令 H
    指令 I        ;EPk+3 FPn+1
||  指令 J
||  指令 K
||  指令 L
||  指令 M
||  指令 N
||  指令 O
||  指令 P
```

其后为 *k*＋4～*k*＋8 执行包，每个执行包包含 8 条并行执行指令。

通常所说的 C6000 指令周期都是指它的执行周期。例如，一个单周期指令是指它的执行周期只要 1 个指令周期。如果从指令进入 CPU 开始计算，则远远超过 1 个周期。以时钟频率200MHz计，指令周期为5ns，单周期指令从指令进入CPU开始到执行完需用7个周期，即35ns。由于采用流水线结构，指令可以流水地进入CPU，流水地执行，其等效的处理速度可以用它的执行周期来反映。

2. 多周期NOP指令对流水线运行的影响

一个FP中的EP的数量是影响指令通过流水线运行方式的一个因素，另外一个因素就是EP中指令的类型。这里涉及一种特殊指令类型NOP的流水执行操作。NOP是不使用功能单元的空操作，空操作的周期数由该指令选择的操作数决定。如果NOP与其他指令并行使用，将给其他指令加入额外的延迟间隙。例如，NOP2使它本身执行包的指令和所有在它前面的执行包都插进了一个额外的延迟间隙。如果NOP2与MPY指令并行，MPY指令的结果就可以被下一个执行包的指令所使用。

图4.19给出了一个多周期NOP指令与其他指令并行的执行操作。图4.19(a)表示的是一个单周期NOP与其他代码在一个执行包中。LD、ADD和MPY指令的结果在适当周期期间是可用的。这里的NOP指令对执行包无影响。图4.19(b)将图4.19(a)中的单周期指令NOP替换成多周期指令NOP5。NOP5将产生除它的执行包内部指令操作之外的空操作，在NOPS周期完成之前，任何其他指令不能使用LD、ADD和MPY的结果。

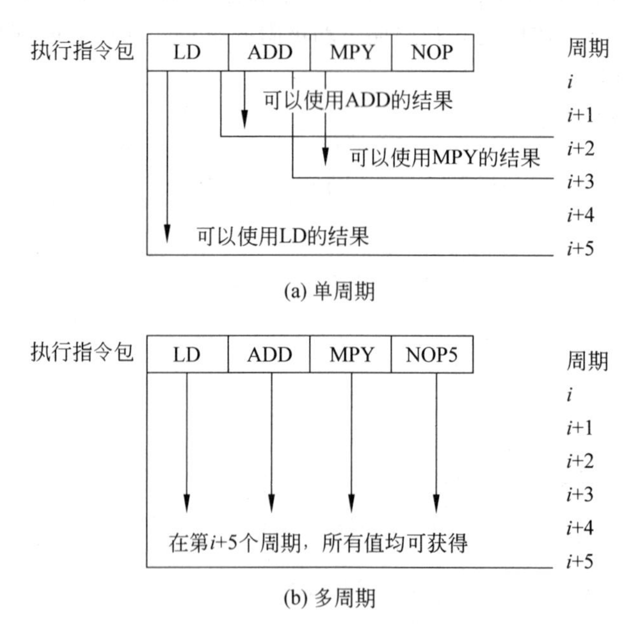

图4.19 不同周期NOP指令与其他指令并行的执行操作

跳转指令可以影响多周期NOP的执行。当一个跳转指令延迟间隙结束时，多周期NOP指令不管是否结束，这时跳转都将废弃多周期NOP。在发出跳转指令的5个延迟间隙后，跳转目标进入执行操作。图4.20显示了跳转指令对多周期NOP的影响。如果EP1中没有跳转指令，EP6中的NOP5将迫使CPU等待直到周期11执行EP7。如果EP1有跳转指令，跳转延迟间隙为周期2至周期6，一旦目标代码在周期7到达E1阶段，就会立即执行目标代码。

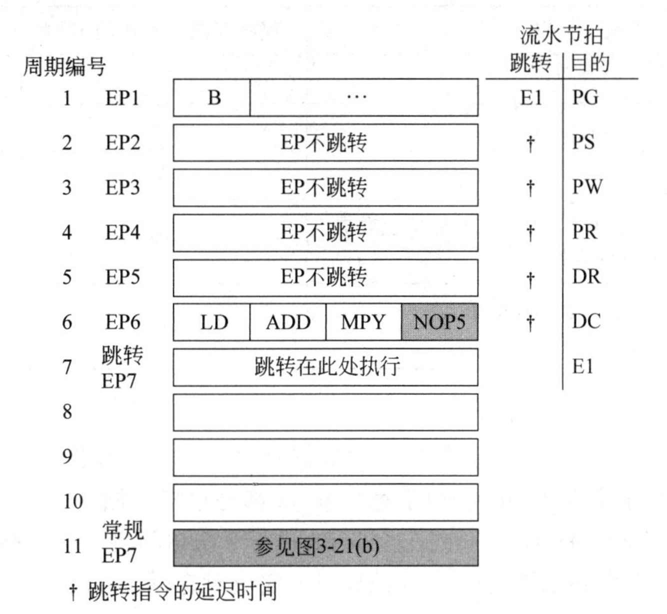

图 4.20 跳转指令对多周期 NOP 的影响

3. 访问存储器对流水线运行的影响

C6000 片内为哈佛结构,即存储器分为程序存储空间和数据存储空间。数据读取和程序读取在流水线中有相同的操作,它们使用不同的节拍完成操作。程序存储器访问和数据读取所使用的流水线节拍见图 4.21。

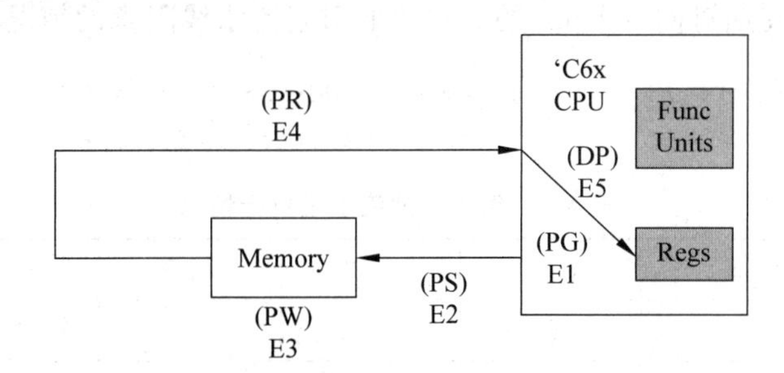

图 4.21 程序存储器访问和数据读取所使用的流水线节拍

在访问存储器时,数据读取与指令读取节拍如表 4.3 所示。数据读取与指令读取在内部存储器中以同样速度进行,即执行同种类型的操作。

1) 存储器阻塞

当存储器没有做好响应 CPU 访问的准备时,流水线将产生存储器阻塞。对于程序存储器,存储器阻塞发生在 PW 节拍,对于数据存储器则发生在 E3 节拍。存储器阻塞会使处于该流水线的所有节拍延长 1 个时钟周期以上,从而使执行增加额外的时钟周期。不管阻塞发生与否,程序执行的结果是相同的。

表 4.3 程序存储器访问与数据读取访问流水线操作

操　作	程序存储空间访问节拍	数据读取节拍
计算地址	PG	E1
地址送至内存	PS	E2
内存读写	PW	E3
程序存储空间访问：在 CPU 边界收到取值包数据 读取：在 CPU 边界收到数据	PR	E4
程序存储空间访问：指令送至功能单元 数据读取：数据送至寄存器	DP	E5

2）数据存储器的 bank 冲突

C6201/C6701 系列 DSP 直接访问片内数据存储器。片内数据存储器使用交叉存储方案，分为若干个存储体(bank)。由于每个 bank 都是单口存储区，因此每个周期只允许访问一次。在一个给定的周期内，对 1 个 bank 进行 2 次访问将产生存储器阻塞。存储器阻塞会导致流水线所有操作停止 1 个周期，用来完成对存储器读取第 2 个数值。如果在 1 个周期内的 2 个存储器操作不访问同一个 bank，则不会有任何阻塞。

例 4.1 中，由于 2 个取指令试图同时对同一个 bank 进行访问，一个读取必须等待，使整个流水线停顿 1 个时钟周期。第 1 个 LDW 访问 bank0 是在周期 $i+2$(E3 节拍)，而第 2 个 LDW 访问 bank0 则在周期 $i+3$(E3 节拍)，见表 4.4。2 个指令的 E4 节拍均发生在周期 $i+4$。为了消除这种额外增加节拍的情况，同一周期对存储器的访问应安排在不同的 bank 区内。

例 4.1 同一周期对同一 bank 的 2 次读取引起流水线阻塞的情况(见表 4.4)。

```
   LDW    .D1  *A4++,A5        ;load 1,A4 address is in bank 0
|| LDW    .D2  *B4++,B5        ;load 2,B4 address is in bank 0
```

表 4.4 例 4.1 的流水线执行情况

	i	$i+1$	$i+2$	$i+3$	$i+4$	$i+5$
LDW.D1 Bank0	E1	E2	E3		E4	E5
LDW.D2 Bank0	E1	E2		E3	E4	E5

由于 C620x/C670x 系列 DSP 的内存配置不同，bank 的组成方式不同，使用前需先确定所使用 DSP 芯片的内存空间结构。对于 C6211/C6711/C64x 系列，它们采用的是 2 级高速缓存(cache)结构，不存在本节所述的问题。

4.3 中断控制系统

中断是为使 CPU 具有对外界异步事件的处理能力而设置的。通常 DSP 工作在包含多个外界异步事件环境中，当这些事件发生时，DSP 应及时执行这些事件所要求的任务。

中断就是要求 CPU 暂停当前的工作，转而去处理这些事件，处理完以后，再回到原来被中断的地方继续原来的工作。显然，服务一个中断包括保存当前处理现场，完成中断任务，恢复各寄存器和现场，然后返回继续执行被暂时中断的程序。请求 CPU 中断的请求源称为中断源。这些中断源可以是片内的，如定时器等，也可以是片外的，如 A/D 转换及其他片外装置。片外中断请求连接到芯片的中断管脚(pin)，并且在这些管脚处的电平上升沿产生。如果这个中断被使能，则 CPU 开始处理这个中断，将当前程序流程转向中断服务程序。当几个中断源同时向 CPU 请求中断时，CPU 会根据中断源的优先级别，优先响应级别最高的中断请求。

4.3.1 中断类型和中断信号

C6000 的 CPU 有 3 种类型中断，即 RESET(复位)、不可屏蔽中断(NMI)和可屏蔽中断(INT4～INT15)。3 种中断的优先级别不同，其优先顺序见表 4.5。

表 4.5 中断优先级

优先级别	中断名称	优先级别	中断名称
最高优先级 ↓	RESET	↓	INT9
	NMI		INT10
	INT4		INT11
	INT5		INT12
	INT6		INT13
	INT7		INT14
	INT8	最低优先级	INT15

复位 RESET 具有最高优先级，不可屏蔽中断为第 2 优先级，相应信号为 NMI 信号，最低优先级中断 INT15。RESET、NMI 和一些 INT4～INT15 信号反映在 C6000 芯片的管脚上，有些 INT4～INT15 信号被片内外设所使用，有些可能无用，或在软件控制下使用，使用时请查看数据手册。

1. 复位(RESET)

复位是最高级别中断，它被用来停止 CPU 工作，并使之返回到一个已知状态。复位与其他类型中断在以下方面是不同的：

(1) RESET 是低电平有效信号，而其他中断则是在电平沿有效。

(2) 为了正确地重新初始化 CPU，在 RESET 再次变成高电平之前必须保持 10 个时钟脉冲的低电平。

(3) 复位使所有正在进行的指令执行都被打断，所有的寄存器返回到它们的默认状态。

(4) 复位中断服务取指包必须放在地址为 0 的内存中。

(5) 复位不受转移指令的影响。

2. 不可屏蔽中断(NMI)

NMI 优先级别为 2，它通常用来向 CPU 发出严重硬件问题的警报，如电源故障等。

为实现不可屏蔽中断处理，在中断使能寄存器中的不可屏蔽中断使能位(NMIE)必须置1。如果NMIE置1，阻止NMI处理的唯一可能是不可屏蔽中断发生在转移指令的延迟间隙内。

NMIE在复位时被清零以防止复位被打断。当一个NMI发生时，NMIE也被清零，这样就阻止了另一个NMI的处理。NMIE不可人为地清0，但可以用程序置位，使嵌套NMI能够运行。在NMIE为0时，所有可屏蔽中断(INT4～INT15)也都被禁止。

3. 可屏蔽中断(INT4～INT15)

C6000的CPU有12个可屏蔽中断，它们被连接到芯片外部或片内外设，也可由软件控制或者不用。中断发生时将中断标志寄存器(IFR)的相应位置1。假设一个可屏蔽中断不发生在转移指令的延迟间隙内，它还须满足下列条件才能得到响应，受到处理。

(1) 控制状态寄存器(CSR)中的全局中断使能位置1。

(2) 中断使能寄存器(IER)中的NMIE位置1。

(3) IER中的相应中断使能位置1。

(4) 在IFR中没有更高优先级别的中断标志(IF)位为1。

4. 中断响应信号(IACK和INUMx)

IACK和INUMx信号用来通知C6000片外硬件：在CPU内一个中断已经发生且正在进行处理时，会由IACK信号指出CPU已经开始处理一个中断，INUMx信号(INUM3～INUM0)指出正在处理的是哪一个中断(即IFR中的中断位)。例如，若INUMx信号从高至低依序为0111，表明正在处理INT7中断。

4.3.2 中断服务表

中断服务表(Interrupt Service Table，IST)是包含中断服务代码的取指包的一个地址表。当CPU开始处理一个中断时，它要参照IST进行。IST包含16个连续取指包，每个中断服务取指包都含有8条指令。图4.22给出了IST的地址和内容，由于每个取指包都有8条32位指令字(或32B)，因此中断服务表内的地址以32B(即20h)增长。

4.3.3 中断服务取指包

中断服务取指包(Interrupt Service Fetch Packet，ISFP)是用于服务中断的取指包。当中断服务程序很小时，可以把它放在一个单独的取指包(FP)内，如图4.23所示。其中，为了中断结束后能够返回主程序，FP中包含一条跳转到中断返回指针所指向地址的指令。接着是一条NOP 5指令，这条指令使跳转目标能够有效地进入流水线的执行级。若没有这条指令，CPU将会在跳转之前执行下一个ISFP中的5个执行包。

如果中断服务程序太长不能放在单一的FP内，这就需要跳转到另外中断服务程序的位置上。图4.24给出了一个INT4的中断服务程序例子。由于程序太长，一部分程序放在以地址1234h开始的内存内。因此，在INT4的ISFP内有一条跳转到1234h的跳转指令。因为跳转指令有5个延迟间隙，所以把B 1234h放在了ISFP中间。另外，尽管1220h、1230h与1234h的指令并行，但CPU不执行1220h和1230h内的指令。

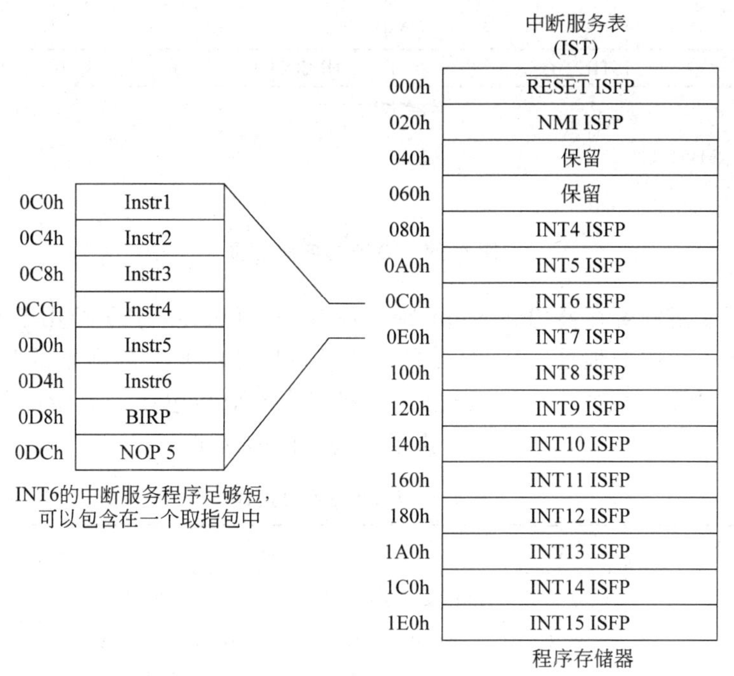

图 4.22　中断服务取指包(ISFP)

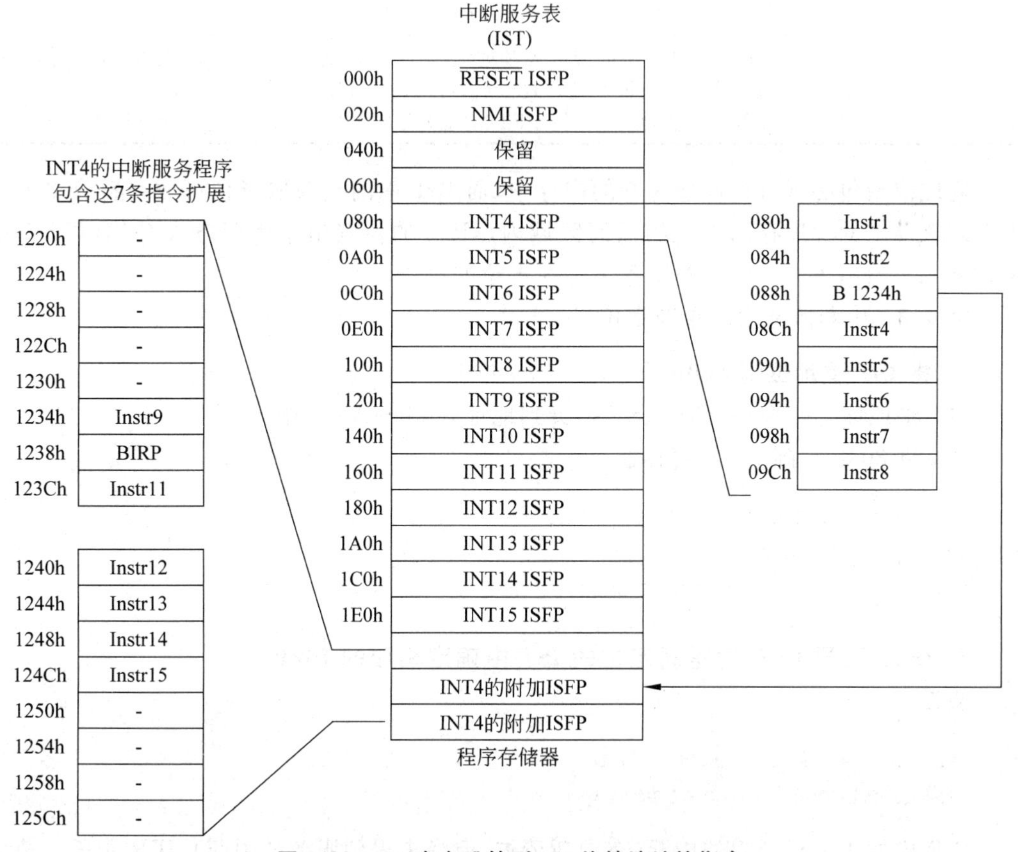

图 4.23　IST 中有跳转到 IST 外某地址的指令

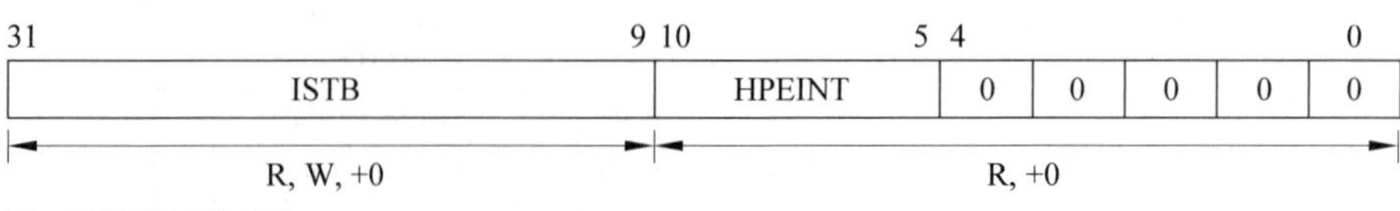

注：R表示MVC可读
W表示MVC可写
+0表示复位后值为0

图 4.24 ISTP 各字段位置

中断服务表指针寄存器(Interrupt Service Table Pointer,ISTP)用于确定中断服务程序在中断服务表中的地址。ISTP 中的字段 ISTB 确定 IST 的地址的基值,另一字段 HPEINT 确定当前响应的中断,并给出这一特定中断取指包在 IST 中的位置。图 4.24 给出了 ISTP 各字段的位置,表 4.6 给出了这些字段的描述。

表 4.6 ISTP 各字段描述

位	字段名	描 述
0～4		设置为 0(取指包必须排列对齐在 8 个字(32B)的边界内)
5～9	HPEINT	最高优先级使能中断,该字段给定 IER 中使能的最高优先级中断号(与 IFR 相关位的位置相关)。因此,可以复用 ISTP 手动跳转到最高级使能中断。如果没有中断挂起和使能,HPEINT 的值为 0000b。这个相应的中断不需要靠 NMIE(除非 NMI)或 GIE 来使能
10～31	ISTB	IST 地址的中断服务表基地址,该字段在复位时为 0。因此,在开始时,IST 必须置于地址 0 处。复位后,可以向 ISTB 写入新的值来重定位 IST。如果重新定位,则第一个 ISFT(对应)从不被执行,因为复位使 ISTB 置为 0

复位取指包必须放在地址为 0 的内存中,而 IST 中的其余取指包可放在符合 256 字边界调整要求的程序存储单元的任何区域内。IST 的位置由中断服务表基值(ISTB)确定。例 4.2 给出了一个将中断服务表重新定位的例子。

例 4.2 中断服务表的重新定位。

1. 将 IST 重定位到 800h

(1) 将地址 0h～200h 的原 IST 拷贝到地址 800h～A00h 中。

(2) 将 800h 写到 ISTP 寄存器。

```
MVK         800h,A2
MVC         A2,ISTP
ISTP   =   800h   =   1000 0000 0000b
```

2. ISTP 引导 CPU 到重新定位的 IST 中确定相应的 ISFP

假设:

```
1FR=BBC0h=1011 1011 1100 0000 b
IER=1233 h=0001 0010 0011 0011 b
```

IFR 中的 1 表示挂起的中断(有中断请求,但尚未得到服务的中断),IER 中的 1 表示被使能的中断。此处显然有两个使能、尚在挂起的中断：INT9 和 INT12。因为 INT9 的优先级别高于 INT12，因此 HPEINT 的编码应为 INT9 的值 01001b，而 HPEINT 为 ISTP 中的 bit9，故 ISTP＝1001 0010 0000b＝920h，INT9 的地址。

4.3.4 中断控制寄存器

C6000 芯片控制寄存器组中有下列 8 个寄存器涉及中断控制寄存器：

(1) 控制状态寄存器(CSR)控制全局使能或禁止中断。

(2) 中断使能寄存器(IER)使能或禁止中断处理。

(3) 中断标志寄存器(IFR)给出有中断请求但尚未得到服务的中断。

(4) 中断设置寄存器(ISR)人工设置 IFR 中的标志位。

(5) 中断清零寄存器(ICR)人工清除 IFR 中的标志位。

(6) 中断服务表指针(ISTP)指向中断服务表的起始地址。

(7) 不可屏蔽中断返回指针(NRP)包含从不可屏蔽中断返回的地址，该中断返回通过 B NRP 指令完成。

(8) 中断返回指针(IRP)包含从可屏蔽中断返回的地址，该中断返回通过指令 B IRP 完成。

1. 控制状态寄存器(CSR)

CSR 中有 2 位用于控制中断：GIE 和 PGIE。CSR 中的其他字段服务于其他目的(见 2.1.3 节)。全局中断使能位(GIE Global Interrupt Enable)是 CSR 的 bit0，控制 GIE 的值可以使能或禁止所有的可屏蔽中断。CSR 的 bit1 是 PGIE。PGIE 保存先前的 GIE 值，即在响应可屏蔽中断时，保存 GIE 的值，而 GIE 被清 0。这样在处理一个可屏蔽中断期间，就防止了另外一个可屏蔽中断的发生。当从中断返回时，通过 B IRP 指令可使 PGIE 的值重新返回到 GIE。

2. 中断使能寄存器(IER)

在 C6000 中，每一个中断源是否被使能受中断使能寄存器(IER)控制。IER 的格式如图 4.25 所示。通过 IER 中相应个别中断位的置 1 或者清 0 可以使能或禁止个别中断。

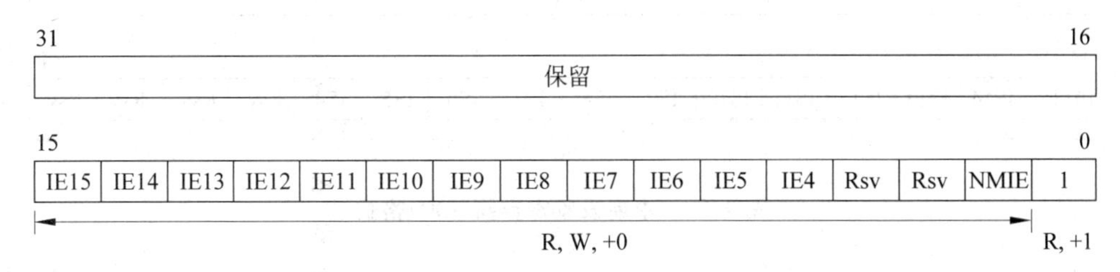

图 4.25 中断使能寄存器(IER)格式

IER 的 bit0 对应于复位，该位只可读(值为 1)不可写，由于 bit0 总为 1，所以复位总被使能。位 IE4～IE15 写 1 或写 0 分别使能或禁止相关中断。NMIE＝0 时，禁止所有非复位中断；NMIE＝1 时，GIE 和相应的 IER 位一起控制 INT15～INT4 中断使能。对 NMIE 写 0 无效，只有复位或 NMI 发生时它才清 0。NMIE 的置 1 靠执行 B NRP 指令和写1完成。

例4.3 对单个中断INT9使能的代码。

```
MVK     200h,B1       ;set bit 9
MVC     IER,B0        ;get IER
OR      B1,B0,B0      ;get ready to set IE9
MVC     B0,IER        ;set bit 9 in IER
```

例4.4 禁止单个中断INT9的代码。

```
MVK     FDFFH,B1     ;clear bit 9
MVC     IER,B0
AND     B1,B0,B0     ;get ready to clear IE9
MVC     B0,IER       ;clear bit 9 in IER
```

3. 中断标志寄存器(IFR)、中断设置寄存器(ISR)和中断清除寄存器(ICR)

中断标志寄存器(IFR)包括INT4～INT15和NMI的状态。当一个中断发生时,IFR中的相应中断位被置1,否则为0。使用MVC指令读取IFR,可检查中断状态。图4.26给出了IFR的格式。

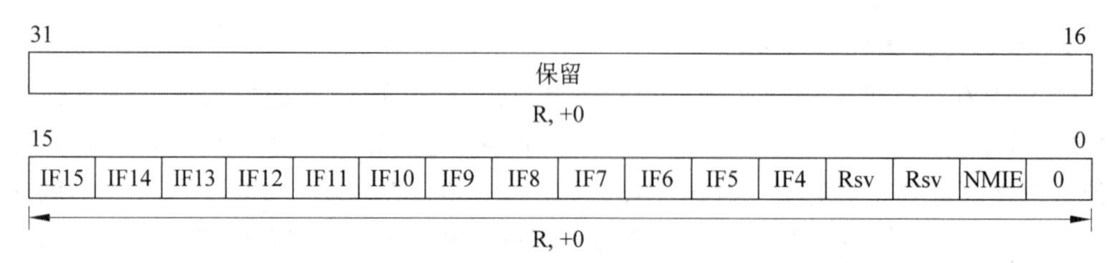

图4.26 中断标志寄存器(IFR)格式

中断设置寄存器(ISR)和中断清除寄存器(ICR)可以用程序设置和清除IFR中的可屏蔽中断位,其格式见图4.27和图4.28。

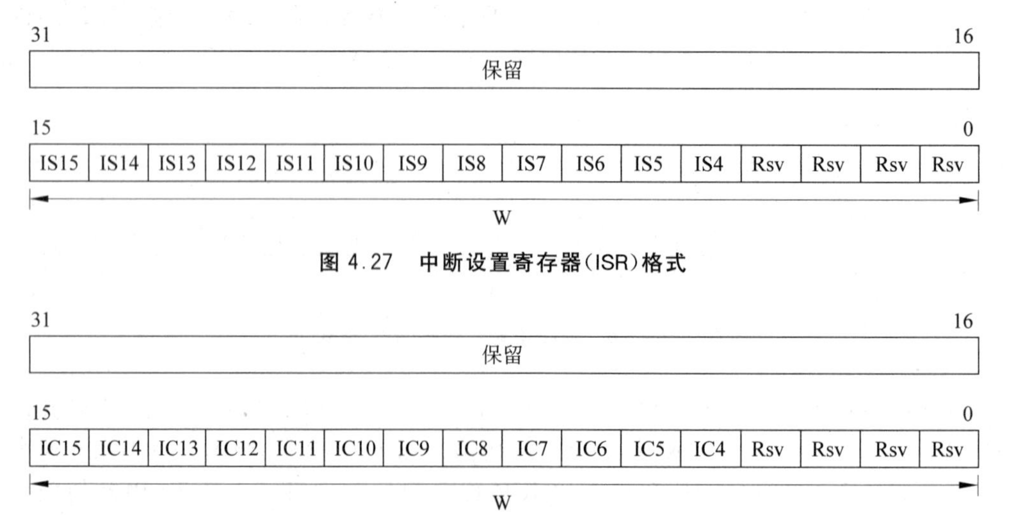

图4.27 中断设置寄存器(ISR)格式

图4.28 中断清除寄存器(ICR)格式

对 ISR 的 IS4～IS15 位写 1 会引起 IFR 对应中断标志位置 1；对 ICR 的 IC4～IC15 位写 1 会引起 IFR 对应标志位置 0。对 ISR 和 ICR 的任何位写 0 无效，设置和清除 ISR 和 ICR 的任何位都不影响 NMI 和复位。从硬件来的中断有优先权，它废弃任何对 ICR 的写入。另外，写入 ISR 和 ICR（靠 MVC 指令）有一个延迟间隙，当同时一对 ICR 和 ISR 的同一位写入时，对 ISR 写入优先。

例 4.5 设置单个中断 INT6 和读 IFR 的代码。

```
MVK     40h,B3
MVC     B3,ISR
NOP
MVC     IFR,B4
```

例 4.6 清除单个中断 INT6 和读 IFR 的代码。

```
MVK     40h,B3
MVC     B3,ICR
NOP
MVC     IFR,B4
```

4. 不可屏蔽中断返回指针寄存器（NRP）

NRP 保存从不可屏蔽中断返回时的指针，该指针引导 CPU 返回到原来程序执行的正确位置。当 NMI 服务完成时，为返回到被中断的原程序中，在中断服务程序末尾必须安排一条跳转到 NRP 指令（即 B NRP）。例 4.7 给出了从 NMI 返回的代码，图 4.29 给出了 NMI 返回指针寄存器的格式。

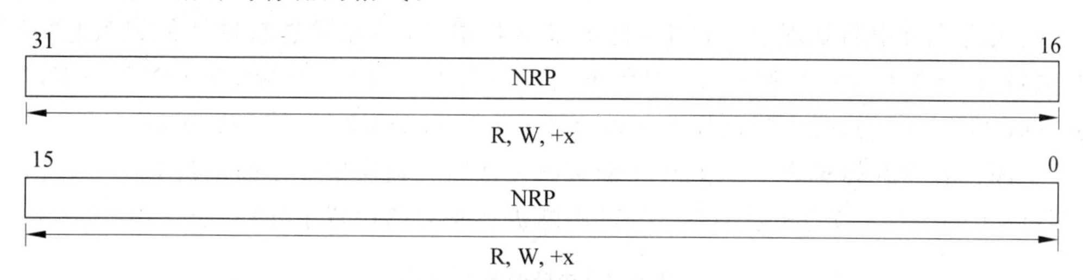

图 4.29 NMI 返回指针寄存器

例 4.7 从 NMI 返回的程序代码。

```
B          NRP     ;return,sets NMIE
NOP        5       ;delay  slots
```

NRP 是一个 32 位可读写的寄存器，在 NMI 产生时，它将自动保存被 NMI 打断而未执行的程序流程中第 1 个执行包的 32 位地址。因此，虽然可以对这个寄存器写值，但任何随后而来的 NMI 中断处理将刷新该写入值。

5. 可屏蔽中断返回指针寄存器（IRP）

可屏蔽中断返回指针寄存器（IRP）的功能与 NRP 基本相同，所不同的是中断源不同，这里是可屏蔽中断源。图 4.30 给出了可屏蔽中断返回指针寄存器的格式。

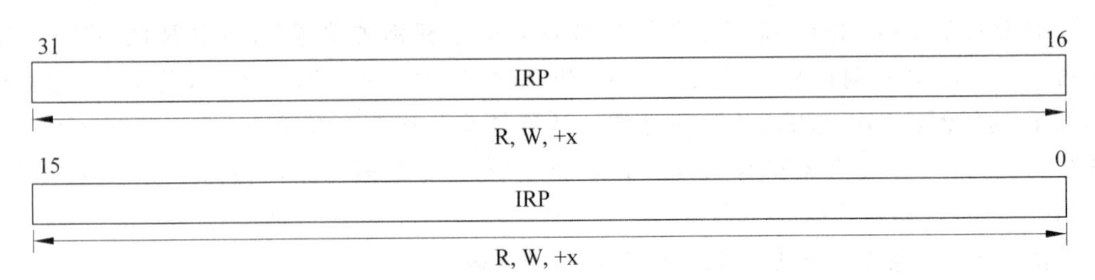

图 4.30 可屏蔽中断返回指针寄存器

4.3.5 中断选择器和外部中断

中断系统是 TMS320C6000 处理器的重要组成部分。TMS320C6000 的 DSP 内核支持 16 个优先级别的中断。C6000 中定义的中断源最多可以有 32 个，CPU 可以接收的中断信号只有 14 个，其中 2 个来自固定的不可屏蔽的硬件中断源(RESET 和 NMI)，另外 12 个属于可屏蔽中断，默认情况下 INT0～INT15 与中断事件之间存在缺省映射关系，中断编号 INT4～INT15 和中断事件之间的映射关系可以通过程序调整，用户需要在有关寄存器中选择由哪些中断源产生这 12 个可屏蔽中断。

尽管 C6000 的外设部分最多可以提供 32 种中断源，但是 CPU 只能利用其中的 12 个，用户可通过中断选择寄存器(Interrupt Multiplexer Register)MUXL 和 MUXH 的中断选择子(Interrupt Selector)定义中断源和可屏蔽中断之间的映射关系。中断选择寄存器中还可以定义外中断信号的极性。

INT0 被 DSP 的复位中断源占用，优先级别最高，INT15 优先级别最低。高优先级的中断优先享有中断处理权。INT0 是不可屏蔽中断，不能通过软件使能或禁止，INT1 被 NM1 中断占用，INT2 和 INT3 保留未用。剩下的 12 个可屏蔽中断(INT4～INT15)的中断源可以通过修改中断选择控制寄存器 MUX 和 HMUXL 来进行编程。

中断选择寄存器见表 4.7，其中中断多路复用寄存器决定了中断源与 CPU 从 4 到 15 中断(INT4～INT15)的映射关系。外部中断极性寄存器设置了外部中断的极性。

表 4.7 中断选择寄存器

地 址	缩 写	名 称	描 述
019C000h	MUXH	中断选择高位寄存器	选择 CPU 中断 10～15(INT10～15)
019C004h	MUXL	中断选择低位寄存器	选择 CPU 中断 4～9(INT4～9)
019C008h	EXTPOL	外部中断极性寄存器	设置外部中断的极性(EXT4～7)

芯片复位后，在打开中断使能位之前，用户应该首先对中断选择寄存器进行设置(如果需要中断系统)。

1. 外部中断极性寄存器

外部中断寄存器，如图 4.31 所示，允许用户改变 4 个外部中断(EXT-INT4～EXT-INT7)的极性。XIP 值为 0 时，一个从低到高的上升沿触发一个中断；XIP 值为 1 时，一个从高到低的下降沿触发一个中断。XIP 的默认值是 0。

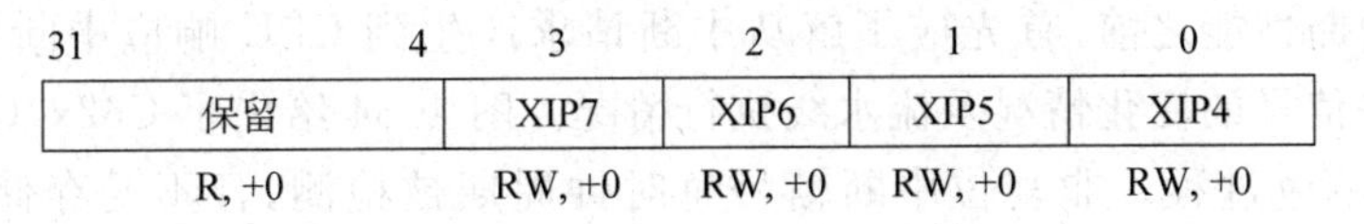

图 4.31 外部中断极性寄存器(EXPOL)

2. 中断复用寄存器

中断复用寄存器(图 4.32 所示的中断复用低位寄存器和图 4.33 所示的中断复用高位寄存器)中的 INTSEL 域,允许映射中断源为特定的中断。INTSEL14～INTSEL15 相对于 CPU 中断 INT4～INT15。通过设定 INTSEL 域为所期望的中断选择号,可以映射任何中断源到任何 CPU 中断。

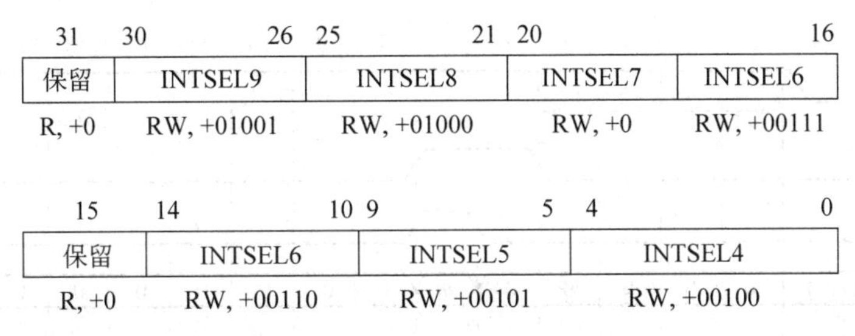

图 4.32 中断复用低位寄存器(MUXL)

31	30　　　26	25　　　21	20　　　16
保留	INTSEL15	INTSEL14	INTSEL13
R, +0	RW, +00010	RW, +00001	RW, +00000

15	14　　　10	9　　　5	4　　　0
保留	INTSEL12	INTSEL11	INTSEL10
R, +0	RW, +01001	RW, +01010	RW, +00011

图 4.33 中断复用高位寄存器(MUXH)

例 4.8 中断选择器使用方法。

```
*(int*)019c008=0x0008;  //EXT_INT4~6 为上升沿触发,EXT_INT7 为下降沿触发
*(int*)019c000=(*(int*)019c000&0xffe0)||0x13;   //定时器 2 中断为 INT10;
                                                 //中断选择号为 19。
```

4.4 中断处理及其编程注意事项

4.4.1 中断捕获和处理

DSP 系统需要与外部异步事件打交道。当这些不确定的事件发生时,要求 DSP 能够识别并做出反应。中断正是提供了这样一种机制,一旦有关事件发生,立即暂停 CPU 当

前处理任务，按预先的安排对该事件进行处理，处理完毕后，CPU 再继续原来的任务。

在考虑中断性能之前，首先应了解从中断请求产生到 CPU 响应中断并开始服务中断期间各有关信号的变化情况及流水线执行情况。图 4.34 给出了 C62x/C64x 非复位中断（INTm）的响应过程。非复位中断信号每时钟周期被检测，且不受存储器阻塞（扩展 CPU 周期）影响。一个外部中断管脚电平 INTm 在时钟周期 1 由低电平转换为高电平，在时钟周期 3 到达 CPU 边界，周期 4 将被检测到并送入 CPU，周期 6 中断标志寄存器（IFR）中相应的标志位 IFm 被置 1。如果执行包 $n+3$（CPU 周期 4）中有对 ICR 的 m 位写 1 的指令（即清 IFm），这时中断检测逻辑置 IFm 为 1 优先，指令清 0 无效。若 INTm 未被使能，IFm 将一直保持 1，直到对 ICR 的 m 位写 1 或 INTm 处理发生。若 INTm 为最高优先级别的挂起中断，且在 CPU 周期 4 有 GIE=1，NMIE=1，IER 中的 IEm 为 1，则 CPU 响应 INTm 中断。在图 4.34 中 CPU 周期 6～12 期间，将发生下列中断处理：

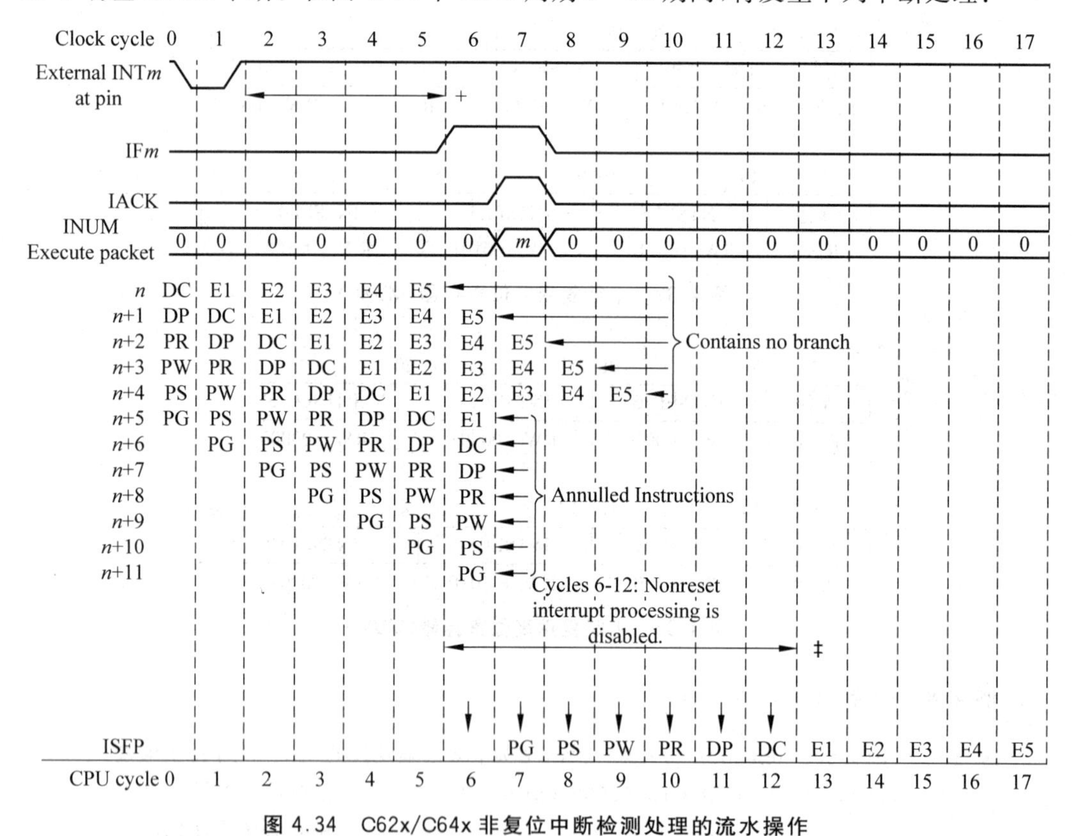

图 4.34　C62x/C64x 非复位中断检测处理的流水操作

(1) 紧接着的非复位中断处理被禁止。

(2) 如果中断是除 NMI 之外的非复位中断，GIE 的值会转入到 PGIE，GIE 被清 0。

(3) 如果中断是 NMI，NMIE 被清 0。

(4) $n+5$ 以后的执行包被废除。在特定流水阶段废除的执行包不修改任何 CPU 状态。

(5) 被废除的第 1 个执行包（$n+5$）的地址送入 NRP（对于 NMI）或者 IRP（对于

INT4～INT15)。

(6) 跳转到 ISTP 指定的地址，由 INTm 对应的 ISFP 指向的指令被强制进入流水线，在 CPU 周期 7(C62xx)或 CPU 周期 9(C67xx)期间到达 E1 节拍。

(7) 在 CPU 周期 7 期间，IACK 和 INUMX 信号建立，通知芯片外部正在处理中断。

(8) CPU 周期 8，IFm 被清 0。

1. 一般性能

C62x/C64x DSP 对所有 CPU 响应中断的总开销是 7 个 CPU 周期(周期 6～12)，C67xx 则是 9 个 CPU 周期(周期 6～14)。该周期期间没有新指令进入 E1 流水节拍。

C62x/C64x 和 C67xx DSP 的中断等待时间分别是 11 个周期和 13 个周期(复位为 21 个周期)，即从中断激活到执行中断服务程序需要 11(C62x/C64x)和 13(C67xx)个 CPU 周期。

对于特定的中断，2 次发生中断的最小间隔是 2 个时钟周期。2 次处理间隔则取决于中断服务所需要的时间和嵌套中断是否使能。

2. 流水线与中断的相互影响

因为取指包中的串行或并行编码不影响流水线中的 DC(指令译码)节拍及后来的各节拍，所以代码并行与中断不存在冲突。但下列 3 个操作或条件影响中断或被中断影响。

1) 转移指令

如果在图 4.34 中任何 n～$n+4$ 执行包内包含转移指令或者处在跳转延迟期间，则非复位中断被延迟。

2) 存储器阻塞

因为存储器阻塞本身扩展了 CPU 周期，所以存储器阻塞延迟了中断处理。

3) 多周期 NOPs

当指令发生中断时，多周期 NOPs(包括 IDLE)指令操作同其他指令一样。但有一个例外，就是当一个中断引起废除发生时，多周期 NOPs(包括 IDLE)指令恰处在第 1 个周期。在这种情况下，下一个执行包的地址将存放到 NRP 或者 I 中，这就阻止了返回到被中断的 NOPs 或 IDLE 指令处。

4.4.2　中断编程注意事项

1. 使用寄存器要单值分配任务

编程时，对 C6000 的寄存器使用可分成单值分配和多值分配两种形式。多值分配指某一寄存器在程序的同一段流水线时期内被分配 2 个或 2 个以上数值。当系统中有中断过程时，就要考虑寄存器的使用形式。单值分配是可中断的，多值分配是不可中断的，否则会出现不可预料的结果。

当中断发生时，所有进入 E1 节拍的指令允许完成整个执行过程，而其他指令被暂停，待中断返回时再重新取指。显然，从中断返回后的指令与中断前的指令之间比无中断时有更长的延迟间隔。这样，如果寄存器不是单值分配就可能产生错误结果。例 4.9 和例 4.10 可说明这一点。

例 4.9 程序代码没有遵守单值分配寄存器的原则，多值使用 A1 寄存器，也就是 A1 多任务。

```
LDW   .D1 *A0,A1      ;对寄存器 A1 赋新值,但必须等到 4 个周期之后新值才能使用
ADD   .L1 A1,A2,A3    ;在 LDW 指令延迟间隙内使用 A1 旧值
NOP   3
MPY   .M1 A1,A4,A5    ;使用 A1 新值
```

例 4.10 使用单任务编程的代码，对寄存器单值使用。

```
LDW   .D1 *A0,A6      ;用 A6 代替 A1,从寄存器读入的数值装到 A6
ADD   .L1   A6,A2,A3
NOP   3
MPY   .M1   A6,A4,A5  ;A6 新值可用
```

例 4.9 中假设进入程序之前，A1＝0。A0 指向存储器地址，该单元内存数值为 10。A1 在开始执行 LDW 指令 4 个周期后才被修改为 10，而 ADD 指令在 LDW 指令的延迟间隙内，该程序的原意是利用 LDW 指令的延迟间隙，将 A1 的原值与 A2 相加后送到 A3。所以执行 ADD 的正确结果应是 A2＋A1(值为 0)送 A3。如果一个中断发生在 LDW 与 ADD 之间，当中断结束后返回到 ADD，这时 A1 不再为 0，而是 10，执行 ADD 的结果为 A2＋A1(值为 10)送 A3，显然是不正确的结果。

例 4.10 中采用单值分配方法可解决这一问题。因为 A1 仅分配 1 个值，作为 ADD 的一个输入，与 LDW 结果无关，不管是否有中断发生，A1 值不变，故不会产生错误结果。

2. 嵌套中断

通常当 CPU 进入一个中断服务程序时，清 GIE＝0，其他中断均被禁止。然而，NMIE 没有清零，当中断服务程序是可屏蔽中断 INT4～INT15 中之一时，NMI 可以中断一个可屏蔽中断的执行过程，但 NMI 和可屏蔽中断均不可中断一个 NMI。

有时希望一个可屏蔽中断服务程序被另一个中断请求(通常是更高级别的)所中断。尽管中断服务程序不允许被 NMI 之外的中断所打断，但在软件控制下实现嵌套中断是可能的。这一过程要求做如下工作：保存原来的 IRP(或者 NRP)和 IER 到一个安全的存储区(下一个中断不使用的内存单元或寄存器中)，通过 ISR 建立一组新的使能位，保存 CSR 后将 GIE 置位，新中断即被使能。

3. 人工介入的中断处理方式(手动中断处理)

中断响应过程除 CPU 自动检测、自动转入中断处理外，还可以通过中断查询，由程序实现这一过程。即通过程序检测 IFR 和 IER 的状态，然后跳转到 ISTP 指向的地址。例 4.11 和例 4.12 给出了人工介入的中断处理方式代码。

例 4.11 通过中断查询，人工介入的中断处理。

```
            MVC     ISTP,B2               ;get related ISFP address
            EXTU    B2,23,27,B1           ;extract HPEINT
   [B1]     B       B2                    ;branch to interrupt
|| [B1]     MVK     1, A0                 ;steup ICR word
```

```
[B1]   MVK    RET_ADR, B2           ;create return address
[B1]   MVKH   RET_ADR, B2
[B1]   MVC    B2, IRP               ;save return address
[B1]   SHL    A0,B1,B1              ;create ICR word
[B1]   MVC    B1,ICR                ;clear interrupt flg
RET_ADR:      (Post interrupt service routine Code)
```

例 4.12 手动处理中断。

```
       MVC    ISTP, B2              ;获取响应的 ISFP 地址
       EXTU   B2,23,27,B1           ;提取 HPEINT
|| [B1]  B    B2                    ;分支转移到中断
 [B1]  MVK    1, A0                 ;设置 ICR 字
 [B1]  MVK    RET_ADR, B2           ;产生返回地址
 [B1]  MVKH   RET_ADR, B2
 [B1]  MVC    B2, IRP               ;保存返回地址
 [B1]  SHL    A0,B1,B1              ;创建 ICR 字
 [B1]  MVC    B1,ICR                ;清除中断标志
 RET_ADR:     (中断服务程序代码)
```

4. 陷阱

某些微处理器有陷阱指令,它是一种软件中断。C6000 没有陷阱指令,但它可由软件编程设置成类似的功能。陷阱的条件可以存储在 A1、A2、B0、B1 和 B2 的任何条件寄存器内,当陷阱条件为真,一条转移指令使 CPU 转入陷阱处理程序,处理结束后返回。例 4.13 和例 4.14 分别为陷阱调用和返回代码,代码中 A1 为陷阱条件。程序开始时,B0 存放陷阱处理程序首地址,在跳转延迟间隙期间,B0 保存 CSR 内容,以便返回时恢复 CSR。中断陷阱返回的代码顺序如例 4.15 所示。

例 4.13 中的第 7 条指令后的 B1 保存陷阱返回地址。

例 4.13 陷阱调用代码。

```
[A1]  MVK    TRAP_HANDLER, B0     ;load 32-bit trap address
[A1]  MVKH   TRAP_HANDLER, B0
[A1]  B      B0                   ;branch to trap handler
[A1]  MVC    CSR, B0              ;read CSR
[A1]  AND    -2,B0,B1             ;disable interrupts: GIE=0
[A1]  MVC    B1,CSR               ;write to CSR
[A1]  MVK    TRAP_RETURN,B1       ;load 32-bit return address
[A1]  MVKH   TRAP_RETURN,B1
TRAP_RETURN:   (post-trap code)
```

例 4.14 陷阱返回代码。

```
      B      B1                   ;return
      MVC    B0,CSR               ;restore CSR
      NOP    4                    ;delay slots
```

```
[A1]    MVK     TRAP_HANDLER, B0          ;加载 32 位的陷阱地址
[A1]    MVKH    TRAP_HANDLER, B0
[A1]    B       B0                        ;分支转移到陷阱处理程序
[A1]    MVC     CSR, B0                   ;读 CSR
[A1]    AND     -2,B0,B1                  ;禁止中断：GIE=0
[A1]    MVC     B1,CSR                    ;写入 CSR
[A1]    MVK     TRAP_RETURN,B1            ;加载 32 位的返回地址
[A1]    MVKH    TRAP_RETURN,B1
TRAP_RETURN:(陷阱处理后的代码)
```

例 4.15 中断陷阱返回的代码顺序。

```
B       B1          ;返回
MVC     B0,SR       ;恢复 CSR
NOP     4           ;延迟时间段
```

4.5 本章小结

流水线是增强 TMS320C6000CPU 性能的重要技术。本章首先简要介绍 TMS320C6000 系列的流水线的作用、级数、取指包、执行包、VelociTI 与标准 VLIW 的异同、流水线执行级类型和流水线运行时应该注意的问题等相关内容，其中重点是 TMS320C6000 系列的流水线作用、级数、时序和流水线操作过程中存在的问题。

4.3 节主要讨论中断系统。中断系统是 TMS320C6000 处理器的重要组成部分。TMS320C6000 的 DSP 内核支持 16 个优先级别的中断。C6000 中定义的中断源最多可以有 32 个，CPU 可以接收的中断信号只有 14 个，其中 2 个来自固定的不可屏蔽的硬件中断源(RESET 和 NMI)，另外 12 个属于可屏蔽中断，可以通过程序调整。中断部分的重点是中断系统的类型、中断信号、控制寄存器、中断的捕获和处理等相关内容。

4.6 为进一步深入学习推荐的参考书目

为了进一步深入学习本章有关内容，向读者推荐以下参考书目：

1. 江思敏，刘畅. TMS320C6000 DSP 应用开发教程[M]. 北京：机械工业出版社，2005.

2. 韩非，胡春海，李伟. TMS320C6000 系列 DSP 开发应用技巧/重点与难点剖析[M]. 北京：中国电力出版社，2008.

3. 谢世珺，李永超，马金岭. TMS320C6000 系列带中断向量表的二次 Bootloader 的设计与实现[J]. 电子工程师，2007.

4. 林峰，林毅. TMS320C6000 代码优化技术[J]. 重庆邮电学院学报(自然科学版)，2006.

5. 田黎育，何佩琨，朱梦宁. TMS320C6000 系列 DSP 编程工具与指南[M]. 北京：

清华大学出版社，2007.

6. 韩非，胡春海，李伟. TMS320C6000 系列 DSP 开发应用技巧/重点与难点剖析[M]. 北京：中国电力出版社，2008.

7. 郑阿奇主编，孙承龙编著. DSP 开发宝典[M]. 北京：电子工业出版社，2012.

8. 邹彦主编. DSP 原理及应用[M]. 北京：电子工业出版社，2012.

9. 李方慧，王飞，何佩琨编著. TMS320C6000 系列 DSP 原理与应用[M]. 2 版. 北京：电子工业出版社，2003.

10. 张雄伟，陈亮，徐光辉编著. DSP 芯片的原理与开发应用[M]. 3 版. 北京：电子工业出版社，2003.

11. TMS320C672x DSP Real-Time Interrupt Reference Guide，Texas Instruments Incorporated，13 Apr 2005.

12. TMS320C6000 DSP Interrupt Selector Reference Guide (Rev. A)，Texas Instruments Incorporated，09 Jan 2004.

4.7 习题

1. TMS320C6000 中所有指令均分为几级，简述流水线取指级和译码级的节拍构成。

2. 影响指令通过流水线运行方式的因素有哪些？

3. C6000 CPU 的中断类型有几种？简述复位(/RESET)的特点。

4. 简述一个可屏蔽中断须满足哪些条件才能得到响应。

5. C6000 芯片有多少个中断控制寄存器，请简述。

6. 已知 EXT_INT5 对应 00101b，请使用线性汇编将 EXT_INT5 映射到 CPU INT12。

7. 使用汇编禁止单个中断 INT12。

8. 如果程序存储器访问时发生存储器阻塞，则发生在哪个阶段？如果数据存储器访问时发生存储器阻塞，发生在哪个阶段？

9. VelociTI 与标准 VLIW 相比，具有哪些异同点？

第5章

集成开发环境与软件开发过程

教学提示：Code Composer Studio（CCS 或 CC Studio）是一种针对 TI 的 DSP、微控制器和应用处理器的集成开发环境。CC Studio 包括一套用于开发和调试嵌入式应用程序的工具。本章主要介绍集成开发环境 CCS 与 TMS320C6000 软件开发过程。

教学要求：本章要求学生了解 CCS 中适用于每个 TI 器件系列的编译器、源码编辑器、项目构建环境、调试器、描述器、仿真器以及其他功能，掌握在 CCS 中创建、调试和测试应用程序的基本步骤；了解 C6000 代码开发的基础知识，理解 C 语言编程常见的问题，为在 CCS 中深入开发 DSP 软件奠定基础。

5.1 集成开发环境

集成开发环境（Code Composer Studio，CCS）提供了配置、建立、调试、跟踪和分析程序的工具，它便于实时、嵌入式信号处理程序的编制和测试，它能够加速开发进程，提高工作效率。

5.1.1 概述

在 CCS 推出之前，软件的开发过程是分立的。开发者首先使用代码生成工具（Code Generation Tools），也就是所谓的 C 编译器、C 优化器、汇编器和连接器等工具以命令行方式编译用户的程序代码，在 DOS 窗口中观察编译器的错误信息，然后在某个文本编辑器中修改源代码，重新编译，直到程序编译正确。生成可执行文件后，开发者要使用 Simulator（软件仿真）或者 Emulator（硬件仿真）调试自己的程序，程序出现任何问题还要修改错误并重新编译，重复上述步骤。Simulator 和 Emulator 只提供了简单的调试手段，只能通过设置断点等简单操作调试程序。

为了产生可执行文件，开发者要按照如图 5.1 所示的步骤进行。也就是 C 编译器编译.c 程序生成.asm 汇编源文件，再由汇编器编译生成.obj 目标文件，最后由连接器生成.out 可执行文件。

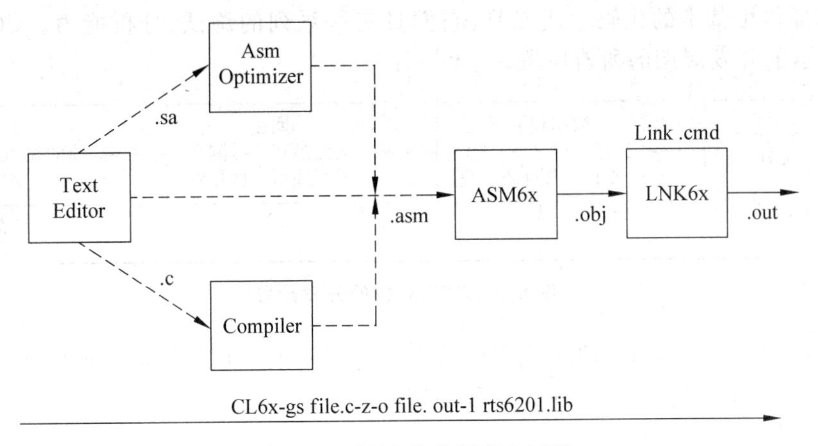

图 5.1 C6000 的代码产生过程

在 CCS 出现之前，开发者没有一个统一的开发环境，而是在不同的工作界面下完成不同的开发工作。CCS 扩展了基本的代码产生工具，集成了调试和实时分析功能。开发者的一切开发过程都是在 CCS 这个集成环境下进行的，包括项目的建立、源程序的编辑以及程序的编译和调试。除此之外，CCS 还提供了更加丰富和强有力的调试手段来提高程序调试的效率和精度，使应用程序的开发变成一件轻松而有趣味的工作。图 5.2 是 CCS 开发环境的组成。

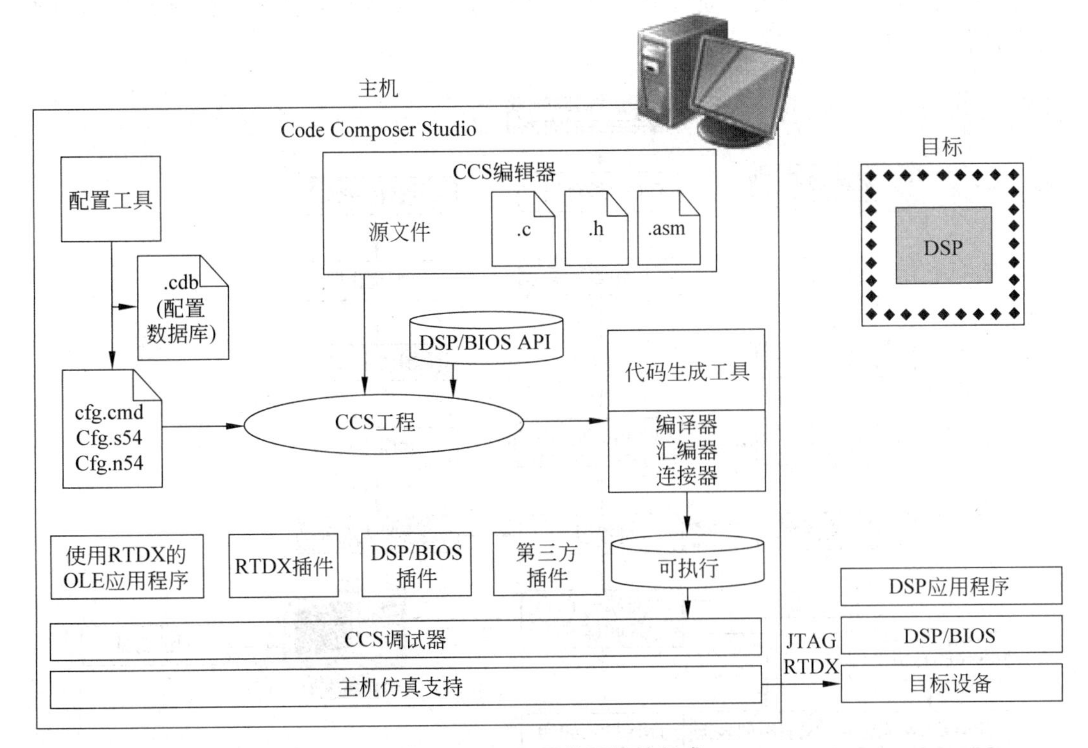

图 5.2 CCS 开发环境的组成

CCS 提供了基本的代码生成工具，它们具有一系列的调试、分析能力。CCS 支持如图 5.3 所示的开发周期的所有阶段。

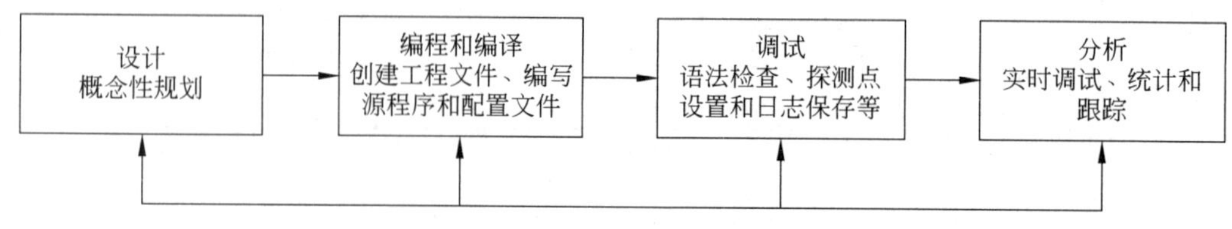

图 5.3 CCS 支持的开发阶段

CCS 包括如下各部分：CCS 代码生成工具、CCS 集成开发环境(IDE)、DSP/BIOS 插件程序和 API、RTDX 插件、主机接口和 API。

CCS 包括以下组件：

(1) TMS320C6000 代码产生工具；

(2) Code Composer Studio 集成开发环境(IDE)；

(3) DSP/BIOS 插件；

(4) RTDX 插件、主机接口和应用程序接口(API)。

5.1.2 代码生成工具

代码生成工具奠定了 CCS 所提供的开发环境的基础。图 5.4 是一个典型的软件开发流程图，图中阴影部分表示通常的 C 语言开发途径，其他部分是为了强化开发过程而设置的附加功能。

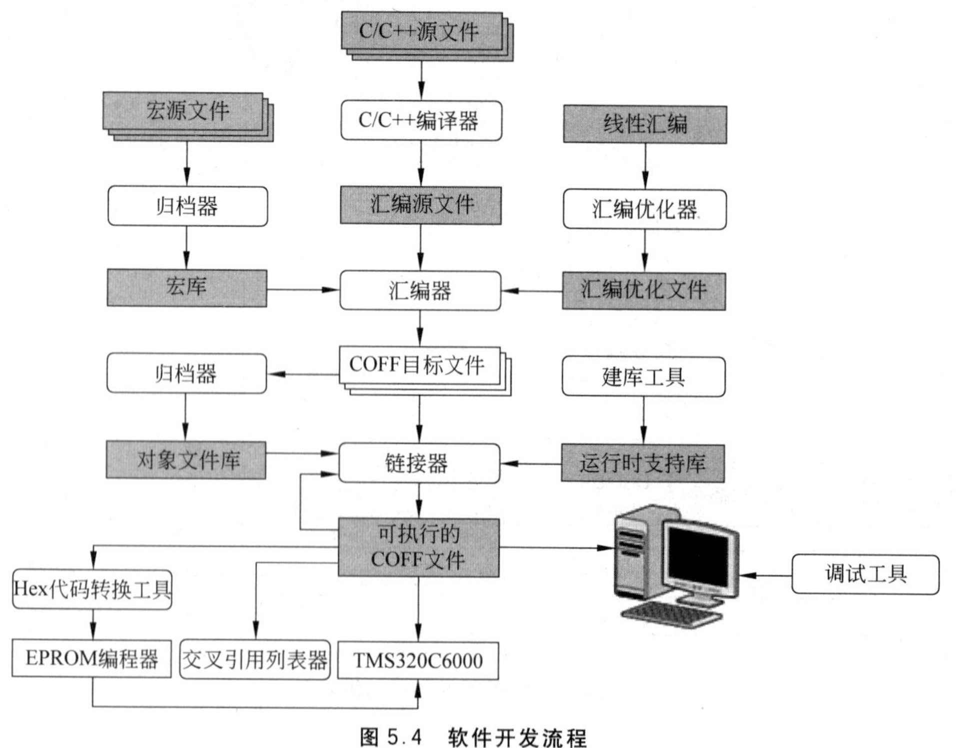

图 5.4 软件开发流程

1. C编译器

C编译器(C compiler)产生汇编语言源代码。

C6000的C编译器对符合ANSI标准的C代码进行编译，生成C6000汇编代码。C编译器内分为语法分析器(parser)，C优化(optimizer)和代码产生器(code generator) 3部分。

1) 语法分析器(parser)，可执行文件为acp6x.exe

语法分析器的功能是对C代码作预处理，进行语法检查，然后产生一个中间文件(.if)作为C优化器或代码产生器的输入。语法分析器还对宏、文件包含(#include)和条件编译等进行处理。

2) C优化器(optimizer)，可执行文件为opt6x.exe

C优化器对语法分析器输出的.if文件进行优化，目的是缩短代码长度和提高代码执行效率，并生成.opt文件。所进行的优化包括针对C代码的一般优化和针对C6000的优化，如重新安排语句和表达式，把变量分配给寄存器，打开循环和模块级优化(若干个文件组成1个模块进行优化)等。

3) 代码产生器(code generator)，可执行文件为cg6x.exe

代码产生器利用语法分析器和C优化器产生的中间文件生成C6000汇编代码(.asm)作为输出。代码产生器也可以直接对中间文件(.if)处理产生汇编代码。C代码的优化在语法分析之后和代码产生之前进行。它靠编译器的优化器选项启动，具有4个不同的优化级别，分别对应选项-o0、-o1、-o2和-o3。-o2是默认的优化级别。表5.1列出了4个优化选项的具体作用。

表5.1 C编译器的优化选项

优化选项	作用	优化级别
-o0	优化寄存器的使用	低
-o1	本地优化	↓
-o2或o	全局优化	↓
-o3	文件级优化	高

除了由C优化器完成的优化外，C编译器的代码产生器也能完成一些优化工作。这些优化不受优化选项的影响。

C优化器所完成的最重要的优化处理是软件流水(software pipeline)。从-o2开始，优化器对软件循环进行软件流水处理。软件流水是专门针对循环代码的一种优化技术，利用软件流水可以生成非常紧凑的循环代码，这也是C6000的C编译器能够达到较高编译效率的主要原因。

在默认情况下，C优化器是对每个C文件分别进行优化的。在某些情况下，如果能够在整个程序范围内进行优化，则优化器的优化效率还可能进一步提高。此时可以在编译选项内加入-pm，它的作用是把一个程序所包含的所有C文件合成一个模块进行优化处理。

2. 汇编优化器

上面介绍C优化器的作用是对C代码进行优化，而汇编优化器(assembly optimizer)的功能则是对用户编写的线性汇编代码(.sa文件)进行优化。

汇编优化器是C6000代码产生工具内极具特色的一部分，它在DSP业界首创了对线性汇编代码自动进行优化的技术。它使对C6000 DSP结构了解不多的用户也能够方便地开发高度并行的C6000代码，使用户在充分利用VLIW结构C6000 DSP强大处理能力的同时大大缩短开发周期。

汇编优化器接受用户编写的线性汇编代码作为输入，产生一个标准汇编代码.asm文件作为汇编器的输入。

对于性能要求很高的应用，用户需要用线性汇编对关键的C代码进行改写，然后采用汇编优化器进行优化，最大限度地提高代码效率。这个过程的关键是首先使用调试工具的性能分析工具(profiler)找出需要进行优化的关键代码段。

线性汇编语言中无须考虑的工作均由汇编优化器自动完成，而且所产生的代码效率可以达到人工编写代码效率的95%～100%，同时还可以降低编程工作量，缩短开发周期。

3. 汇编器

汇编器(assembler)产生可重新分配地址的机器语言目标文件。它所输入的汇编语言文件可以是C编译器产生的汇编文件，可以是汇编优化器输出的汇编文件，也可以是由文档管理器管理的宏库内的宏。

汇编器所产生的目标代码是TI的COFF格式。汇编代码内除了C6000机器指令外，还可以有汇编伪指令(assembler directive)。汇编伪指令用于宏定义和宏扩展，控制代码段和数据段的内容，预留数据空间，数据初始化，控制优化过程以及符号调试等。

4. 连接器

连接器(linker)的作用是接受可重新分配地址的目标文件(.obj)作为输入，生成可执行的目标文件(.out)。

TI连接器的主要功能是根据用户说明的程序和数据存放地址，把汇编器产生的浮动地址代码和数据映射到用户系统的实际地址空间。

把程序和数据的实际地址分配放在连接阶段集中进行，不仅更方便，更容易修改，并且也有利于程序在不同系统之间的移植，这一点正体现了模块化的设计思想。

对于内部仅有RAM，外部具有非易失性存储器的目标系统，要保证系统上电引导自启动系统，用户程序必须存放在外部存储器内；而要保证数据的读写，数据则必须存放在C6000的内部RAM或外部SBSRAM内。所有这一切都是通过连接命令文件(.cmd)控制的。

要详细了解程序和数据的存放问题，必须首先熟悉C6000的存储器地址映射(memory map)、C程序的基本结构、可执行文件格式COFF中段的属性和C环境在C6000上的实现等相关信息。连接器和连接命令文件(.cmd)的使用是C6000程序开发过程中很重要的问题。

5. 其他工具以及 C 运行库

代码产生工具中除了最基本的优化 C 编译器、汇编优化器、汇编器和连接器(有 PC 和 SPARC 两种版本)外,还有文档管理器、交叉列表工具、建库工具、十六进制转换工具以及 C 运行支持库等。

1) 文档管理器(archiver)可执行文件为 ar6x. exe

使用文档管理器可以方便地管理一组文件,这些文件可以是源文件或目标文件。文档管理器把这组文件放入一个称为库的文档文件内,每个文件称为一个库成员。利用文档管理器,可以方便地删除、替换、提取或增添库成员。根据库成员种类(源文件或目标文件)的不同,文档管理器所管理的库称为宏库或目标库。文档管理器生成的目标库可以作为连接器的输入。

2) 建库工具(library build utility)可执行文件为 mk6x. exe

在代码产生工具里,TI 不仅提供了标准的 ANSI C 运行支持库,而且还提供了运行支持库的源码 rts. src。目的是使用户可以按照自己的编译选项生成符合用户系统要求的运行支持库。

3) 十六进制转换工具(Hex Conversion Utility)可执行文件为 hex6x. exe

嵌入式系统要求将调试成功的程序固化在目标板系统的非易失性存储器内,因此需要用编程器对用户系统的非易失性存储器进行编程。由于一般的编程器不支持 TI 的 COFF 格式目标文件,因此 TI 提供了十六进制转换工具,用于将 COFF 格式转换为编程器支持的其他格式,如 TI-Tagged、ASCII-hex、Intel、Motorola-S 或 Tektronix。

4) 交叉引用列表工具(Cross-reference Lister),可执行文件 xref6x. exe

交叉引用列表工具接受已连接的目标文件作为输入,产生一个交叉引用列表文件。在列表文件中列出了目标文件中所有的符号(symbol)以及它们在文件中的定义和引用情况。

交叉引用列表工具的使用有以下两步:

(1) 首先在程序的编译器命令里使用选项-k0;

(2) 生成可执行的. out 文件后,启动交叉引用列表工具,生成. xrf 列表树。

5) C 运行支持库(C Run-time Support Library)

C 运行支持库是由 C 头文件(. h)和库文件 rts6201. lib(或 rtsxxxx. lib)组成的。C 运行支持库包含符合 ANSI 标准的运行支持功能。除此之外,C6000 的运行支持库还支持浮点函数、C6000 的汇编指令函数(intrinsics)以及能够访问主机操作系统的 C I/O 函数。C 运行库头文件和库文件分别位于 CCS 安装目录下的\\c6000\cgtools\include 和\\c6000\cgtools\lib 中。C 运行库的源代码 rts. src 在 CCS 安装目录下的\\c6000\cgtools\lib 目录中。

6) 助记符到代数汇编语言转换公用程序(mnimonic to algebric assembly translator utility)

把含有助记符指令的汇编语言源文件转换成含有代数指令的汇编语言源文件。

7) 绝对列表器(absolute lister)

它输入目标文件,输出. abs 文件,通过汇编. abs 文件可产生含有绝对地址的列表文件。如果没有绝对列表器,这些操作将需要冗长乏味的手工操作才能完成。

5.1.3 CCS集成开发环境

CCS集成开发环境(IDE)允许编辑、编译和调试DSP目标程序。

1. 编辑源程序

CCS允许编辑C源程序和汇编语言源程序,还可以如图5.5所示在C语句后面显示汇编指令的方式来查看C源程序。

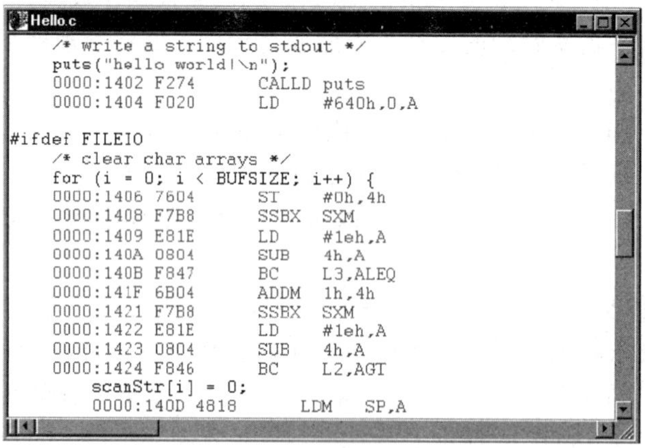

```
Hello.c
    /* write a string to stdout */
    puts("hello world!\n");
    0000:1402 F274       CALLD puts
    0000:1404 F020       LD    #640h,0,A

#ifdef FILEIO
    /* clear char arrays */
    for (i = 0; i < BUFSIZE; i++) {
    0000:1406 7604       ST    #0h,4h
    0000:1408 F7B8       SSBX  SXM
    0000:1409 E81E       LD    #1eh,A
    0000:140A 0804       SUB   4h,A
    0000:140B F847       BC    L3,ALEQ
    0000:141F 6B04       ADDM  1h,4h
    0000:1421 F7B8       SSBX  SXM
    0000:1422 E81E       LD    #1eh,A
    0000:1423 0804       SUB   4h,A
    0000:1424 F846       BC    L2,AGT
        scanStr[i] = 0;
        0000:140D 4818       LDM   SP,A
```

图5.5 C源程序和汇编语言源程序

集成编辑环境支持下述功能:

(1) 用彩色加亮关键字、注释和字符串。

(2) 以圆括弧或大括弧标记C程序块,查找匹配块或下一个圆括弧或大括弧。

(3) 在一个或多个文件中查找和替代字符串,能够实现快速搜索。

(4) 取消和重复多个动作。

(5) 获得"上下文相关"的帮助。

(6) 用户定制的键盘命令分配。

2. 创建应用程序

应用程序通过工程文件来创建,工程文件中包括C源程序、汇编源程序、目标文件、库文件、连接命令文件和包含文件。编译、汇编和连接文件时,可以分别指定它们的选项。在CCS中,可以选择完全编译或增量编译,可以编译单个文件,也可以扫描出工程文件的全部包含文件从属树,还可以利用传统的makefiles文件编译。

3. 调试应用程序

CCS提供下列调试功能:

(1) 设置可选择步数的断点。

(2) 在断点处自动更新窗口。

(3) 查看变量。

(4) 观察和编辑存储器和寄存器。

(5) 观察调用堆栈。

(6) 对流向目标系统或从目标系统流出的数据采用探针工具观察，并收集存储器映像。

(7) 绘制选定对象的信号曲线。

(8) 估算执行统计数据。

(9) 观察反汇编指令和 C 指令。

CCS 提供 GEL 语言，它允许开发者向 CCS 菜单中添加功能。

5.1.4　DSP/BIOS 插件

在软件开发周期的分析阶段，调试依赖于时间的例程时，传统调试方法效率低下。

DSP/BIOS 插件支持实时分析，它们可用于探测、跟踪和监视具有实时性要求的应用例程，图 5.6 显示了一个执行多个线程的应用例程时序。

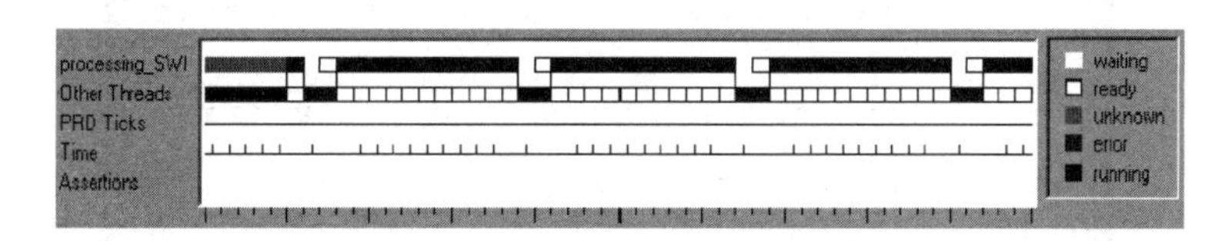

图 5.6　应用例程中各线程时序

DSP/BIOS API 具有下列实时分析功能：

(1) 程序跟踪(program tracing)　显示写入目标系统日志(target log)的事件，反映程序执行过程中的动态控制流。

(2) 性能监视(performance monitoring)　跟踪反映目标系统资源利用情况的统计表，诸如处理器负荷和线程时序。

(3) 文件流(file streaming)　把常驻目标系统的 I/O 对象捆绑成主机文档。

DSP/BIOS 也提供基于优先权的调度函数，它支持函数和多优先权线程的周期性执行。

1. DSP/BIOS 配置

在 CCS 环境中，可以利用 DSP/BIOS API 定义的对象创建配置文件，这类文件简化了存储器映像和硬件 ISR 矢量映像，所以，即使不使用 DSP/BIOS API 时，也可以使用配置文件。

配置文件有两个任务：

(1) 设置全局运行参数。

(2) 可视化创建和设置运行对象属性，这些运行对象由目标系统应用程序的 DSP/BIOS API 函数调用，它们包括软中断、I/O 管道和事件日志。

在 CCS 中打开一个配置文件时，其显示窗口如图 5.7 所示。

DSP/BIOS 对象是静态配置的，并限制在可执行程序空间范围内，而运行时创建对象的 API 调用需要目标系统额外的开销(尤其是代码空间)。静态配置策略通过去除运行

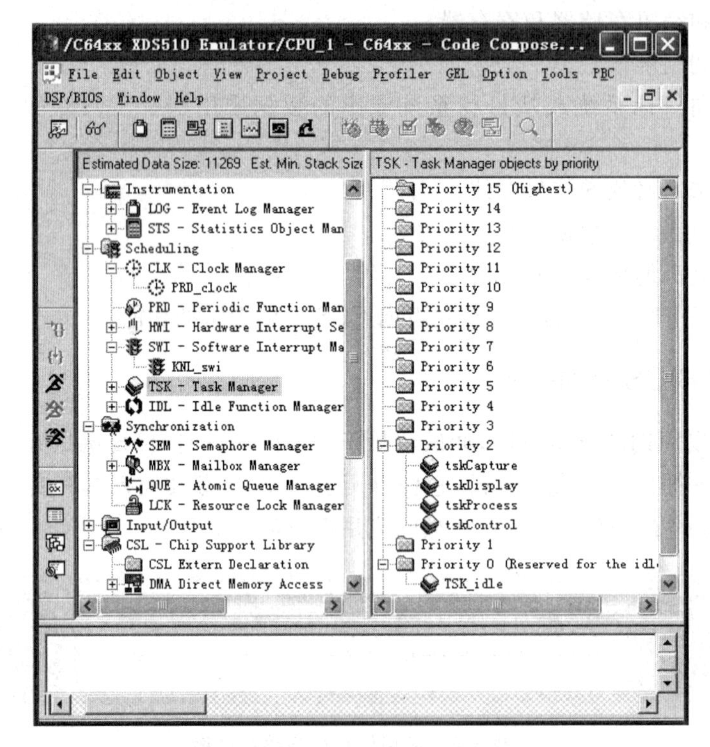

图 5.7　CCS 中的配置文件窗口

代码能够使目标程序存储空间最小化,能够优化内部数据结构,在程序执行之前能够通过确认对象所有权来及早地检测出错误。

2. DSP/BIOS API 模块

传统调试(debuging)相对于正在执行的程序而言是外部的,而 DSP/BIOS API 要求将目标系统程序和特定的 DSP/BIOS API 模块连接在一起。通过在配置文件中定义 DSP/BIOS 对象,一个应用程序可以使用一个或多个 DSP/BIOS 模块。在源代码中,这些对象声明为外部的,并调用 DSP/BIOS API 功能。

每个 DSP/BIOS 模块都有一个单独的 C 头文件或汇编宏文件,它们可以包含在应用程序源文件中,这样能够使应用程序代码最小化。

为了尽量少地占用目标系统资源,必须优化(C 和汇编源程序)DSP/BIOS API 调用。DSP/BIOS API 划分为下列模块,模块内的任何 API 调用均以下述代码开头。

(1) CLK　片内定时器模块:控制片内定时器并提供高精度的 32 位实时逻辑时钟,它能够控制中断的速度,使之快则可达单指令周期时间,慢则需若干毫秒或更长时间。

(2) HST　主机输入输出模块:管理主机通道对象,它允许应用程序在目标系统和主机之间交流数据。主机通道通过静态配置为输入或输出。

(3) HWI　硬件中断模块:提供对硬件中断服务例程的支持,可在配置文件中指定当硬件中断发生时需要运行的函数。

(4) IDL　休眠功能模块:管理休眠函数,休眠函数在目标系统程序没有更高优先权的函数运行时启动。

(5) LOG 日志模块：管理 LOG 对象，LOG 对象在目标系统程序执行时实时捕捉事件。开发者可以使用系统日志或定义自己的日志，并在 CCS 中利用它实时浏览信息。

(6) MEM 存储器模块：允许指定存放目标程序的代码和数据所需的存储器段。

(7) PIP 数据通道模块：管理数据通道，它被用来缓存输入和输出数据流。这些数据通道提供一致的软件数据结构，可以使用它们驱动 DSP 和其他实时外围设备之间的 I/O 通道。

(8) PRD 周期函数模块：管理周期对象，它触发应用程序的周期性执行。周期对象的执行速率可由时钟模块控制或 PRD_tick 的规则调用来管理，而这些函数的周期性执行通常是为了响应发送或接收数据流的外围设备的硬件中断。

(9) RTDX 实时数据交换：允许数据在主机和目标系统之间实时交换，在主机上使用自动 OLE 的客户都可对数据进行实时显示和分析。

(10) STS 统计模块：管理统计累积器，在程序运行时，它存储关键统计数据并能通过 CCS 浏览这些统计数据。

(11) SWI 软件中断模块：管理软件中断。软件中断与硬件中断服务例程(ISRs)相似。当目标程序通过 API 调用发送 SWI 对象时，SWI 模块安排相应函数的执行。软件中断可以有高达 15 级的优先级，但这些优先级都低于硬件中断的优先级。

(12) TRC 跟踪模块：管理一套跟踪控制比特，它们通过事件日志和统计累积器控制程序信息的实时捕捉。如果不存在 TRC 对象，则在配置文件中就无跟踪模块。

注意：CCS2.21 中编译运行的 DSP/BIOS 配置文件后缀是.cdb，如果用 CCS3.3 以上编译，DSP/BIOS 配置文件会升级为.tcf。

5.1.5 硬件仿真和实时数据交换

TI DSP 提供在片仿真支持，它使得 CCS 能够控制程序的执行，实时监视程序运行。增强型 JTAG 连接提供了对在片仿真的支持，它是一种可与任意 DSP 系统相连的低侵扰式的连接。仿真接口提供主机一侧的 JTAG 连接，如 TI XSD510。

在片仿真硬件提供多种功能：

(1) DSP 的启动、停止或复位功能。

(2) 向 DSP 下载代码或数据。

(3) 检查 DSP 的寄存器或存储器。

(4) 硬件指令或依赖于数据的断点。

(5) 包括周期的精确计算在内的多种记数能力。

(6) 主机和 DSP 之间的实时数据交换(RTDX)。

CCS 提供在片能力的嵌入式支持；另外，RTDX 通过主机和 DSP APIs 提供主机与 DSP 之间的双向实时数据交换，它能够使开发者实时连续地观察到 DSP 应用的实际工作方式。在目标系统应用程序运行时，RTDX 也允许开发者在主机和 DSP 设备之间传送数据，而且这些数据可以在使用自动 OLE 的客户机上实时显示和分析，从而缩短研发时间。

如图 5.8 所示，RTDX 由目标系统和主机两部分组成。小的 RTDX 库函数在目标系统 DSP 上运行。开发者通过调用 RTDX 软件库的 API 函数将数据输入或输出目标系统的 DSP，库函数通过在片仿真硬件和增强型 JTAG 接口将数据输入或输出主机平台，数据在 DSP 应用程序运行时实时传送给主机。

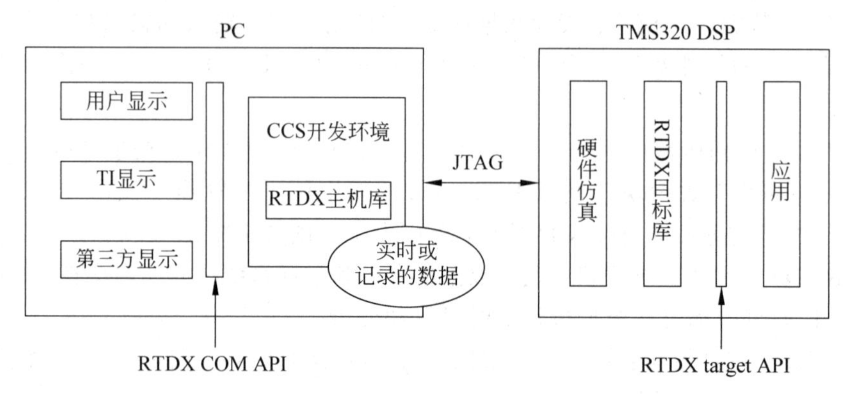

图 5.8　RTDX 系统组成

在主机平台上，RTDX 库函数与 CCS 一道协同工作。显示和分析工具可以通过 COM API 与 RTDX 通信，从而获取目标系统数据，或将数据发送给 DSP 应用例程。开发者可以使用标准的显示软件包，诸如 National Instruments 的 LabVIEW、Quinn-Curtis 的 Real-Time Graphics Tools 或 Microsoft Excel。同时，开发者也可研制自己的 Visual Basic 或 Visual C++ 应用程序。

RTDX 能够记录实时数据，并可将其回放用于非实时分析。CCS 中的 RTDX 图形化配置具有三个菜单选项：诊断控制、配置控制和通道视图控制。选项菜单如图 5.9 所示。

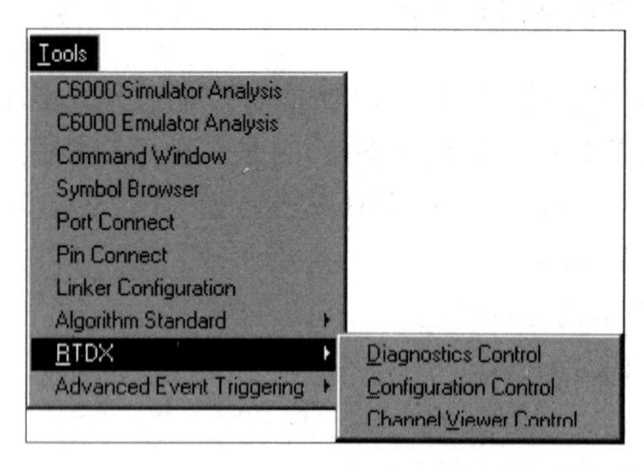

图 5.9　RTDX 实例

RTDX 适合于各种控制、伺服和音频应用。例如，无线电通信产品可以通过 RTDX 捕捉语音合成算法的输出以检验语音应用程序的执行情况；嵌入式系统也可从 RTDX 获益；硬磁盘驱动设计者可以利用 RTDX 测试他们的应用软件，不会因不正确的信号加到伺服马达上而与驱动发生冲突；引擎控制器设计者可以利用 RTDX 在控制程序运行的同时分析随环境条件而变化的系数。对于这些应用，用户都可以使用可视化工具，而且可以根据需要选择信息显示方式。

5.2 开发一个简单的应用程序

5.2.1 创建工程文件

本节将建立一个新的应用程序，它采用标准库函数显示一条 hello world 消息。

(1) 如果 CCS 安装在 C:\ti 中，则可在 C:\ti\myprojects 建立文件夹 hello1(若将 CCS 安装在其他位置，则在相应位置创建文件夹 hello1)。

(2) 将 C:\ti\tutorial\evmDM642\hello1 中的所有文件拷贝到上述新文件夹。

(3) 从 Windows Start 菜单中选择 Programs→Texas Instruments→Code Composer Studio 2(C6000)→Code Composer Studio(或者在桌面上双击 Code Composer Studio 图标，窗口如图 5.10 所示)。

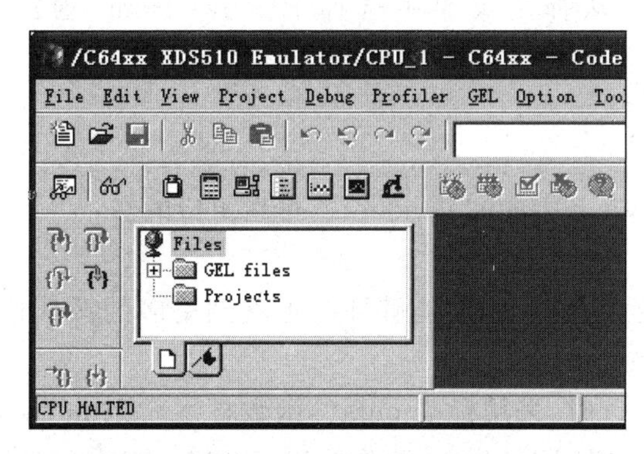

图 5.10 CCS 启动窗口

(4) 选择菜单项 Project→New。

(5) 在 Save New Project As 窗口中选择你所建立的工作文件夹并单击 Open 按钮。输入 myhello 作为文件名并单击 Save 按钮，CCS 就创建了 myhello. mak 的工程文件，存储了工程设置，并且提供对工程所使用的各种文件的引用。

5.2.2 向工程添加文件

(1) 选择 Project→Add Files to Project 选项，选择 hello. c 并单击 Open 按钮。

(2) 选择 Project→Add Files to Project 选项，在文件类型框中选择 *. asm。选择 vector. asm 并单击 Open 按钮。该文件包含了设置跳转到该程序的 C 入口点的 RESET 中断(c_int00)所需的汇编指令(对于更复杂的程序，可在 vector. asm 定义附加的中断矢量，或者用 DSP/BIOS 来自动定义所有的中断矢量)。

(3) 选择 Project→Add Files to Project 选项，在文件类型框中选择 *. cmd。选择 hello. cmd 并单击 Open 按钮，hello. cmd 包含程序段到存储器的映射。

(4) 选择 Project→Add Files to Project 选项，进入编译库文件夹(C:\ti\c6000\cgtools\lib)。在文件类型框中选择 *. o*、*. lib。选择 rts. lib 并单击 Open 按钮，该库文件对目标系统 DSP 提供运行支持。

(5) 单击紧挨着 Project、Myhello. mak、Library 和 Source 旁边的符号＋展开 Project 表，它称为 Project View，如图 5.11 所示。

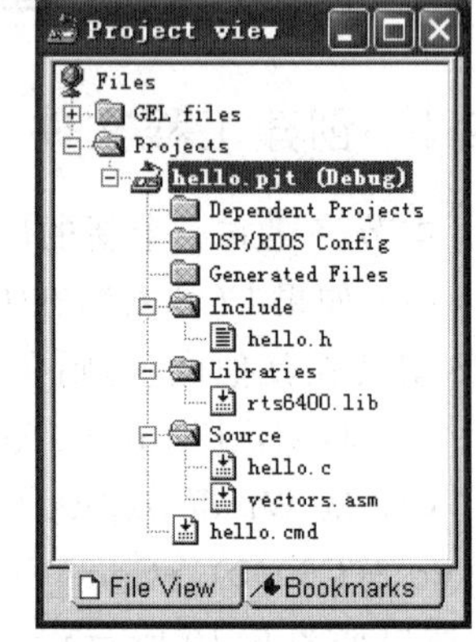

图 5.11　最小的 C 程序组成

注意：打开 Project View，如果看不到 Project View，则选择 View→Project 选项。如果这时选择过 Bookmarks 图标，仍看不到 Project View，则只需再单击 Project View 底部的文件图标即可。

(6) 注意包含文件还没有在 Project View 中出现。在工程的创建过程中，CCS 扫描文件间的依赖关系时将自动找出包含文件，因此不必人工地向工程中添加包含文件。在工程建立之后，包含文件自动出现在 Project View 中。

如果需要从工程中删除文件，则只需在 Project View 中的相应文件上右击，并从弹出菜单中选择 Remove from project 选项即可。

5.2.3　查看源代码

(1) 双击 Project View 中的文件 hello. c，可在窗口的右半部看到源代码。

(2) 如想使窗口更大一些，以便能够即时地看到更多的源代码，可以选择 Option→Font 选项使窗口具有更小的字型。

当没有定义 FILEIO 时，采用标准 puts()函数显示一条 hello world 消息，它只是一个简单程序。当定义了 FILEIO 后，该程序给出一个输入提示，并将输入字符串存放到一个文件中，然后从文件中读出该字符串，并把它输出到标准输出设备上。

5.2.4　编译和运行程序

CCS 会自动将所做的改变保存到工程设置中。在完成上节之后，如果退出了 CCS，则通过重新启动 CCS 和单击 Project→Open 选项，即可返回到刚才停止工作处。

为了编译和运行程序，要按照以下步骤进行操作：

(1) 单击工具栏按钮或选择 Project→Rebuild All 选项，CCS 重新编译、汇编和连接工程中的所有文件，有关此过程的信息显示在窗口底部的信息框中。

(2) 选择 File→Load Program 选项，选择刚重新编译过的程序 myhello. out(它应该在 C:\ti\myprojects\hello1 文件夹中，除非把 CCS 安装在别的地方)并单击 Open 按钮。CCS 把程序加载到目标系统 DSP 上，并打开 Dis_Assembly 窗口，该窗口显示反汇编指令。

注意：CCS 还会自动打开窗口底部一个标有 Stdout 的区域，该区域用以显示程序送往 Stdout 的输出。

(3) 单击 Dis_Assembly 窗口中一条汇编指令(单击指令，而不是单击指令的地址或空白区域)。按 F1 键，CCS 将搜索有关那条指令的帮助信息。这是一种获得关于不熟悉的汇编指令的帮助信息的好方法。

(4) 单击工具栏按钮或选择 Debug→Run 选项。

注意：屏幕尺寸和设置。工具栏有些部分可能被 Build 窗口隐藏起来，这取决于屏幕尺寸和设置。为了看到整个工具栏，请在 Build 窗口中右击并取消 Allow Docking 选择。

当运行程序时，可在 Stdout 窗口中看到如图 5.12 所示的 hello world 消息。

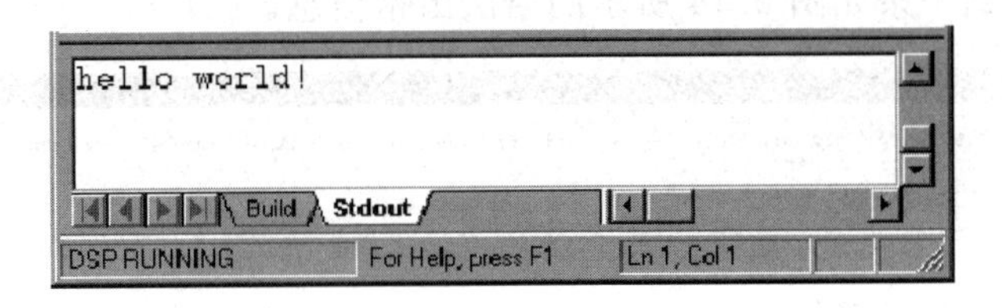

图 5.12 Stdout 窗口

5.2.5 修改程序选项和纠正语法错误

在前一节中，由于没有定义 FILEIO，预处理器命令(#ifdef 和 #endif)之间的程序没有运行。在本节中，使用 CCS 设置一个预处理器选项，并找出和纠正语法错误。

(1) 选择 Project→Options 选项。

(2) 从 Build Option 窗口的 Compiler 栏的 Category 列表中选择 Preprocessor 选项。在 Define Symbles 框中输入 FILEIO 并按 Tab 键，如图 5.13 所示。

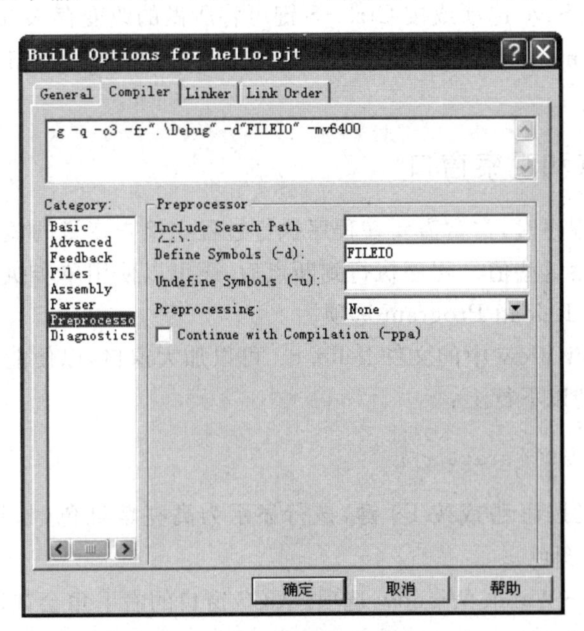

图 5.13 配置选项窗口

注意：现在窗口顶部的编译命令包含-d 选项，当重新编译该程序时，程序中 #ifdef FILEIO 语句后的源代码就包含在内了(其他选项可以是变化的，这取决于正在使用的 DSP 板)。

(3) 单击“确定”按钮保存新的选项设置。

(4) 单击(Rebuild All)工具栏按钮或选择 Project→Rebuild All 选项。无论何时，只要工程选项改变，就必须重新编译所有文件。

(5) 出现一条说明程序含有编译错误的消息，单击 Cancel 按钮。在 Build tab 区域移动滚动条，就可看到一条如图 5.14 所示的语法出错信息。

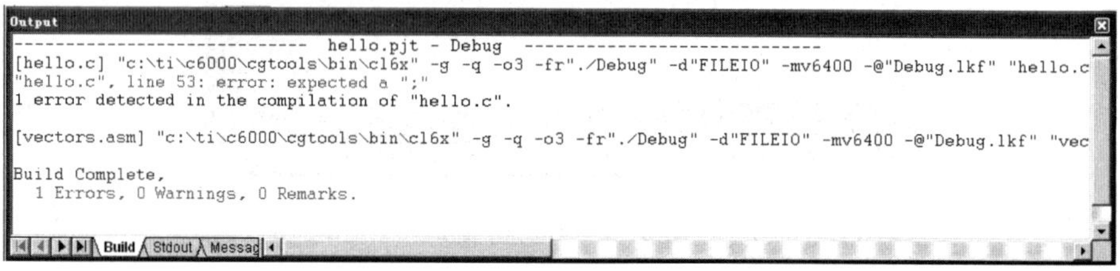

```
Output
----------------------------  hello.pjt - Debug  ------------------------------
[hello.c] "c:\ti\c6000\cgtools\bin\cl6x" -g -q -o3 -fr"./Debug" -d"FILEIO" -mv6400 -@"Debug.lkf" "hello.c
"hello.c", line 53: error: expected a ";"
1 error detected in the compilation of "hello.c".

[vectors.asm] "c:\ti\c6000\cgtools\bin\cl6x" -g -q -o3 -fr"./Debug" -d"FILEIO" -mv6400 -@"Debug.lkf" "vec

Build Complete,
  1 Errors, 0 Warnings, 0 Remarks.

Build  Stdout  Messag
```

图 5.14 信息窗口

(6) 双击描述语法错误位置的红色文字。注意到 hello.c 源文件是打开的，光标会落在该行上：

```
fileStr[i]=0
```

(7) 修改语法错误(缺少分号)。注意，紧挨着编辑窗口题目栏的文件名旁出现一个星号(*)，表明源代码已被修改过。当文件被保存时，星号随之消失。

(8) 选择 File→Save 选项或按 Ctrl+S 键可将所做的改变存入 hello.c。

(9) 单击(Incremental Build)工具栏按钮或选择 Project→Build 选项，CCS 重新编译已被更新的文件。

5.2.6 使用断点和观察窗口

当开发和测试程序时，常常需要在程序执行过程中检查变量的值。在本节中，可用断点和观察窗口来观察这些值。程序执行到断点后，还可以使用单步执行命令。

(1) 选择 File→Reload Program 选项。

(2) 双击 Project View 中的文件 hello.c。可以加大窗口，以便能看到更多的源代码。

(3) 把光标放到以下行上：

```
fprintf(fptr, "%S", scacStr);
```

(4) 单击工具栏按钮或按 F9 键，该行显示为高亮紫红色(如果愿意的话，可通过 Option→Color 改变颜色)。

(5) 选择 View→Watch Window 选项。CCS 窗口的右下角会如图 5.15 所示出现一个独立区域，在程序运行时，该区域将显示被观察变量的值。

(6) 在 Watch Window 区域中单击图标右侧栏。

(7) 输入表达式 * scanStr，如图 5.16 所示。

(8) 注意局部变量 * scanStr 被列在 Watch window 中，但由于程序当前并未执行到该变量的 main()函数，因此没有定义。

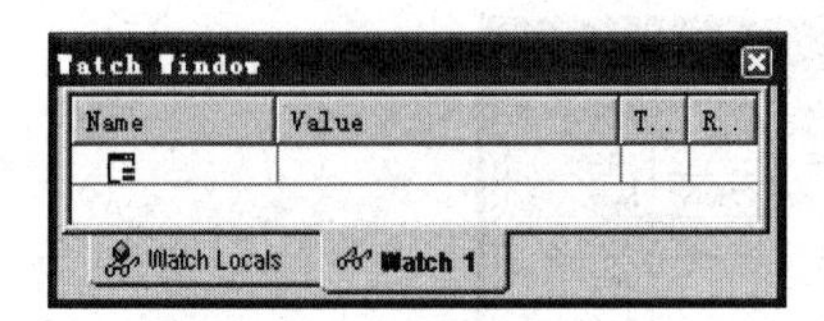

图 5.15 空白观察窗口

图 5.16 变量观察窗口

(9) 选择 Debug→Run 选项或按 F5 键。

(10) 在相应提示下,输入 goodbye 并单击 OK 按钮,如图 5.17 所示。

(11) 还应注意,如图 5.18 所示,Watch Window 中显示出 scanStr 的值。

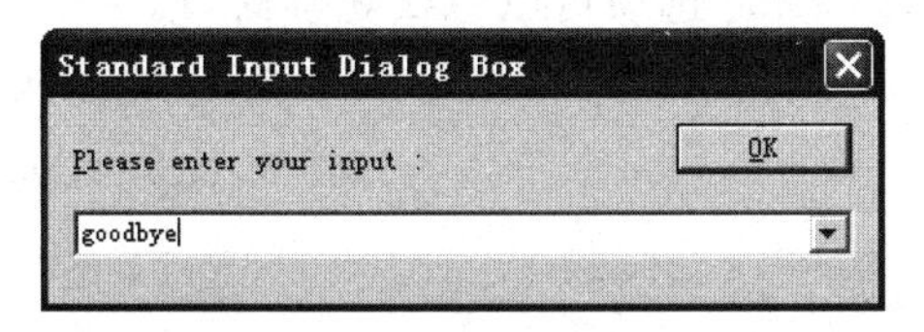

图 5.17 输入窗口

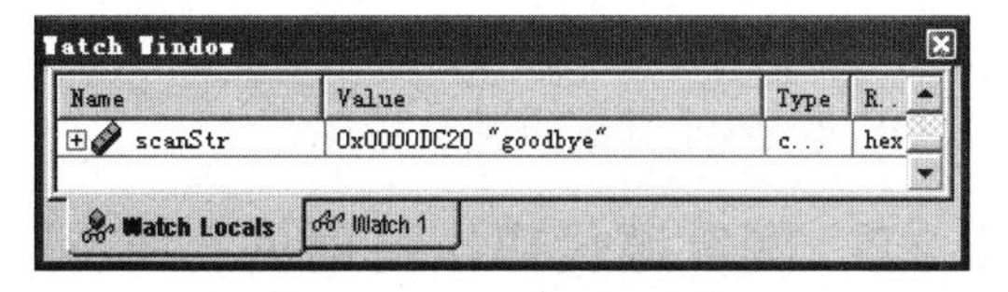

图 5.18 变量观察窗口

在输入一个输入字符串之后,程序运行并在断点处停止。程序中将要执行的下一行以黄色加亮。

(12) 单击(Step Over)工具栏按钮或按 F10 键以便执行到所调用的函数 fprintf()之后。

(13) 用 CCS 提供的 step 命令试验:

① Step Into(F2)

② Step over(F10)

③ Step Out(Shift F7)

④ Run to Cursor(Ctrl F10)

(14) 单击工具栏按钮或按 F5 键运行程序到结束。

5.2.7 使用观察窗口观察 structure 变量

观察窗口除了观察简单变量的值以外,还可观察结构中各元素的值。

(1) 在 watch Window 区域中右击,并从弹出表中选择 Insert New Expression。

(2) 输入 str 作为表达式并单击 OK 按钮。显示着+str={…}的一行出现在 Watch Window 中,如图 5.19 所示。+符号表示这是一个结构,程序中类型为 PARMS 的结构被声明为全局变量,并在 hello.c 中初始化。结构类型在 hello.h 中定义。

(3) 单击符号+。CCS 展开这一行,列出该结构的所有元素以及它们的值。

(4) 双击结构中的任意元素就可打开该元素的 Edit Variable 窗口。

(5) 改变变量的值并单击 OK 按钮。注意 Watch Window 中的值改变了,而且其颜色也相应变化,表明该值已经人工修改了。

(6) 在 Watch Window 中选择 str 变量并右击,从弹出表中选择 Remove Current Expression 选项。在 Watch Window 中重复上述步骤。

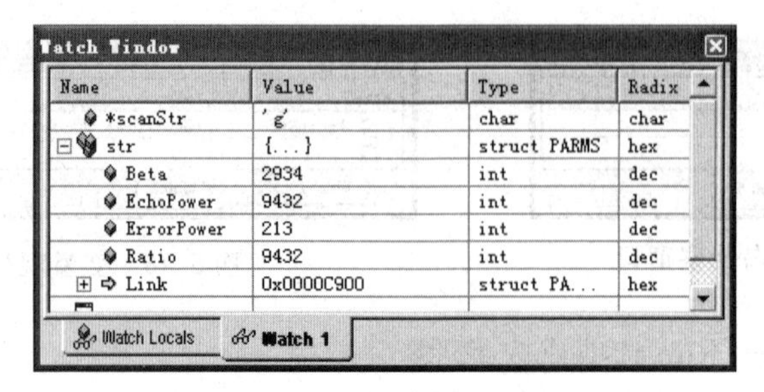

图 5.19　变量观察窗口

(7) 在 Watch Window 中右击，从弹出表中选择 Hide 选项可以隐藏观察窗口。

(8) 选择 Debug→Breakpoints 选项。在 Breakpoints tab 中单击 Delete All，然后单击 OK 按钮，全部断点都被清除。

5.2.8　测算源代码执行时间

程序中可以使用 CCS 的 profiling 功能来统计标准 puts()函数的执行情况，可以把这些结果与采用 DSP/BIOS API 显示 hello world 消息的相应结果相比较。

(1) 选择 File→Reload Program 选项。

(2) 选择 Profiler→Enable Clock 选项。标记√出现在 Profile 菜单 Enable Clock 项的旁边，利用该选项可计算指令周期。然后在同一菜单中单击 Start New Session 选项，在弹出菜单中填入名称，如图 5.20 所示。单击 OK 按钮，窗口底部出现一个显示测试点统计数据的区域，如图 5.21 所示。

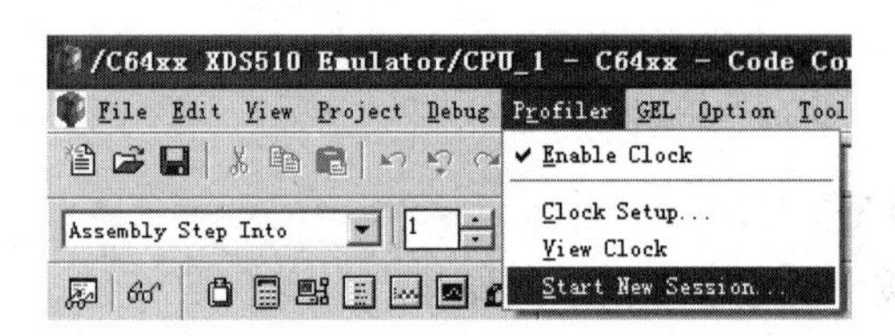

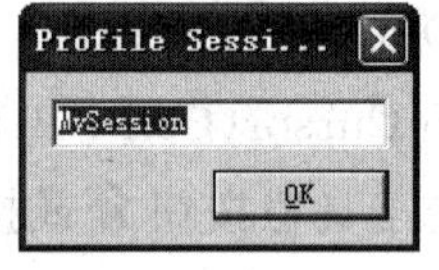

图 5.20　Profile 菜单

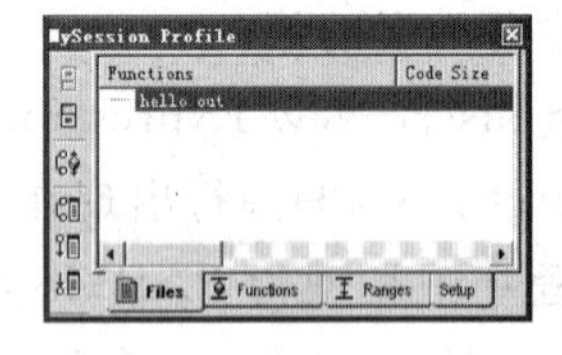

(a) 空白测试点统计数据显示窗口

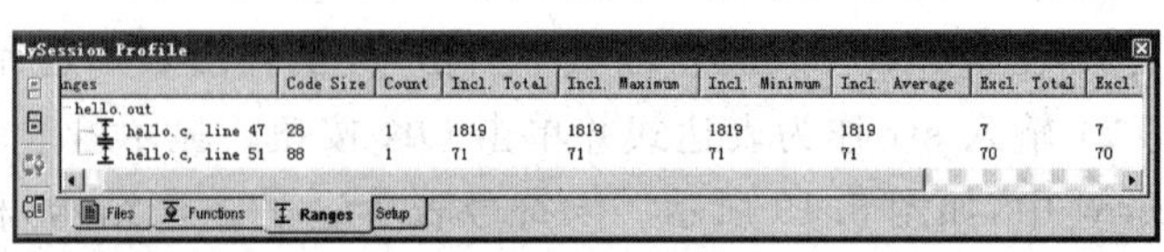

(b) 测试点统计数据显示窗口

图 5.21　测试点统计数据显示

(3) 在 Project View 中双击文件 hello.c。

(4) 将光标放在下述行上：

```
puts("hello world!\n");
```

(5) 右击选择 Profile Range→in MySession Session 选项，如图 5.22 所示。

(6) 向下移动滚动条，将光标停在以下行上：

```
for(i=0; i<BUFSIZE;i++);{
```

有关测试点的统计数据报告显示自前一个测试点或程序开始运行以来到本测试点所需的指令周期数。本例中，第二个测试点的统计数据报告显示自 puts()开始执行到该测试点所需的指令周期数。

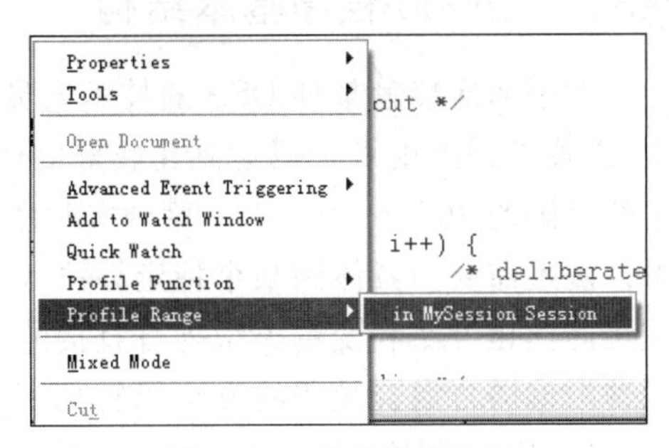

图 5.22　菜单选择窗口

(7) 窗口底部出现一个显示测试点统计数据的区域，如图 5.21(b)所示。

(8) 通过拖曳该区域的边缘可调整其大小。

(9) 单击(RUN)工具栏按钮或按 F5 键运行该程序并在提示窗口中输入一串字符。

(10) 注意对第二个测试点所显示的指令周期数，如图 5.21(b)所示，这是执行 puts()函数所需的指令周期数。由于这些指令只执行了一次，所以平均值、总数、最大值和最小值都是相同的。

注意：目标系统在测试点处于暂停状态。只要程序运行到一个测试点，它就会自动暂停。所以，当使用测试点时，目标系统应用程序可能不能满足实时期限的要求(用 RTDX 则可能实现实时监控)。

(11) 在测试点统计数据区域右击，从弹出菜单中选择 Close 选项关闭测试窗口，以释放测试期间所占用的资源。

5.3　C6000 代码开发的基础知识

5.3.1　DSP 程序仿真模式

C6000 程序的调试和仿真有软件仿真和硬件仿真两种模式。

软件仿真指程序的执行完全是靠主机上的仿真软件模拟，程序单步或者运行的结果都是仿真软件“计算”出来的，不和任何硬件平台打交道。而硬件仿真要用户具备目标板(如 TI 的 EVM 板)，仿真程序会利用开发系统将代码下载到 DSP 芯片中。程序是在芯片中直接运行的，仿真软件只是把运行结果读出来显示。目标板一般是通过 XDS510 开发系统和主机相连。软件仿真的优点是无须目标板就可以学习软件编程，缺点是仿真速度慢，而且无法仿真某些外设的功能。硬件仿真的优点则是仿真速度快，仿真结果与系统实际一致。

在 CCS 出现之前，软件仿真使用 simulator.exe 程序，硬件仿真使用 emulator.exe 程序，而它们的界面几乎是一样的。现在，这两种仿真模式都集成在 CCS 环境下，根据当前 CCS 的配置不同，软件会选择相应的仿真模式。

5.3.2 C6000程序基本结构

对于初次接触某种DSP的技术人员，通常会想知道这种器件最有效的编程方法是什么，以及是否能用C代码达到比较好的性能。对于C6000 DSP，C代码的效率是手工编写汇编代码的70%～80%。一般对实时性要求不是特别强的应用，采用C语言编程就完全可以满足需要。具体到某个特定算法，C代码的效率就与C代码的实现方法、算法类型、使用的优化方法和变量类型等有直接的关系。对于高速实时应用，采用C语言和C6000线性汇编语言混合编程的方法能够把C语言的优点和汇编语言的高效率有机地结合在一起，使代码效率达到90%以上，这也是目前最流行的编程方法。

一个最小的C应用程序项目中必须至少包含以下几个文件。

1. 主程序main.c

这个文件必须包含一个main()函数作为C程序的入口点。

2. 连接命令文件.cmd

这个文件包含了DSP和目标板的存储器空间的定义以及代码段、数据段是如何分配到这些存储器空间的。这个文件由用户自己编辑产生。

3. C运行库文件rts6200.1ib(或者和DSP兼容的rtsxxxx.lib)

C运行库提供了诸如prinft等标准C函数，还提供了C环境下的初始化函数c_int00()。这个文件位于CCS安装目录下的\\c6000\cgtools\lib子目录。

在CCS项目窗口中显示的项目文件组成如图5.11所示，5.2节已经演示了如何建立CCS项目。

4. Vectors.asm

如果用户的程序是准备写进外部非易失性存储器并在上电之后直接运行的，那么还必须包含这个文件。

这个文件中的代码将作为IST(中断服务表)，并且必须被连接命令文件(.cmd)分配到0地址。DSP复位之后，首先跳到0地址，复位向量对应的代码必须跳转到C运行环境的入口点_c_int00(该入口点在连接的rtsxxxx.lib库中)。然后在c_int00()函数中完成诸如初始化堆栈指针和页指针以及初始化全局变量等操作，最后调用main()函数，执行用户的功能。

5.3.3 连接器编写的3个基础

在DSP程序编写中，连接命令文件最为重要。在编写连接命令之前，应首先了解3个基础知识：C6000的存储器映射、C6000编译器的C环境实现和COFF文件格式以及连接器的使用。

1. C6000的存储器映射

在C6000 4GB的地址空间内，程序和数据的存放并不是随意的。要正确合理地安排程序和数据的存放地址，就必须了解C6000的存储器地址映射。表5.2是C6201存储器地址映射图。

表 5.2 C6201 存储器地址映射图

地址范围(HEX)	大小	存储块的分配	
		MAP0	MAP1
0000 0000～0000 FFFF	64KB	外存接口 CE0	内部程序 RAM
0001 0000～003F FFFF	64KB～4MB	外存接口 CE0	保留
0040 0000～00FF FFFF	12MB	外存接口 CE0	外存接口 CE0
0100 0000～013F FFFF	4MB	外存接口 CE1	外存接口 CE0
0140 0000～0140 FFFF	64KB	片内程序 RAM	外存接口 CE1
0141 0000～017FF FFFF	64KB～4MB	保留	外存接口 CE1
0200 0000～02FF FFFF	16MB	外存接口 CE0	
0300 0000～03FF FFFF	16MB	外存接口 CE0	
0800 0000～803F FFFF	64KB	片内数据 RAM	

程序代码和数据的放置以表 5.3 为参考。

表 5.3 代码段和数据段的放置

	代码段	数据段
内部程序 RAM	√	×
片内数据 RAM	×	√
外存接口 CE0	√	√
外存接口 CE1	√	√
外存接口 CE2	√	√
外存接口 CE3	√	√

编译器生成的代码段一般以.text 为段名(编译器也提供了修改段名的手段),所有其他段都可以视为数据段。

2. COFF 文件格式和 C6000 编译器的 C 环境实现

TI 代码产生工具产生的目标文件是一种模块化的文件格式——COFF 格式。程序中的代码和数据在 COFF 文件中是以段的形式组织。COFF 文件是由文件头(file header)、段头(section header)、符号表(symbol table)以及段数据等数据结构组成。文件中包含了段的完备信息,如段的绝对地址、段的名字、段的各种属性以及段的原始数据。

对于 C 语言文件,编译器生成的代码段取名为.text。全局变量(函数外定义的变量)和静态变量(用 static 关键字定义的变量)分配在.bss 段中,而一般的局部变量(函数内部定义的变量)或是使用寄存器,或是分配在.stack 段中。由于堆栈和存储器分配函数的需要,编译器所产生的目标文件中有两个段(.stack 和.system)专门用于为堆栈和动态分配存储器函数保留存储空间。如果用户程序没有使用 malloc、calloc 和 realloc 这样的函数，那么编译器就不会产生.system 段。另外，对于用关键字 far 定义的变量，专门分配在.bss 以外的数据段.far(.bss 段与.far 段内的数据访问方式不一样，分配在.bss 段内的数据具有较高的访问效率)。C 编译器产生的代码段和数据段见表 5.4。

表 5.4 C 编译器产生的默认代码段和数据

段类型	段　名	说　　明
初始化段	.txt	代码
	.cinit	变量初值表
	.const	常量和字符串
	.switch	用于大型 switch 语句的跳转表
非初始化段	.bss	全局变量和静态变量
	.system	全局堆(用于存储器分配函数)
	.stack	堆栈
	.far	以 far 声明的全局/静态变量
	.cio	用于 stdio 函数

连接命令文件(.cmd)必须将这些 C 程序产生的段正确地分配到 C6000 地址空间中去。

对于编程者，除了要熟悉这些段的名字及用途外，还要关注程序编译生成的.map 文件(产生.map 文件使用-m 选项，在 CCS 选项对话框、linker 页的 Map Filename(-m)编辑框中输入.map 文件名即可)。因为.map 文件中记录了段的各种详细信息，通过观察.map 文件可以知道段的地址分配是否正确。实际上，从.map 文件可以分析大部分和地址相关的程序错误。

除了上述默认的代码段和数据段，用户还可以在 C 程序内用 # pragma CODE SECTION 或 DATA_SECTION(在汇编程序内用汇编伪指令.sect 或.unsect)来说明其他用户自定义的代码段和数据段。下例显示了在 C 程序中如何自定义代码段和数据段的名字，由于 DSP 的编程经常要涉及绝对地址的计算，所以会经常用到 # pragma CODE SECTION 或 DATA_SECTION：

```
    #pragma DATA_SECTION(Globalbuf "sect_sb")   //数组 Globalbuf 放在 sect_sb 段中
    #pragma DATA_ALIGN(Globalbuf,4)             //数组首地址按 4 字节对齐
      int far Globalbuf [2048];
    #pragma CODE_SECTION(Func1 "sect_sb")       //函数 Func1 放在 sect_sb 段中
void Func1(int a, int b)
{
    ⋮
}
```

连接命令文件(.cmd)也必须将这些用户自定义的段正确地分配到C6000地址空间中去。

3. 连接器的使用

连接器的输入文件是汇编器产生的浮动地址目标文件(.obj),产生的输出文件是可执行目标文件(.out)和连接过程结果说明文件(.map)。在连接过程中,连接器把所有目标文件中的同名段合并,并按照用户的连接器命令文件(.cmd)给各个段分配地址,最后生成可执行的.out文件。

一个真正的嵌入式系统,必须考虑数据的初始化和程序复位问题,这两个问题都是嵌入式系统所特有的。变量的初始化问题也就是RAM中的数据初值如何设置的问题。程序的复位代码一般放在地址0处,处理器从0地址开始运行程序。在这种机制下,处理器如何找到用户的代码?

对于汇编程序,系统复位和数据初始化等都是由用户程序完成。而对于C程序或基于C语言框架的混合语言程序,系统复位和数据初始化都必须基于C的运行环境。C的运行环境包括建立堆栈、变量初始化和调用Main函数等,这就是前面提到的c_int00()函数完成的任务。要得到C运行库的支持,C程序就必须和C运行库rtsxxxx.lib连接,这就是前面提到的一个C程序项目至少要包含的库之一。命令行方式编译时需要用连接器选项说明运行支持库,在CCS中只要将库文件加入项目中即可。

还有一个连接器选项-c或-cr关系到全局/静态变量的初始化问题,需要用户自己设置。-c选项用于设置运行时初始化全局变量(Run-time Autoinitialization),-cr选项用于设置在加载时初始化(Load-time Initialization)。在编译器生成程序时,会将C程序中初始化的全局/静态变量的初始值按一定的数据结构放在.cinit段中,但实际全局/静态变量占用的地址放在.bss段中。

如果选-c选项,那么C初始化函数c_int00()会读取.cinit段中的每一个记录信息,分别初始化.bss段中的全局/静态变量,最后再调用main()函数,如图5.23所示。这样,用户程序就可以直接使用这些已经初始化好的全局/静态变量了。对于需要从ROM加载的程序,一般应该选择-c选项。

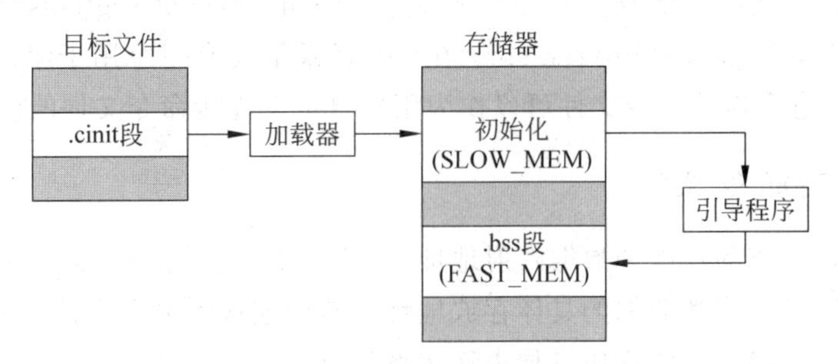

图5.23 运行中变量的自动初始化

如果选择-cr选项,那么全局/静态变量的初始化工作是由loader程序完成的,而不是c_int00()函数完成的。也就是在加载程序后,loader自己读取.cinit段的内容,然后初始化.bss段中的全局/静态变量,如图5.24所示。对于基于JTAG的调试模式,CCS就是一个 loader,CCS 通过 JTAG 接口加载程序后会继续初始化 bss 段,然后将 DSP 的 PC 指针指向入口点_int00。如果 DSP 采用主机加载的自举模式,那么给 DSP 加载程序的主机就要作为 loader,不但要通过主机口给 DSP 加载程序,还要解析.cinit 段的内容给 DSP 初始化全局/静态变量。

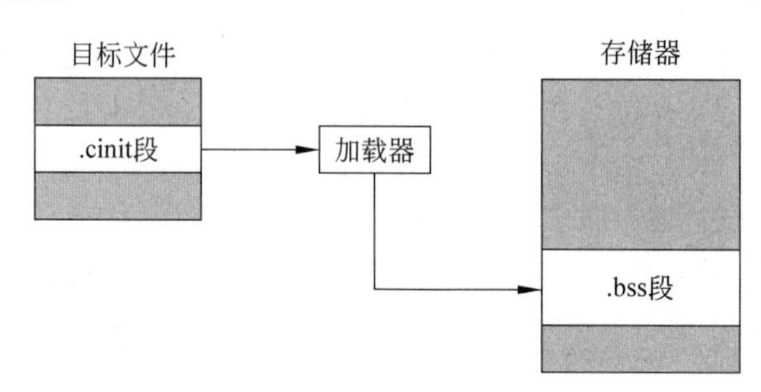

图 5.24　加载时变量的自动初始化

-c、-cr 选项可以通过 CCS 菜单 Project→Options 打开编译器设置对话框,在 Linker 页中设置。这个选项对基于 JTAG 的开发关系不大,对于脱机运行的最终系统关系很大。不同的平台使用的库文件如表 5.5 所示。

表 5.5　库文件的选择

库　文　件	适合的 DSP 平台
rts6200. lib/rts6201. lib	TMS320C62xx(little endian)
rts6200e. lib/rts6201e. lib	TMS320C62xx(big endian)
rts6700. lib/rts6701. lib	TMS320C67xx(little endian)
rts6700e. lib/rts6701e. lib	TMS320C67xx(big endian)
rts6400. lib	TMS320C64xx(little endian)
rts6400e. lib	TMS320C64xx(big endian)

C6000 C 程库文件的路径位于 CCS 安装目录下的\\c6000\cgtools\lib,C 运行库源程序路径是\c6000\cgtools\lib\rts. src。在\lib 目录下还有一个用于编译库的连接命令文件 Lnk. cmd,这个连接命令文件可以作为用户自定义连接命令文件的模板。

5.3.4　连接器命令文件

明确了应用系统的程序和数据映射地址后,用户需要在连接器命令文件内说明系统的存储器配置以及程序和数据的具体存放地址。然后连接器命令文件作为连接器的一个命令参数输入连接器。具体连接过程由连接器完成。

```
/***********************************
* FILENAME: $ RCSfile: Link.cmd,v $
* VERSION : $ Revision: 1.3 $
* DATE    : $ Date: 2001/04/19 18:57:05 $
```

```
 * Copyright(c) 2001 Texas Instruments Incorporated
 * Description:
 *     Simple Linker Control File for TEB6416 FlashBurn FBTC.
 */
-o  FBTC.out -m FBTC.map            /* 输出映像文件 */
-c                                  /* 运行时初始化全局变量 */
-heap  0x2000                       /* 堆的空间为 8KB */
-stack  0x4000                      /* 栈的空间为 16KB */
/* Memory Map  */
MEMORY
{
    PMEM:    o=00000000h    l=00010000h    /* 内部程序空间为 64KB */
    SBRAM:   o=03000000h    l=00080000h    /* 外部的 128Kb×32 的空间 */
    BMEM:    o=80000000h    l=00010000h    /* 内部数据空间为 64KB */
}
SECTIONS
{
    .vect    >   PMEM                      /* 复位代码必须放在 0 地址 */
    .text    >   PMEM
    .stack   >   PMEM
    .bss     >   PMEM
    .cinit   >   PMEM
    .pinit   >   PMEM
    .cio     >   PMEM
    .const   >   PMEM
    .data    >   PMEM
    .switch >    PMEM
    .sysmem >    PMEM
    .far     >   SBRAM
    .sect_sb  >   SBRAM
}
```

在上述连接器命令文件内，连接器伪指令 MEMORY 首先把用户系统所配置的存储器定义成 2 个区域，然后连接器伪指令 SECTIONS 把用户目标文件的各个代码段和数据段分配到上述存储区域。如果用户的存储器配置有变化，只要在连接器伪指令 MEMORY 内说明即可。各个代码段或数据段的具体地址也可以很方便地在连接器伪指令 SECTIONS 内修改。

最简单的 MEMORY 和 SECTIONS 语法是这样的：

```
MEMORY
{
    存储空间名称：o=十六进制存储空间起始地址      l=十六进制存储空间长度
}
```

```
SECTIONS
{
    段名    >    存储空间名称
}
```

在前面例子的 SECTIONS 说明中,.far 段(用 far 关键字声明的全局变量和数组)放在 MEMORY 空间 SBSRAM 中,由#pragma DATA_SECTION 定义的用户自定义段也放在 SBSRAM 中。另外,在文件的起始用-c 参数指定了运行时初始化全局/静态变量。使用-stack 和-heap 设置了栈和堆的大小。

有时为了优化数据的访问以防止 bank 冲突,需要将算法中访问的 2 个数组定义在不同的 bank 中。下面以 C6202 为例,说明如何将不同的数组放在不同的 bank 中。

假设有 2 个数组 buf1 和 buf2。首先,在 C 源程序中使用#pragma DATA _SECTION 将 2 个数组放在不同的自定义段中:

```
#pragma DATA_SECTION(buf1, "sect_b0")     //数组 buf1 放在 sect_b0 段中
#pragma DATA_ALIGN(buf1,4)                //数组首地址按 4 字节对齐
#pragma DATA_SECTION(buf2, "sect_b1")     //数组 buf2 放在 sect_b1 段中
#pragma DATA_ALIGN(buf2,4)                //数组首地址按 4 字节对齐
  int far buf1[2048];
  int far buf2[2048];
```

然后,在.cmd 文件中,将定义的 2 个段 sect_b0 和 sect_b1 分配在不同的 MEMORY 空间,如下所示:

```
MEMORY
{
    PMEM:    o=00000000h    l=00040000h    /* 内部程序空间为 256KB */
    SBRAM:   o=03000000h    l=00080000h    /* 外部的 128Kb×32 的空间 */
    BANK0:   o=80000000h    l=00010000h    /* 内部数据空间为 64KB */
    BANK1:   o=80010000h    l=00010000h    /* 内部数据空间为 64KB */
}
SECTIONS
{
    :                 /* 其他段的设置 */
    .bss         >    BANK0
    .sect_b0     >    BANK0
    .sect_b1     >    BANK1
}
```

因为连接命令文件很容易写错,建议用户以\\c6000\cgtools\lib\lnk.cmd 文件为模板,并在此文件基础上加以修改。连接命令文件中的关键字实际上是很多的,语法也比上面的示例复杂得多,通过连接命令文件可以对连接器做很多控制。

5.4　C语言编程常见问题

在DSP环境下的C编程往往和在计算机环境下的C编程区别很大，因此编程者必须对自己的硬件平台比较了解，而且还必须对C环境的实现比较清楚。实践中出现的问题往往是由于编程者并不了解C6000的C编译器对自己的C代码做了怎样的“理解”。

5.4.1　变量存取方式及far关键字

C编译器支持两种内存模型(memory model)：小模式(the small memory model)和大模式(the large memory model)。不同的内存模型主要影响.bss段中变量的访问模式。凡是程序中定义的全局变量(在函数之外定义的变量)和静态变量(用static关键字定义的变量)都被编译器分配在.bss段中。

在小模式下，要求.bss段小于32KB，也就是说程序中定义的全局和静态变量的总和不能超过32KB。此时，编译器将页指针DP(寄存器B14)指向.bss段的起始，对变量采用直接寻址方式，那么只需1条指令就可以加载1个变量，如下所示：

```
LDW      *+DP(_x),A0
```

在大模式下，对.bss段的大小没有任何要求。编译器对变量使用寄存器间接寻址方式，这样要使用3条指令才可以加载1个变量，对变量存取的速度比较慢，如下所示：

```
MVKL     _x,  A0
MVKH     _x,  A0
LDW      *A0,  B0
```

但是，有时候程序中定义的全局/静态变量超过了32KB而又希望使用小模式来获得快的访问速度，那么有两种解决办法：

(1) 对于大的数组定义，使用far关键字，如下所示。这样一来，Buffer不会占用.bss段的地址空间，而是被编译器分配到.far段。.bss段只存放小的变量定义，不会超过32KB，程序仍然可以通过使用小模式得到最快的访问速度。而对于数组，一般是用DMA访问，或者通过软件流水访问，不会有存取速度的问题。

```
int  far  Buffer[2048]
```

(2) 使用-ml0编译选项，编译器会自动对集合数据类型(aggregate data)如结构和数组使用间接寻址方式，而对一般的变量使用直接寻址方式。

编译器的内存模式选项是在Project→Options→Compiler→Advanced页中设置的。有这样几种内存模式：

(1) 默认　小模式。

(2) -ml/-ml0　集合数据类型是far存取。

(3) -ml1　函数调用是far调用。

(4) -ml2　函数调用是far调用，集合数据类型是far存取。

(5) -ml3　函数调用是 far 调用,所有数据是 far 存取。

5.4.2　中断服务程序和 interrupt 关键字

在 C6000 平台上用 C 语言写中断服务程序,必须使用如下格式:

```
interrupt void example(void)
{
⋮
}
```

有以下几点特别需要注意:

(1) 必须使用 interrupt 关键字声明函数。只有使用了 interrupt 关键字,编译器才会在程序的末尾使用 B IRP 指令返回,而不是普通的函数返回。

(2) 函数入口参数必须是 void 类型。

(3) 函数返回值必须是 void 类型。

编译器会自动保存所有的通用寄存器。假如希望中断嵌套,那么情况则稍复杂一些,程序必须保存重要的 CPU 寄存器,并在中断服务程序返回前恢复这些寄存器。一个最小的可嵌套的中断服务程序如下所示(假设使用 INT4 中断):

```
void main(void)
{
⋮                                  /*设置中断,挂中断服务程序,使能中断*/
INTR_ENABLE(CPU_INT_NMI);          /*使能 NMI 中断*/
INTR_GLOBAL_ENABLE();              /*打开全局中断*/
while(1){}
}

interrupt void example(void)
{
int l_irp,l_csr,l_ier;             /*局部变量用于保存 CPU 寄存器*/
l_irp=GET_REG(IRP);                /*保存 IRP 寄存器*/
l_csr=GET_REG(CSR);                /*保存 CSR 寄存器*/
l_ier=GET_REG(IER);                /*保存 IER 寄存器*/
INTR_DISABLE(CPU_INT4);            /*禁止被自身中断嵌套*/
SomeKeyTask();                     /*其他一些关键处理,在打开全局中断之前执行*/
INTR_GLOBAL_ENABLE();              /*打开全局中断*/
SomeFunction();                    /*中断服务程序代码*/
INTR_GLOBAL_ DISABLE();            /*关闭全局中断*/
SET_REG(IRP,l_irp);                /*恢复 IRP 寄存器*/
SET_REG(CSR,l_csr);                /*恢复 CSR 寄存器*/
SET_REG(IER,l_ier);                /*恢复 IER 寄存器*/
}
```

在主程序中要先设置好中断使能寄存器 IER,最后打开全局中断并使能 NMI 中断。

5.4.3　优化级别和 volatile 关键字

考虑如下一段代码，在某个中断服务程序中将一个变量置 1，在主程序中查询这个变量，为 1 则继续运行，否则一直等待。

```
int flag=0;
void main(void)
{
⋮                                           /*设置中断，挂中断服务程序，使能中断*/
INTR_ENABLE(CPU_INT_NMI);                   /*使能 NMI 中断*/
INTR_GLOBAL_ENABLE();                       /*打开全局中断*/
while(!flag)
    {
    ⋮
    }
}
interrupt void example(void)
{
flag=1;
}
```

假如程序使用-o2 或-o3 优化选项，那么程序会一直停在 while 语句处死循环。即使中断已经发生且 flag 变量已经变为 1，程序仍然还是在 while 语句处死循环。

这种代码在大多数 DSP 编程中很常见，它是一种最简单的线程间同步的手段，即主程序是一个线程，中断服务程序是一个线程。从表面上看，程序的逻辑完全正确，而结果却出人意料，只有通过观察编译器输出的汇编文件才能解释这一切，如下所示：

```
            LDW    .D2T2      *+DP(_flag),B0
            NOP    4
L1:
    [!B0]   B      .S1        L1
            NOP    5
```

原来，优化器认为该变量不会改变，因此编译器将 flag 变量的值放入 B0 寄存器之后就不再读取该变量。如果在程序一开始 flag 变量值为 0，那么 B0 也就始终是 0，因此程序也就一直执行死循环。

假如使用-o1 优化级别的话，编译器的输出又是另一种情况：

```
L1:         LDW    .D2T2      *+DP(_flag),B0
            NOP    4
  [!B0]     B      .S1        L1
            NOP    5
```

此时，加载 flag 变量是在循环体之内的，程序反复读取 flag 变量的值。所以，只有在-o1 优化级别下编译，程序才能正确执行。但是，如果不使用-o3 优化选项的话，程序的关键算法部分的优化效率又会变低，影响程序的性能。为了解决这个问题，必须在 flag 变量的声明中使用 volatile 关键字，如下所示：

```
volatile    int    flag;
```

如果是指向某个地址的指针，应该这样声明：

```
volatile    int    *p;
```

再举一例，如果要通过查询 DMA 主控寄存器的 STATUS 位来判断 DMA 是否结束，那么应该这样声明该寄存器的地址：

```
Volatile  unsigned  int   *p= (volatile unsigned  int*)0x01840000;
```

使用了 volatile 关键字后，即使使用-o3 编译选项，编译器也不会对该变量的访问做任何优化，程序的执行结果可以保证正确。实际上，在 DSP 编程中是经常需要使用 volatile 关键字声明一些全局变量的，编程者只要遵循如下的原则就能知道何时该用 volatile 关键字声明变量：

(1) 凡是 2 个线程共享的全局变量就需要使用 volatile 关键字。

(2) 凡是某个内存地址的内容随时可能被外部硬件改变就需要使用 volatile 关键字。例如，C6000 芯片内部的外设寄存器或某个随时可能改变的外部硬件中的寄存器。

不必要的 volatile 使用会使编译器的效率降低，所以也不要毫无根据地随意使用 volatile 关键字。

5.4.4 软件流水对中断的影响

在 C 优化器对 C 语言的 for 循环使用软件流水优化的时候，为了防止寄存器的多分配(multiple assignment)带来的影响，一般会在软件流水前禁止全局中断使能(GIE)，在软件流水之后再恢复全局中断使能位。如果算法的运行时间较长，则会使 DSP 的中断响应受到很大影响。如果某些重要的中断不能响应的话，就有可能影响应用程序的时序。

C 优化器提供了-mi *n* 选项来控制软件流水的可中断属性，它控制了编译器可以关闭中断的最大指令周期数 *n*。如果没有给出 *n*，那么默认值就为无限，编译器会认为代码永远不被中断。使用-mi *n* 选项的代价是优化效率可能会降低很多。-mi *n* 选项控制了整个项目的编译，也可以使用 # pragma FUNC_INTERRUPT THRESHOLD 来单独控制某个函数的可中断属性。

5.4.5 IST(中断服务表)的编写与 devlib 函数库

IST 包含了 16 个连续取指包，每个中断服务取指包都含有 8 条指令。为了使程序能够通过上电引导并自动运行，程序必须包含一个中断向量段. vec(别的段名也可以)来存放这 16 个取指包，而且它必须放在地址 0 处(这是通过. cmd 文件控制的)。一个最简单的 boot. asm 如下所示：

```
.title  "Flash bootup utility for DM642 EVM"
.option D,T
```

```
            .length 102
            .width  140
COPY_TABLE  .equ     0x90000400
EMIF_BASE   .equ     0x01800000
            .sect ".boot_load"
            .global _boot
_boot:
;*********************************************************************
;* Debug Loop -  Comment out B for Normal Operation
;*********************************************************************
            zero B1
_myloop:  ; [!B1] B _myloop
            nop  5
_myloopend: nop

;*********************************************************************
;* Configure EMIF
;*********************************************************************
        mvkl  emif_values, a3       ;load pointer to emif values
        mvkh  emif_values, a3

        mvkl  EMIF_BASE, a4         ;load EMIF base address
        mvkh  EMIF_BASE, a4

        mvkl  0x0009, b0            ;load number of registers to set
        mvkh  0x0000, b0
emif_loop:
        ldw   *a3++, b5             ;load register value
        sub   b0,1,b0               ;decrement counter
        nop   2
 [b0]  b     emif_loop
        stw   b5, *a4++             ;store register value
        nop   4
;*********************************************************************
;* Copy code sections
;*********************************************************************
        mvkl  COPY_TABLE, a3        ;load table pointer
        mvkh  COPY_TABLE, a3
        ldw   *a3++, b1             ;Load entry point
copy_section_top:
        ldw   *a3++, b0             ;byte count
        ldw   *a3++, a4             ;ram start address
        nop   3
```

```
[!b0]  b copy_done                 ;have we copied all sections?
        nop   5
copy_loop:
        ldb   * a3++,b5
        sub   b0,1,b0              ;decrement counter
[b0]   b      copy_loop            ;setup branch if not done
[!b0]  b      copy_section_top
        zero  a1
[!b0]  and    3,a3,a1
        stb   b5, * a4++
[!b0]  and   -4,a3,a5              ;round address up to next multiple of 4
[a1]   add   4,a5,a3               ;round address up to next multiple of 4
;*************************************************************************
; * Jump to entry point
;*************************************************************************
copy_done:
        b     .S2 b1
        nop   5

emif_values:
        .long 0x00052078           ;GBLCTL
        .long 0x73a28e01           ;CECTL1(Flash/FPGA)
        .long 0xffffffd3           ;CECTL0(SDRAM)
        .long 0x00000000           ;Reserved
        .long 0x22a28a22           ;CECTL2
        .long 0x22a28a22           ;CECTL3
        .long 0x57115000           ;SDCTL
        .long 0x0000081b           ;SDTIM(refresh period)
        .long 0x001faf4d           ;SDEXT
```

CCS 带了另一个函数库 dev6x. lib。这个库已经实现了中断向量段. vec。程序员无须再编写 vectors. asm 文件。而且，devlib 还提供了一种灵活的方式可以把中断服务程序“挂”到某个中断上。使用 devlib 需要做如下工作：

(1) 在编译选项对话框的 compiler 页的 preprocesser 子项下将 Include Search Path (-i)，也就是 C 头文件的搜索路径，设置为“CCS 安装目录\\c6000\evm6x\dsp\include”。

(2) 将 dev6x. lib 库文件加入项目中，该库文件的路径是“CCS 安装目录\\c6000\evm6x\dsp\lib”。

(3) 在 cmd 文件中，将. vec 段(段名必须是. vec，因为 dev6x. lib 使用这个段名)分配在 0 地址。

(4) 在主程序中使用#include <intr. h>包含头文件。

(5) 在主程序 main()数中调用 intr_reset() 函数。如果没有调用这个函数的话，连接器不会把 dev6x. lib 中的. vec 段连接进. out 文件。

(6) 调用 intr_hook()等函数。

除此之外，devlib 中还针对 C6000 的外设预定义了大量的外设地址和宏定义，是一个非常实用的函数库。例如，在 regs. h 头文件中定义的 GET_BIT()、SET_BIT()和 GET_FIELD()等宏可以非常方便地对寄存器进行位操作。几乎所有外设寄存器的地址都已经在不同的头文件中定义好了，程序员无须自己再重新定义。例如，dma. h 文件定义了所有 DMA 寄存器的地址，而 mcbsp. h 文件定义了所有和 MCBSP 有关的寄存器。

5.5 本章小结

本章首先介绍了集成开发环境 Code Composer Studio(CCS 或 CC Studio)，包括代码生成工具、CCS 集成开发环境、DSP/BIOS 插件、硬件仿真和实时数据交换等内容。然后讨论了基于 CCS 的应用程序开发过程和步骤，最后讨论了 DSP 的代码开发过程中所涉及的基础知识以及 C 语言编程常见的问题，主要包括 DSP 程序仿真模式、C6000 程序基本结构、连接器编写的三个基础、连接器命令文件以及 C 语言编程中的变量存取方式及 far 关键字、中断服务程序和 interrupt 关键字、优化级别和 volatile 关键字、软件流水对中断的影响、IST(中断服务表)的编写与 devlib 函数库等常见问题。

5.6 为进一步深入学习推荐的参考书目

为了进一步深入学习本章有关内容，向读者推荐以下参考书目：

1. 汤书森，林冬梅，张红娟编著. TI-DSP 实验与实践教程[M]. 北京：清华大学出版社，2010.

2. 彭启琮，管庆等编著. DSP 集成开发环境[M]. 北京：电子工业出版社，2004.

3. 李方慧，王飞，何佩琨编著. TMS320C6000 系列 DSP 原理与应用[M]. 2 版. 北京：电子工业出版社，2003.

4. 江金龙等编. DSP 技术及应用[M]. 西安：西安电子科技大学出版社，2012.

5. 郑阿奇主编，孙承龙编著. DSP 开发宝典[M]. 北京：电子工业出版社，2012.

6. 邹彦主编. DSP 原理及应用[M]. 北京：电子工业出版社，2012.

7. Automated Regression Tests and Measurements with the CCStudio Scripting Utility，Texas Instruments Incorporated，22 Oct 2005.

8. Managing Code Development Using the CCS Project Manager，Texas Instruments Incorporated，30 Jun 2001.

9. Using Example Projects，Code and Scripts to Jump Start Customers W/CCS 2. 0，Texas Instruments Incorporated，04 Jun 2001.

10. Developing a DSP/BIOS Application for ROM on the TMS320C6000 Platform with CCS，Texas Instruments Incorporated，31 Mar 2001.

11. TMS320C6000 Assembly Language Tools v 7. 4 User's Guide(Rev. W)，Texas Instruments Incorporated，21 Aug 2012.

12. TMS320C6000 Optimizing Compiler v 7. 4 User's Guide(Rev. U)，Texas

Instruments Incorporated,21 Aug 2012.

5.7 习题

1. TI连接器的主要功能是什么?

2. 代码产生工具(Code Generation Tools)构成了CCS集成开发环境的基础部件,请简述其组成。

3. C6000程序中一个最小的C应用程序项目必须包含哪些文件?

4. C6000程序中C语言编程常见问题有哪些?

5. 简述TI代码产生工具产生的目标文件格式——COFF格式。

6. C6000程序的调试和仿真有几种模式? 简述其区别。

7. C6000程序的数据初始化有几种类型? 各自特点是什么?

8. 简述连接器中简单的MEMORY和SECTIONS语法。

第6章

DSP/BIOS实时操作系统

教学提示：操作系统是嵌入式系统中重要的系统软件，是整个嵌入式系统的控制中心。TMS320C6000的实时操作系统是DSP/BIOS。这是一个简单的实时嵌入式操作系统，主要面向实时调度与同步、主机/目标系统通信以及实时监测等应用，具有实时操作系统的诸多功能，如任务的调度管理、任务间的同步和通信、内存管理、实时时钟管理、中断服务管理、外设驱动程序管理等。

教学要求：本章要求学生了解操作系统的基本概念、操作系统的功能和主要特征以及DSP/BIOS的主要内容，学习基于DSP/BIOS进行程序开发，掌握DSP/BIOS所涉及的监测、任务调度、输入输出和管道等内容，同时对现在流行的操作系统及其发展方向有深刻的认识。

6.1 实时操作系统基本概念

操作系统是嵌入式系统中重要的系统软件，是整个嵌入式系统的控制中心。操作系统不仅将裸机改造成为功能强、服务质量高、使用方便灵活、运行安全可靠的虚拟机来为用户提供使用嵌入式系统的良好环境，而且采用合理有效的方法组织嵌入式系统中的各种资源，最大限度地提高系统资源的利用率。

操作系统是配置在嵌入式系统硬件平台上的第一层软件，是一组系统软件。一个新的操作系统往往融合了嵌入式系统发展中的一些传统的技术和新的研究成果。为了能使嵌入式系统硬件资源高效地、尽可能并行地供用户程序使用，为了给用户提供通用的使用这些硬件的方法，必须为嵌入式系统配备操作系统软件。操作系统的工作就是管理嵌入式系统的硬件资源和软件资源，并组织用户尽可能方便地使用这些资源。操作系统是软硬件资源的控制中心，它以尽量合理有效的方法组织用户共享嵌入式系统的各种资源。嵌入式操作系统是最重要的系统软件，是资源管理器，是用户(应用程序)与嵌入式系统硬件系统之间的接口。

实时操作系统是操作系统的又一种类型。对外部输入的信息，实时操作系统能够在规定的时间内处理完毕并做出反应。“实时”二字的含义是指嵌入式系统对于外来信息能够及时进行处理，并在被控对象允许的时间范围内做出快速反应。实时系统对响应时间的要求比分时系统更高，一般要求响应时间为秒级、毫秒级甚至微秒级。

实时系统按其使用方式不同分为两类：实时控制系统和实时信息处理系统。

实时控制系统是指利用嵌入式系统对实时过程进行控制和提供环境监督。过程控制系统是把从传感器获得的输入数据进行分析处理后，激发一个活动信号，从而改变可控过程，以达到控制的目的。例如，对轧钢系统中炉温的控制，就是通过传感器把炉温传给嵌入式系统控制程序，控制程序通过分析后再发出相应的控制信号以便对炉温进行调整，系统响应时间要满足温控要求。

实时信息处理系统是指利用嵌入式系统对实时数据进行处理的系统。实时系统有一种特性，那就是如果逻辑和时序不能满足要求，就会出现严重后果。多数实时系统都是嵌入式的，这就意味着计算机是嵌入在系统内部的，而用户察觉不到计算机的存在。

实时多任务操作系统(RTOS)是嵌入式应用软件的基础和开发平台，它是一段嵌入在目标代码中的软件，用户的其他应用程序都建立在RTOS之上。不但如此，RTOS还是一个可靠性和可信性很高的实时内核，将CPU时间、中断、I/O和定时器等资源都包装起来，留给用户一个标准的API，并能根据各个任务的优先级，合理地在不同任务之间分配CPU时间。

RTOS是针对不同处理器优化设计的高效率实时多任务内核。优秀的商品化的RTOS可以面对几十个系列的嵌入式处理器MPU、MCU、DSP和SOC等提供类同的API接口，从而可以实现独立于设备的应用程序开发。据专家测算，在优秀RTOS上跨处理器平台的程序移植只需要修改1%～5%的内容。在RTOS基础上可以编写出各种硬件驱动程序、专家库函数、行业库函数以及产品库函数，然后可以和通用性的应用程序一起形成产品，促进行业内的知识产权交流，因此RTOS又是一个软件开发平台。

RTOS最关键的部分是实时多任务内核，它的基本功能包括任务管理、定时器管理、存储器管理、资源管理、事件管理、系统管理、消息管理、队列管理以及旗语管理等，这些管理功能以内核服务函数的形式交给用户调用，也就是RTOS的API函数。

RTOS的引入解决了嵌入式软件开发标准化的难题。随着嵌入式系统中软件比重不断增加，应用程序越来越大，对开发人员、应用程序接口以及程序档案的组织管理已成为一个大的课题。引入RTOS相当于引入了一种新的管理模式，对于开发单位和开发人员都是一个提高。

基于RTOS开发出来的程序具有较高的可移植性，可实现90%以上的设备独立，一些成熟的通用程序还可以形成专家库函数产品。嵌入式软件的函数化、产品化能够促进行业交流以及社会分工专业化，减少重复劳动，提高知识创新的效率。

嵌入式工业的基础是以应用为中心的芯片设计和面向应用的软件开发。实时多任务操作系统(RTOS)进入嵌入式工业的意义不亚于历史上机械工业采用三视图的贡献，对嵌入式软件的标准化和加速知识创新来讲也是一个里程碑。目前，商品化的RTOS可支持从8位的8051到32位的PowerPC及DSP等几十个系列的嵌入式处理器。

RTOS中最重要的概念就是任务。一个应用程序是由一些任务组成的，每个任务都有它的执行线程，由C语言编写（在实现上就是一个C语言函数），任务间的通信和同步都是靠调用RTOS提供的内核服务实现的。例如，一个应用程序包括这样一些任务：

任务1 从传感器采集数据。

任务2 做预处理，比如滤波。

任务3 提取关键数据。

任务4 控制用户界面。

任务5 记录结果。

为了完成这些工作，每个任务不仅需要知道什么时候数据准备好了，而且还要告诉其他任务它自己的那部分工作完成了（比如，任务1需要告诉任务2数据准备好了），换句话说也就是它们需要同步。RTOS提供的内核服务允许任务响应中断，还可实现任务间的同步以及在任务间传递消息等。

6.2 DSP/BIOS概述

6.2.1 DSP/BIOS的特色和优势

DSP/BIOS是一个简单的实时嵌入式操作系统，主要面向实时调度与同步、主机/目标系统通信以及实时监测等应用，具有实时操作系统的诸多功能，如任务的调度管理、任务间的同步和通信、内存管理、实时时钟管理、中断服务管理、外设驱动程序管理等。TI已在其DSP集成开发环境CCS中嵌入了DSP/BIOS开发工具，故操作十分方便，它是TI公司倡导的eXpressDSP技术（TI针对代码的可重复利用提出的一种算法标准）的重要组成部分。

DSP/BIOS及其分析工具在设计上考虑到降低对存储器和CPU负荷的需求，采用了以下一些技术：

(1) 所有的DSP/BIOS对象都可以在配置工具中静态建立。

(2) 实时监测数据在主机端做格式化处理。

(3) API函数是模块化的，只有应用程序用到的API模块才会和应用程序链接在一起。

(4) 为达到最快的执行速度，大部分库函数用汇编语言编写。

(5) 目标处理器和主机分析工具之间的通信在后台空闲循环中完成，这样不会影响应用程序的运行。如果CPU太忙，不能执行后台任务，DSP/BIOS分析工具会停止从目标处理器接收信息。

DSP/BIOS还提供了很多程序开发手段，包括：

(1) DSP/BIOS对象可以在应用程序中动态建立，应用程序既可以使用动态建立的对象，也可以使用静态建立的对象。

(2) 为不同的应用场合提供了各种线程模型，如硬件中断、软件中断、任务和空闲函数等。

(3) 提供了灵活的线程间的通信和同步机制，如信号灯、邮箱和资源锁等。

(4) 提供了两种 I/O 模型（“管道”和“流”）以达到最大的灵活性，“管道”用于实现目标/主机间的通信和简单的 I/O 操作，“流”用于支持复杂的 I/O 操作和设备驱动程序。

(5) 使用底层系统原语可以简单地进行出错处理和存储器使用管理。

(6) 提供了芯片支持库（Chip Support Library）作为 DSP/BIOS 的一个组成部分。

DSP/BIOS 使 DSP 编程更加标准化并提供了强大的程序开发工具，缩短了建立 DSP 应用程序的时间，包括：

(1) 配置工具可以自动生成用于声明（程序所用）对象的代码。

(2) 配置工具可以在生成应用程序之前对对象属性的合法性进行校验。

(3) 对 DSP/BIOS 对象的记录和统计在运行时自动有效，无须额外编程，其他监测可以根据需要进行编程。

(4) DSP/BIOS 分析工具提供了对程序的实时监测功能。

(5) DSP/BIOS 为每一个对象类型提供了一系列的应用程序编程接口（API）。

(6) DSP/BIOS 和 Code Composer Studio 集成在一起，无须任何运行时许可。

(7) 芯片支持库（CSL）提供了一种方便的设备编程手段来替代传统的寄存器编程方式。CSL 使在拥有等效外围设备的不同 DSP 之间的代码移植工作变得更简单，效率也更高。

6.2.2 DSP/BIOS 的组成

DSP/BIOS 主要是为需要实时调度和同步以及主机/目标系统通信和实时监测的应用而设计的。DSP/BIOS 组件包括抢先式多任务内核、硬件抽象层、实时分析工具和配置工具，可以分为 DSP/BIOS 实时多任务内核与 API 函数、DSP/BIOS 配置工具以及 DSP/BIOS 实时分析工具 3 个组成部分。

1. DSP/BIOS 实时多任务内核与 API 函数

使用 DSP/BIOS 开发的应用程序主要是通过调用一系列 DSP/BIOS 实时库中的 API（应用编程接口）函数来实现的。这些 API 函数提供了在嵌入式平台中的基本操作，包括在实时、I/O 模块、软件中断管理、时钟管理等情况下捕获信息所进行的操作。所有 API 都提供 C 语言程序调用接口，只要遵从 C 语言的调用约定，汇编代码也可以调用 DSP/BIOS 中的 API。API 被分为多个模块，根据应用程序模块的配置和使用情况的不同，DSP/BIOS API 函数代码长度从 500 字到 6500 字不等。表 6.1 列出了所有的 DSP/BIOS 模块。

2. DSP/BIOS 配置工具

基于 DSP/BIOS 的程序都需要一个 DSP/BIOS 配置文件，其扩展名为 CDB。DSP/BIOS 配置工具（见图 6.1）有一个类似 Windows 资源管理器的界面，可以执行如下功能：

(1) 设置 DSP/BIOS 模块的参数。

(2) 作为一个可视化的编辑器建立 DSP/BIOS 对象，如软件中断和任务等。

(3) 设置芯片支持库（Chip Support Library）的参数。

表 6.1 DSP/BIOS 模块

模块名称	说明	模块名称	说明
ATM	使用汇编语言编写的 atomic 函数	MEM	存储器管理器
BUF	定长缓存池管理器	PIP	缓冲管道管理器
C28,C54,C55,C62,C64	目标 DSP 特有函数	PRD	周期函数管理器
CLK	时钟管理器	PWRM	功率管理器(仅 C55x 具有)
DEV	设备驱动接口	QUE	原子队列管理器
GBL	全局设置管理器	RTDX	实时数据交换设置
GIO	通用 I/O 管理器	SEM	信号灯管理器
HOOK	钩子函数管理器	SIO	流 I/O 管理器
HST	主机通道管理器	STS	统计对象管理器
HWI	硬件中断管理	SWI	软件中断管理器
IDL	空闲函数管理器	SYS	系统服务管理器
LCK	资源锁管理器	TRC	追踪管理器
LOG	时间日志管理器	TSK	多任务管理器
MBX	邮箱管理器		

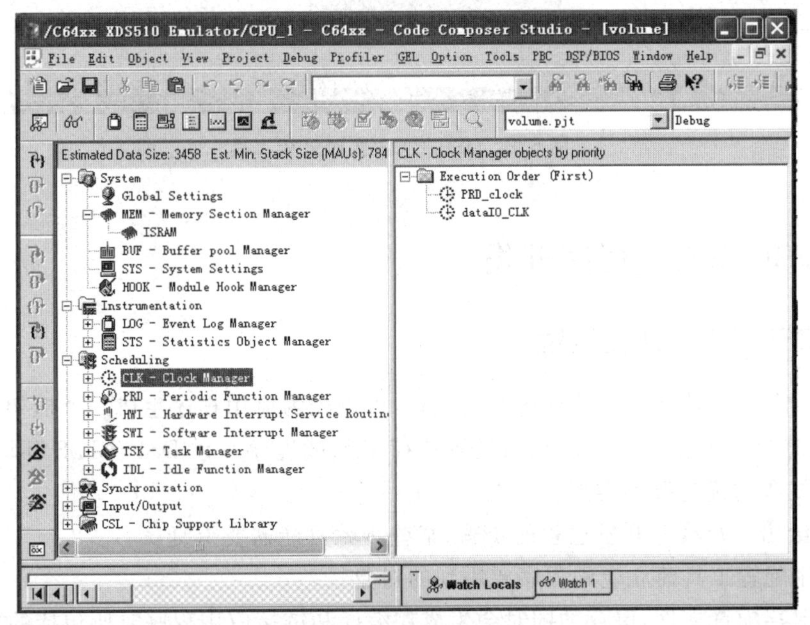

图 6.1 配置工具外观

3. DSP/BIOS 实时分析工具

DSP/BIOS 分析工具(见图 6.2)可以辅助 CCS 环境实现程序的实时调试,以可视化的方式观察程序的性能,并且不影响应用程序的运行。通过 CCS 下的 DSP/BIOS 工具控制面板可以选择多个实时分析工具,包括 CPU 负荷图、程序模块执行状态图、主机通道控制、信息显示窗口、状态统计窗口等。与传统的调试方法不同的是,程序的实时分析要求在目标处理器上运行监测代码,使 DSP/BIOS 的 API 和对象可以自动监测目标处理器,实时采集信息并通过 CCS 分析工具上传到主机。实时分析包括程序跟踪、性能监测和文件服务等。

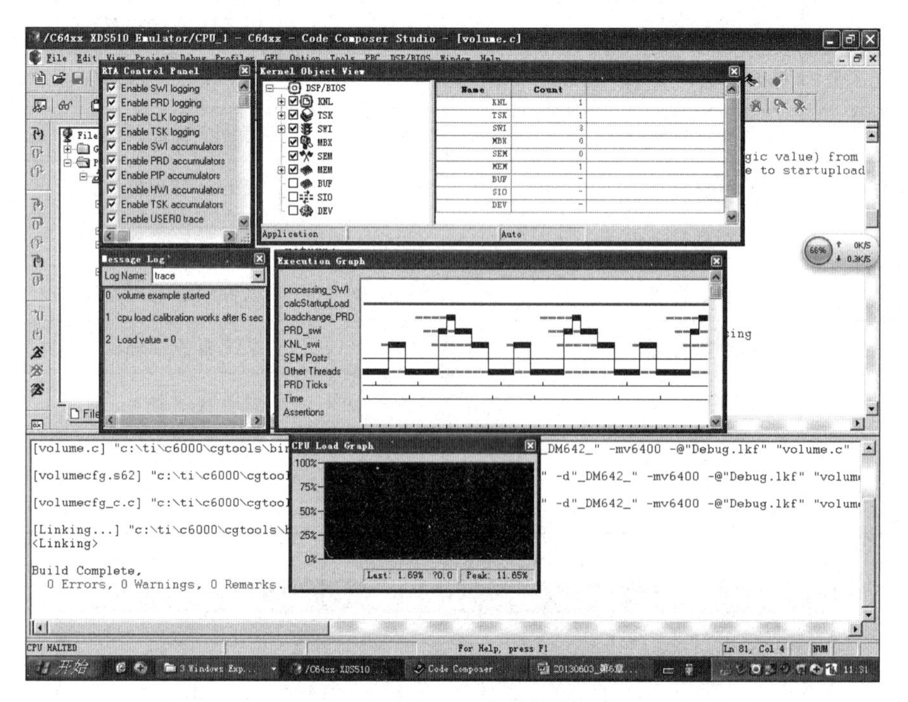

图 6.2 DSP/BIOS 实时分析工具

6.3 DSP/BIOS 程序开发

6.3.1 DSP/BIOS 开发过程

DSP/BIOS 支持交互式的程序开发模式,可以先为应用程序生成一个框架,在使用实际算法之前给程序加上一个仿真的运算负荷来测试程序。在 DSP/BIOS 环境下可以方便地修改线程的优先级和类型。

下面给出一个程序开发过程的步骤,某些步骤可能需要重复。

(1) 用配置工具建立应用程序要用到的对象。

(2) 保存配置文件,保存的同时会生成在编译和链接应用程序时所包括的文件。

(3) 为应用程序编写一个框架,可以使用 C、C++ 、汇编语言或这些语言的任意组合。

(4) 在 CCS 环境下编译并链接程序。

(5) 使用仿真器(或者使用硬件平台原型)和 DSP/BIOS 分析工具来测试应用程序。

(6) 重复步骤(1)～(5)直至程序运行正确。

(7) 当正式产品硬件开发好之后,修改配置文件来支持产品硬件并测试。

6.3.2　使用配置工具

配置工具(configuration tool)是一个可视化的编辑器,类似 Windows Explorer,可以用它初始化数据结构和设置不同的参数。当保存配置文件时,配置工具自动生成匹配当前配置的汇编源文件和头文件以及一个链接命令文件(link command file)。当构建(build)应用程序时,这些文件会自动链接进应用程序。

1. 建立一个新的配置文件

(1) 在 CCS 中选择 File→New→DSP/BIOS Config,也可以在 CCS 之外从 Windows 开始菜单中打开配置窗口。

(2) 在弹出窗口中选择与系统板相适应的 DSP 模板,单击 OK 按钮,将出现图 6.3 所示的一个窗口,单击左边的+和一字符能扩张和收缩列表单,窗口右边显示窗口左边选中对象的属性。

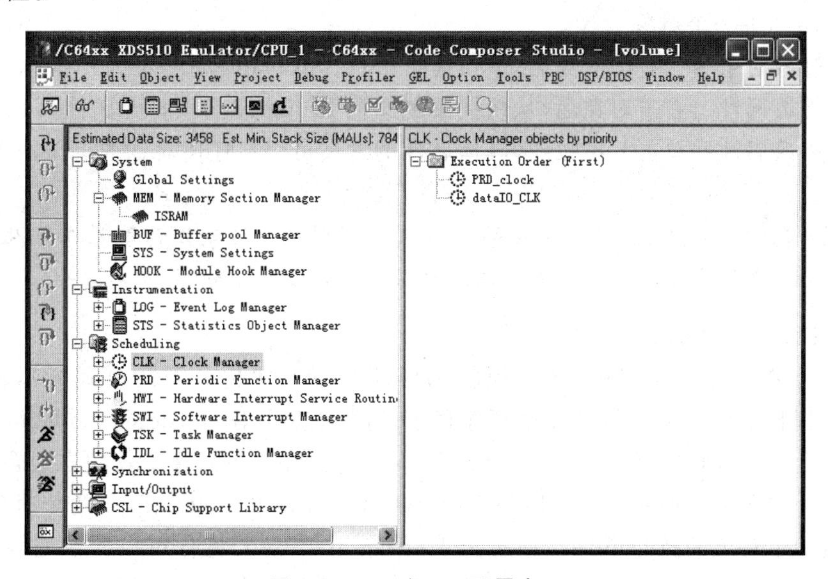

图 6.3　DSP/BIOS 配置窗口

2. 设定模块的全局属性

(1) 在配置工具窗口中选择一个模块,在窗口的右边会显示这个模块的当前属性。

(2) 右击模块,从快捷菜单中选择 Property 选项,这样就打开了属性对话框。

(3) 根据需要改变模块的属性。

3. 使用配置工具建立对象

大多数对象都可以在配置工具中静态建立或在程序中调用 XXX_create 函数动态建

立。对于一般的应用，大多数对象在程序运行过程中是一直使用的，所以可以使用配置工具静态建立对象。静态地建立对象有如下一些好处：

(1) 充分利用 DSP/BIOS 分析工具的功能。例如，执行图(execution graph)只显示静态建立对象的名字，统计视图只显示静态建立的对象。

(2) 缩减程序代码长度。XXX_create 和 XXX_delete 函数占到实现这个模块的代码长度一半的空间。如果不使用这些函数，那么这些代码不会链接进应用程序。通过配置工具静态建立对象可以节省大量代码空间。

注意：SYS_printf 是 DSP/BIOS 中最占代码量的函数，使用 LOG 函数可以使程序变小。

(3) 提高运行效率。在减小代码的同时，节省了程序初始化所需的时间。

采用配置工具建立静态对象还有如下一些限制：

(1) 无论对象使用与否都被建立。如果对象只是在某一个特殊情况下才需要，可以采用动态建立对象的方式。

(2) 在运行时，不能使用 XXX_delete 函数删除静态对象。

建立对象的方法如下：

(1) 右击一个模块，在快捷菜单中选择 Insert XXX(XXX 代表模块名)，这样在这个模块下就增加了一个对象。

(2) 修改对象名。右击对象名，从快捷菜单选择 Rename 选项。

(3) 修改属性。右击对象名，从快捷菜单选择 Property 选项打开属性页。

(4) 修改属性并单击 OK 按钮，具体属性的含义可以在任何对话框上单击 Help 按钮查询。

注意：在输入 C 函数名时，要在函数名前加下划线。这是因为配置工具生成的是汇编代码，并且 C 调用约定在汇编语言调用的函数名前要加下划线。

4. 层次化树状视图

在 CCS 配置工具窗口中，各个模块和对象是以层次化分类的方式显示的。另外，CCS 还可以按照对象的执行顺序来顺序显示，称做有序视图(Ordered Collection View)。在模块名上右击选择 Ordered Collection View 选项，可以在配置工具的右边窗口中看到有序视图。如图 6.4 所示，CLK 模块下有 dataIO_CLK 和 PRD_clock 两个对象，在右边窗口中显示了对象的执行顺序。通过拖曳(drag and drop)操作可以控制对象的执行顺序。例如，将 dataIO_CLK 对象拖到 PRD_clock 对象之前就可以控制 PRD_clock 对象紧接着 dataIO_CLK 对象执行。

5. 引用静态建立的 DSP/BIOS 对象

引用配置工具生成的对象需要在函数外对其声明，如 extern far PIP_Obj input。配置工具已经自动在生成的文件 programcfg.h 中声明了所有对象，用户 C 程序可以包含这个文件来引用 DSP/BIOS 对象。

虽然 DSP/BIOS 是按小模式编译的，但是应用程序可以按小模式或者大模式编译。实际上，只要保证全局变量的偏移量在.bss 段的起始 32KB 内，应用程序就可以采用混合

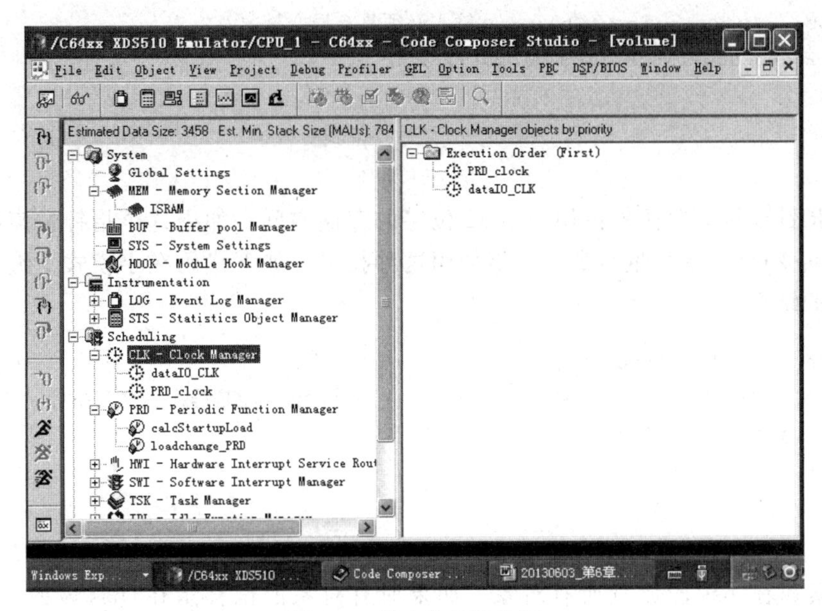

图 6.4　层次化属性视图

的编译模式。DSP/BIOS 使用.bss 段存放全局变量，但对象并不占用.bss 段，这样可以使应用程序数据的放置更加灵活。例如，放置经常要存取变量的.bss 段可以放在片内存储器空间，很少存取的对象可以放在片外存储器空间。

为了减少存取变量的指令周期数，小模式编译对全局变量的放置位置是有一些要求的。如果使用小模式编译设置来优化全局数据的存取，那么代码可能需要修改以保证正确地引用配置工具所建立的对象。

在小模式下，所有的代码通过页指针 B14 来访问全局变量。在程序的开始，页指针初始化为.bss 段的起始，全局变量都被假定处在.bss 段内偏移 32KB 的范围内。这样，全局变量就可以通过一条指令存取，例如：

```
LDW *+DP(_X),A0;Load_x into A0 (DP=B14)
```

但是，配置工具生成的对象不是放在.bss 段内的，必须保证自己的代码在小模式上能正确引用这些对象。如下 3 种方法可以保证正确引用。

(1) 用 far 关键字声明对象。far 关键字指明数据不是在.bss 段中。例如：

```
extern  far  PIP_Obj  inputObj;
if(PIP_getReaderNumFrames(&inputObj))
{
    ⋮
}
```

(2) 建立并初始化一个全局对象指针。可以声明一个指向要访问的对象的全局变量，所有对对象的引用都通过这个指针进行，这样就能避免使用 far 关键字。例如：

```
extern  PIP_Obj  inputObj;
```

```
PIP_Obj  *input=&inputObj;  /*输入必须是全局变量*/
if(PIP_getReaderNumFrames(&input))
{
    ⋮
}
```

声明一个指针变量需要额外占用一个32位字的存储空间。如果这个指针被声明为静态变量或自动变量(局部变量),那么不能使用这种技术。如下代码在小模式下编译时也得不到期望的结果:

```
extern  PIP_Obj  inputObj;
static  PIP_Obj  *input=&inputObj;     /*错误,不能是静态变量类指针*/
if(PIP_getReaderNumFrames(&input))
{
    ⋮
}
```

(3) 紧邻着.bss段放置所有对象。如果所有对象的偏移量在.bss段的起始32KB内,这些变量会被当做在.bss段中一样使用,例如:

```
extern  PIP_Obj  inputObj;
if(PIP_getReaderNumFrames(&inputObj))
{
    ⋮
}
```

可以在配置工具使用MEM管理器来保证这种存储器的配置。

在大模式下,代码访问数据的方法是先将变量地址存储在寄存器中,然后通过寄存器间接寻址存取变量,例如:

```
MVKL      _x,      A0;      /*将_x地址的低16位移动到A0*/
MVKH      _x,      A0;      /*将_x地址的高16位移动到A0*/
LDW      *A0,      A0;      /*将_x加载到A0*/
```

在大模式下编译的代码与变量的存储位置是无关的,如果所有引用对象的代码都是在大模式下编译的,那么程序可以像存取一般数据那样存取对象,例如:

```
extern  PIP_Obj  inputObj;
if(PIP_getReaderNumFrames(&inputObj))
{
    ⋮
}
```

除了访问集合数据类型(数组和结构等类型)的变量是按far方式外,-ml0大模式编译选项和小模式基本是相同的。使用这个选项,所有对象的存取都是按far方式进行的,但是对数值类型(int、char和long等类型)的变量还是按near方式存取,这在一定程度上保证了程序的性能。

6. 建立、引用和删除动态建立的 DSP/BIOS 对象

通过 XXX_create 函数可以建立大部分 DSP/BIOS 对象，但不是全部对象，有些对象只能在配置工具中创建。每个 XXX_create 函数都可以为对象的内部状态信息分配存储空间，并返回一个指向新建对象的句柄，这样 XXX 模块的其他函数就可以使用这个句柄引用这个新建的对象了。

大多数 XXX_create 函数的最后一个参数是一个指向 XXX_Attrs 结构的指针，结构中存储了赋给新建对象的属性参数。为了方便，也可以传递一个 NULL 指针得到一些默认值，默认值会以 XXX_ATTRS 的形式保存在头文件中。下面一段代码是建立并初始化 TSK 对象的过程：

```
#include<tsk.h>
TSK_Attrs attrs;
TSK_Handle task;
attrs=TSK_ATTRS
attrs.name="reader";
attrs.priority=TSK_MINPRI;
task=TSK_create((Fxn)foo, & attrs);
```

XXX_create 函数所返回的指向某个对象的句柄可以作为引用该对象的参数传递给其他函数，例如传递给 XXX_delete 函数来删除对象，如下面代码所示：

```
TSK_delete(task);
```

6.3.3 程序的编译和链接

可以使用 CCS 项目或者自己的 makefile 来建立 DSP/BIOS 程序。CCS 提供了 gmake. exe 工具和示例 makefile。

(1) 使用 CCS 项目来建立 DSP/BIOS 应用程序：用户程序必须添加 program. cdb 和 programcfg. cmd 到项目中。一般情况下生成的链接命令文件 program. cmd 是足够使用的。因为 CCS 环境下只允许使用一个链接命令文件，所以如果用户想使用自己的链接命令文件，则需要在自己的命令文件的第 1 行包含语句“-l programcfg. cmd”。

(2) 使用 makefile 建立 DSP/BIOS 应用程序：用户可以在 CCS 所提供的示例 makefile 的基础上进行必要的修改，然后使用 gmake. exe 工具建立程序。

6.3.4 在 DSP/BIOS 中使用运行支持库

配置工具产生的链接命令文件可以自动生成指令来搜索必要的库文件，包括 DSP/BIOS 库、RTDX 库和运行支持库。运行支持库是由 rts. src 建立的，rts. src 包含了所有的运行支持函数。在 DSP/BIOS 库中也定义了一部分存储器管理函数，包括 malloc、free、memalign、calloc 和 realloc 函数。因为 DSP/BIOS 库中包含了与运行时支持库相同的函数，所以 DSP/BIOS 链接命令文件包含了一个特殊版本的运行时支持库 rtsbios，rtsbios 不包括表 6.2 中的文件。

表 6.2　rtsbios 库中未包括的运行支持函数

C54x 平台	C55x 平台	C6000 平台
memory. c	memory. c	memory. c
autoinit. c	boot. c	system. c
boot. c		autoinit. c
		boot. c

在许多 DSP/BIOS 项目中都有必要设置-x 链接选项来强迫链接器重读库文件。

运行支持库以使用断点的方法实现 printf 函数。因为 printf 断点的优先级高于 RTDX 的处理，如果程序频繁调用 printf 函数，则有可能影响 RTDX 功能，也就会影响实时分析工具如消息记录和统计视图。所以建议用户在 DSP/BIOS 应用程序中使用 LOG_printf 来替代 printf 函数。

6.3.5　DSP/BIOS 启动序列

autoinit. c 和 boot. ann 文件决定了 DSP/BIOS 应用程序的启动序列，这些文件是由库 bios. ann 和 bioss. ann 提供的。

1. 初始化 DSP

DSP/BIOS 程序从入口点 c_int00 开始运行，复位中断向量指向 c_int00 地址。对于 C6000 平台来说，堆栈指针(B15)和全局页指针(B14)被初始化指向. stack 段的末尾和. bss 段的开始。控制寄存器 AMR、IER 和 CSR 也得到初始化。

2. 用 cinit 段中的记录来初始化 bss 段

堆栈建立好之后，初始化例程用. cinit 段中的记录初始化全局变量。

3. 调用 BIOS_init 初始化 DSP/BIOS 模块

BIOS_init 执行基本的模块初始化，然后调用 MOD_init 宏分别初始化每个用到的模块。例如，HWI_init 初始化有关中断的寄存器，HST_init 初始化主机 I/O 通道接口，IDL_init 计算空闲循环的指令计数。

4. 处理. pinit 表

. pinit 表包含了初始化函数的指针。对于 C++ 程序，全局 C++ 对象的构造函数会在. pinit 的处理中执行。

5. 调用应用程序主程序 main 函数

在所有 DSP/BIOS 模块初始化之后，调用 main 函数，此时硬件中断和软件中断都是禁止的，应用程序可以在这里添加自己的初始化代码。

6. 调用 BIOS_start 启动 DSP/BIOS

同 BIOS_init 函数一样，BIOS_start 函数也是由配置工具产生的，包含在 programcfg. snn 文件中。BIOS_start 负责使能 DSP/BIOS 模块并为每一个用到的模块调用 MOD_startup 宏，使其开始工作。例如，CLK_startup 设置 PRD 寄存器，SWI_startup 使能软件中断，TSK_startup 使能所有任务，HWI_startup 使能硬件中断。如果在配置工具中 TSK 管理器是使能的，那么 BIOS_start 不会返回。

7. 执行空闲循环

用 IDL_loop 引导程序进入 DSP/BIOS 空闲循环，此时硬件和软件中断可以抢占空闲循环的执行。空闲循环控制着和主机的通信，所以此时主机和目标之间的数据传输就可以开始了。

6.3.6 在 DSP/BIOS 中使用 C++

DSP/BIOS 应用程序可以用 C++ 语言编写。在 DSP/BIOS 中使用 C++ 有些问题需要注意，包括存储器管理、命名约定以及在配置工具中调用类成员函数和类的构造/析构函数。

6.3.7 在 main 函数中调用 DSP/BIOS API

由于 main 函数是在 BIOS_init 和 BIOS_start 之间调用的，在 main 函数执行时，不是所有的 DSP/BIOS 模块都初始化完毕，所以某些 DSP/BIOS 的 API 不能在 main 函数中调用。例如，在定时器启动之前，CLK_gethtime 和 CLK_getltime 是不能调用的。还有其他一些假定硬件中断或定时器已经使能的 API 也是不能调用的。由于 MEM 模块是在 BIOS_init 中初始化的，所以在 main 函数中可以调用 MEM 模块的 API。

6.4 监测

DSP/BIOS 提供了显式和隐式两种方式进行实时分析，这些实时分析工具都是以对程序的实时性能影响最小为设计目标的。

6.4.1 实时分析

实时分析是指在系统实时运行的过程中获得所需要的数据，实时分析的目的是帮助用户更容易地判断系统是否在设计约束下运行，是否满足性能指标以及是否有进一步的开发空间。

1. 实时分析和周期调试(Cyclic debugging)

传统的顺序执行软件的调试方法是在程序运行出错时停下来，检查程序的状态，插入断点，然后重新执行程序来收集有用信息。这种周期调试方法对于非实时的顺序执行软件的调试是有效的，但是对于连续工作，非确定性执行和有严格时序约束的实时系统的调试就不那么有效了。

DSP/BIOS 的监测 API(instrumentation API)和 DSP/BIOS 分析工具被设计用来补充周期调试工具，这样可以对系统运行的情况进行监测。得到的实时监测数据可以帮助用户有效地调试和调节系统性能。

2. 软件和硬件监测

软件监测的主要部分包括包含在目标代码中的监测代码(instrumentation code)。这些代码在系统运行的时候运行，将感兴趣事件的数据保存在目标系统的存储器中，这样，监测代码在用到目标系统的计算能力的同时还耗费了目标系统的存储空间。软件监测的优点是灵活而且不需要额外的硬件。但是，因为监测代码是目标系统的一部分，目标系统的性能和程序行为就有可能受到影响。在没有硬件监测器的情况下，就要面临"打搅"程序执行和记录足够信息之间的折中问题，即有限的软件监测的使用只能提供不充分的细节，而过多的使用软件监测又会影响被测系统。

DSP/BIOS 提供了各种机制来控制这种折中，而且 DSP/BIOS 监测都有固定和快速的执行时间，这样就可以估算出监测的影响了。

6.4.2 监测性能

在典型应用中，如果使用所有的隐式 DSP/BIOS 监测，CPU 会增加不到 1%的负荷。DSP/BIOS 采用了多种技术来尽量减小监测对应用程序的影响。

可以在配置工具中通过设置应用程序的全局属性来禁止内核的监测功能，这样可以减小代码长度和加快代码执行速度。这是通过不包含监测功能的 DSP/BIOS 库链接实现的，但这样也去掉了显式 DSP/BIOS 监测的功能。

6.4.3 监测 API

DSP/BIOS 提供下面 4 种 API 实现实时监测数据的采集：

(1) LOG(Event Log Manager，时间记录管理器)时间记录对象可以实时记录时间信息。系统事件记录在系统记录(system log)中，也可以通过配置工具建立更多的时间记录对象。程序可以向任何记录对象添加消息。

(2) STS(Statistics Object Manager，统计对象管理器)统计对象可以实时获取任意变量的计数、总和、最大值和平均值等统计数据。对于 SWI、PRD、HWI 和 PIP 对象，其统计数据可自动获得，也可以建立更多的统计对象来捕捉统计信息。

(3) HST(Host Channel Manager，主机通道管理器)主机通道对象允许将原始数据发送到主机作进一步的分析。

(4) TRC(Trace Manager，跟踪控制器)通过目标程序和 DSP/BIOS 插件的交互处理来控制时间信息和统计数据的实时采集。这种跟踪控制的功能是非常重要的，由于 LOG 和 STS 模块都是持续运行的，因此只能通过 TRC 来实时开始和监测程序的运行，限制实时监测程序对应用程序性能的影响。

1. 显式和隐式监测

监测 API 可以让应用程序显式调用。上面分别介绍了 LOG、STS、HST 和 TRC 模块的功能。LOG 和 STS 的 API 也可被 DSP/BIOS 内部使用来收集程序执行的信息。这些内部调用提供对隐式监测的支持。所以，即使程序没有任何显式的 DSP/BIOS 调用也可以使用实时分析工具来监测。例如，软件中断的执行就可被记录在名为 LOG system

的 LOG 对象中。

2. 事件记录管理器(LOG 模块)

事件记录管理器用来管理 LOG 对象,可以使用执行图或者通过配置工具建立的 LOG 对象来获取时间信息。

用户定义的记录对象中包含了应用程序调用 LOG_event 和 LOG_printf 记录的信息。可以在 DSP/BIOS 分析工具 Message Log 窗口中实时观测这些信息。通过选择 DSP/BIOS →Message Log 选项打开这个窗口,如图 6.5 所示。

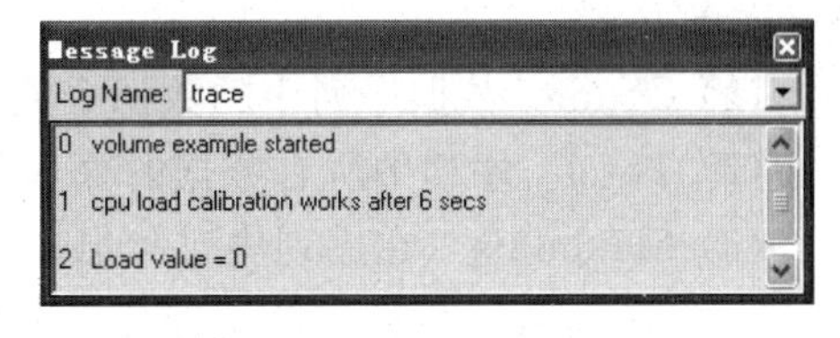

图 6.5 Message Log 对话框

系统记录对象(system log)的信息可以通过执行图获得,执行图显示了程序组件的活动。

记录类型可以是环行的或固定的,二者的区别对于使用 TRC 模块控制记录操作的应用程序是很重要的:

1) Fixed(固定的)

记录对象从接收的第一个消息开始记录,直到缓冲区满为止。所以,对象中保存的是最先发生的事件。

2) Circular(环行的)

当缓冲区满时,记录对象自动覆盖较早的消息。所以,环行缓冲区保存最后发生的事件。

在使用配置工具设计 LOG 对象时需要设置缓冲区长度和缓冲区位置等属性。每个消息占用 4 个字的缓冲区,第 1 个字是序列号,后 3 个字包含有关时间的代码和数据。目标处理器中 LOG 缓冲区的内容被拷贝到主机上一个更大的缓冲区中之后,记录被标记为空。

使用 RTA 控制面板属性对话框(选择 DSP/BIOS→RTA Control Panel 选项,右击 RTA Control Panel,选择 Property Page 选项),可以设置主机轮询记录缓冲区的频率。如果刷新频率设置为 0,主机将停止轮询目标处理器,直到在记录窗口(log window)中的快捷菜单选择刷新窗口。也可以使用快捷菜单的 pause 和 resume 来控制查询的停止和继续。RTA 控制面板属性窗口如图 6.6 所示。

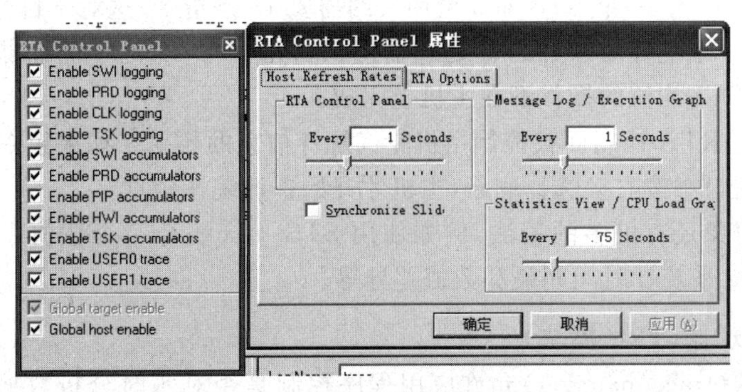

图 6.6 RTA 控制面板属性窗口

消息记录窗口中的每条记录都有编号代表消息的顺序。如果缓冲区永远不会满，则可以选择一个小的缓冲区。如果环行缓冲区不够大或者轮询的频率太低，可能会丢掉某些信息。这种情况下可以看到编号有间隔。

3. 统计对象管理器(STS 模块)

统计对象用于记录一个任意 32 位数据的统计信息，包括 Count、Total、Maximum 和 Average。

(1) Count　数据序列中的数据个数。

(2) Total　序列中所有数据的算术和。

(3) Maximum　在序列中已经出现的最大值。

(4) Average　主机上的统计分析工具使用 Count 和 Total 来计算平均值。

调用 STS_add 函数可以对指定统计对象中的统计值更新。DSP/BIOS 统计对象在跟踪函数的 CPU 使用率方面也很有用，通过在一段程序的前后添加 STS_set 和 STS_delta 调用，可以得到程序不同部分的实时性能分析。

可以在统计视图窗口中观察这些统计信息，通过选择 DSP/BIOS→Statistics View 选项可以打开这个窗口，如图 6.7 所示。

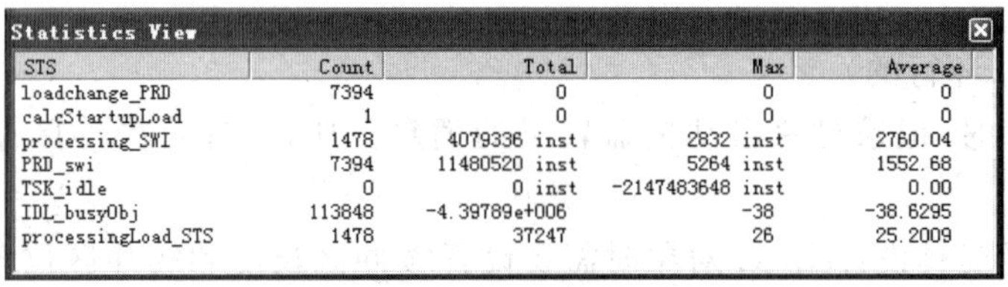

Statistics View

STS	Count	Total	Max	Average
loadchange_PRD	7394	0	0	0
calcStartupLoad	1	0	0	0
processing_SWI	1478	4079336 inst	2832 inst	2760.04
PRD_swi	7394	11480520 inst	5264 inst	1552.68
TSK_idle	0	0 inst	-2147483648 inst	0.00
IDL_busyObj	113848	-4.39789e+006	-38	-38.6295
processingLoad_STS	1478	37247	26	25.2009

图 6.7　统计视图窗口

统计值在目标系统上是按 32 位精度累计的，而在主机上则是按 64 位精度累计。当主机查询目标处理器上的统计值后，为防止溢出，会清除掉这个值，这样可以减小目标系统的存储空间需求，有利于进行长时间的记录。统计视图还可以有选择地对数据滤波，然后输出。

主机是在关闭中断的情况下执行读取和清除操作的，这可以保证所有线程可靠地更新统计对象。例如，一个 HWI 函数可以调用 STS_add 可靠地更新统计对象。

在 C6000 平台上，一个 STS_add 调用大约需要 18 条指令，这对于目标系统的影响是很小的。而且，一个统计对象在目标处理器上只占用 4 个 32 位字的存储空间。数据滤波、格式化和计算平均值的操作都在主机上完成。

也可以通过 RTA 控制面板控制主机轮询统计信息的频率。如果频率设置为 0，则直到在统计视图窗口中按右键选择刷新，主机才开始查询统计信息。

关于统计对象还有更多的用法，例如使用 STS_add 统计一个数值序列，使用 STS_set 和 STS_delta 来统计时间间隔和数值差异等。

4. 跟踪管理器(TRC 模块)

跟踪管理器(trace manager)允许应用程序控制是否对实时分析数据进行采集。例如,可以在程序发生异常时通过跟踪控制器模块停止对分析数据的采集。

数据采集的控制有时很重要,因为它可以限制监测行为对应用程序的影响,确保LOG和STS对象包含有用的信息以及实时地开始和停止分析数据的记录。例如,在一个事件发生时启动监测的运行,可以用一个固定缓冲区记录在使能LOG模块之后发生的 n 个事件。在一个事件发生后关闭LOG,可以用一个环形缓冲区记录关闭LOG模块之前的最后 n 个事件。

1) 对显式监测的控制

跟踪控制器按如下代码段所示的方式控制显式监测:

```
if    (TRC_query(TRC_USER0)==0)
{
…/* LOG 或 STS 操作 */
}
```

TRC_query函数用于监测对应的跟踪屏蔽位是否被设置,如果已经设置则返回0,经判断后执行相应的代码。如果屏蔽位没有设置,执行以上的代码将只花费几条指令,对程序的影响是很小的。如果程序空间允许的话可以在最终产品中保留这部分代码以便于现场测试。这也是DSP/BIOS内核采用的一种编程模式。

2) 对隐式监测的控制

跟踪控制器通过一系列的跟踪屏蔽位来控制记录对象和统计对象对隐式监测数据的采集。目标系统只在使能跟踪时才保存记录或统计信息,以最大程度提高效率。屏蔽位对于LOG_printf、LOG_event和STS_add等显式调用不起作用。

屏蔽位是类似TRC_LOGCLK和TRC_LOGPRD等的一些常量,它们分别控制不同监测数据的采集。

可以通过两种方法允许或禁止这些跟踪屏蔽位:

(1) 在主机上,使用RTA控制面板(如图6.8所示)可以调整实时监测的信息量和对应用程序的影响之间的矛盾。在控制面板窗口中右击选择Property Page快捷菜单可以设置跟踪状态信息的刷新率。如果频率设置为0,那么只有选择刷新时主机才会查询目标处理器。

图6.8 RTA控制面板

(2) 在目标处理器代码中直接使用TRC_enable和TRC_disable来允许或禁止跟踪屏蔽位。例如,下面这段代码禁止软件中断和周期函数的记录:

```
TRC_disable(TRC_LOGSWI | TRC_LOGPRD);
```

如果需要通过长时间运行代码来寻找一个特殊状态,当它发生时,可以用下面的代码关闭所有的跟踪来保存当前的监测信息:

```
TRC_disable(TRC_GBLTARG);
```

所有目标代码对屏蔽位的改动都反映在主机上的RTA控制面板上(见图6.8)。

6.4.4 隐式 DSP/BIOS 监测

为了让 DSP/BIOS 分析工具显示执行图(execution graph)、系统统计信息(system statistics)和 CPU 负荷图(CPU load),必要的监测代码会自动嵌入在目标代码中。可以通过 RTA 控制面板来使能不同的 DSP/BIOS 显式监测。

1. 执行图

执行图是一种特殊的记录对象,用于显示 SWI、PRD、TSK、SEM 和 CLK 处理过程中的信息,可以使用 RTA 控制面板控制各种对象的记录是否执行。执行图如图 6.9 所示。

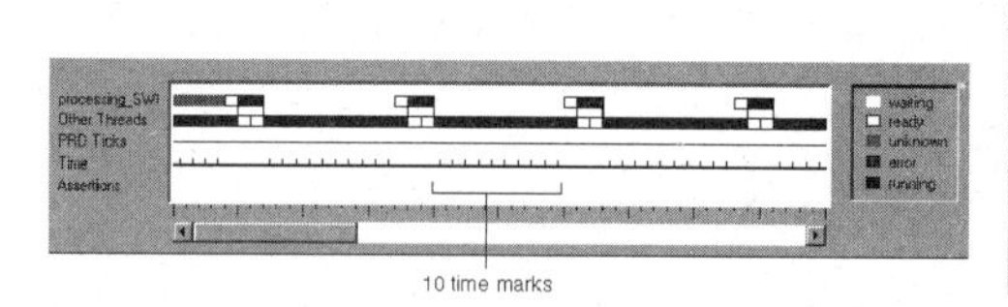

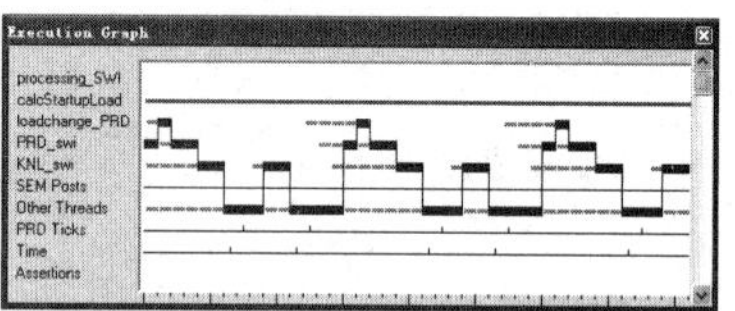

图 6.9 执行图窗口

2. CPU 负荷图

CPU 负荷定义为 CPU 用于执行应用程序所占用的指令周期百分比,即在整个运行时间中,CPU 执行如下操作所占用的百分比:

(1) 执行硬件中断、软件中断、任务和周期函数;

(2) 与主机执行 I/O 操作;

(3) 运行任何用户自定义例程。

当 CPU 没有做这些工作时,被认为是空闲状态。CPU 负荷图如图 6.10 所示。

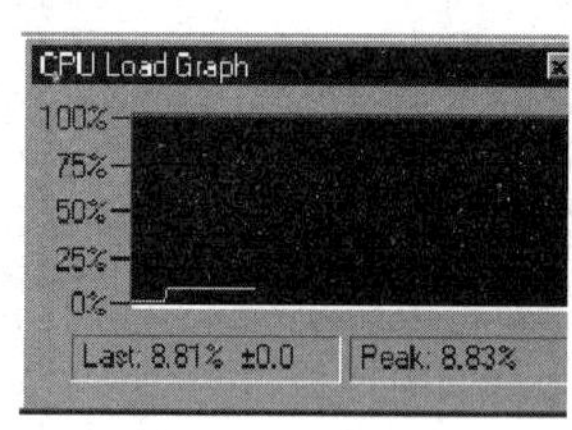

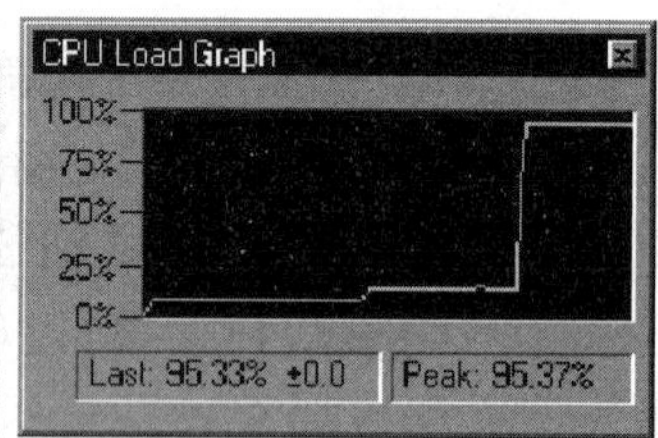

图 6.10 CPU 负荷图

3. 硬件中断计数和最大堆栈深度

通过配置可以跟踪每个硬件中断的执行次数和监视堆栈指针。每个被观测的硬件 ISR 都会自动建立一个 STS 对象用来监测堆栈指针。

对于不要监测的硬件中断,没有额外的开销,控制权将直接转到 HWI 函数。对于需要监测的硬件中断,控制权首先传递到一个 stub 例程,由该程序读取选定的数据(在配置工具的 HWI 属性页中设置)传递到选定的 STS 对象,最后跳转到对应的 HWI 函数。

中断次数被记录在 STS 对象数据结构的 count 域,如果选择监测堆栈指针,则 STS 对象的 max value 域反映了系统堆栈的最大位置。这些信息可以用来判断系统对堆栈的最大需求。

4. 监测变量

除了可以监测硬件中断次数和堆栈指针，还可以在每次硬件中断发生时监测任何寄存器或数据。这种显式监测可以为每个硬件中断设置。在每个中断处理的入口，这些统计对象将进行更新。

在配置工具中的 HWI 属性页中可以选择要观测的寄存器或某个地址的数据。对观测数据可以进行一些 STS 对象的操作，如 STS_add 和 STS_delta 等。

5. 中断响应延迟

中断延迟是从中断触发到执行中断的第 1 条指令之间的最大时间，可以通过下列步骤测试定时器中断的中断延迟：

(1) 设置定时器中断 HWI 对象的属性来监测数据数值(data value)；

(2) 设置 add 属性为定时器计数寄存器(timer counter register)的地址；

(3) 设置数据类型为 unsigned；

(4) 设置 operation 参数为 STS_add(* adds)；

(5) 设置相应的 STS 对象 HWI_INT14_STS 的主机方操作属性为 $A \times X + B$，A 为 4，B 为 0。因为定时器的时钟源是 1/4 的 CPU 主频，所以这里要将 X 乘以 4 得到 CPU 时钟数也就是指令数。这样，STS 对象就可以显示从中断触发到读取定时器计数寄存器之间的指令周期数。

6.4.5 内核/对象视图

选择 DSP/BIOS→Kernel/Object View 选项可以打开内核/对象视图窗口，这里可以看到当前的配置，DSP/BIOS 对象的状态等，显示信息如图 6.11 所示，可以显示不同对象的信息，如内核、任务、邮箱、信号灯、存储器和软件中断等。

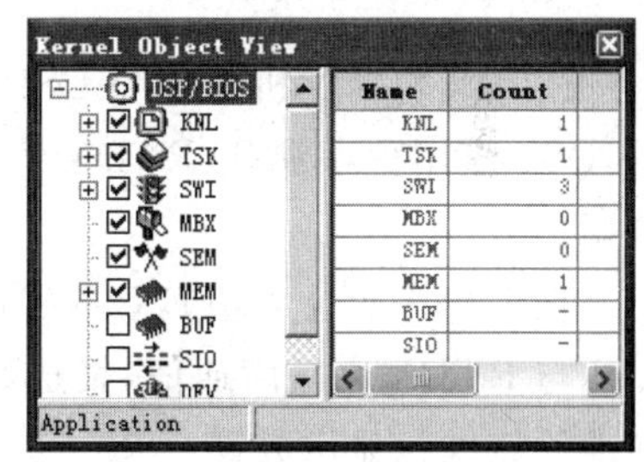

图 6.11 内核/对象视图窗口

6.4.6 实时数据交换

传统的主机调试器必须通过在应用程序中插入断点，中断应用程序运行，才能与目标系统交换数据。这种方法不仅麻烦，而且所得到的数据只是应用程序在高速运行过程中的一个侧面，为故障诊断和系统性能评测等带来许多不便。TI 的 RTDX 技术的创新之处在于它可以在不中断应用程序的前提下，完成主机与目标机之间的实时数据交换(Real-time Data Exchange)。利用 RTDX 技术，可以在主机上实时地利用从目标机上获得的连续数据流，这正是 CCS 实时调试和实时分析功能的物理基础。

RTDX 完成主机与目标机数据交换所使用的是 DSP 的内部仿真逻辑和 JTAG 接口，它不占用 DSP 的系统总线和串口等 I/O 资源。所以数据传送可以在应用程序后台运行，对 DSP 系统的影响很小。

正像现代医学诊断系统能够对病人进行实时、不间断的观察一样，RTDX 使设计者能够对 DSP 程序进行实时连续的监控,更直接地观察系统的运行,从而更容易发现问题,缩短开发时间。

在主机上,RTDX 提供的是工业界标准的目标连接和嵌入应用程序接口 OLE API,数据可以在主机上的 OLE 自动化客户(OLE automation client)应用程序中显示,因而能方便地与符合 OLE API 标准的第三方可视化软件(如美国国家半导体公司的 LabVIEW)或用户自开发的可视化软件接口,显示所获得的目标机数据。如 LabVIEW 工具包中提供了 DSP Test Toolkit,可以通过 CCS(Code Composer Studio)实现对 DSP 的开发。DSP Test Toolkit 提供了一系列可以使 LabVIEW 和 CCS 接口的 VI,如图 6.12 所示。

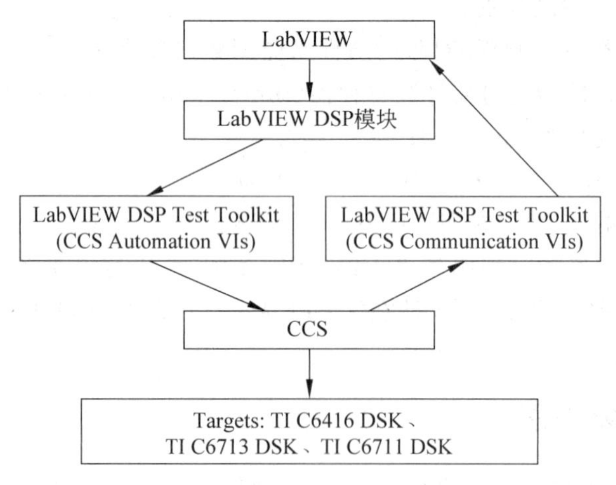

图 6.12　DSP Test Toolkit 在 DSP 中的设计

RTDX 包括主机部件和 DSP 部件两部分。在 DSP 运行着一段较小的 RTDX 库代码,DSP 应用程序调用 RTDX 库 API 来传递数据。RTDX 库利用 JTAG 接口来传递数据。

在主机平台上,RTDX 主机库和 CCS 环境互相结合。显示和分析工具通过 COM API 与 RTDX 主机库通信,发送数据到 DSP 或从 DSP 接收数据。设计者可以使用以下标准的软件包显示数据:

(1) National Instruments 公司的 LabVIEW。

(2) Quinn-Curtis 公司的 Real-Time Graphics Tools。

(3) Microsoft Excel。

用户也可以基于 Visual Basic 或 Visual C++ 开发自己的应用程序,实现数据的可视化。

1. RTDX 的应用

RTDX 特别适合于控制、伺服和音频应用。例如,无线通信厂商可以采集编码器算法程序的输出来测试它们的语音应用。嵌入式控制系统也可以得益于 RTDX。硬盘驱动器厂商可以在不影响驱动器伺服电机的情况下测试它们的运行情况。对于所有这些应用,用户都可以选择最有意义的方式来显示这些通过 RTDX 采集的信息。

2. RTDX 使用

RTDX 可以结合 DSP/BIOS 使用，也可以不结合 DSP/BIOS 使用。在 CCS 安装目录的 tutorial 子目录下为这两种方式都提供了实例。

3. RTDX 数据流

主机和目标处理器之间的数据流如图 6.13 所示。

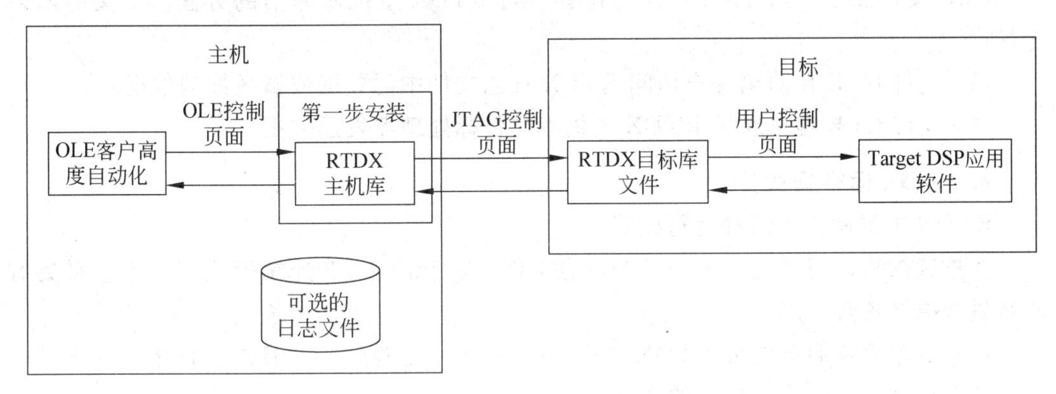

图 6.13 RTDX 数据流

1) 目标处理器到主机的数据流

在目标处理器上记录数据，应首先声明一个输出通道，然后使用接口函数向输出通道写入数据，数据会先被缓冲到一个 RTDX 目标缓冲区，然后通过 JTAG 接口传送到主机。在主机一端，RTDX 主机库通过 JTAG 接口接收数据并记录下来，主机记录数据到一个内存缓冲区或者一个记录文件中(取决于 RTDX 运行模式的设置)。

数据可以使用任何 OLE 客户应用程序取得，例如：

(1) Visual Basic 应用程序；

(2) Visual C++ 应用程序；

(3) LabVIEW；

(4) Microsoft Excel。

这些 RTDX OLE 客户应用程序可以采用直观、有意义的方式显示这些数据。

2) 主机到目标处理器的数据流

目标处理器为了从主机接收数据，首先定义一个输入通道，然后使用接口函数从输入通道接收数据。

OLE 客户应用程序可以使用 OLE 接口发送数据到目标处理器。所有发往目标处理器的数据都被写到 RTDX 主机库的缓冲区中。当 RTDX 主机库收到一个目标处理器发来的请求时，数据被写入目标处理器的相应地址。操作完成后，主机会通知 RTDX 目标库。

3) RTDX 目标处理器接口

用户接口提供一种安全的方法实现 DSP 应用程序和 RTDX 主机库之间的数据交换。在用户接口中定义的数据类型和函数可以实现这样一些功能：

(1) 允许目标处理器向 RTDX 主机库发送数据。

(2) 允许应用程序向 RTDX 主机库请求数据。

(3) 在目标处理器上提供数据缓冲。

(4) 提供中断安全机制,可以在中断服务程序中安全地调用用户接口函数。

(5) 保证正确地利用通信机制。

4) RTDX 主机接口

OLE 接口描述了允许 OLE 自动化客户与 RTDX 主机库通信的方法。定义的函数包括:

(1) 允许 OLE 自动化客户访问 RTDX 日志文件中的数据或被缓冲的数据。

(2) 允许 OLE 客户通过 RTDX 主机库向目标处理器发送数据。

4. RTDX 运行模式

RTDX 主机库提供两种运行模式:

非连续数据被写到主机上的一个日志文件(log file)中,非连续模式用于希望采集有限数量数据的场合。

连续数据只是简单地被 RTDX 主机库缓冲,而不是写到一个日志文件中。连续模式用于希望得到连续数据并显示的场合。

5. RTDX 目标缓冲区大小

RTDX 目标缓冲区用于临时存储数据,然后等待主机读取。如果需要传递的数据量很小,可以减小缓冲区的大小。相反,如果数据量很大,则应该加大缓冲区大小。

使用配置工具可改变 RTDX 缓冲区的大小。在配置工具中用右击 RTDX 模块,然后选择 Property 快捷菜单即可。

6. RTDX 数据的发送

用户函数库定义了一些数据类型和函数来完成下列操作:

(1) 从目标处理器发送数据到主机。

(2) 从上位机发送数据到目标处理器。

这些数据类型和宏定义在 rtdx. h 头文件中。

6.5 线程调度

6.5.1 线程概述和线程类型

许多 DSP 应用必须同时执行一系列表面上不相关的函数,以响应外部事件的发生,例如准备好数据、控制信号出现等,此时执行的函数及其执行的时间都很重要。这些执行的函数称为线程。不同的系统对线程的定义不同。在 DSP/BIOS 中,线程是一个广义的概念,包括任何被 DSP 执行的互不相关的指令流。DSP/BIOS 使应用程序按线程结构化设计,每个线程完成一个模块化的功能。多线程程序中允许高优先级线程抢占低优先级线程以及线程间的同步和通信。

DSP/BIOS 允许将应用程序组织成线程的集合,每个线程执行一个模块化的函数。

不同的线程具有不同的优先级，多线程程序运行在单一的 CPU 上时按照优先级顺序进行。不同线程间还可以进行各种形式的交互，如阻塞、通信和同步。

DSP/BIOS 支持下列 4 种线程类型，每种线程都有不同的执行和抢占特性。

(1) 硬件中断(HWI)：包括 CLK 函数。

DSP/BIOS 用 HWI 模块来管理硬件中断，能为 DSP 中的每个硬件中断配置中断服务程序(ISR)。

HWI 用于响应外部异步事件。当一个硬件中断被触发后，一个 HWI 函数(也称为中断服务程序或 ISR)会被执行用来完成一个有严格时间限制的关键作业。HWI 是 DSP/BIOS 应用程序中优先级最高的一类线程，用于完成那些以 200kHz 左右的频率发生并且必须在 2～100μs 内完成的应用程序作业。

(2) 软件中断(SWI)：包括 PRD 函数。

与硬件中断相对，SWI 是通过调用 SWI 函数触发的，它的优先级处于 HWI 和 TSK 之间。SWI 和 HWI 一样，也是必须执行到完成，一般用于执行期限(deadlines)在 100μs 以上的事件。SWI 允许 HWI 将一些非关键处理在低优先级上延迟执行，这样可以减少在中断服务程序中的驻留时间(在这期间其他 HWI 可能是禁止的)。

(3) 任务(TSK)：任务的优先级高于后台线程，低于软件中断。

任务与软件中断不同的地方在于它在运行过程中可以被挂起。DSP/BIOS 提供了一些任务间同步和通信的机制，包括队列、信号灯和邮箱。

(4) 后台线程(IDL)：后台线程在 DSP/BIOS 应用中的优先级最低。

在 main 函数返回之后，系统为每个 DSP/BIOS 模块调用 startup 例程，然后开始空闲循环地执行。在空闲循环(Idle Loop)中执行每个 IDL 对象的函数。除非有高优先级的线程抢占，空闲循环将一直连续地运行。在空闲循环中应该运行那些没有执行期限(deadlines)的功能。

在 DSP/BIOS 中还有另外几种函数可以执行，它们是在某一种类型的线程上下文中被执行的：

(1) 时钟(CLK)函数　在每个定时器中断的末尾执行。默认情况下，这些函数是按 HWI 函数执行的。

(2) 周期(PRD)函数　在片上定时器中断或其他事件多次计数后执行。周期函数是一种特殊类型的软件中断。

(3) 数据通知函数在使用管道(PIP)或主机通道(HST)传输数据时执行。

1. 线程类型的选择

线程类型和优先级的选择会影响线程是否能按时并正确地执行。在配置工具中修改线程类型是比较方便的。下面提供一些选择线程类型的规则。

(1) SWI、TSK 与 HWI：硬件中断只处理时间要求苛刻的关键任务。HWI 可以处理发生频率在 200kHz 左右的事件。软件中断或任务可以用于执行时间限制在 100μs 以上的事件。HWI 函数应该触发(post)软件中断或任务来进行低优先级处理。使用低优先级线程可以减少中断禁止的时间，允许其他中断的触发。

(2) SWI与TSK：SWI一般用于相对独立的函数，如果要求比较复杂，则使用TSK。TSK提供了很多任务间通信和同步的手段。一个任务可以挂起等待某一个资源的有效。使用共享数据时，TSK比SWI有更多的选择。而软件中断执行时则必须保证所需的数据已经准备好。所有的SWI使用同一个堆栈，所以在存储器使用上更加有效。

(3) IDL：后台函数用于执行没有执行时间限制的非关键处理。

(4) CLK：如果希望每个定时器中断时触发一个函数的执行则使用CLK函数。这些函数是被当做HWI运行的，所以应该保证运行时间尽量小。默认的CLK对象PRD_clk可增加周期函数的一次计数(tick)，可以增加更多的CLK对象以相同的速率执行某个函数。

(5) PRD：PRD函数以整数倍于低分辨时钟中断或其他事件(如外部中断)的频率执行。

(6) PRD与SWI：所有的PRD函数属于同一个SWI优先级，所有PRD函数之间不能互相抢占。PRD函数可以触发(post)低优先级软件中断来延长处理时间，保证在下一个系统计数(tick)到来时PRD_SWI(周期函数对应的软件中断)可以抢占这些低优先级中断，执行新的PRD_SWI。

2. 线程优先级

线程优先级如图6.14所示。在DSP/BIOS中，硬件中断有最高的优先级，然后是软件中断。软件中断可以被高优先级软件中断或硬件中断抢先。软件中断是不能被阻塞的。任务的优先级低于软件中断，共有15个任务优先权级别。任务在等待某个资源有效时可以被阻塞。后台线程是优先级最低的线程。

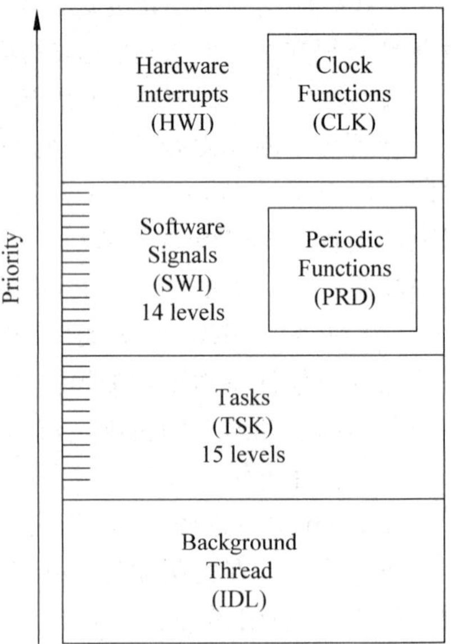

图6.14 线程优先级

3. 线程让出(yielding)和抢占(preemption)

一般情况下，DSP/BIOS调度器运行最高优先级的线程，除非下列情况发生：

(1) 正在运行的线程暂时禁止了某些硬件中断(调用HWI_disable、HWI_enter)，阻止了相应中断的ISR的执行。

(2) 正在运行的线程暂时禁止了软件中断(调用SWI_disable)，阻止了更高优先级的软件中断抢占当前线程，但并不阻止硬件中断抢占当前线程。

(3) 正在运行的线程暂时禁止了任务调度(调用TSK_disable)，阻止了更高优先级的任务抢占当前的线程，但并不阻止硬件或软件中断抢占当前线程。

(4) 最高优先级的线程处在阻塞状态，这种情况发生在这个任务调用TSK_sleep、LCK_pend、MBX_pend或SEM_pend时。

软件和硬件中断都有可能参与DSP/BIOS的任务调度。当一个任务处于阻塞状态时，一般是因为它在等待(pending)一个处在无效状态的信号灯。信号灯可以在软件中断、硬件中断或任务中置为有效状态(posting)。如果一个HWI或SWI通过有效

(posting)一个信号灯给一个任务解锁,并且这个任务是目前最高优先级的任务,那么处理器会切换到这个任务。

当运行 HWI 或 SWI 时,系统使用一个专用的系统中断栈叫做系统栈(system stack)而每个任务使用单独的私有栈。所以,当系统中没有任务时,所有线程共享一个系统栈。

6.5.2 硬件中断

在典型的 DSP 应用中,硬件中断是由片上外围器件或外部设备触发的。中断触发后,处理器将转向相应的中断向量。

如果在一个硬件中断 ISR 执行前有多次中断触发,那么 ISR 只运行一次,因此必须保证 HWI 函数执行得足够快。如果 GIE 位是允许的,并且相应的 IER 位也是允许的,那么硬件中断可以被另一个中断抢占。

如果 HWI 函数调用了任意一个 PIP_API 函数(PIP_alloc、PIP_get 或 PIP_put),管道的 notifyWriter 函数和 notifyReader 函数会在 HWI 的上下文中被运行。

1. 硬件中断的配置

在 DSP/BIOS 配置工具中已经为每一个硬件中断建立了 HWI 对象。使用配置工具的 HWI 管理器可以配置每个硬件中断的 ISR。在 HWI 对象的属性页中输入 ISR 的函数名即可完成配置。DSP/BIOS 负责设置中断向量表,在配置工具中也允许配置中断向量表在内存中的位置。

2. 禁止和允许中断

在一个软件中断或任务中,可以在一个关键段的处理中暂时禁止硬件中断。函数 HWI_disable 和 HWI_enable/HWI_restore 需要成对使用来禁止或允许中断。

当调用 HWI_disable 时,中断被全局禁止(清除 GIE 位)。可以通过 HWI_enable 或 HWI_restore 恢复中断,HWI_enable 可以简单地允许 GIE 位,HWI_restore 可以恢复 HWI_disable 调用前的状态。

3. 上下文切换和硬件中断管理

当一个硬件中断抢占一个正在运行的函数时,HWI 函数必须保存和恢复使用过的寄存器。DSP/BIOS 提供了汇编语言宏 HWI_enter 和 HWI_exit 来保存和恢复寄存器。使用这个宏可以保证被抢占的函数恢复到原来的上下文。除此之外,HWI_enter 和 HWI_exit 还能完成这些操作:

(1) 保证 SWI 和 TSK 在合适的时间被调度器调用。

(2) 当 ISR 执行时禁止和恢复某个中断。

当中断服务程序调用了任何影响 SWI 或信号灯的 DSP/BIOS API 时,必须在调用 API 之前调用 HWI_enter 宏,并且在中断服务程序退出时调用 HWI_exit 宏。

为了支持 C 语言的中断服务例程,DSP/BIOS 提供了 HWI 分派器(HWI dispatcher)来自动执行 enter 和 exit 操作。在配置工具中可以选择是否使用 HWI 分派器(在 HWI 对象的属性页中设置)。建议在处理 HWI 时,选择使用 HWI 分派器。

HWI 分派器实际上是在一对 HWI_enter/HWI_exit 宏之间调用 HWI 对象的函数，这样可以允许中断服务例程完全用 C 语言编写。

注意：使用 HWI 的 C 函数时一定不能使用 interrupt 关键字或 INTERRUPT pragma。

当使用 HWI 分派器时，中断服务程序可以完全用 C 或混合编程，但是不能调用 HWI_enter 和 HWI_exit，因为分派器已经调用了。对于没有使用 HWI 分派器的中断服务程序，至少有一部分代码要用汇编程序编写，并按下面介绍的规则调用 HWI_enter 和 HWI_exit。

不管使用哪种 HWI 分派方式，DSP/BIOS 在执行 HWI 或 SWI 时都使用系统栈，如果系统中没有 TSK 任务，那么所有线程将使用同一个系统栈。如果有 TSK 任务，每个 TSK 则使用自己的私有栈。当任务被 HWI 或 SWI 抢占时，DSP/BIOS 在整个中断线程中使用系统栈。

在 C6000 平台上，HWI_enter 和 HWI_exit 都使用下列 4 个参数：

① 前 2 个参数（ABMASK 和 CMASK） 决定保存并恢复哪些 A、B 或控制寄存器。

② 第 3 个参数（IEMASK） 定义哪些中断位需要被屏蔽。

③ 第 4 个参数（CCMASK） 定义 CSR 中缓存控制位的设置值。

有一些预定义的宏可以用于所有寄存器的保护，即 C62_ABTEMPS 和 C62_CTEMPS（C62 平台）或 C64_ABTEMPS 和 C64_CTEMPS（C64 平台）。

在调用任何 C 或 DSP/BIOS 函数之前必须首先调用 HWI_enter 以保存所有 C 运行环境用到的寄存器。除了保证寄存器的保存和恢复，HWI_enter/HWI_exit 宏还保证在中断嵌套情况下只在最外层中断服务例程中调用 DSP/BIOS 调度器。如果在 HWI 或其嵌套的 HWI 中触发了（trigger）一个 SWI（使用 SWI_post）或使能了一个高优先权的 TSK，那么在最外层的 HWI_exit 中会调用 SWI 或 TSK 的调度器。SWI 调度器在切换到任何高优先权 TSK 之前首先为所有未决的 SWI 提供服务。

4. 寄存器

在 C 函数内部的寄存器保存和恢复是取决于 C 编译器的。

6.5.3 软件中断

仿照硬件中断 ISR，DSP/BIOS 的 SWI 模块提供了软件中断的能力。软件中断使用类似 SWI_post 的 DSP/BIOS API 调用来触发。软件中断的优先级介于硬件中断和任务之间。

软件中断不同于一般处理器上的软件中断指令，DSP/BIOS 的 SWI 模块是独立于与任何处理器相关的软件中断指令的。

在 DSP/BIOS 中可以通过下列 API 触发软件中断：

(1) SWI_andn。

(2) SWI_dec。

(3) SWI_inc。

(4) SWI_or。

(5) SWI_post。

SWI 管理器控制着所有软件中断的执行。当应用程序调用上面任意一个 API 时，SWI 管理器将调度相应的函数执行。SWI 管理器使用 SWI 对象处理所有的软件中断。

当一个软件中断被触发(post)时，它必须等到所有未决硬件中断都执行完才会开始执行。一个 SWI 中断服务程序可以在任意时刻被硬件中断抢占，直到硬件中断执行完才恢复 SWI 的执行。另一方面，SWI 总能抢占任务的执行，所有未决 SWI 执行完之后任务才可以继续执行。在效果上，软件中断就像是一个最高优先级的任务。

下面有两点需要注意：

(1) 一个软件中断会一直执行到完毕(没有挂起状态)，除非被硬件中断或更高级别的软件中断抢占；

(2) 如果在 HWI 中断服务程序内部需要调用任何会触发软件中断的 SWI 函数，那么需要在中断服务程序的入口和出口调用 HWI_enter 和 HWI_exit，或者使用 HWI 分派器(dispatcher)来调用中断服务程序。

1. 建立 SWI 对象

SWI 对象既可以动态建立(通过 SWI_create 调用)，也可以静态建立(在配置工具中)。动态生成的对象也可以动态删除。

可以在配置工具中建立 SWI 对象。在 SWI 对象的属性页中可以设置触发软件中断时需要运行的函数，还可以给 SWI 函数传递 2 个参数。在 SWI 管理器的属性页中总可以设置 SWI 对象的存储位置。

动态建立 SWI 对象使用如下的代码：

```
swi=SWI_create(attrs);
```

其中，swi 是一个句柄，attrs 是一个 SWI_Attrs 结构，包含了所有可以通过配置工具设置的属性。如果 attrs 是 NULL，那么使用默认的参数。一般情况下，attrs 至少包含一个函数名。

SWI_create 只能在任务级调用，而不能在 HWI 或其他 SWI 中调用。

2. 设置软件中断优先级

可以在配置工具中设置 SWI 对象的优先级。只要存储器容量没有限制，可以建立任意多的 SWI 对象。可以给时间要求苛刻的软件中断设置高的优先级，给时间要求不高的软件中断设置低的优先级。

按如下步骤可设置软件中断优先级：

(1) 在配置工具中高亮 SWI 管理器，窗口右边会显示出所有的 SWI 对象，它们是按优先级顺序排列的，如图 6.15 所示。

(2) 要改变一个 SWI 对象的优先级，用鼠标拖动 SWI 对象到相应的中断级别文件夹中即可。

优先级 0 是保留给 KNL_swi 对象的，它是任务调度器。

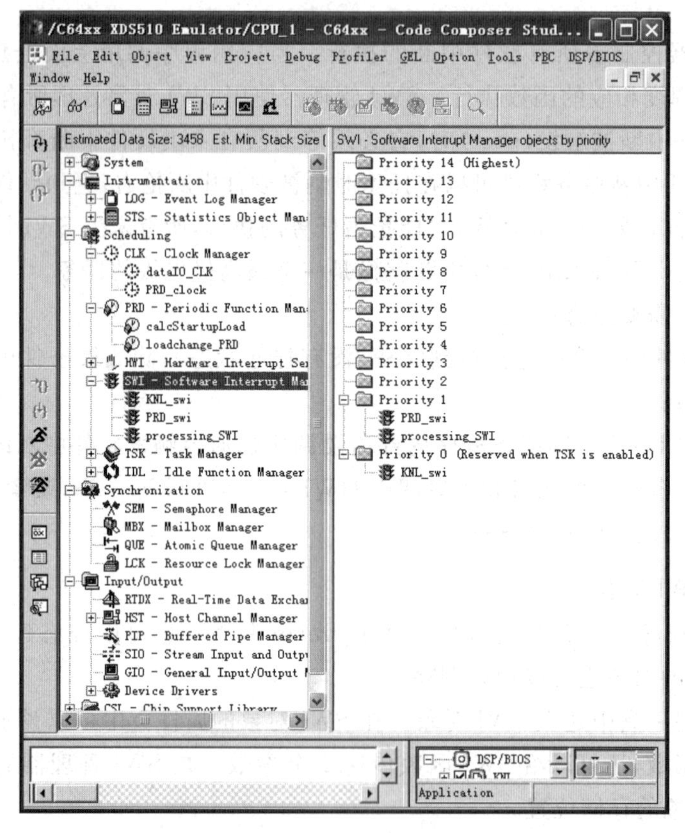

图 6.15　SWI 优先级

也可以在如图 6.16 所示的 SWI 属性页中直接设置对象的优先级。

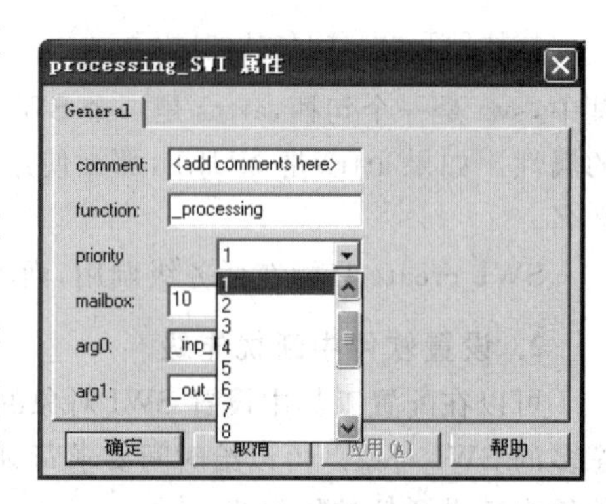

图 6.16　SWI 对象属性

3. 软件中断优先级和应用程序堆栈大小

除了任务，所有 DSP/BIOS 中的线程都是在同一个系统栈上运行的。

系统栈上保存了当软件中断抢占其他线程时的寄存器内容。为了满足同一时刻最大可能的抢占数量，每增加一个软件优先级别，系统栈大小都要增长。所以，从堆栈使用的角度上看，给所有的软件中断一个优先级会更有效。在 MEM 模块中设置的默认系统栈大小是 256 字。

可以最多使用 15 个软件中断级别，但是每一级都要使用更大的系统栈。如果看到一个对话框显示“系统栈太小，不能支持新的软件优先级别”，那么就应该在 MEM 管理器的属性页中增加堆栈的大小。

当建立第一个 PRD 对象时，会自动建立一个新的称作 PRD_swi 的 SWI 对象和系统时钟。如果没有其他 SWI 对象，那么 PRD_swi 对象使用最低优先级，同时增加系统栈的大小。

当任务管理器被使能时，TSK 调度器（在 SWI 对象 KNL_swi 中运行）会保留最低的优先级，任何其他 SWI 对象都不能使用这个优先级。

4. 软件中断的执行

一般通过调用 SWI_andn、SWI_dec、SWI_or 和 SWI_post 来使软件中断进入调度。这些函数可以在程序的任何地方调用。

当一个 SWI 对象被触发时（post），SWI 管理器将它加入一个触发的软件中断列表等待执行。然后 SWI 管理器检查软件中断是否被允许，如果没有被允许，就像在 HWI 函数中一样，SWI 管理器会将执行权交给当前线程。

如果软件中断是允许的，SWI 管理器会将被触发（post） SWI 对象的优先级和当前线程的优先级进行比较。若当前运行线程是后台线程或是低优先级的 SWI，那么 SWI 管理器将这个 SWI 对象从已触发（posted） SWI 对象列表中移去，并将 CPU 控制权转到被触发的 SWI，开始执行这个 SWI。如果当前运行线程的优先级大于等于被触发（post）的 SWI，SWI 管理器会将控制权转到当前运行线程。当所有高优先级的 SWI 运行结束后，被触发（post）的 SWI 才能运行。

SWI 可以被更高优先级的线程抢占，但是，SWI 不能被阻塞，即使软件中断正在等待一个外部设备（比如等到设备准备好）也不可以将它挂起。

如果在一个 SWI 得到执行权之前被触发（post）了多次，那么这个 SWI 只被执行一次。这一点类似硬件中断的特性。

5. 使用 SWI 对象的邮箱

每个 SWI 都有一个 32 位的邮箱，它用来决定是否触发中断或者被 SWI 函数内部使用。

5 个用于触发 SWI 的 API 函数可对邮箱数据作不同的操作，并根据不同的限制条件触发 SWI。

SWI_post、SWI_or 和 SWI_inc 可无条件地触发一个 SWI：

（1） SWI_post 不改变邮箱的值；

（2） SWI_or 在触发一个 SWI 之前通过“位或”操作设置邮箱的某些位；

（3） SWI_inc 在触发一个 SWI 之前将邮箱的值加 1。

SWI_andn 和 SWI_dec 可在邮箱值为 0 时触发一个 SWI：

（1） SWI_andn 使用“位与”操作清除邮箱的某些位；

（2） SWI_dec 将邮箱值减 1。

6. 使用 SWI 的优点和权衡

使用 SWI 相比于使用 HWI 主要有以下两点好处。

（1） SWI 可以在所有硬件中断都打开的条件下执行。例如，当一个 HWI 和另一个任务共享一个数据结构时，为了实现互斥访问，任务需要在存取数据结构之前关闭硬件中断。很明显，这样会延长中断响应时间，降低一个实时系统的性能。相反地，如果数据结构是由 SWI 改写的，那么当 TSK 访问该数据时，互斥访问可以通过 SWI_disable 实现，因此无须关闭硬件中断,也就不会降低实时系统的响应时间。

有时将长的ISR分为两部分是很有意义的,HWI负责时间要求非常苛刻的操作,然后将时间要求相对不苛刻的后续处理交给SWI完成。

(2) 因为SWI可以保证不在DSP/BIOS更新内部数据结构的时候运行,因此在SWI中断服务程序中可以调用一些HWI内部不能调用的函数。这是DSP/BIOS非常重要的特色。

注意,SWI中只允许调用任何不会导致阻塞的DSP/BIOS函数。例如,SEM_pend可能引起任务阻塞,所以在SWI内部不可以调用SEM_pend或任何调用SEM_pend的函数(如MEM_alloc和TSK_sleep)。

7. 软件中断抢占时保存寄存器

当一个软件中断抢占另一个线程时,DSP/BIOS会自动保存如表6.3所示的与被抢占线程环境有关的寄存器。用户的SWI函数无须保存任何寄存器,即使SWI使用汇编语言也不需要这些操作。

表6.3 抢占线程时自动保存的寄存器

C6000平台	
a0～a9	b6～b31
a6～a31	(C64x only)
(C64x only)	CSR
b0～b9	AMR

用汇编语言写的SWI函数必须满足C的调用约定。在C6000平台上,它必须保存寄存器A10～A15和B10～B15。如果一个SWI函数改变了IER寄存器,那么需要保存IER寄存器并在返回时恢复它,否则这种改变就会持续下去,影响被抢占的线程。

8. 同步SWI Handlers

在一个空闲循环、任务或软件中断内部,可通过调用SWI_disable临时阻止被更高优先级的软件中断抢占。SWI_disable会禁止所有SWI抢占,使用SWI_enable可以重新允许SWI抢占。

软件中断是以组为单位被允许或禁止的,不能单独允许或禁止某一个软件中断。当DSP/BIOS完成初始化和运行第一个任务之前,软件中断是被允许的,如果应用程序希望禁止软件中断,可以这样调用SWI_disable:

```
key    =SWI_disable();          /* 禁止软件中断 */
SWI_enable(key);                /* 允许软件中断 */
```

key在SWI模块内部用来识别SWI_disable是否被调用了多次,这样可以允许嵌套使用SWI_disable/SWI_enable,且只有最外层的SWI_enable真正地允许中断。换句话说,一个任务可以不管SWI_disable是否被调用多次而禁止或允许软件中断。

当软件中断被禁止时,触发的软件中断会被软件“锁存”并在软件中断允许时作为最高优先级的线程被运行。

注意，SWI_disable的副作用是同时也禁止了任务抢占，这是由于DSP/BIOS内部是使用软件中断来管理信号灯和时钟中断(clock tick)的。

使用SWI_delete可以删除动态建立的软件中断，此时SWI对象占用的存储器也会被释放。SWI_delete只能在任务级调用。

6.5.4 任务

DSP/BIOS任务对象是那些被TSK模块管理的线程。任务的优先级高于空闲循环，低于硬件和软件中断。

TSK模块根据任务的优先级和当前的执行状态动态地调度和抢占任务，这可以保证将处理器控制权交给当前最高运行级并处于就绪状态的线程。DSP/BIOS总共有15个任务优先级可用，最低的优先级是保留给空闲循环的。

TSK模块提供了一组函数来操纵任务对象，并使用TSK_Handle类型的句柄来存取TSK对象。

内核为每个任务对象保留了CPU寄存器的拷贝，每个任务都有自己的运行时栈，用于保存局部变量和调用嵌套函数。

每个TSK对象的堆栈大小可以分别设置，堆栈的容量必须足以处理子程序调用以及保存任务抢占时的上下文。任务抢占上下文是指当一个任务被抢占时保存的环境。如果任务被阻塞，只有那些C函数用到的寄存器才被保存在任务堆栈中。为了决定正确的堆栈大小，程序可以先把堆栈设置得较大，然后使用CCS记录实际使用的堆栈大小。

1. 建立任务对象

既可以动态建立TSK对象(调用TSK_create)，也可以在配置工具中静态建立对象。动态建立的对象在程序执行过程中可以被动态地删除。

1) 动态建立对象

可以使用函数TSK_create建立一个DSP/BIOS任务，函数的参数包括C函数地址。函数返回值是一个TSK_Handle类型的句柄。在调用其他TSK函数时需要将这个句柄作为参数。

当一个任务被建立并且优先级最高时，它将抢占当前运行的任务。

TSK对象占用的存储器和堆栈可以通过调用TSK_delete收回。TSK_delete通过调用MEM_free将任务从所有队列中移去，释放存储器和堆栈。但此时所有被任务占有(hold)的信号灯、邮箱和其他资源都没有释放。删除一个占有某种资源的任务可能是设计上的错误(这会导致正在等待这个资源的任务永远处于阻塞状态而得不到执行)。一般情况下，应该先释放任务占有的资源再删除该任务。

2) 在配置工具中静态建立对象

可以在配置工具中静态地建立TSK对象并设置任务的属性和TSK管理器的属性。在配置工具中建立的对象不能用TSK_delete删除。默认的配置工具模板定义了TSK_idle任务，它必须使用最低的优先级，其功能是在空闲时运行IDL对象中定义的函数。

3）在配置工具中设置任务属性

在 TSK 管理器的属性页中可以看到一些 TSK 对象的默认属性，如默认任务优先级、堆栈大小和堆栈段的位置。每次建立一个新的对象时，这些值将作为 TSK 对象的默认值。也可以为每个 TSK 对象分别设置这些值。

当然，也可以在 TSK 对象的属性页中直接修改对象的属性，如图 6.17 所示。如果建立的任务属于同一个优先级，那么它们会按照在配置工具右侧窗口中的排列顺序被调度。总共有 16 个任务优先级，只有 15 个优先级可用，最低优先级 0 是保留给系统空闲任务的。在同一个优先级下是不能调整任务的顺序的。

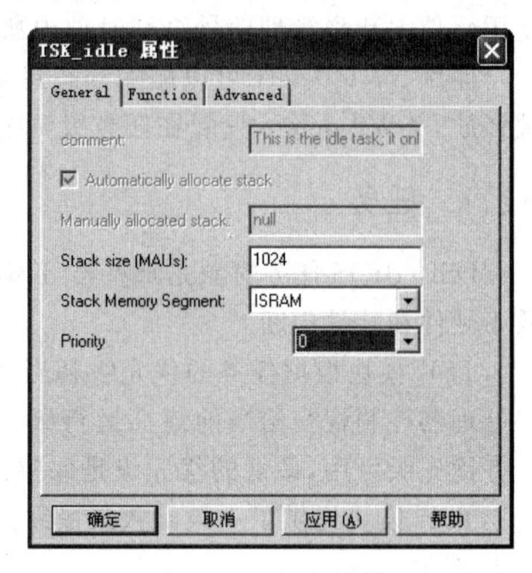

图 6.17 任务属性

2. 任务执行的状态和调度

每个 TSK 任务对象只可能处在如下 4 种状态之一。

1）运行态(running)

代表任务是处理器当前正在执行的线程，以 TSK_RUNNING 表示。

2）就绪态(ready)

代表任务一旦获得处理器的处理时间就可以执行，以 TSK_READY 表示。

3）阻塞态(blocked)

代表任务必须等到某个事件的发生才可以运行，以 TSK_BLOCKED 表示。

4）终止态(terminated)

代表任务已经结束，不会再运行，以 TSK_TERMINATED 表示。

任务是根据它的优先级被调度执行。同一时刻只能有一个任务在执行，并且所有就绪态的任务优先级低于当前运行的任务优先级(因为更高优先级的任务一旦就绪，就会立刻抢占当前任务)。

与一般的基于时间片调度策略的 RTOS 不同的是，一旦有更高优先级的任务进入就绪状态，DSP/BIOS 会立刻调度抢占当前的任务。

最高的优先级别是 TSK_MAXPRI(15)，最低的优先级别是 TSK_MINPRI(1)。如果任务优先级小于 0，那么它会被禁止执行除非优先级得到提升。如果任务的优先级等于 TSK_ MAXPRI，那么它会独占处理器除非有硬件中断或软件中断发生。

TSK、SEM 和 SIO 模块中的函数可以改变任务的运行状态，阻塞或终止当前运行任务，使另一个阻塞的任务就绪或重新调度当前线程等。

只有一个任务可以处于运行态 TSK_RUNNING。如果所有的任务都被阻塞并且没有硬件中断或软件中断运行，TSK 管理器将执行优先级最低的 TSK_idle 任务。当一个任务被软件中断或硬件中断抢占时，由于当抢占结束时该任务将继续运行，所以它的状态仍然是 TSK_RUNNING。

注意，不要在 IDL 函数中调用会引起阻塞的 API 函数，如 SEM_pend 或 TSK_sleep，这样会阻止 DSP/BIOS 分析工具收集运行时信息(因为 DSP/BIOS 是在 IDL 函数中收集信息的,而 IDL 函数被阻塞的话就不会执行任何操作)。

当处于运行态的任务转换到任何其他 3 种状态时,处理器的控制权转向当前最高优先级的就绪任务,一个运行态任务可以按下面的 3 种方式之一转向其他状态:

(1) 运行任务调用 TSK_exit 转入终止态。

(2) 运行任务调用了引起阻塞的函数(如 SEM_pend 或 TSK_sleep)而转入阻塞态,当一个任务正在执行 I/O 操作、等待某个资源的有效或空闲时可能会转入该状态。

(3) 当有更高优先级的任务就绪时,当前任务被抢占,转入就绪态。一个任务也可以通过调用 TSK_yield 将控制权转向优先级相同的其他任务,自己变为就绪态。

一个阻塞的任务在外部事件响应后可以转入就绪态,如 I/O 操作的完成,共享资源有效等。一旦转入就绪态,该任务将等待调度,只要它的优先级高于当前运行任务,就会立刻转入运行态。

3. 测试堆栈溢出

当一个任务使用了超出其堆栈大小的存储空间时,可能将其他任务使用的存储器改写,引起不可预料的严重错误。所以,需要提供一种检查任务堆栈溢出的手段。

有两个函数 TSK_checkstack 和 TSK_stat 可以用来监测堆栈大小。函数 TSK_stat 返回的结构包含了堆栈的大小以及在堆栈中使用 MADUs 的最大数值。

4. 任务挂钩(hook)

在任务建立(TSK_create)、任务删除(TSK_delete)、任务退出(TSK_exit)和任务切换(TSK_sleep,SEM_pend)时可以调用某些系统专用函数(这些函数就是一些挂钩)。这些函数可以用于扩展任务的上下文(超出普通寄存器之外的部分)。

切换函数(switch function)在任务切换时调用(切换函数可以在 TSK 管理器的属性页中设置)。如果没有设置切换函数的话,则为缺省的空操作函数(_SYS_nop)。在该函数内部可以访问当前任务和下一个任务的句柄,它的函数原型如下:

```
Void(* Switch-function)
(TSK_ Handle curTask, TSK_Handle nexTask);
```

在该函数中可以保存并恢复(除通用寄存器之外)自定义的附加的任务上下文(如某个外部硬件寄存器),可以检查堆栈溢出,还可以监测任务执行时间。

切换函数是在内核中被调用的,所以只能调用一些在 SWI 内部才可以调用的函数。

就绪函数(ready function)在一个任务转为就绪状态之前被调用,由于它也是在内核中被调用的,所以也有类似切换函数的用法和限制。

对于建立函数(create function)、删除函数(delete function)和退出函数(exit function)没有特别的限制(因为它们是在内核外部调用的)。

可以在配置工具中 TSK 管理器的属性页里设置这些挂钩函数。

5. 用于额外上下文保护的任务挂钩

一个系统可能需要为每个任务保留一些特殊的硬件寄存器(如扩展寻址),那么它就需要挂钩函数实现这些功能。建立函数用于给每个任务分配额外的存储空间保存这些寄存器，删除函数用于释放这些存储空间，而切换函数则用于在分配的存储空间中保存和恢复这些硬件寄存器。

6.5.5 空闲循环

空闲循环(Idle Loop)是DSP/BIOS的后台线程。它只在没有硬件中断、软件中断和任务执行的条件下运行。任何其他线程都可以抢占空闲循环的执行。

配置工具中的IDL管理器允许用户在空闲循环中插入需要执行的函数。TSK_IDL任务的IDL_F_loop函数依次调用每个与IDL对象对应的函数，一直循环下去。调用函数的顺序与在配置工具中的顺序相同。空闲循环经常用于查询非实时设备(这些设备不能产生中断)、监测系统状态或执行其他后台操作。

空闲循环是DSP/BIOS中优先级最低的线程。目标处理器和主机DSP/BIOS分析工具间的通信是在空闲循环中执行的。如果目标处理器CPU十分繁忙而无法执行后台处理，那么主机分析工具就会停止接收信息，直到获得CPU时间。

默认情况下，空闲循环执行下列IDL对象的函数。

(1) LNK_dataPump。管理实时分析数据(LOG和STS数据)和主机通道数据的传输。在C6000平台上，主机通过触发一个中断来传输数据。这个中断的优先级高于SWI、TSK和IDL函数。实际的HWI函数只执行很短的时间。LNK_dataPump做了耗时的数据准备工作，只有实际的数据传输是在高优先级下执行的。

(2) RTA_dispatcher。用于在目标处理器端接收主机实时分析工具的命令，搜集目标处理器上的监测信息并上传。RTA_dispatcher处在两个主机通道的末端，它通过LNK_dataPump程序接收命令和传输相应数据。

(3) IDL_cpuLoad。使用IDL_busyobj统计对象计算目标处理器载荷，数据是通过RTA_dispatcher上传给DSP/BIOS分析工具的。

(4) PWRM_idleDomains。

6.5.6 信号灯和邮箱

DSP/BIOS提供了一组基于信号灯(semaphores)的用于任务间同步和通信的函数。信号灯经常用于在一组竞争的任务间协助访问共享资源。信号灯和邮箱(mail boxes)是用于线程间同步和通信的两种工具。SEM模块提供了一组用于访问信号灯对象的函数。

SEM对象是计数信号灯(counting semaphores)，既可以实现任务同步，也可以实现互斥访问。计数信号灯对象有一个内部计数器，计数值对应资源的有效性。如果计数值大于0，任务在请求信号灯时不会阻塞。

函数SEM_create和SEM_delete用于动态地建立和删除SEM对象。也可以使用配置工具静态地建立SEM对象。当SEM对象建立时，计数值初始化为0。一般地，计数值设置为需要同步的资源数。

SEM_pend用于等待一个信号灯。如果信号灯计数值大于0，则SEM_pend只是简单地将计数值减1并返回；否则，SEM_pend等待另一个线程调用SEM_post触发(post)

这个信号灯。

SEM_pend 函数的超时参数允许任务等待一段时间，也可以无限等待(取值为 SYS_FOREVER)或不等待(取值 0)。SEM_pend 的返回值代表请求信号灯是否成功。

使用 SEM_post 给一个信号灯发信号(signal)，如果有一个任务正在等待这个信号灯，SEM_post 将这个任务从信号灯队列中移去，并将它放入就绪任务队列等待调度。如果没有任务等待这个信号灯，SEM_post 简单地将计数值加 1 并返回。

6.5.7 定时器、中断和系统时钟

一般的 DSP 片内都有一个或多个定时器，可以按一定的周期产生硬件中断。DSP/BIOS 通常使用其中一个定时器作为系统时钟源。CLK 模块使用片上硬件定时器可以实现接近 CPU 指令周期的时间分辨率。

可以在配置工具中指定系统时钟参数，还可以添加更多的 CLK 对象在每次定时器中断时调用函数。

DSP/BIOS 提供两种计时方式，即高、低分辨率计时和系统时钟。默认情况下，低分辨率计时和系统时钟是相同的。也可以编程使用其他事件(如数据的有效)来驱动系统时钟。这两种计时方式如表 6.4 所示。

表 6.4 两种定时方式的交互

	CLK 模块驱动系统时钟	外部事件驱动系统时钟	无外部事件驱动系统时钟
允许 CLK 管理器	默认配置；低分辨率计时，和系统时钟相同	低分辨率计时，和系统时钟不同	只有高、低分辨率计时；超时功能无法使用
禁止 CLK 管理器	无法实现	只有系统是时钟可用；CLK 函数无法使用	没有计时功能；CLK 函数无法使用；超时功能无法使用

1. 高精度和低精度时钟

通过配置工具，在 CLK 管理器的属性页中可以设置 DSP/BIOS 是否使用片上定时器驱动高、低分辨率计时(实际上，这在 C6000 平台上是不可选择的，在 C54x 平台上是可选的)。在 C6000 平台上还可以选择使用哪个定时器。通过配置工具，可以直接输入定时器中断的周期，DSP/BIOS 会自动计算并设置定时器周期寄存器(period register)的值。CLK 管理器属性页如图 6.18 所示。

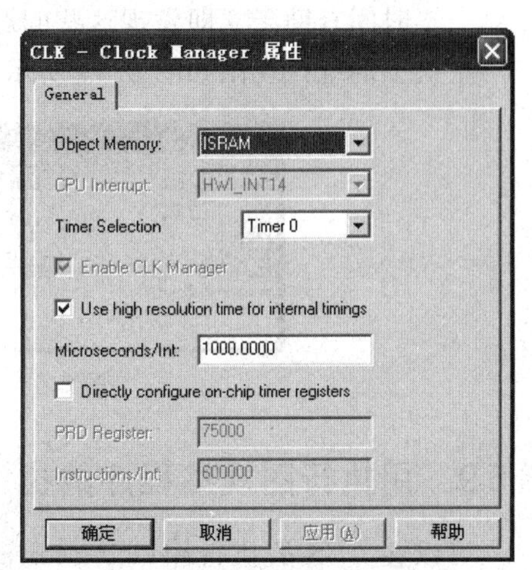

图 6.18 CLK 管理器属性页

当 CLK 管理器被使能时，定时器的计数寄存器(counter register)每 4 个 CPU 时钟加 1，计到周期寄存器的值时，计数寄存器自动复位到 0，并产生定时器中断。定时器中断对应的 HWI 对象将调用 CLK_F_isr 函数完成相应的操作。

2. 系统时钟

很多DSP/BIOS函数都有一个超时参数。DSP/BIOS使用系统时钟决定时间是否超时。系统时钟可以由低分辨计时驱动，也可以由外部事件驱动。

6.5.8 周期函数管理器(PRD)和系统时钟

在PRD管理器中可以建立对象来周期地执行函数。DSP/BIOS使用系统时钟驱动PRD模块。系统时钟是一个32位计数器，在每次调用PRD_tick函数时这个计数器加1。可以选择使用定时器中断（基于实时时钟）或其他外部周期性事件（基于外部事件）来调用PRD_tick函数驱动系统时钟。

可以同时有多个PRD对象被系统时钟驱动。PRD对象的周期决定了函数被调用的频率，PRD对象的周期是按系统时钟计数定义的。

许多实时应用的任务都是周期性的，任务必须在再次触发之前完成。尽管利用内部的数据缓冲可以恢复偶然的超时，但频繁的超时会导致不可恢复的错误。

用SWI函数的隐式统计信息可以测量软件中断从就绪运行到执行完的时间。这个时间是很关键的，因为处理器实际上要执行无数次的硬件和软件中断。如果一个软件中断被迫等待很长时间让别的软件中断完成，那么截止时间限制（deadline）就有可能被破坏。另外，如果任务开始执行后被打断太多次或被打断很长时间，那么截止时间限制（deadline）也会被破坏。

最大就绪到完毕时间（ready-to-complete time）可以用于判断系统是否有失败的潜在可能。最大就绪到完毕时间越接近软件中断的周期，系统就越有可能在突发数据相关的计算负荷下失败。最大就绪到完毕时间还可以显示出系统在计算能力上还有多大的扩充空间。

注意，DSP/BIOS并不计算软件中断实际的执行时间，实际的执行时间可以通过在软件仿真器中单独执行软件中断并测量执行的CPU周期数获得。

另外需要注意的是，即使系统里所有例程所需运算能力（MIPS）的总和远远小于DSP的MIPS指标，仍然有可能不满足截止时间要求（deadline）。利用DSP/BIOS监测最大就绪到完毕时间有助于立即发现这些问题。

主机上的统计视图如图6.19所示。

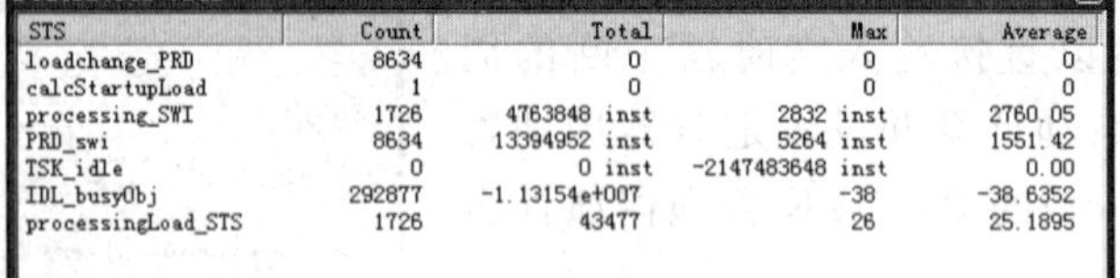

Statistics View

STS	Count	Total	Max	Average
loadchange_PRD	8634	0	0	0
calcStartupLoad	1	0	0	0
processing_SWI	1726	4763848 inst	2832 inst	2760.05
PRD_swi	8634	13394952 inst	5264 inst	1551.42
TSK_idle	0	0 inst	-2147483648 inst	0.00
IDL_busyObj	292877	-1.13154e+007	-38	-38.6352
processingLoad_STS	1726	43477	26	25.1895

图6.19 PRD对象的统计信息

6.5.9 用执行图观察程序的执行

可以在CCS的执行图（excution graph）中观察线程行为。选择菜单DSP/BIOS→Excution Graph即可打开执行图窗口。

1. 执行图中的状态

执行图中可以检查系统记录(LOG_system)的信息,还能显示线程相对定时器中断和系统时钟的状态,如图6.20所示。图中的颜色代表了不同情况,具体含义在右侧表明。

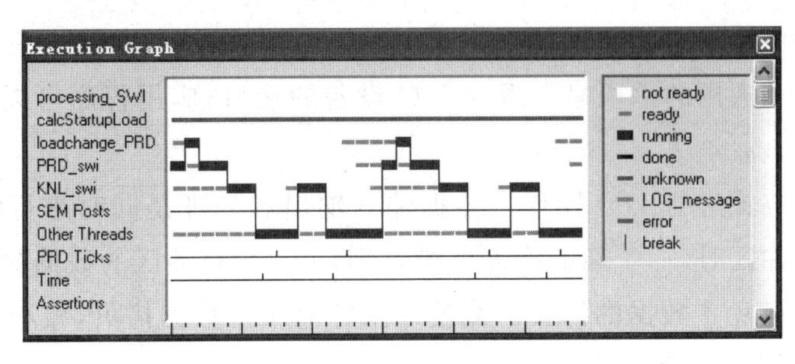

图6.20 执行图

2. 执行图中的线程

SWI和PRD函数在窗口左列是按优先级大小排列的。但是,出于性能考虑,硬件中断和后台线程的信息没有显示出来(除CLK中断)。没有在SWI、PRD和TSK线程内花费的时间必定是在HWI或后台线程中花费的,所以这部分时间是在Other Threads行上显示的。

3. 执行图中的序列号(sequence numbers)

执行图中的tick标记显示了事件的序列(属性)。

注意,环形记录只包含了最近发生的n次事件。通常,有些事件没有列出是因为它们发生在主机上次查询记录之后但在下一个主机查询之前被覆盖了。在执行窗口中的Assertions行会有一个红色的竖线(break)来标记这种情况。

通过增加记录缓冲区的长度,可以看到更多的事件记录(log event),也可以在RTA控制面板中设置只记录感兴趣的事件。

4. 使用RTA控制面板设置执行图中观测的内容

在程序运行过程中,TRC模块可以用来控制哪些系统事件需要在执行图中记录。SWI、PRD和CLK对象事件的记录既可以通过主机RTA控制面板控制,也可以通过目标处理器上的程序来控制(通过调用TRC_enable和TRC_disable API)。

使用执行图时,关掉自动查询就会停止事件的滚动显示,使用户可以有时间分析这些曲线图。

6.6 输入输出和管道

6.6.1 I/O概述

典型的应用程序是这样运行的:输入一个缓冲区的数据,处理,输出一个缓冲区的数据,然后如此不断循环下去。

在 DSP/BIOS 应用程序中使用流(stream)、管道(pipe)和主机通道(host channel)处理输入输出。每种类型的对象都有它自己的模块管理器来管理数据输入输出。

1. 流

流是应用程序和 I/O 设备间的数据通道,可以是只读的(输入)或只写的(输出)。流提供了一种简单和通用的手段来实现与 I/O 设备的接口,应用程序可以完全不关心 I/O 设备的细节特征。

流采用异步方式进行 I/O 操作。数据输入输出和处理是同时进行的。当应用程序正在处理当前缓冲区时,一个新的缓冲区被填满,上一个缓冲区的数据被输出。这种高效的 I/O 缓冲管理避免了数据的拷贝。流使用指针而不是数据拷贝,减小了应用程序的开销,使应用程序更容易满足实时性要求。

2. 驱动程序

数模转换器、视频采集和传感器等都是一些常见的 I/O 设备。流模块(SIO)使用驱动程序(由 DEV 模块管理)与这些设备交互,驱动程序采用统一的 DSP/BIOS 编程接口。

设备驱动程序是用来管理一类设备的软件模块。例如,串口和并口就是两类通常的设备。这些模块遵循 DEV 模块所要求的通用编程接口,所以流模块可以通过一般的请求调用(generic request)来访问不同类的设备驱动程序,驱动程序按照其设备的特有方式工作。

3. 数据管道(data pipes)

数据管道用来缓冲数据输入流和数据输出流。这种数据管道提供了一种一致的软件数据结构来处理 I/O 设备。使用管道比使用流的开销大,但通知(notification)由 PIP 管理器自动处理。所有的 I/O 操作都是针对一帧数据的,虽然一帧数据的长度是固定的,但应用程序可以放不同长度的数据到帧缓冲区中去。

每个管道只能有一个写者(writer)和一个读者(reader),实现点对点通信。一般来说,管道的一边是 HWI 中断服务程序,另一端是 SWI 函数。管道也可以在事件线程间传递数据。

主机通道可以实现目标处理器和主机间的通信,其内部使用了一个数据管道对象。

6.6.2 管道与流的比较

DSP/BIOS 提供两种数据传输模型:管道模型(pipe model)用于 PIP 和 HST 模块,流模型(stream model)用于 SIO 和 DEV 模块。

这两种模型都要求只有一个写者和一个读者。它们都是通过拷贝指针而不是拷贝数据来实现数据交换的。一般而言,管道支持更底层的通信,而流支持高级的与设备无关的 I/O。二者的比较情况见表 6.5。

表 6.5 管道和流的比较

管道(PIP 和 HST)	流(SIO 和 DEV)
程序员必须自己建立驱动程序数据结构	提供一种更结构化的手段建立设备驱动程序
读者和写者可以是任意类型的线程包括主机	一端必须是使用 SIO 函数调用的 TSK 对象，另一端是使用 Dxx 函数调用的 HWI 对象
PIP 函数是非阻塞的，程序在读写管道之前必须确认数据的有效性	SIO_put、SIO_get 和 SIO_reclaim 是阻塞类型的函数，在数据有效前会使任务挂起(SIO_issue 是非阻塞的)
使用较少的存储器，运行较快	更灵活，使用简单
每个管道是用自己的缓冲区	数据可以从一个流传递到另一个流而无须拷贝数据(但实际上数据需要处理，所以拷贝是不可避免的)
管道必须使用配置工具静态建立	可以动态建立也可以静态建立
不支持层叠设备(stack device)	支持层叠设备
使用 HST 模块实现与主机通信比较简单	DSP/BIOS 已经提供了一些现成可用的设备驱动程序

6.6.3 数据管道管理器(PIP 模块)

管道用于管理块 I/O(又称做基于流的和异步的 I/O)。每个管道维护着一个缓冲区，缓冲区由多个固定大小的帧组成，帧的数量(numframes)和长度(framesize)是在 PIP 对象的属性页中设置的。所有的 I/O 操作都是针对帧的。

数据通知函数 notifyReader 和 notifyWriter 是用来同步传输数据的。当一帧数据被读出或写入时，这些函数被触发，表示有一帧缓冲区被释放或有效。通知函数是在调用 PIP_free 或 PIP_put 的上下文中调用的。它们也可以在调用 PIP_get 或 PIP_alloc 的线程中被调用。当 PIP_get 被调用时，DSP/BIOS 检查管道中是否有更多的完整帧，如果有，则调用 notifyReader 函数。当 PIP_alloc 被调用时，DSP/BIOS 检查管道中是否有空帧存在，如果有，则调用 notifyWriter 函数。

程序初始化的时候，notifyWriter 函数也被调用(因为此时所有的管道都有空的帧缓冲区)。

6.6.4 主机通道管理器(HST 管理器)

HST 模块用于管理主机通道对象，主机通道使应用程序可以在目标处理器和主机之间传递数据。主机通道可以配置成输入或输出。输入流从主机读数据到目标处理器，输出流从目标处理器传输数据到主机。注意，HST 通道名不可以加下划线，可以在 CCS 中动态地将通道绑定到一个主机上的文件。每个主机通道在内部都是用一个管道对象实现的。为了使用某个主机通道，调用 HST_getpipe 可以得到对应的通道对象的句柄，调用 PIP_get 和 PIP_free 或 PIP_alloc 和 PIP_put 可以传递数据。

每个主机通道都可以设置数据通知函数，这和普通 PIP 对象的数据通知函数的用法是一样的。

在程序开发的初始阶段，特别是验证算法阶段，可以通过 HST 对象仿真数据流应用程序使用 HST 从主机文件中读入数据，并将运算结果输出保存到文件中。通过比较输出文件和期望的结果可判断算法的正确性。在程序开发的末期，如果认为算法无误，可以用实际的 PIP 对象替代 HST 对象与实际的 I/O 驱动通信。

6.6.5 I/O 性能问题

当使用 HST 对象时，数据读写是在 LNK_dataPump 对象指定的函数中执行的。这是一个内建的在后台运行的 IDL 对象。由于是后台线程，在 C54x 平台上，软件中断和硬件中断可以抢占数据的传输。在 C55x 和 C6000 平台上，实际的数据传输是在更高的优先级上运行的。

在 RTA 控制面板中的 LOG、STS 和 TRC 刷新速率不是用于控制 HST 对象的数据传输的。实际上，更快的刷新速率会减慢 HST 对象的数据传输速率(因为 LOG、STS 和 TRC 数据也同时需要传输)。

6.7 本章小结

操作系统是配置在嵌入式系统硬件平台上的第一层软件，是一组系统软件。实时多任务操作系统(RTOS)是嵌入式应用软件的基础和开发平台，它是一段嵌入在目标代码中的软件，用户的其他应用程序都建立在 RTOS 之上。TMS320C6000 的实时操作系统是 DSP/BIOS。这是一个简单的实时嵌入式操作系统，主要面向实时调度与同步、主机/目标系统通信以及实时监测等应用，具有实时操作系统的诸多功能，如任务的调度管理、任务间的同步和通信、内存管理、实时时钟管理、中断服务管理、外设驱动程序管理等。

本章首先介绍实时操作系统基本概念、DSP/BIOS 的特色优势和组成；随后介绍了基于 DSP/BIOS 程序开发中的开发过程、配置工具使用、程序的编译和链接、运行支持库的使用、启动序列、C++ 的使用和如何在 main 函数中调用 DSP/BIOS API。本章还讨论了 DSP/BIOS 设计的监测、任务调度和输入输出管道等操作系统主要内容。

6.8 为进一步深入学习推荐的参考书目

为了进一步深入学习本章有关内容，向读者推荐以下参考书目：

1. 李方慧，王飞，何佩琨编著. TMS320C6000 系列 DSP 原理与应用[M]. 2 版. 北京：电子工业出版社，2005.

2. 彭启琮，管庆等编著. DSP 集成开发环境[M]. 北京：电子工业出版社，2004.

3. 汤书森，林冬梅，张红娟编著. TI-DSP 实验与实践教程[M]. 北京：清华大学出版社，2010.

4. 郑阿奇主编，孙承龙编著. DSP 开发宝典[M]. 北京：电子工业出版社，2012.

5. Migrating a DSP/BIOS 5 Application to SYS/BIOS 6 (Rev. G), Texas

Instruments Incorporated,06 Feb 2012.

6. DSP/BIOS Benchmarks(Rev. D),Texas Instruments Incorporated,23 Jun 2006.

7. DSP/BIOS Sizing Guidelines for TMS320C2000/C5000/C6000 DSP(Rev. A), Texas Instruments Incorporated,31 May 2006.

8. Power Management in an RF5 Audio Streaming Application Using DSP/BIOS (Rev. A),Texas Instruments Incorporated,23 Aug 2005.

9. DSP/BIOS Real-Time Analysis (RTA) and Debugging Applied to a Video Application,Texas Instruments Incorporated,21 Sep 2004.

10. Synchronizing DSP/BIOS Threads, Texas Instruments Incorporated, 14 May 2004.

11. DSP/BIOS Timing Benchmarks for Code Composer Studio 2.2(Rev. B),Texas Instruments Incorporated,13 Apr 2004.

12. A DSP/BIOS PCI Device Driver for the C6416 Valley Technologies Inc. VT1423 Card(Rev. A),Texas Instruments Incorporated,06 Jun 2003.

6.9 习题

1. 什么是“实时”？简述实时操作系统的特点。

2. DSP/BIOS及其分析工具在设计上考虑到降低对存储器和CPU负荷的需求，采用了哪些技术？

3. DSP/BIOS组件包括哪几部分？各部分功能是什么？

4. 简述基于DSP/BIOS的程序开发过程步骤。

5. 如何使用DSP/BIOS建立静态对象？有何优点？限制有哪些？

6. 如何建立、引用和删除动态建立的DSP/BIOS对象？其与静态对象有何异同？

7. DSP/BIOS如何进行实时分析？

8. DSP/BIOS支持几种线程类型？每种线程都有什么特点？

9. DSP/BIOS中如何有效管理I/O？

第7章

C6000系列编程及代码优化

教学提示：在现代DSP的开发中，越来越多地采用C/C++作为开发语言，因而C/C++程序的编程和优化成为DSP软件开发的重要环节。本章主要介绍TMS320C6000系列DSP的C/C++语言编程及代码优化。

教学要求：本章要求学生了解TMS320C6000软件编程流程阶段，掌握TMS320C6000系列DSP C/C++语言特征，明白C6000系列的C/C++程序优化技术，包括优化流程，C/C++代码优化方法，编写线形汇编代码优化方法等，为DSP的C/C++软件开发提供全面的程序优化技术和方法，为实际系统的开发奠定基础。

7.1 概述

在编写和调试C6000程序时，为使C6000代码获得最好的性能，应按图7.1所示的流程进行。

TMS320C6000系列DSP软件编程流程可分为3个阶段，每个阶段完成的任务如下：

第1阶段：开始可以不考虑C6000的有关知识，完全根据任务编写C语言程序。在CCS环境下用C6000的代码产生工具，编译产生在C6000内运行的代码，证明其功能的正确性。然后再用CCS的调试工具，如debug和profiler等，分析确定代码中可能存在的、影响性能的低效率段。为改进代码性能，进入第2阶段。

第2阶段：利用C6000系列的C/C++程序优化方法改进C语言程序。重复第1阶段，检查所产生的C6000代码性能。如果产生的代码仍不能达到所期望的效率，则进入第3阶段。

第3阶段：从C语言程序中抽出对性能影响很大的程序段，使用线性汇编代码优化方法，重新编写这段程序，再使用汇编优化器优化该段代码。

上述3个阶段不是必须都经过的。当在某一阶段已获得了期望的性能，就不必进入下一阶段。由于C6000主要用于解决高速实时处理问题，所以一般情况下所说的优化，是指通过提高硬件资源的并行利用程度，从而提高代码运行速度，减少运行周期数。个别

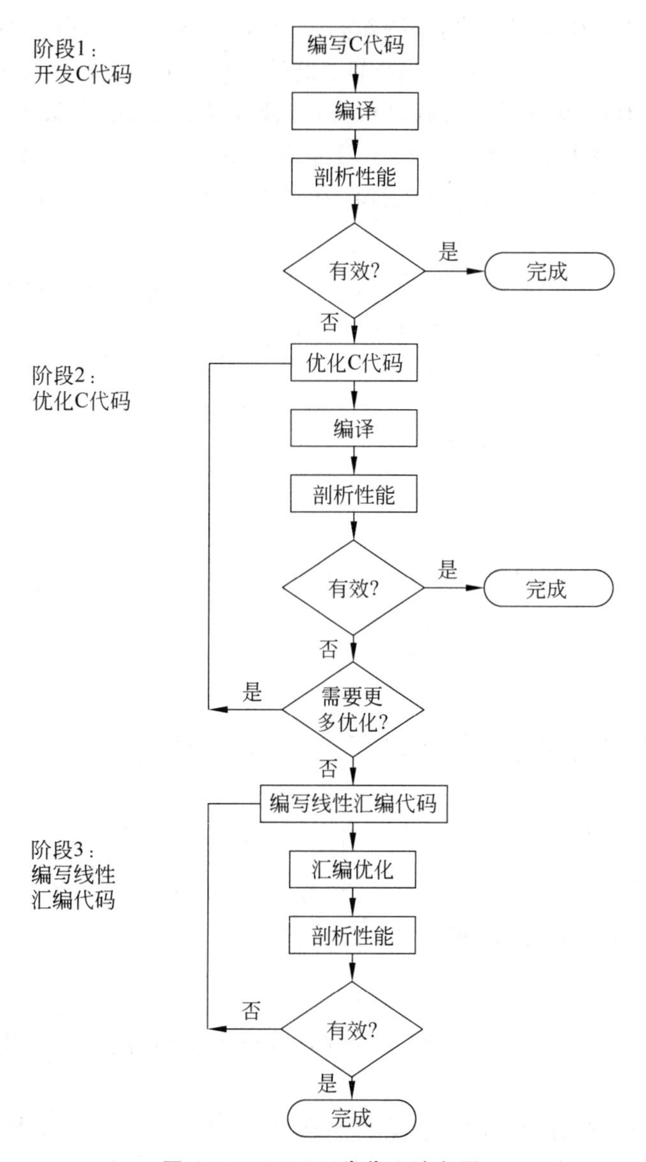

图 7.1 C6000 开发代码流程图

情况下，也把减少代码长度称为优化。某些情况下提高代码运行速度与减少代码长度是矛盾的，需要折中。

软件优化要点是在 1 个时钟周期内让尽可能多的功能单元在执行指令，使运算速度趋近 8×主频(MHz) MIPS。软件优化的前提是要满足各种资源限制(resource bound)，从而通过资源合理分配、充分使用以及算法→映射→结构等途径来实现。

优化的过程是逐步改进源程序(C 语言程序、线性汇编语言)，选用 C6000 的 C/C++ 编译器合适地编译选项，使产生的 C6000 代码性能优化，达到要求的过程。有时，用“C 代码优化”来简称改进 C 语言程序，使产生的 C6000 代码性能优化的过程；用“汇编优化”简称改进线性汇编语言程序，使产生的 C6000 代码性能优化的过程。

TMS320C6000 C/C++ 编译器支持美国标准 ANSI C 语言，同时它还支持符合 ISO/IEC 14882—1998 标准的 C++ 语言。除个别例外，C6000 的 C/C++ 编译器支持全部 C/C++ 语言，同时还有一些补充和拓展，但所占比重不大。因此，只要掌握标准 C 语言编程，就可借助 C6000 所提供的软件开发工具完成适用于 C6000 的应用程序。C6000 编程的一个重要特点是其 C/C++ 编译器支持标准 C/C++ 语言，因而极大地缩短了软件开发周期。

正确充分地理解 C6000 C/C++ 编译器，对用户是必要的。从建议的软件开发流程可以看出，C 代码优化需要用户利用编译器反馈回来的信息不断修改源程序，C/C++ 编译器根据用户程序内提供的信息和用户指定的编译选项进行优化，这是一个交互过程。C6000 的 C/C++ 编译器提供一些程序指令（pragma directive）和关键字（keywords）。C 语言中的 pragma directive 由预处理器（preprocessor）处理，它告诉编译器怎样处理某个函数、对象或代码段。程序员可利用这些 pragma directive 和 keywords 向编译器提供信息。

C6000 C/C++ 编译器提供了大量的编译选项，供用户在编译时选择使用。这些选项中有一部分是事务性的，例如选择文件路径和控制输出文件格式等，有一部分直接影响或控制编译器优化过程，因而会影响编译出的代码优化性能。

7.2　TMS320C6000 系列 C/C++ 语言特点

TMS320C6000 系列 DSP 的 C/C++ 语言特征因目标处理器和运行时环境的不同而存在差异。

7.2.1　TMS320C6000 系列 C 语言特点

1. 标识符和常量

（1）标识符的所有字符都是有意义的并且区分大小写，此特征适用于内部和外部的所有标识符。

（2）源（主机）和执行（目标）字符集为 ASCII 码，不存在多字节字符。

（3）字符常量或者字符串常量中的十六进制或者八进制转义序列或者字符串常量具有高达 32 位的值。

（4）具有多个字符的字符常量按序列中的最后一个字符编码，例如，'abc'='c'。

2. 数据类型

（1）表 7.1 列出了 TMS320C6000 编译器中各种标量数据类型、位数、表示方式及取值范围，许多取值范围的值可以作为头文件的标准宏使用。

（2）表示运算符大小的 size_t 类型数据是无符号整型。

（3）指针减结果的 ptrdiff_t 类型数据是整数型。

3. 数据转换

（1）浮点类型到整型的转换，截取 0 前面的整数部分。

表 7.1 TMS320C6000 编译器中各种标量数据类型、位数、表示方式及取值范围

类 型	位数	表示方式	取值范围	
			最小值	最大值
Char, signed char	8	ASCII	−128	127
Unsigned char	8	ASCII	0	255
short	16	2s complement	−32 768	32 767
Unsigned char	16	Binary	0	65 535
int, signed int	32	2s complement	−2 147 483 648	2 147 483 647
Unsigned int	32	Binary	0	4 294 967 295
Long, signed long	40	2s complement	−549 755 813 888	549 755 813 887
unsigned long	40	Binary	0	1 099 511 627 775
enum	32	2s complement	−2 147 483 648	2 147 483 647
float	32	IEEE32-bit	1.175 494e-38	3.40 282 346e+38
double	64	IEEE64-bit	2.22 507 385e-308	1.79 769 313e+308
Long double	64	IEEE64-bit	2.22 507 385e-308	1.79 769 313e+308
Pointers, references, Pointer to data members	32	Binary	0	0xFFFFFFFF

(2) 指针类型和整数类型之间可以自由转换。

4. 表达式

(1) 当两个带符号的整数相除时，如果其中有一个为负，则商为负，余数的符号与分子的符号相同。斜杠(/)用来求商，百分号(%)用来求余数。

例如：

```
10/-3=-3,-10/3=-3
10% -3=1,-10% 3=-1
```

(2) 有符号数的右移为算术移位，即保留符号。

5. 声明

(1) 寄存器存储类对所有的 char、short、integer 和 pointer 类型有效。

(2) 结构体成员被打包为字。

(3) 整数类型的位段带有符号，位段被打包为从高位开始的字，并且不能超越字的边界。

(4) 中断关键字 interrupt 只能用于没有参数的 void 型函数。

6. 预处理器

预处理器忽略任何不支持的 # pragma 伪指令。

7.2.2 C语言关键字

1. const 关键字

(1) 如果在一个对象定义的同时也指定了关键字 volatile(如 volatile const int x),volatile 关键字被分配到 RAM(程序不会修改一个 const volatile 的对象,但是程序外部的对象可能会被修改)。

(2) 对象是 auto 存储类型(在堆栈中分配)。

在以上的两种情况下,为对象分配存储空间与不使用 const 关键字时是相同的。

在一个定义中使用 const 关键字很重要,例如,下面代码的第一句定义了常量指针 p 为一个整型的变量,第二句定义了一个变量指针 q 为一个整型常量:

```
int * const p=&x;
const int* q=&x;
```

使用 const 关键字,用户可以定义大常量表并将它们分配到系统 ROM 中。例如,分配一个 ROM 表,可以使用如下的定义:

```
far const int digits[]={0,1,2,3,4,5,6,7,8,9};
```

2. cregister 关键字

当对一个对象使用 cregister 关键字时,编译器将比较对象名和 TMS320C6000 的标准控制寄存器列表,如果名字匹配,编译器将参照控制寄存器产生相应的代码。如果不匹配,编译器将产生一个错误。控制寄存器列表见表 7.2。

表 7.2 控制寄存器列表

寄存器	描述	寄存器	描述
AMR	寻址模式寄存器	IER	中断使能寄存器
CSR	控制状态寄存器	IFR	中断标记寄存器
FADCR	(仅 C6700)浮点加法器配置寄存器	IRP	中断返回指针
FAUCR	(仅 C6700)浮点辅助配置寄存器	ISR	中断设置寄存器
FMCR	(仅 C6700)浮点乘法器配置寄存器	ISTP	中断服务表指针
GFPGFR	(仅 C6700)Galois 域多项式产生函数寄存器	NRP	不可屏蔽中断返回指针
ICR	中断清除寄存器		

cregister 关键字只能在文件内部使用,cregister 关键字不能在函数范围内的声明里使用。

使用 cregister 关键字并不是意味着对象为易变的,如果引用的控制寄存器是易变(也就是说,能够通过外部控制修改),则该对象必须通过 volatile 关键字声明。使用表 7.2

所示的控制寄存器，必须按照如下格式声明每个寄存器。C6x.h 包含文件以如下方式定义所有的控制寄存器：

```
extern  cregister  volatile  unsigned  int  register;
```

一旦声明该寄存器，用户就能够直接使用该寄存器名。例 7.1 为控制寄存器的声明和使用。

例 7.1 定义和使用控制寄存器。

```
extern cregister volatile unsigned int AMR;
extern cregister volatile unsigned int CSR;
extern cregister volatile unsigned int IFR;
extern cregister volatile unsigned int ISR;
extern cregister volatile unsigned int ICR;
extern cregister volatile unsigned int IER;
extern cregister volatile unsigned int FADCR;
extern cregister volatile unsigned int FAUCR;
extern cregister volatile unsigned int FMCR;
main()
{
    printf("AMR=% x\n", AMR);
}
```

cregister 关键字仅用于整型和指针类型对象，不能用于任何浮点类型或者结构体以及共用体类型的对象。

3. interrupt 关键字

TMS320C6000 的 C/C++ 编译器通过增加 interrupt 关键字扩展了 C/C++ 语言功能，该关键字指定了一个函数为一个中断函数。处理中断的函数要求特殊的寄存器保存规则和一个特殊的返回顺序。当 C/C++ 代码被中断时，中断服务程序必须保存被程序所用的或被程序调用的所有寄存器的上下文。当用户将 interrupt 关键字使用到函数的定义上时，编译器会按照中断函数要求的寄存器保存规则和中断返回的特殊顺序去保存寄存器，然后生成特殊的返回代码序列。用户可以将 interrupt 关键字和定义为 void 但没有参数的函数一起使用。中断函数体可以具有局部变量和自由的使用堆栈或者全局变量。如：

```
interrupt void int_handler()
{
    unsigned int flags;
    ⋮
}
```

c_int00 为 C/C++ 的入口点，该名称被保留为系统复位中断。该特殊的中断服务程序会初始化系统并调用 main()函数。因为没有调用它的函数，因此 c_int00 不会保存任何寄存器。

如果用户严格遵循 ISO 模式编写代码(用-ps 编译器选项),则应使用另一个关键字_interrupt。

4. near 和 far 关键字

TMS320C6000 的 C/C++ 编译器通过使用 near 和 far 关键字扩展了 C/C++ 语言功能,该关键字指定函数如何调用。

语法上,near 和 far 关键字被看作存储类别的变址数。它们出现在存储类别说明符和类型的前、后和中间。这两个存储器类别的变址数不能用于一个定义中。正确的使用实例代码如下:

```
far  static  int  x;
static  near  int  x;
static  int  far  x;
far  int  foo();
static  far  int  foo();
```

一旦一个变量定义为 far,在其他 C 文件或者头文件中所有对该变量进行外部引用必须包含 far 关键字。这同样适用于 near 关键字。因而,不在所需地方使用 far 关键字时用户就会得到编译器或者链接器的错误。编译器在缺省条件下产生小存储器模式的代码,这就是说,每一个数据对象声明为 far。

如果用户使用 DATA_SECTION 伪指令,则表明该对象为 far 型变量,并且不能被覆盖。如果用户在其他文件里引用该对象,则在其他源文件里声明该对象时需要使用 extern far。

5. restrict 关键字

为帮助编译器确定存储器的相关性,可以使用 restrict 关键字来限定指针、引用和数组。使用 restrict 关键字是为了确保其限定的指针在声明范围内是指向了一个特定对象的唯一指针,该指针不会和其他指针指向存储器的同一地址。如果违反这个保证,程序的结果将是未知的,编译器更容易确定是否有别名信息,从而更好地优化代码。

例 7.2 对指针使用关键字 restrict。

```
void  func1(int *   restrict  a, int   * restrict  b)
{
    /* 此处为函数 func1()的代码 */
}
```

该例代码中关键字 restrict 的使用告诉编译器 func1 中的指针 a 和 b 指向的存储器范围不会交迭,即指针变量 a 和 b 对存储器的访问不会冲突,对一个指针变量的写操作不会影响另一个指针的读操作。

例 7.3 对数组使用关键字 restrict。

```
void  func2(int *   c [restrict], int  d [restrict])
{
int  i;
```

```
for(i=0; i<64; i++)          //计算数组的累加和以及数组 d[i] 的加 1 操作
    {
        c[i]+=d[i];
        d[i]+=1;
    }
}
```

其中,关键字 restrict 对数组加以限制,c 和 d 的存储器地址不会交迭,c 和 d 也不会指向同一数组。

6. volatile 关键字

优化器分析数据流,尽可能地避免存储器的访问。如果用户将依赖于存储器访问的代码写在 C/C++ 程序中,则必须使用 volatile 关键字以识别这种访问。编译器不会优化对 volatile 变量的引用。

下面的代码中,循环等待一个读为 oxFF 的单元:

```
unsigned  int  *ctrl;
while  (*ctrl!=oxFF);
```

该代码中,*ctrl 是一个循环不变的表达式因此该循环被优化为单存储器读。为了改正这些优化,可以定义 *ctrl 为:

```
Volatile  unsigned  int  *ctrl
```

此处 *ctrl 指针是为了去引用一个硬件的地址,比如一个中断标记。

7. asm 语句

TMS320C6000 的 C/C++ 编译器可以将 TMS320C6000 的汇编指令或者伪指令直接嵌入编译器输出的汇编语言文件。该功能是对 C/C++ 语言的扩展,即 asm 语句。asm 语句提供了 C/C++ 语言所不能提供的对硬件的访问。asm 语句以一个字符串常数为参数,具体语法格式:

```
asm("assembler  text");
```

编译器将参数直接复制到编译器的输出文件,汇编正文必须包含在双引号内。所有通常的字符串都保持它们原有的定义。例如,可插入一个包含引号的.string 伪指令:

```
asm("str: .string\ "\abs"");
```

插入的代码必须是合法的汇编语句。与所有汇编语言一样,在引号内的代码必须以标号、空格、TAB 或者一个注释(星号或分号)开始。编译器不会对字符串进行检查,如果存在错误,则由汇编器检测。

asm 语句不遵循一般 C/C++ 语句的语法限制。每条语句可以是一条语句或一个声明,甚至可以在程序块的外面。这对于一个已经编译的模块开始处插入伪指令是很有用的。

使用 asm 语句需要注意如下事项:

(1) 要特别小心避免因 asm 语句破坏 C/C++ 环境,编译器对插入的指令不会进行检查。

(2) 在 C/C++ 代码中插入跳转或标号可能对插入代码中或周围的变量产生不可预测的结果。

(3) 改变段的伪指令或影响汇编环境的伪指令可能也会产生麻烦。

(4) 当对带 asm 语句的代码使用优化器时要特别小心。尽管优化器不能去掉 asm 语句,但它可重新安排靠近 asm 语句的代码顺序,这可能会引起不可预测的结果。

7.2.3 初始化静态和全局变量

如果加载器不预初始化变量,则可以使用连接器在目标文件中将变量预初始化为 0。例如,在链接命令文件中,在.bss 段中填充 0 值,代码如下:

```
SECTIONS
{
    ⋮
    .bss: fill=0x00;
    ⋮
}
```

没有明确初始化 const 的静态和全局变量与其他静态和全局变量是类似的,因为它们没有被预初始化为 0,例如:

```
const int zero;                    /* 不一定初始化为 0 */
```

然而,由于常量是在名为.const 的段中进行声明和初始化的,因此常数、全局和静态变量的初始化是不同的,例如:

```
const int zero=0;                  /* 保证初始化为 0 */
```

对应于.const 段的入口:

```
    .. .sect  … .const
_zero
    .. .word …  0
```

7.2.4 TMS320C6000 系列 C 语言与标准 C++ 的差别

ISO 标准的 C 语言特性受目标处理器、运行环境以及主机环境的影响。这些特性在不同编译器中存在区别。TMS320C6000 系列编译器支持 ISO 标准的 C++ 语言,是 C++ 的一个子集,基于高效率和实用性的考虑,有些程序可能不能直接移植,其与标准的 C++ 存在以下不同特点:

(1) 并不包括完整的 C++ 标准库支持,但是包括 C 子集和基本的语言支持。

(2) 支持 C 的库工具(C library facilities)的头文件不包括<clocale>、<csignal>、<cwctype>和<cwchar>。

(3) 所包括的 C++ 标准库头文件为＜typeinfo＞、＜new＞和＜ciso646＞。

(4) 对 bad_cast 和 bad_type_id 的支持并不包括在 typeinfo 文件中。

(5) 不支持异常事件的处理。

(6) 默认情况下，禁止 RTTI(运行类型信息)。RTTI 允许在运行时确定各种类型的对象，它可以使用-rtti 编译选项来使能。

(7) 如果两个类不相关，reinterpret_cast 类型指向其中一个类成员的指针，不允许这个指针再指向另一个类的成员。

(8) 不支持标准中[tesp. res]和[temp. dep]里描述的“在模板中绑定的二相名”(Two-phase NAME binding in templates，as described in [tesp. res] and [temp. dep] of the STANDARD)。

(9) 不能实现模板参数。

(10) 不能实现模板的 export 关键字。

(11) 用 typedef 定义的函数类型不包括成员函数 cv-qualifiers。

(12) 类成员模板的部分说明不能放在类定义的外部。

7.3 C 语言编程及程序优化

7.3.1 C 程序的编写

1. 数据类型

基于每种数据类型的尺寸，在编写 C 代码时应遵循以下的规则：

(1) 避免在代码中将 int 和 long 类型作为相同的尺寸来处理，因为 TMS320C6000 编译器对 long 类型的数据使用 40 位操作。

(2) 对于定点乘法输入，应尽可能使用 short 类型的数据，因为该数据类型为 TMS320C6000 的 16 位乘法器提供最有效的使用。

(3) 对循环计数器使用 int 或者 unsigned int 数据类型，而不使用 short 或者 unsigned short 类型，避免不必要的符号扩展指令。

(4) 当使用浮点 C67xx 器件时，应使用-mv6700 编译器开关，以使所产生的代码能利用 C67xx 的硬件资源和浮点指令集。

(5) 使用 C64xx 器件时，应使用-mv6400 编译器开关，以使所产生的代码能利用 C6400 增加的硬件资源和指令集。

2. 分析 C 代码的性能

使用以下手段可以分析特定代码段的性能：

(1) 代码性能的主要衡量方法之一是代码运行所占用的时间。使用 C 语言中 clock() 和 printf() 函数具有计时和显示特定代码的功能，为了达到这一目的，利用独立的软件模拟器运行这段代码。

(2) 利用动态调试器(debugger)中的 profile 模式,可以得到一个关于代码中特定代码段执行情况的统计表。

(3) 使用动态调试器中的中断、clk 寄存器和 RUNB 命令可以跟踪特定代码段所占用的 CPU 时钟周期数。

(4) 在代码中影响性能的主要代码段通常是循环。优化一个循环,较好的方法是抽出此循环,使之成为一个单独文件,对其进行重新编写、重新编译和单独运行。

7.3.2 C 程序的编译

C6000 编译器包括一个外壳程序 cl6x。利用外壳程序可一步完成代码的编译、汇编优化、汇编和连接。调用外壳程序可输入下列命令:

```
cl6x[options] [filenames] [-z[linker otptions] [object files]]
```

外壳程序不仅可在 CCS 环境下运行,也可在 DOS 环境下运行。尽量在 CCS 环境中完成包括编译在内的全部开发工作,不要在 DOS 环境中操作。外壳程序命令行中的选项[options]控制着编译器的操作,其中有些选项会影响对 C 语言编译出的代码优化程度。表 7.3 至表 7.7 列出了适应不同优化需要的选项。

表 7.3　在优化性能很重要的场合避免使用下列编译器选项

选　　项	功 能 描 述
-g/-s/-ss/-gp	-g 选项使能符号调试和汇编源语句调试;-s 选项要求内部对照 C 源程序和汇编语句,这些选项都将限制对 C 编译的优化,导致代码尺寸较大,执行较慢
-mu	为了调试,禁止用软件流水方法编译;也可用-ms2/-ms3 选项,它们也禁止用软件流水,只不过产生的代码尺寸较小
-o1/-o0	永远用选项-o2/-o3 使编译器最大限度地进行分析和优化;使用-msn 选项,将在性能优化与代码尺寸之间作出折中

表 7.4　用于性能优化的编译器选项

选项	功 能 描 述
-o3	表示可能得到的最高程度的优化,编译器将执行各种优化循环的方法,如软件流水、循环展开和 SIMD(单指令多数据)等(注:这种情况是编译器能从程序语句、Keyword 或 Pragma Directive 等各种信息来源了解到准确循环执行次数和数据存放方式等信息,使编译器可以使用大字长数据读入、循环展开等方式来优化执行循环的代码,参看 SPRU1871 的 8~35 页)
-oi0	使用-o3 时,编译器会自动执行小函数在线展开,这将增加代码尺寸;使用-oi<n>将限制代码尺寸,即对函数展开的程序予以限制。如果选-oi0,则完全限制自动展开,但保留-o3 选项的其他变换
-pm	在程序级将代码优化,它容许编译器对整个项目的所有源程序联合观测,只要可能就尽量使用这个选项

表 7.5 对代码优化略有影响，但改变代码尺寸的编译器选项

选 项	功 能 描 述
-mh<n>	允许推测执行。应确保适量、附加、合法的数据存储器地址存在。在多数情况下这不会成为问题，但是，必须保证这一点
-mi<n>	指明中断门限值 *n*，*n* 是允许编译禁止中断的最大周期数。如果不指定 *n*，编译将认定无中断产生。此时，在软件循环前后部需要加中断使能与禁止的代码，这就减少了代码尺寸，且使中断寄存器可以挪作他用
-ms0，-ms1	-ms<n>选项的 *n* 可为 0、1、2、3。*n* 越大，表明越要减小代码尺寸，一般推荐把-0 与-ms0、-ms1 联合使用，表示性能优化最重要，同时也要考虑代码尺寸
-mt	在程序中，若有超过一种以上的方式访问同一个对象，例如两个指针指向同一个目标，就会产生混叠。此时，将极大地限制编译器的优化工作。-mt 则告知编译器，源程序未使用混叠技术可以更积极地优化。在用于线性汇编时，其作用与伪指令.no_mdep 相似，表示在函数内没有存储器混叠
-op2	-op<n>控制程序级优化。-op2 表明没有函数被其他模块调用，也没有会在其他模块被修改的全局变量。这将改善编译器对变量的分析，使编译器能够更放手地优化

表 7.6 用于控制代码尺寸的编译器选项

选 项	功 能 描 述
-o3	由于消除了未使用的分派，消除了局部和全局共有的子表达式，移掉未调用的函数，使代码尺寸也得到了优化
-pm	联合所有源程序文件进行程序级优化，使代码尺寸也得到优化
-op2	没有函数被其他模块调用，也没有会在其他模块被修改的全局变量，使代码尺寸也得到优化
-oi0	oi0 限制由-o3 使能的自动展开但不限制用户指定的在线函数
-ms2，-ms3	首先考虑优化代码尺寸，再考虑性能优化

表 7.7 用于提供信息的编译器选项

选 项	功 能 描 述
-mw	本选项将使编译器产生附加的反馈信息，供用户分析
-k	有此选项编译器将保留编译过程产生的 asm 文件，在 asm 文件中，编译器缺省的反馈信息也同时保留下来
-gp	在装载时，自动使能函数级分析。在函数调用时，对代码性能有微小降低
-s/-ss	在汇编中对照列出 C/C++ 源或优化器的解释。-s 会使优化性能有所降低，-ss 会使优化性能降低得更严重

7.3.3 存储的相关性

为使代码达到最大效率，C6000 编译器将尽可能把指令安排为并行执行。为使指令并行操作，编译器必须确定指令间的关系，或者说确定相关性，即一条指令是否必须发生在另一条指令之后。只有不相关的指令才可以并行执行，相关的指令禁止并行。编译器对指令并行性的原则是：如果编译器不能确定两条指令是不相关的，则编译器假定它们是相关的，并安排它们串行执行；如果编译器可以确定两条指令是不相关的，则安排它们并行执行。

要编译器单独确定访问存储器的指令是否不相关很困难，可在程序内或在编译时用下列方法帮助编译器确定哪些指令是独立的。

(1) 使用关键字 restrict 来标明一个指针是指向一个特定对象的唯一的指针。

优化时，可以用关键字 restrict(专用的)说明两个目标指针是相互独立的，即访问的地址没有任何相关性，一旦编译器得到此信息，它就会流水存取数据。

但是关键字 restrict 并不能随便乱加，如果两个指针确实是相关的，指向同一个 block(存储块)，加了 restrict 会使程序运行一塌糊涂，出来的结果不正确。要想正确运用去相关优化技术，就要知道 C6000 的片上内存组成，只有当两个指针所指的内存在不同的 block 里时，用 restrict 才是合法的。

例 7.4 关键字 restrict 的作用。

下列两段程序功能相同，均用于完成两个 16 位短型数据数组的矢量和。

程序 1：

```
void vecsum(short * sum, short * in1,short * in2, unsigned int N)
{
int i;
for(i=0; i<N;i++)
sunm[i]=in1[i]+in2[i];
}
```

程序 2：

```
void vecsum (short * restrict sum, restrict short * in1, restrict short * in2,
unsigned int N)
{
int i;
for(i=0; i<N;i++)
sum[i]=in1[i]+in2[i];
}
```

编译器在编译程序 1 时，无法判断指针 * sum、指针 * in1、* in2 是否独立，此时，编译器采取保守的办法，认为它们是相关的，亦即认为 * sum 指向的存储区与 * in1、* in2 指向的存储区可能混叠。这时编译出的代码必须先执行完前一次写，然后才能开始下一次读取。在编译程序 2 时，restrict 表明指针 * in1、* in2 是独立的，* sum 不会指向它们的存储区,因而可以并行进行多个数据的读取与求和。这两种程序编译出的代码执行速度相差极大。

(2) 联合使用-pm 与-o3 编译选项。

在使用-o3 选项进行优化编译时,尽量联合使用-pm 选项。-pm 是程序级优化。在程序级优化中,所有源文件都被编译到一个中间文件里,编译器在编译时可以从整个程序的角度来观察。一旦编译器确定两个指针不会访问同一存储器地址,它就会进行相应的一系列优化,有效地消除对相关性的担忧。

采用本方法时编译器对整个程序进行访问,因而能进行在文件级优化中很难实施的几种优化:

① 如果一个函数的某自变量总是具有相同值,编译器会用这个值替代这个自变量,并传递该值取代该自变量。

② 如果一个函数的返回值总不被使用,编译器会取消该函数的返回代码。

③ 如果一个函数不被直接或间接调用,编译器会删除该函数。

使用-pm 选项还有可能改善循环代码的编排。当循环迭代次数由传送到一个的数的数值确定,而且编译器能从函数调用处确定出这个值时,编译器就有了更多的有关循环最小执行次数的信息,因而能产生更好的代码输出。

(3) 使用-mt 选项。

-mt 选项是向编译器说明在代码中没有使用混叠技术,可以更积极地优化。对于汇编优化器,则是明确告知程序内不存在存储器相关性,即允许编译器在无存储器相关性的假设下进行优化。当然,如果程序本身不符合这个条件,编译出的代码将在运行时产生错误。

7.3.4 优化 C 语言程序

按照需求用 C 代码实现功能是软件开发过程的第 1 个阶段,优化 C 语言程序是代码开发流程中的第 2 阶段。C 代码优化之前,需要先用 CCS 内的代码检测工具检测出比较耗时的代码段,然后对这些代码进行优化。

分析代码主要用 CCS 所提供的分析(profiler)工具,它可以直接测出两个断点之间的运行时间。有时为了方便,也可在 C 语言程序中加入一些 C6000 C/C++ 提供的函数工具,如 C 语言中的 clock()和 printf()函数,来统计、显示程序中各个重要段的运行时间。

在程序中影响性能的主要代码段通常是循环。优化一个循环,较好的方法是抽出这个循环,使之成为一个单独文件,对其进行重新编写、重新编译和单独运行。

C 程序的优化除了上述讨论的选用 C 编译器中提供的优化选项和消除存储器相关性外,还可以通过下述方法改进 C 语言程序,使编译出的代码性能显著提高:

(1) 使用 intrinsics(内联函数)替代复杂的 C 语言程序。

(2) 对短字长的数据使用宽长度的存储器访问。

C64x 具有双 16 位扩充功能,芯片能在一个周期内完成双 16 位的乘法、加减法、比较、移位等操作。在优化时,当对连续的短整型数据流操作时,应该转化成对整型数据流的操作,这样一次可以把两个 16 位的数据读入一个 32 位的寄存器,然后用内联函数对它们处理，充分运用双16位扩充功能，一次可以进行两个16位数据的运算，速度将成倍提高。例如，使用字（word访问2个short 16位）数据，将其分别放在32位寄存器的高16位和低16位字段。使用双字访问2个32位数据，将其存放在一个64位寄存器对内（仅指C64xx/C67xx，对C62x无效）。现在把它们统一称为数据打包处理技术。

(3) 改进C语言循环程序，使之更有利于用软件流水技术优化。

1. 使用intrinsics（内联函数）

C6000编译器提供了许多intrinsics，可快速优化C代码。Intrinsics是直接与C6000汇编指令映射的在线函数。不易用C/C++语言实现其功能的汇编指令都有对应的intrinsics函数。虽然，编译器有时不一定使用正好对应的汇编指令，但是每一个intrinsics函数完成的功能都与对应的汇编指令相同。Intrinsics用前下划线_特别标示，其使用方法与调用函数一样，也可以使用C/C++变量，如下例：

```
int x1,x2,v:
y=_sadd(x1,x2);
```

例7.5 执行饱和加法的两种程序段。

程序1：

```
int  sadd(int a,int b)
{
  int  result;
  result=a+b;
  if(((a^b)&0x80000000)==0)        ;判断a、b同符号否？若不同符号，直接输出result
     {
result=(a<0)?0x80000000            ;0x7fffffff;a与result不同符号，置饱和输出
     }
}
return(result);
}
```

程序2：在定义变量类型后，仅下述一条语句即可完成上述程序段功能。

```
result=_sadd(a,b);
```

程序1完全用普通C语句书写，编译后执行这个代码需要多个周期。若引用intrinsics，如程序2，则这些复杂的代码只用一条指令_sadd()就可取代。

2. 对短字长的数据使用宽长度的存储器访问（数据打包处理）

C6000访问存储器是很费时的。要提高C6000数据处理率，应使1条Load/Store指令能访问多个数据。当程序需要对一连串短型数据进行操作时，可使用字（整型）一次访问2个短型数据；然后使用C6000相应指令，如同时进行2个16位加法的指令，用_add2()对这些数据进行运算，以减少对内存的访问。类似地，对C67x/C64x，如需要对一连串整型数据进行操作时，可以用双字长访问存储器。

例7.6 改写例7-4的程序，用字访问代替2个16位短型数据的访问。

```
void vecsum4(short * restrict sum, restrict short * in1, restrict short * in2,
unsigned int N)
{
int i;
#pragma MUST_ITERATE(10);
for(i=0; i< N;i++)
_amem4(&sum[i])=add2(_amem4_const(&in1[i]), _amem4_const(&in2[i]));
}
```

在例 7.6 的程序中,使用了一条 C 语言中的 pragma directive(程序指令):

MUST- ITERATE。此处,它向编译器提供这样的信息:下面的循环至少执行 10 次。这个信息对编译器使用软件流水技术极重要。

例 7.6 的程序中还使用了与访问存储器有关的 intrinsics:_amem4。这类 intrinsics 指定了每次存储器访问的字节数,并说明存储器起始地址是否必须符合边界调整。

_amem4(&sum[i])告诉编译器:这是一个起始地址在 &sum[i]、字边界调整的 4 字节访问。

_amem4_const(&inl[i])增添了关键字 const,它表示数组 in1[i]是常数数组,在本程序内数值不变。所有这些信息对于编译器优化代码都很重要。

C6000 的 C/C++ 编译器 4.1 以上版本才增添了与访问存储器有关的 intrinsics。在此以前的版本是通过使用类型转换的办法来实现一个"短"类型指针访问"长"类型数据的。

例 7.6 假定执行偶数次循环。如果用于奇数次循环,可以采取一些技巧。

例如,把数组长度人为增加,使它仍执行偶数次。如果要求程序满足不同次数循环的要求,或者要求满足数组起始地址可能是短型数据边界等多种情况,较好的办法是在程序内检测一下传递来的数据情况,根据不同的数据情况采用不同的程序段。

例 7.6 是在程序内用程序语言指定采用数据打包处理。下面的例 7.7 仍是完成矢量和的程序,它采用了另一种技术:当编译器能判定待访问的数组是字(或双字)边界且循环次数为偶数时,编译器将自动采用数据打包处理技术进行编译优化。

例 7.7 使用_nassert(),使编译器自动采用字访问。

```
void vecsum(short * restrict sum,const short * restrict in1, const short
* restrict in2, unsigned int N)
{
int i;
_nassert(((int)sum &0x3)==0;
_nassert(((int)int1 &0x3)==0;
_nassert(((int)int2 &0x3)==0;
#pragma MUST_ITERATE(40,40);
for(i=0;i<N;i++)
sum[i]=in1[i]+in2[i];
}
```

例 7.7 的程序中，内联函数_nassert()本身不产生任何代码，其作用是告诉编译优化器，其括号内的表达式为真，因而隐含地提示编译优化器，某种优化可能会有效。在例 7.7 中，3 个_assert()语句用来说明 sum、in1 和 in2 都是字边界，因而用 LDW 指令一次读入 2 个短型数据是安全的。在这段程序中，又一次出现了 pragma：MUST ITERATE(40, 40)。MUST ITERATE()内最多可以有 3 个参数：第 1 个是循环最少执行次数，第 2 个是循环最多执行次数，第 3 个参数是告知编译器，循环执行次数必是该数目的偶数倍。各参数间以逗号分开。有了上述两个信息，编译器在编译这段程序时会自动采用数据打包处理技术。

在 C6000 的 C/C++ 编译器里规定，所有全局数组(global array)都要设置成字边界的，对于这类数组的边界，不需要特别说明。例 7.8 说明了这一点。

例 7.8 不用内联函数_assert()，编译器自动采用数据打包处理。

```
<file1.c>
int dotp(short * restrict a, short * restrict b, int c)
{
int sum=0, i
for(i=0; i<c; i++) sum+=a[i] * b[i];
return sum;
}
#include<stdio.h>
short x[40]={1,2,3,4,5,6,7,8,9,10,11,12,13,14,15,16,17,18,19,20,21,22,23,24,25,
26,27,28,29,30,31,32,33,34,35,36,37,38,39,40};
short y[40]={40,39,38,37,36,35,34,33,32,31,30,29,28,27,26,25,24,23,22,21,20,19,
18,17,16,15,14,13,12,11,10,9,8,7,6,5,4,3,2,1};
void main()
{
int z;
z=dotp(x,y,40);
printf("z=%d\n",z);
}
```

例 7.8 是一个完成点积功能的程序，用命令 cl6x -pm -o3 -k file1. c file2. c 进行编译。数组 x[]、y[]是全局性数组，肯定是字边界的。该程序在选用-pm、-o3 情况下，编译器就有了关于数组边界和循环执行次数的信息，它将自动采用数据打包处理技术进行优化编译。

3. 使用逻辑运算代替乘除运算

在 DSP 指令里，乘除运算都是多周期指令，优化时，可以根据实际情况，尽量用逻辑移位运算来代替乘除运算，这样可以加快指令的运行速度，也有助于循环体的流水执行。

4. 软件流水技术的使用

软件流水是一种用于安排循环内的指令运行方式，使循环的多次迭代能够并行执行的一种技术。在 C6000 的 C/C++ 编译器里，采用软件流水使编译出来的程序代码优化是一项核心技术。编译 C/C++ 程序时,使用-o2 或-o3 选项,编译器就能从程序内收集信息,尝试根据程序的结构特点和信息尽可能地对程序循环实现软件流水。在图像压缩的DSP 算法中,存在大量的循环操作,因此充分地运用软件流水技术,能极大地提高程序的运行速度。

在 C 语言程序优化阶段,用户不直接参加软件流水的实现,只是向编译优化器提供信息,使之能较好地编排软件流水。这里讨论为改善软件流水,用户在 C 语言程序中需注意的 4 个方面的问题:

(1) 循环次数;

(2) 消除冗余循环;

(3) 循环展开;

(4) 推测执行。

1) 循环次数

循环次数指程序内循环执行的次数。循环计数器是用来对每次迭代进行计数的变量。当循环计数器达到循环次数时,循环结束。

若编译器能确定循环迭代至少执行 n 次,n 就是已知的最小循环迭代次数。这个信息也可由程序中的 Pragma Directive(例如 MUST_ITERATE 和 PROB_ITERATE)提供。软件流水结构都有一个最小安全循环迭代次数的要求,以保证用软件流水来执行循环程序是正确的。

能进行软件流水线的循环按递减计数形式对循环进行计数。

大多数情况下,即使原代码没有按这种形式编写,编译器也能转换使循环计数按递减形式进行。例如下面的代码,循环计数是递增形式的:

```
for(i=0;i< N;i++)          /* i=t 循环计数,N=循环次数 */
```

编译器将自动将其转换成递减计数形式代码:

```
for(i=N;i!=0; i--)         /* 递减循环计数 */
```

2) 消除冗余循环

当编译器不能肯定最小循环迭代次数大于最小安全循环迭代次数时,编译器就会产生两种执行循环程序的输出版本,亦即有了冗余的循环:

(1) 一个不用软件流水的版本,在循环迭代次数小于最小安全循环迭代次数时运行。

(2) 一个用软件流水的版本,在循环迭代次数大于或等于最小安全循环迭代次数时运行。

显然,冗余循环的存在会使代码尺寸增加,对代码性能也会有一些影响。如果用户比较关心代码的尺寸,则在编译时可用选项-ms0 或-ms1。在选项-ms0 或-ms1 的指导下,编译器将只产生一种版本的执行循环的程序:当它能断定软件流水是安全的,则直接用软件流水;反之,它只输出一种非软件流水的版本。要特别注意,使用-ms0 或-ms1 选项有可能使输出代码的性能受到很大影响。

用 MUST_ITERATE 向编译器输送循环次数信息将有效地解决冗余循环问题。

3）循环展开

循环展开是在程序里把小循环的迭代展开，使得可能并行的指令数增加，从而改进软件流水编排，改善代码性能。在循环的一次迭代运行时，如果它没有用完 C6000 结构的所有资源，就有可能使用循环展开技术。有 3 种使循环展开的方法：

（1）编译器自动执行循环展开。

（2）在程序中使用 UNROLL 这个 Pragma Directive，向编译器建议做循环展开。

（3）用户自己在程序中展开。

例 7.9 改写例 7.8。

在例 7.8 求矢量和的程序里，利用了数据打包处理，用软件流水实现该程序，可以在 2 个指令周期产生 2 个结果。现用循环展开技术，将该程序适当改写如下：

```
void vecsum6(int * restrict sum,const int * restrict in1, const int *
restrict in2, unsigned int N)
{
int i;
int sz=N>>2;
#pragma MUST_ITERATE(10);
for(i=0; i<sz;i++)
{
sum[i]=_add2(in1[i]+in2[i]);
sum[i+sz]=_add2(in1[i+sz]+in2[i+sz]);
}
}
```

例 7.9 的程序在软件流水里，每次迭代需 3 个指令周期，可以产生 4 个结果，平均每周期 1.33 个结果，性能优于例 7.8 的程序。在这个例子里，循环展开不是简单地把循环体重复，增加的语句里使用 sz 做存储器指针偏移量。另外，还有一个假设就是数组长度是 4 的倍数。

由于编译器仅对内部循环执行软件流水，因此，为了提高性能应尽可能创造一个比较大的内循环。创造大的内循环的一个方法就是完全展开执行周期很少的内循环。但是，展开循环会增加代码尺寸。如果确定这个内循环确实影响性能，则应在 C 代码中展开内循环，使原来的外循环变成新的内循环，或是没有嵌套的循环。

4）推测执行(-mh 选项)

-mh 选项有助于编译器消除软件流水循环的 prolog（填充）与 epilog（排空）的能力。

在对循环实施软件流水时，prolog（填充）帮助建立流水，epilog（排空）使循环结束流水。为了减少代码尺寸，提高代码性能，有必要消除（collapse）填充与排空。这种优化过程涉及把 prolog 与 epilog 部分或全体编入软件流水内核，不仅可以减小代码尺寸，还可以减少对软件流水安全执行的最小次数的要求。因而，在许多情况下它也消除了对冗余循环的担心。编译器总是消除尽可能多级数的填充与排空。但是，有时过多消除会对性能起副作用。

在消除 prolog 与 epilog 时，会出现指令“推测（speculative）执行”的情况，引起对存储器地址操作越界。一般而言，没有-ml 选项，编译器是不允许“推测(speculative)执行”读操作的，因为它可能会访问到非法地址。有时，编译器可以采用预先计算读取次数的方法，防止越界。但是这将增加寄存器的负担，还可能减低消除 prolog(填充)与 epilog(排空)的级数，从而降低优化性能。

-mhn 选项可以帮助编译器设置“推测(speculative)执行”的门限。n 是门限值，即编译器允许指令可以推测执行、超界做读操作的存储器字节数。如果在-mh 选项后不写 n，则编译器假定门限是无限的。使用-mh 选项时，用户应当保证潜在多余的读操作不会引起非法的读操作或引起其他问题。

5）使用软件流水线的几点限制

在一系列嵌套循环中，最内层的循环是唯一可以进行软件流水的循环。下面是对循环进行软件流水的限制：

(1) 尽管软件流水循环可包含 intrinsics，但不能包含函数调用。

(2) 循环结构中不能有 break 和 goto 语句条件代码且应尽量简单，即在循环中不可以有条件终止、使循环提前退出的指令。

(3) 循环必须是递减计数形式且在 0 时终止。使用-o2 和-o3 选项的一个原因就是将尽可能多的循环转换成递减计数的循环。

(4) 循环结构中不要包含改变循环计数器的代码。如果在循环体中修改循环计数，显然这个循环不能转换成递减计数循环。例如下列代码就不能进行软件流水：

```
for(i=0;i<n;i++)
{
    ⋮
    i+=x;
}
```

(5) if 语句不能嵌套，一个条件递增大循环控制变量的循环不能进行软件流水。例如下列代码也不能进行软件流水：

```
for(i=0;i<x;i++)
{
    ⋮
    if(b>a)
    i+=2
}
```

(6) 代码尺寸太大，需要的寄存器数目大于 C62xx/C67xx 的 32 个寄存器，或大于 C64xx 的 64 个寄存器时，这个代码不能进行软件流水，这时需要简化循环或将循环拆成几个小循环。

(7) 如果要求一个寄存器的生命太长(Live-Too-Long)，这个代码不能进行软件流水。

(8) 如果循环体内有复杂的条件代码，条件代码需要超过 C62xx/C67xx 的 5 个寄存器，或大于 C64xx 的 6 个寄存器时，这个循环不可以进行软件流水。

7.3.5 理解编译器反馈的信息

在编译C语言程序时，编译器在产生的.asm文件里向程序员反馈了许多信息。理解这些信息，按它的提示修改C语言程序，对尽快地优化代码很有好处。只要用选项-k令编译器保留.asm文件，就可读到这些信息。

对于C6000的C编译，代码的性能主要受编译器能在怎样的程度做好软件流水线的编排的影响。编译器编译循环程序段要经过3个阶段：

(1) 考察这个循环能否使用软件流水。

(2) 收集循环需用的资源以及相关图信息。

(3) 对循环做软件流水编排。

编译器反馈的信息绝大部分是上述3个阶段的信息。

7.4 汇编语言优化

通过线性汇编优化代码是软件开发流程中的第3个阶段内容。在使用C6000编译器开发和优化C/C++代码以后，对C/C++代码中的低效率段可以使用线性汇编重新编写，再用汇编优化器优化。

汇编代码的优化方法主要有以下几种：

(1) 并行指令；

(2) 填充延迟间隙；

(3) 展开循环；

(4) 存取字长优化；

(5) 软件流水。

其中，并行指令、填充延迟间隙和存取字长优化在提高性能的同时减小了代码大小，而展开循环虽然提高了性能，但是以代码的加大为代价的。

下面以有限冲击响应(FIR)的汇编代码为例来讨论上述优化方法的应用。

有限冲击响应(FIR)：

$$y[n] = \sum_{k=0}^{40} h[k] \cdot x[n-k]$$

简写为

$$y[n] = \sum_{i=0}^{40} h[i] \cdot x[i]$$

为实现上式，需要包括如下步骤：

(1) 加载采用点数据 x[i]；

(2) 加载滤波器系数 h[i]；

(3) x[i]和 h[i]相乘；

(4) 将(x[i] * h[i]) 加入累加和；

(5) 循环进行步骤1～4共40次；

(6) 累加器中的累计和保存入变量 y。

将上述步骤用 C6000 汇编语言实现代码，如例 7.10 所示。

例 7.10 有限冲击响应(FIR)的汇编代码。

```
        MVK    .S1       0,        B0          ;初始化循环计数器
        MVK    .S1       0,        A5          ;初始化累加器
loop    LDH    .D1     * A8++,     A2          ;加载采用点数据 x[i]
        LDH    .D1     * A9++,     A3          ;加载滤波器系数 h[i]
        NOP    4                               ;由于 LDH 延迟 4 个间隙,需要添加 nop 4
        MPY    .M1      A2,  A3,  A4           ;x[i]和 h[i]相乘
        NOP                                    ;乘法需要延迟 1 个时间间隙
        ADD    .L1      A4,  A5,  A5           ;将 (x[i] * h[i]) 加入累加器
[B0]    SUB    .L2      B0,   1,    B0         ;循环计数器减 1
[B0]    B      .S1      loop                   ;重复循环
        NOP    5                               ;跳转指令需要 5 个延迟间隙
```

计算上面的指令周期，可以发现这个汇编算法是完全串行的，每循环一次需要 16 个时钟周期，其中有多个 NOP 指令，即空操作指令。整个循环所耗费的时钟周期为：16×40=640(时钟周期)。下面通过写并行代码、使用有用的代码填充延迟间隙、循环展开和字长优化等方法对代码进行优化。

7.4.1 使用并行指令优化

观察上述汇编代码，仔细分析哪些指令可以并行。其中存在两条并行指令：ldh。放||在第二个 ldh 前，同时将 .d1 改为.d2，A 改为 B。

使用并行指令优化时，要注意寄存器的问题。

例如：

```
        MVK    .S1       0,        A4
||      ADD    .L1       A4,  A5,  A5
```

ADD 使用的值是原来的 A4 值，如果在循环中改写，就要在循环之前清 A4，同时不要忘记最后的累加。

改写完后的代码如例 7.11 所示。

例 7.11 并行指令优化后的例 7.10 代码。

```
        MVK    .S1       0,        B0          ;初始化循环计数器
        MVK    .S1       0,        A5          ;初始化累加器
loop    LDH    .D1     * A8++,     A2          ;加载采用点数据 x[i]
||      LDH    .D1     * A9++,     A3          ;加载滤波器系数 h[i]
        NOP    4                               ;由于 LDH 延迟 4 个间隙,需要添加 nop 4
        MPY    .M1      A2,  A3,  A4           ;x[i]和 h[i]相乘
        NOP                                    ;乘法需要延迟 1 个时间间隙
        ADD    .L1      A4,  A5,  A5           ;将 (x[i] * h[i]) 加入累加器
[B0]    SUB    .L2      B0,    1, B0           ;循环计数器减 1
```

```
[B0]  B      .S1              loop      ;重复循环
      NOP    5                          ;跳转指令需要 5 个延迟间隙
```

每循环一次需要 15 个时钟周期,整个循环所耗费的时钟周期为:15×40=600(时钟周期)。

使用并行指令方法优化时要注意:

(1) 首先使代码正确执行,然后运用并行指令。

(2) 并行代码执行速度快,但必须小心确保代码按所期望执行。

(3) 在循环代码中,使用软件流水可执行并行指令。

7.4.2 用有用的指令填充延迟间隙(取代 NOP)

NOP 指令是空操作指令,它的存在相当于代码未优化。为了消除 NOP,应该调整指令顺序,用有用的指令填充延迟间隙(取代 NOP)。

观察 FIR 汇编代码可发现将 SUB 和 B 指令移到 LDH 指令后,LD 的 NOP 由 4 降为 2,B 的 NOP 被消除。改写完后的代码如例 7.12 所示。

例 7.12 用有用的指令填充延迟间隙优化后的例 7.10 代码。

```
        MVK   .S1    0,        B0    ;初始化循环计数器
        MVK   .S1    0,        A5    ;初始化累加器
loop    LDH   .D1   *A8++,     A2    ;加载采用点数据 x[i]
  ||    LDH   .D1   *A9++,     A3    ;加载滤波器系数 h[i]
[B0]    SUB   .L2    B0,  1,   B0    ;循环计数器减 1
[B0]    B     .S1    loop            ;重复循环
        NOP   2                      ;由于 LDH 延迟 4 个间隙,需要添加 nop 4
        MPY   .M1    A2,  A3,  A4    ;x[i]和 h[i]相乘
        NOP                          ;乘法需要延迟 1 个时间间隙
        ADD   .L1    A4,  A5,  A5    ;将(x[i] * h[i])加入累加器
```

此时每循环一次需要 8 个时钟周期。整个循环所耗费的时钟周期为:8×40=320(时钟周期)。

7.4.3 循环展开

观察例 7.12 FIR 汇编代码可发现:每循环一次,SUB 和 B 指令至少会有两个附加的周期(branch overhead),所以利用循环展开,可以有效降低由 SUB 和 B 指令带入的附加周期。

改写完后的代码如例 7.13 所示。

例 7.13 循环展开优化后的例 7.10 代码。

```
    LDH    .D1    *A8++,A2        ;第 1 次循环
||  LDH    .D1    *B9++,B3
    NOP    4
    MPY    .M1X   A2,B3,A4        ;使用交叉通路
    NOP
```

```
        ADD     .L1     A4,A5,A5
        LDH     .D1     *A8++,A2          ;第 2 次循环
||      LDH     .D1     *A9++,A3
        NOP     4
        MPY     .M1     A2,B3,A4
        NOP
        ADD     .L1     A4,A5,A5
        ⋮
        LDH     .D1     *A8++,A2          ;第 n 次循环
||      LDH     .D1     *A9++,A3
        NOP     4
        MPY     .M1     A2,B3,A4
        NOP
        ADD     .L1     A4,A5,A5
```

通过展开循环后,代码消除了所有循环开销。此时整个循环所耗费的时钟周期进一步降低。

7.4.4 字长优化(使用 LDW)

这种方法主要是使用字(LDW)访问半字数据(LDH),使用双字(LDDW)字访问字数据(LDW)。

在 C6000 中,拥有不同的乘法指令可供选择,如 MPYH、MPYL、MPYLH 和 MPYHL。不同指令的操作如图 7.2 所示。其中操作数可以是有符号,也可是无符号的,注意乘法指令需要一个延迟间隙。

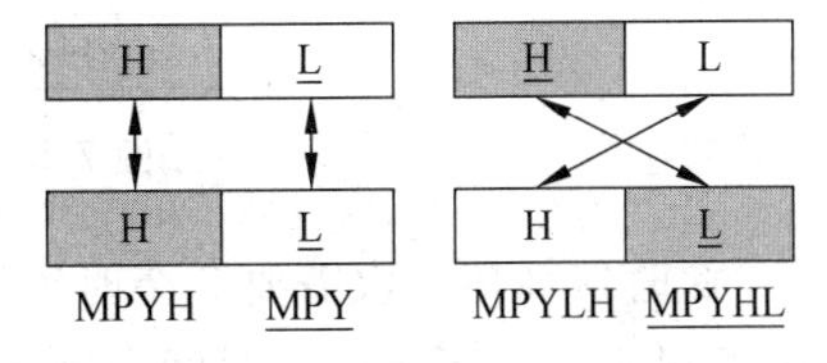

图 7.2 不同乘法指令的操作

使用 MPY 和 MPYH 指令,代码的编写如例 7.14 所示。

例 7.14 使用字长优化后的例 7.10 代码。

```
loop
        LDW     .D1     *A9++,A3          ;单周期内加载 32 位字
||      LDW     .D2     *B6++,B1
        NOP     4
[B0]    SUB     .L2     B0,1,B0
[B0]    B       .S1     loop
        NOP     2
        MPY     .M1     A3,B1,A4
||      MPYH    .M2     A3,B1,B3
        NOP
        ADD     .L1     A4,B3,A5
```

使用 LDH 点积、使用 LDW 进行优化和使用 LDW/MPYH 的原理图分别如图 7.3～图 7.5 所示。

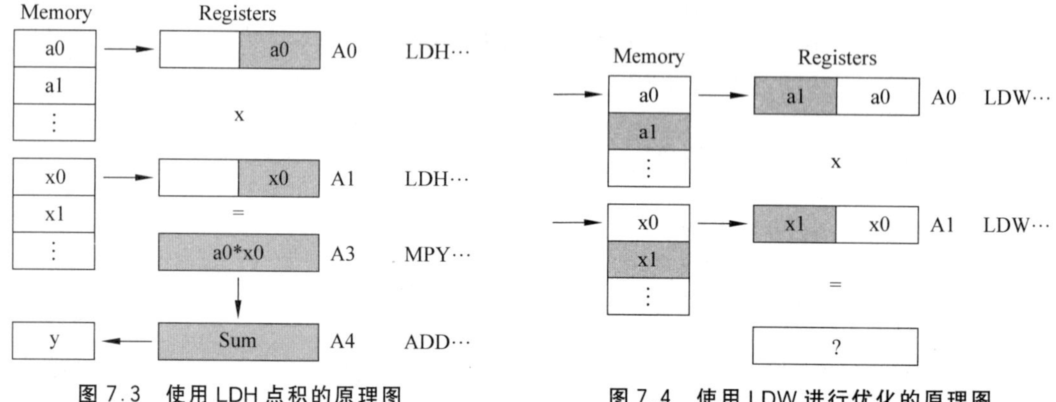

图 7.3 使用 LDH 点积的原理图

图 7.4 使用 LDW 进行优化的原理图

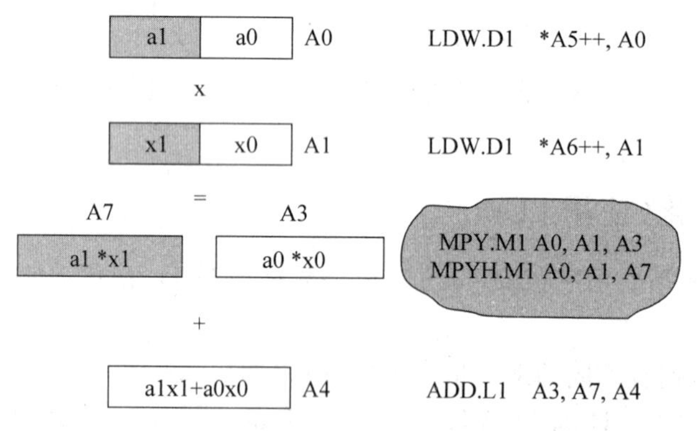

图 7.5 使用 LDW/MPYH 的原理图

此时每循环一次需要 8 个时钟周期，但因为每个循环中能够实现两个 16×16 位的乘法，所以整个循环的运行时间会减半，整个循环次数变为 20 次。整个循环所耗费的时钟周期为：8×20=160(时钟周期)。

7.4.5 软件流水

软件流水可以实现高度优化的循环代码，其原因在于利用并行代码、用有效的指令代码填充延迟间隙和使功能单元的使用率最大化。软件流水的实现既可以由开发工具产生(编译选项：-o2 或-o3)，也可以手工编排流水。如果是. sa 文件，要用到汇编优化器。

手工编排软件流水的步骤一般如下：

(1) C 代码实现算法并且进行验证；

(2) 写 C6000 的线性汇编代码；

(3) 创建相关图(dependency graph)；

(4) 分配寄存器；

(5) 创建编排表(scheduling table)；

(6) 将编排表转换成 C6000 代码。

7.5 芯片支持库(CSL)

7.5.1 CSL 简介

DSP 片上外设种类及其应用日趋复杂,TI 公司为其 C6000 和 C5000 系列 DSP 产品提供了 CSL(Chip Support Library)函数,用于配置、控制和管理 DSP 片上外设。CSL 中包含了很多 TI 封装好了的 API 和 MACRO,使用户免除编写配置和控制片上外设所必需的定义和代码,也使片上外设容易使用,从而缩短开发时间,增加可移植性。

CSL 库函数具有以下特点:

(1) CSL 库函数大多数是用 C 语言编写的,并已对代码的大小和速度进行了优化。

(2) CSL 库是可裁剪的:即只有被使用的 CSL 模块才会包含进应用程序中。

(3) CSL 库是可扩展的:每个片上外设的 API 相互独立,增加新的 API,对其他片上外设没有影响。

在程序设计过程中利用 CSL 函数可以方便地访问 DSP 的寄存器和硬件资源,提高 DSP 软件的开发效率和速度。本节主要介绍与 TMS320DM642 处理器相关的 CSL 库,针对 64x 系列的不同 DSP 芯片,表 7.8 给出了 CSL 能够支持的硬件模块。

表 7.8 CSL 支持的 C64x 系列芯片的模块

模 块	6414	6415	6416	6410	6413	DM642
CACHE	√	√	√	√	√	√
CHIP	√	√	√	√	√	√
DAT	√	√	√	√	√	√
DMA						
EDMA	√	√	√	√	√	√
EMAC						√
EMIFA	√	√	√	√	√	
EMIFB	√	√	√	√	√	
GPIO	√	√	√	√	√	√
HPI	√	√	√	√	√	√
IRQ	√	√	√	√	√	√
McASP				√	√	√
McBSP	√	√	√	√	√	√
MDIO						√
PCI		√	√			√
PWR	√	√	√	√	√	√

续表

模　块	6414	6415	6416	6410	6413	DM642
TCP			√			
TIMER	√	√	√	√	√	√
UTOP		√	√			
VIC			√			√
VP						√

图 7.6 显示了某些独立的 API 模块。这个体系结构允许将来的 CSL 扩展，因为当新的外设出现的时候，新的 API 模块能够被添加进来。值得注意的是，不是所有的器件都支持所有的 API 函数，这取决于这个器件是否有一个与 API 相关的外设。例如 C6201 并不支持 EDMA 的模块，因为它没有这个外设。然后，也有些模块，比如中断管理模块，是所有器件都支持的。

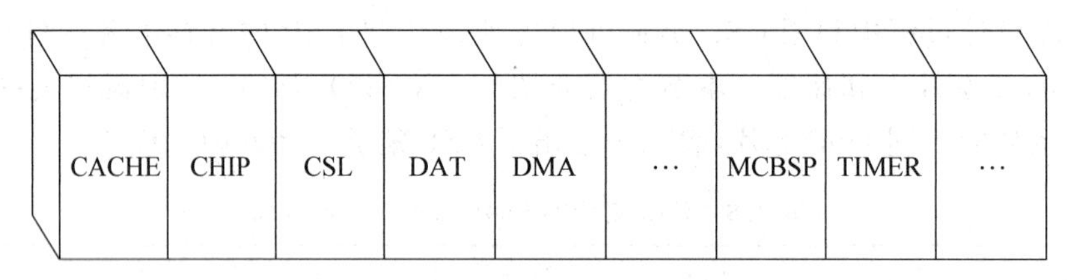

图 7.6　API 模块体系结构

TMS320DM642 对应的 CSL 库文件的名称为 cslDM642. lib(Little Endian 模式下使用的 CSL 库)或 cslDM642e. lib(Big Endian 模式下使用的 CSL 库)。在 CSL 库中，头文件中的变量和函数与 DSP 硬件资源的对应关系见表 7.9。

表 7.9　CSL 模块和头文件

模块名称	描　　述	头　文　件
CACHE	Cache module	csl_cache. h
CHIP	Chip-specife module	csl_chip. h
CSL	Top-level module	csl. h
DAT	Device independent data copy/fillmodule	csl_dat. h
EMAC	Ethermet media access controller module	csl_emac. h
EDMA	Enhanced direct memory access module	csl_edma. h
EMIFA	Extermal memory interface A module	csl_emifa. h
GPIO	General-Purpose input/output module	csl_gpio. h
HPI	Host port interface module	csl_hpi. h
IRQ	Interrupt controller module	csl_irq. h

续表

模块名称	描　　述	头 文 件
McASP	Multi-channel audio serial port module	csl_mcasp. h
McBSP	Multi-channel buffered serial port module	csl_mcbsp. h
MDIO	Management data I/O module	csl_mdio. h
PCI	Peripheral component interconnect interface module	csl_pci. h
PWR	Power-down module	csl_power. h
TIMER	Timer module	csl_timer. h
VIC	VCXO interpolated control	csl_vic. h
VP	Video port module	csl_vp. h

7.5.2 CSL 命名规则

在 CSL 库函数的命名规则中，CSL 库中的函数名、变量名、宏、结构体等均以 PER-开头，PER 是 the placeholder for the module name 的英文缩写，如 CSL 库中的函数名一般定义为 PER_funcName()、变量名定义为 PER_VarName、宏定义为 PER_MACRO_NAME，结构体的通用名称为 PER_Typename。另外，CSL 库中的函数变量和结构成员变量均以直接的名称命名，如 funcArg、memberName 等，CSL 库支持的数据类型见表 7.10。

表 7.10　CSL 数据类型

数 据 类 型	描　　述	数 据 类 型	描　　述
Uint8	unsigned char	Int8	char
Uint16	unsigned short	Int16	short
Uint32	unsigned int	Int32	int
Uint40	unsigned long	Int40	long

PER_OPEN 函数是 CSL 库中常用的一类函数，该类函数用于打开 DSP 硬件设备接口，使用时具有下面的形式：

```
handle=PER_OPEN(channelNumber,[priority) flag);
```

变量 channelNumber 代表设备的端口号，flag 通常为 channelNumber 的属性，设备打开成功后 PER_OPEN()函数返回一个标识该外设的唯一句柄 handle，以后使用 channelNumber 对应的外设时，handle 作为主要的标识性参量。

PER_config()函数也是 CSL 库中常见的一类函数，它们的主要功能是使用给定的参数配置已打开的外设接口，该类函数具有下面的形式：

```
PER_config([handle,] * configStructure);
```

configStructure 通常为一个结构体变量，包含了配置外设接口所用到的主要参数，handle 为指向外设接口的句柄。

在外设接口初始化操作中经常用到 PER_config()函数，configStructure 结构中的变量可以是整型常量、整型变量、CSL 库中的特征常量或采用 PER_REG_RMK 宏定义的字段等。PER_configArgs()函数的功能和 PER_config() 函数类似，不同之处在于 PER_configArgs()函数使用独立的变量配置外设接口，而 PER_config()函数使用结构体变量来配置外设接口。PER_configArgs()函数具有下面的形式。

```
PER_configArgs([handle,]regval_1,…,regval_n);
```

handle 为指向外设接口的句柄，regval_1、regval_2……regval_n 为配置外设用的变量。变量 regval_n 可以是整型常量、整型变量、CSL 库中的特征常量或采用 PER_REG_RMK 宏定义的字段等。PER_config()函数多用于设置 DSP 的控制寄存器，函数结构变量中需要包含多个寄存器的地址，例如：

```
PER_config MyConfig={
Reg0,
Reg1,
⋮
};        //定义描述外设接口的结构变量
PER_config(&MyConfig);     //使用结构变量配置外设接口
```

PER_configArgs()函数可将数值写入单个寄存器。

除了以上几个常用函数外，还有两个函数较为常见：PER_reset()函数和 PER_close 函数。这两个函数具有下面的形式：

```
PER_reset([handle]);
PER_close([handle])
```

PER_reset()函数把打开的外设接口复位到上电前的初始状态，PER_close()函数关闭 PER_open()函数打开的外设，被关闭的外设寄存器的值恢复到上电时的初始状态。如果该外设接口还有未处理的中断，这些中断将被视为无效。

CSL 库中使用的宏也是以 PER 开头，它的通用形式为：

```
PER_XXX();
```

如果 PER 后面的 XXX 为字符 REG 则该宏是针对寄存器的操作，宏中的变量 FIELD 表示对应某个寄存器中的一个字段，Regval 代表整型常量、整型变量或者特征常量等，另外宏中的符号 X 表示整型常量或整型变量，sym 表示特征常量，例如：

PER_REG_RMK(fieldval_n…，fieldval_0)设置寄存器中各字段的值。

PER_RGET(REG)返回寄存器 REG 的值。

PER_ESET(REG，regval)把值 regval 赋予寄存器 REG。

PER_FGET(REG，FIELD)返回寄存器 REG 的 FILELD 字段值。

PER_FSET(REG，FIELD，fieldval)把值 fieldval 赋予 FILELD 字段(属于寄存器

REG)。

PER_REG_ADDR(REG)获得寄存器 REG 的地址。

PER_SETS(REG,FIELD,sym)把特征值 sym 赋予 FIELD 字段(属于寄存器 REG)。

PER_ADDRH(h,REG)返回句柄 h 指向的内存寄存器 REG 的地址。

PER_RGETH(h,REG)返回句柄 h 指向的寄存器 REG 的值。

PER_RSETH(h,REG,x)把值 x 赋予句柄 h 指向的寄存器 REG。

PER_FGETH(h,REG,FIELD) 返回 FIELD 字段(属于句柄 h 指向的寄存器 REG)的值。

PER_FSETH(h,REG,FIELD,x)把值 x 赋予 FIELD 字段(属于句柄 h 指向的寄存器 REG)。

PER_FSETSH(h,REG,FIELD,sym)把特征值 sym 赋予 FIELD 字段(属于句柄 h 指向的寄存器 REG)。

如果程序中使用 CSL 库函数,在程序的主函数中必须加载 CSL 库,CSL 库提供了 CSL_ini()函数,通过该函数加载和初始化 CSL 库。

7.6　基于二级缓存的优化

7.6.1　应用级优化

在应用和系统级中为了实现优秀的高速缓存(cache)性能,下面几个方面非常重要。

1. 选择正确的 L2 cache 大小

由于高速缓存大小还决定着其相关性能,选择正确的 L2 高速缓存大小对于 C621x/C671x 设备尤其重要。16KB 的高速缓存是直接映射的,32KB 的高速缓存是 2 路的,48KB 的高速缓存是 3 路的,64KB 的高速缓存是 4 路联合集。作为一个通用的规则,用户应该使用至少 32KB 的 L2 高速缓存使其得到 2 路联合集。L2 高速缓存应该只有在代码和/或数据对于 L2 SRAM 来说太大以致不能被填满时才被使能,并且必须将其分配到外部存储器。

2. DMA 或 L2 cache 的使用

使用 EDMA 使动态数据存到一个外设,推荐在 L2SRAM 中分配动态缓冲区。这将比在外部存储器中分配缓冲区多很多优点:

(1) L2 SRAM 距离 CPU 很近,因此其响应时间少。

如果 cache 被分配在外部存储器,在到达 CPU 之前,数据首先从外设通过 DMA 写入外部存储器 L2 的 cache,然后才是 L1 的 cache。

(2) cache 一致性由 cache 控制器自动维持,不需要用户操作。

如果缓冲区设置在外部存储器,用户将不得不手动通过 L2 cache 一致操作位维护 cache 的一致性。在一些情况下,由于存储器容量制约,cache 区可能不得不被分配在外部存储器。

(3) 附加的一致性操作位将增加系统的反应时间。

反应时间可以认为是执行缓冲数据所需要增加的时间。在典型的双 cache 方案中,在选择缓冲大小时,这些都应考虑。

3. 信号处理与通用处理代码的对比

在应用中区分 DSP 风格的信号处理和通用用途的信号处理是有好处的。由于 DSP 信号处理的控制和数据流动通常很好理解,其代码较通用用途的代码有更精细的优化。通用用途的处理是典型的受控于线性代码、控制流程和引发条件的处理。此类代码不具有大量的并行性、执行依靠多种模式和条件及趋向往往不可预知的典型特点。也就是说,数据存储通路大部分是随机的,并且对程序存储器的访问是线性的并有很多分支,这就使优化更加困难。推荐将通用用途的代码和相关数据分配在外部存储空间,并允许 L2 cache 处理数据的访问。这将使更多的 L2 SRAM 存储空间在执行临界性能信号处理代码时是可利用的。由于通用用途代码的自然不可预知性,应该为 L2 cache 分配尽可能大的空间。

DSP 代码和数据能够从分配的 L2 SRAM 中获益。这将减少 cache 的消耗,并给用户更多的对存储器访问的控制权。由于只有 1 级 cache 是相关的,其特性很容易分析..

7.6.2 程序级优化

程序级优化是改变在存储器中的数据和程序的分配方法和函数的调用方法,而对算法不做改变。这里的算法(以 FIR 滤波器为例)指的是在线性存储模式下执行的。为了更有效地对 cache 进行操作,只有被算法操作的数据结构被优化。大多数这种类型的优化是充分的,除非一些为了更好地利用 cache 结构被改变的算法,例如 FFT。

程序设计优化的常用方法有:

(1) 把程序和经常要用的数据放入片内 RAM。片内 RAM 与 CPU 工作在同一时钟频率,比片外 RAM 的读写速度高很多,因此把程序放在片内可以大大提高指令运行速度,同时对于一些经常要用到的数据,放在片内也会节省处理时间。

(2) 通过 EDMA 技术搬移数据。对于 DM642 芯片,其片内 RAM 有 256KB,但是对于一些大型的图像处理算法而言是不够的,这时可以运用 DMA 技术,把需要的数据在片内和片外之间来回搬移,因为 EDMA 搬运数据不占用 CPU 的时间,可以大大提高程序的运行速度。

7.7 本章小结

TMS320C6000 软件优化要点是在 1 个时钟周期内让尽可能多的功能单元在执行指令,使运算速度趋近 8×主频(MHz) MIPS。软件优化的前提是要满足各种资源限制,从而通过资源合理分配、充分使用以及算法→映射→结构等途径来实现。

本章首先介绍了 TMS320C6000 系列 C 语言的特点、关键字、初始化静态和全局变量以及与标准 C++ 的差别。随后讨论了 C 语言编程及程序优化中涉及的 C 程序的编写、C 程序的编译、存储的相关性、C 语言程序优化和理解编译器反馈的信息等相关内容。汇编优化是整个程序优化的第三个阶段，本章讨论了汇编语言优化的 5 种方法：使用并行指令优化、用有用的指令填充延迟间隙、循环展开、字长优化和软件流水，并以 FIR 为例进行了演示。最后讨论在程序设计过程中使用到的 CSL 函数和基于二级缓存的优化设计。

7.8 为进一步深入学习推荐的参考书目

为了进一步深入学习本章有关内容，向读者推荐以下参考书目：

1. 汤书森，林冬梅，张红娟编著. TI-DSP 实验与实践教程[M]. 北京：清华大学出版社，2010.

2. 彭启琮，管庆等编著. DSP 集成开发环境[M]. 北京：电子工业出版社，2004.

3. 李方慧，王飞，何佩琨编著. TMS320C6000 系列 DSP 原理与应用[M]. 2 版. 北京：电子工业出版社，2003.

4. 江金龙等编. DSP 技术及应用[M]. 西安：西安电子科技大学出版社，2012.

5. 郑阿奇主编，孙承龙编著. DSP 开发宝典[M]. 北京：电子工业出版社，2012.

6. 邹彦主编. DSP 原理及应用[M]. 北京：电子工业出版社，2012.

7. TMS320C6000 Code Optimization: Inner Loop/Outer Loop Performance Tradeoff, Texas Instruments Incorporated, Feb 1999.

8. Introduction to TMS320C6000 DSP Optimization, Texas Instruments Incorporated, 06 Oct 2011.

9. TMS320C6000 Code Optimization Partitioning Strategies to Improve Inner Loop Perf, Texas Instruments Incorporated, 03 Feb 1999.

10. DSP/BIOS Timing Benchmarks for Code Composer Studio 2.2(Rev. B), Texas Instruments Incorporated, 13 Apr 2004.

11. Managing Code Development Using the CCS Project Manager, Texas Instruments Incorporated, 30 Jun 2001.

12. Using Example Projects, Code and Scripts to Jump Start Customers W/CCS 2.0, Texas Instruments Incorporated, 04 Jun 2001.

13. Hand-Tuning Loops and Control Code on the TMS320C6000, Texas Instruments Incorporated, 25 Aug 2006.

7.9 习题

1. 简述 TMS320C6000 系列 DSP 软件编程流程阶段以及每个阶段完成任务。
2. TMS320C6000 系列 C 语言与标准 C++ 的差别有哪些？
3. TMS320C6000 中可以使用哪些手段分析特定代码段的性能？
4. 要编译器单独确定访问存储器的指令是否不相关很困难，可在程序内或在编译时用哪些方法帮助编译器确定哪些指令是独立的？

5. C 程序的优化方法有哪些？

6. 汇编代码的优化方法主要有哪些？

7. CSL 库函数具有哪些特点？

8. 在应用和系统级中为了实现优秀的高速缓存(cache)性能，应该注意哪些方面？

第8章

存储器接口及其访问控制器

教学提示：C6000 系列 DSP 不仅运算速度高，而且片内集成了许多外围设备，支持多种工业标准的接口协议，能够提供高带宽的数据 I/O 能力。这些特点使 C6000 系列 DSP 获得了很高的综合性能，其高集成度也给系统设计人员带来了很多方便。本章主要介绍基本的 EMIF、DMA 和 EDMA 等相关内容。

教学要求：本章要求学生了解 C6000 系列 DSP 基本的片内集成外设情况，对每种外设的原理、接口信号、控制寄存器和操作有一个总体印象，并能够举一反三推广到其他外设的学习和掌握过程中。

8.1 外部存储器接口控制器

8.1.1 概述

外部存储器接口的用途就是为数字信号处理芯片与众多外部设备之间提供一种连接方式。DSP 访问片外存储器时必须通过外部存储器接口（External Memory Interface，EMIF）。C6000 系列 DSP 的 EMIF 具有很强的接口能力，不仅具有很高的数据吞吐率（最高达 1200 MB/s），而且可以与目前几乎所有类型的存储器直接接口。这些存储器包括：

（1）pipeline 结构的同步突发静态 RAM（SBSRAM）。

（2）同步动态 RAM（SDRAM）。

（3）异步器件，包括 SRAM、ROM 和 FIFO 等。

（4）外部共享存储空间的设备。

EMIF 增强了跟外部 SDRAM 和异步器件连接的方便性和灵活性。根据 DSP 器件的不同，EMIF 数据总线可以是 32 位或 16 位的。

EMIF 支持的 SDRAM 性能特点如下：

（1）高达 512Mb 的 JESD21-C 标准兼容的 SDR SDRAM 器件。

（2）16 位和 32 位数据总线宽度。

(3) 1个、2个或4个内部SDRAM存储区。

(4) SDRAM的突发访问长度为4或8,这取决于选择的数据总线宽度。

(5) 可编程的SDRAM时序参数、CAS延迟和刷新速率。

(6) 优化的刷新模式可降低访问延迟。

(7) 自刷新模式可降低功耗。

(8) 支持顺序突发访问类型,不支持交叉突发访问类型。

EMIF支持的异步器件特点如下:

(1) 访问空间达32Kb,可通过GPIO引脚进行地址扩展。

(2) 8位、16位和32位数据总线宽度。

(3) 可编程的访问时序,可设置建立、选通、保持时序。

(4) 对于慢速器件,可编程额外的等待访问周期。

(5) 多个8位器件接口的写使能选通模式。

(6) 作为主机跟TI DSP主机接口连接。

C620x/C670x中,EMIF处理的外总线请求包括:

(1) 片内PMC发出的CPU程序取指请求。

(2) 片内DMC发出的CPU数据存取请求。

(3) 片内DMA控制器。

(4) 外部共享存储器的设备。

C621x/C671x中,EMIF处理的外总线请求有:

(1) 片内EDMA控制器。

(2) 外部共享存储器的设备。

C64x具有两个独立的EMIF:EMIFA和EMIFB。EMIFA提供64位宽度的外总线数据接口,EMIFB提供16位宽度的外总线数据接口。C64x增强了原有的SBSRAM接口,提供可编程的同步接口模式,可以支持以下类型器件的无缝接口:

(1) ZBT SRAM。

(2) 同步FIFO。

(3) pipeline结构和flow-through结构的SBSRAM。

8.1.2 接口信号和控制寄存器

1. EMIF接口

1) 6201/C6701的EMIF接口

图8.1是C6201/C6701的EMIF接口示意图。C6201/C6701为SBSRAM和SDRAM接口分别提供了时钟和控制信号。一个C6201/C6701系统中,可以同时具有3种类型的存储器(SBSAM、SDRAM和异步设备)。所有的外部CEx空间都支持异步接口,CE1空间只支持异步接口。表8.1为接口信号的详细说明。

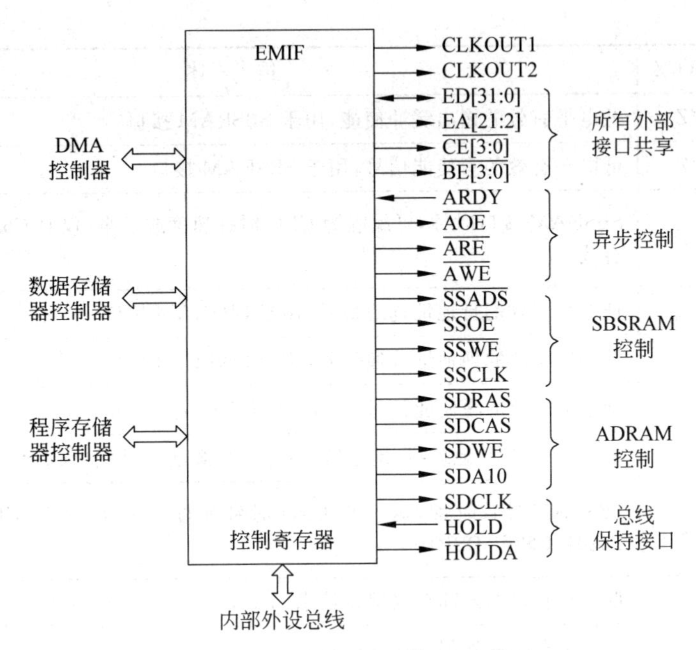

图 8.1　C6201/C6701 的 EMIF 接口

表 8.1　TMSC6201/C6701 接口信号说明

引　脚	I/O/Z	描　　述
CLKOUT1	O	时钟输出,运行于 CPU 时钟速度
CLKOUT2	O	时钟输出,运行于 1/2 的 CPU 时钟速度,用于所有 C62x/C67x 同步存储器接口,TMSC6201/C6701 DSP 除外
ED[31:0]	I/O/Z	EMIF32 数据总线 I/O
EA[21:2]	O/Z	外部地址输出,驱动字节地址的 21～2 位
$\overline{\text{CE0}}$	O/Z	低电平有效的片选信号,用于存储器空间 CE0
$\overline{\text{CE1}}$	O/Z	低电平有效的片选信号,用于存储器空间 CE1
$\overline{\text{CE2}}$	O/Z	低电平有效的片选信号,用于存储器空间 CE2
$\overline{\text{CE3}}$	O/Z	低电平有效的片选信号,用于存储器空间 CE3
$\overline{\text{BE[3:0]}}$	O/Z	低电平有效字节使能信号,单个字节和半个字节可以被选择用于写周期,对于读周期,所有 4 字节使能都有效
ARDY	I	准备信号,一个高电平有效的异步准备输入,用于低速存储器和外设访问时插入等待周期
$\overline{\text{AOE}}$	O/Z	低电平有效的输出使能信号,用于异步存储器接口
$\overline{\text{ARE}}$	O/Z	低电平有效的读选通信号,用于异步存储器接口
$\overline{\text{AWE}}$	O/Z	低电平有效的写选通信号,用于异步存储器接口
$\overline{\text{SSADS}}$	O/Z	低电平有效的地址选通/使能信号,用于 SBSRAM 接口

续表

引　脚	I/O/Z	描　　述
$\overline{\text{SSOE}}$	O/Z	低电平有效的输出缓冲使能，用于 SBSRAM 接口
$\overline{\text{SSWE}}$	O/Z	低电平有效的写使能信号，用于 SBSRAM 接口
SSCLK	O/Z	SBSRAM 接口时钟，可编程为 CPU 时钟速度或一半（仅对 C6201/C6701 DSP 有效）
$\overline{\text{SDRAS}}$	O/Z	低电平有效的行地址选通信号，用于 SBSRAM 接口
$\overline{\text{SDCAS}}$	O/Z	低电平有效的列地址选通信号，用于 SBSRAM 接口
$\overline{\text{SDWE}}$	O/Z	低电平有效的写使能信号，用于 SBSRAM 接口
SDA10	O/Z	SBSRAM A10 地址线，地址线/自动预加载禁止，用于 SBSRAM 接口
SDCLK	O/Z	SBSRAM 接口时钟，运行于 CPU 时钟速度的一半，等于 CLKOUT2（仅对 C6201/C6701 DSP）
$\overline{\text{HOLD}}$	I	低电平有效的外部总线保持请求（3 态）
$\overline{\text{HOLDA}}$	O	低电平有效的外部总线保持应答

2）C6202(B)/C6203(B)/C6204/C6205 的 EMIF 接口

图 8.2 是 C6202(B)/C6203(B)/C6204/C6205 的 EMIF 接口示意图。这几种 C620x 芯片将 SBSRAM 接口和 SDRAM 接口信号合并复用，因此系统中只能具有上述 2 种同步存储器中的 1 种。同步存储器的时钟采用 CLKOUT2，等于 CPU 主频的一半。同样，所有的外部 CEx 空间都支持异步接口，CE1 空间只支持异步接口。相关的信号描述如表 8.1 所示。

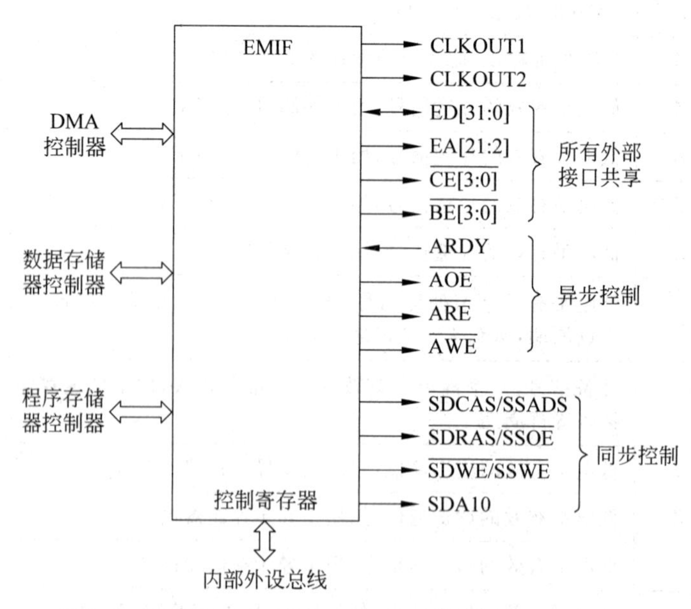

图 8.2　C6202(B)/C6203(B)/C6204/C6205 的 EMIF 接口

3) C621x/C671x 的 EMIF 接口

图 8.3 是 C621x/C671x 的 EMIF 接口信号示意图，其主要特点如下。

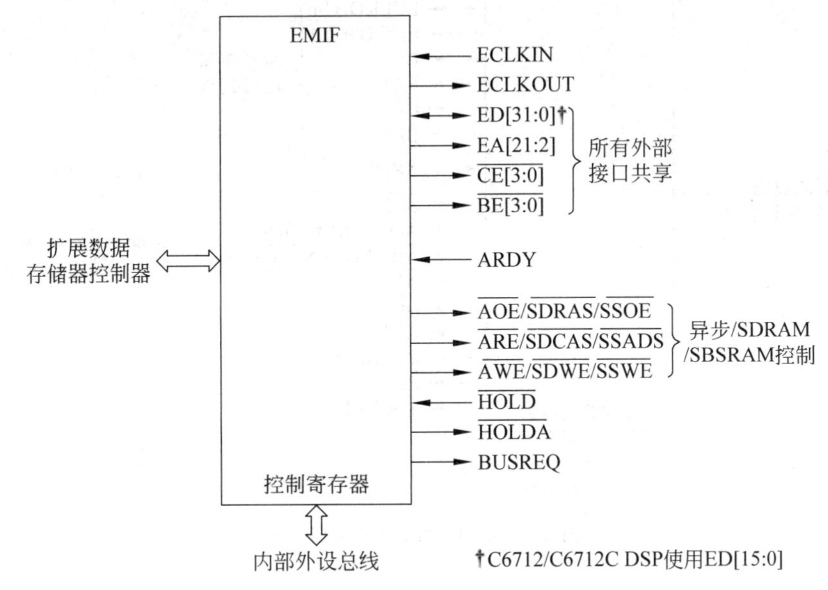

图 8.3 C621x/C671x 的 EMIF 接口信号示意图

(1) 系统需要为 C621x/C671x 提供一个外部时钟，该外部时钟由 ECLKIN 输入后会产生 EMIF 接口的时钟信号 ECLKOUT。

(2) SBSRAM 接口、SDRAM 接口和异步接口的信号合并复用。由于不需要进行后台刷新，系统中允许同时具有这 3 种类型的存储器。

(3) CE1 空间支持所有的 3 种存储器接口。

(4) 同步存储器接口提供 4 word 突发访问模式。

(5) SDRAM 接口更灵活，支持更广泛的 SDRAM 配置。

(6) 取消了 SDA10 信号，由 EA[12]信号完成原来 SDA10 信号的功能。

4) C64x 的 EMIF 接口

图 8.4 是 C64x 的 EMIF 接口信号(包括 EMIFA 和 EMIFB)示意图，其中只有 EMIFA 有 SDCKE 信号。C64x 的 EMIF 接口是 C621x/C671x EMIF 的增强版，新增加的特点包括：

(1) EMIFA 总线宽度为 64 位，EMIFB 总线宽度为 16 位。

(2) EMIF 时钟 ECLKOUTx 基于 EMIF 的输入时钟在片内产生。用户可以选择 3 种时钟源：1/6 CPU 主频、1/4 CPU 主频和外部输入 ECLKIN。所有的 EMIF 接口都由 ECLKOUTx 同步。ECLKOUT1 等于 EMIF 输入时钟，ECLKOUT2 可以设置为 EMIF 输入时钟的 1,2 或 4 分频。

(3) SBSRAM 控制器被一个更灵活的可编程同步存储器控制器替代，SBSRAM 接口信号相应也被同步控制信号替代。

(4) 增加/PDT 信号支持外部设备到外部设备的传输。

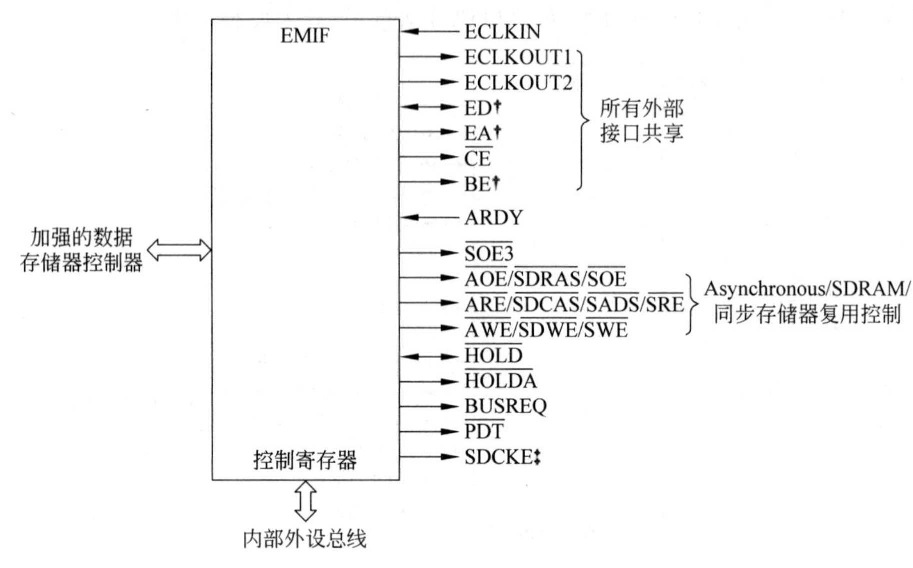

图 8.4 C64x 的 EMIF 接口信号

2. EMIF 接口的地址

需要指出的是，虽然 C6000 提供 32 位地址寻址能力，但是经 EMIF 直接输出的地址信号只有 EA[21:2](C62x/C67x)或 EA[22:3](C64x)。一般情况下，EA2 信号对应逻辑地址 A2，但这并不意味着 C6000 DSP 访问外存时只能进行 word(32 位)或 double word(64 位)的存取。实际上内部 32 位地址的最低 2～3 位经译码后由 BEx 输出，是能够控制字节访问的。某些情况下，EA2 还可能对应最低位逻辑地址 A0，甚至对应逻辑地址 A11。

更高位逻辑地址经译码后输出 CE[3:0]。

1) C620x/C670x 的接口宽度与字节定位

C620x/C670x 的 EMIF 支持 32 位宽度的 ASRAM、SDRAM 和 SBSRAM，只有 CE1 空间支持 16 位和 8 位的 ROM 接口。EMIF 对外可以按照 little-endian 或者 big-endian 模式进行访问，但是对 ROM 接口，则固定按 little-endian 模式访问。

2) C621x/C671x 的接口宽度与字节定位

C621x/C671x 的 EMIF 可以访问 8/16/32 位宽度的存储器(C6712 仅支持 8/16 位宽度的存储器)，支持 little-endian 和 big-endian 模式。C621x/C671x 中，对 ROM 和异步存储器不作区分。最低位逻辑地址规定由 EA 管脚输出，EMIF 内部会自动根据访问数据的字长，将逻辑地址作移位调整输出。

C621x/C671x 片内数据的存取总是按 32 位进行的，访问片外 8/16 位数据时，EMIF 会自动完成数据打包(packing)和解包(unpacking)处理。例如向外部 8 位存储器写 1 个 32 位数据时，EMIF 会自动将数据解包为 4 个 8 位，依次写入目的地址 N、$N+1$、$N+2$ 和 $N+3$。

3) C64x的接口宽度与字节定位

C64x的EMIFA支持8/16/32/64位的数据访问,EMIFB支持8/16位的数据访问,同样支持little-endian和big-endian模式。

与C621x/C671x类似,C64x EMIF可自动完成外部访问低于64位(EMIFA)或者低于16位(EMIFB)数据的打包和解包处理。

3. 控制寄存器

EMIF接口由一组存储器映射的寄存器进行控制与维护,包括配置各个空间的存储器类型和设置读写时序等。

TMS320C6000 DSP的EMIF寄存器主要包括EMIF全局控制寄存器(GBLCTL)、EMIF CE空间控制寄存器(CECTL)、EMIF SDRAM控制寄存器(SDCTL)、EMIF SDRAM时序寄存器(SDTIM)、EMIF CE空间第二寄存器(CESEC)和SDRAM扩展寄存器(SDEXT)等。

GBLCTL寄存器完成对整个片外存储空间的公共参数的设置,CExCTL寄存器分别控制相应存储空间的存储器类型和接口时序,SDCTL寄存器负责控制所有属于SDRAM空间的存储接口情况(所以如果有多个空间都配置为SDRAM空间,它们选用器件时对时序的要求应当一致),CExSEC寄存器是C64x中为可编程同步接口扩展的控制寄存器。不同类型芯片的寄存器具体类型和字段含义参考各自的用户指南。

8.1.3 接口设计

1. 异步接口技术

与TI前几代的DSP相比,C6000在异步接口上更加方便。用户可以灵活地设置读写周期,实现与不同速度、不同类型的异步器件的直接接口。这些异步器件可以是ASRAM、EPROM、FLASH、FPGA、ASIC以及FIFO等。

EMIF异步接口提供4个控制信号(见表8.2)。这4个控制信号可以通过不同的组合(并非都需要)实现与不同类型异步器件的无缝接口(glueless interface)。EMIF的CExCTL寄存器负责设置异步读/写操作的接口时序,可以满足对不同速度的异步器件的存取。表8.3对比了C6000不同芯片的异步接口。

表8.2 异步接口信号

EMIF异步接口信号	用途/功能
/AOE	输出允许,在整个读周期中有效
/AWE	写允许,在写周期中触发阶段保持有效
/ARE	读允许,在读周期中触发阶段保持有效
ARDY	Ready信号,插入等待

表 8.3　C6000 不同芯片的异步接口

	C62x/C67x		C64x	
	C620x/C670x	C621x/C671x	EMIFA	EMIFB
接口宽度	32bit ASRAM; 32、16、8bit ROM	32、16、8 位	64、32、16、8 位	16、8 位
内部同步时钟	CLKOUT1	ECLKOUT	ECLKOUT1	ECLKOUT1
控制信号	专门的 ASRAM 控制信号	与 SDRAM SBARAM 控制信号复用	与 SDRAM 以及可编程同步控制信号复用	与 SDRAM 以及可编程同步控制信号复用
存储器 Endian 模式	ROM 中数据只能按 little-endian 存放	支持 little-endian 和 big-endian	支持 little-endian 和 big-endian	支持 little-endian 和 big-endian

2. PDT 传输接口

C64x 的 EMIF 提供了 PDT 传输(Peripheral Device Transfer)接口。

通常情况下,DSP 在片外两个设备之间传输数据需要执行两次 EMIF 操作：EMIF 首先从源设备读数据,然后向目的设备写。由于源设备和目的设备一般都挂接在相同的 DSP 外总线上,因此可以对数据传输过程进行优化。PDT 传输正是这样一种优化的结果,允许用户直接在一个外部设备(Peripherals,例如 FIFO)和另一个外部存储器(Memory,例如 SDRAM)之间传输数据,每次传输只占用 1 个总线周期。这里的外部存储器(Memory)限定为存储器映射设备,可以利用/CEx 信号选择地址空间进行访问。外部设备(Peripherals)限定为非映射设备(不能利用/CEx 信号选择地址空间),可以通过/PDT 信号(或与其他信号的逻辑组合)控制存取访问。

PDT 传输分为 PDT 写和 PDT 读两种类型。PDT 写操作定义为从外设到外部存储器的数据传输,PDT 读操作定义为从外部存储器到外设的数据传输。对于 PDT 写,数据总线直接由外设驱动,在同一个总线周期内将数据写入存储器,传输过程中 EMIF 的外总线管脚为高阻。对于 PDT 读,数据总线直接由外部存储器驱动,在同一个总线周期内将数据写入外设,传输过程中 EMIF 忽略总线上读出的数据。

EMIF 在 PDT 传输过程中：

(1) 为 PDT 读操作产生通常的读控制信号,为 PDT 写操作产生通常的写控制信号。例如,从 CE0 空间的 SDRAM 进行 PDT 读操作时,EMIF 触发 CE0 有效,并驱动相应的 SDRAM 控制信号。

(2) 产生 PDT 控制信号。PDT 在传输期间保持为低,如果 PDT 传输涉及 SDRAM,控制信号还包括 PDT 地址(EMIFA 的 EA19,EMIFB 的 EA17)。PDT 地址信号会在发出 ACTV 命令时(RAS 周期)变低,提前标识正准备进行 PDT 传输,可以用于使能总线开关或者系统的其他外部辅助逻辑。

(3) 驱动 EMIF 数据管脚 Edx 进入高阻。

8.1.4 EMIF 访问的仲裁

1. C620x/C670x 存储器申请优先级

表 8.4 列出了 C620x/C670x 中提交给 EMIF 的访问申请的优先级次序。其中根据 DMA 控制寄存器中 PRI 位的设置,DMA 的优先级可以不同。

表 8.4 C620x/C670x 存储器申请优先级

优 先 级	申请者 当 PRI=1	申请者 当 PRI=0
最高级	外部保持	外部保持
	SDRAM 模式寄存器设置	SDRAM 模式寄存器设置
	SDRAM 紧急刷新	SDRAM 紧急刷新
	DMC†	DMC†
	PMC‡	PMC‡
	DMA 控制器	DMA 控制器
最低级	SDRAM 刷新	SDRAM 刷新

†DMC:数据存储器控制器;
‡PMC:程序存储器控制器。

一旦某个申请者(Requester,例如刷新控制器)根据优先级获得了 EMIF 所有权,这一所有权会一直保留到该申请者放弃请求,或者是有更高优先级的申请者提出申请。其间即便有新的申请出现,EMIF 也不会受理。在新的申请开始得到处理之前,对于已经获得处理权的前一个申请者,其尚未完成的操作部分可以优先继续完成。

EMIF GLBCTL 寄存器中的 RBTR8 位负责控制权的转移时机。如果 RBTR8=0,一旦更高优先级的申请者申请 EMIF,控制权立即转移。若 RBTR8=1,控制权不会立即转移给优先级更高的申请者,只有当前的拥有者释放控制权,或者当前拥有者已经有 8 次请求被响应时,才会进行控制权转移。

2. C621x/C671x/C64x 存储器申请优先级

C621x/C671x/C64x 中 DMC 控制器、PMC 控制器和 EDMA 的访问申请都转由 EDMA 控制器处理。EMIF 处理的访问优先级如表 8.5 所示。

表 8.5 C621x/C671x/C64x 存储器申请优先级

优 先 级	申 请 者
最高	外部保持
	SDRAM 模式寄存器设置
	SDRAM 刷新
最低	EDMA

8.2 内存访问控制器

8.2.1 概述

直接存储器访问(Direct Memory Access,DMA)是 C6000 DSP 中一种重要的数据访问方式,它可以在没有 CPU 参与的情况下,由 DMA 控制器完成 DSP 存储空间内的数据搬移。数据搬移的源/目的可以是片内存储器、片内外设或外部器件。

C6000 的 DMA 具有 4 个相互独立的传输通道,允许进行 4 个不同任务的 DMA 传输。另外还有 1 个辅助通道专用于主机口的数据传输。

下面是 DMA 控制器的主要特点。

(1) 后台操作:DMA 控制器可以独立于 CPU 工作。

(2) 高吞吐率:可以在一个 CPU 时钟周期内完成单元数据的传输。

(3) 4 个通道:DMA 控制器可以控制 4 个独立通道的传输。

(4) 辅助通道:主机口用辅助通道来访问 CPU 的内存空间,辅助通道与其他通道间的优先级可以设置。

(5) 单通道分割(split-channel)操作:利用单个通道可以与一个外设间进行双向数据传输,就像存在 2 个 DMA 通道一样。

(6) 多帧(frame)传输:传送的数据块可以分为多个数据帧。

(7) 优先级可编程:每一个通道对于 CPU 的优先级可编程设置。

(8) 地址产生方式可编程:每个通道的源地址寄存器和目标地址寄存器对于每次读写都是可配置的。地址可以是常量、递增、递减或者是设定地址索引值。

(9) 32 位地址范围:DMA 控制器可以对下列任何一个地址映射区域进行访问。

① 片内数据存储器。

② 片内程序存储器(在存储器映射模式下)。

③ 片内的集成外设。

④ 通过 EMIF 接口的外部存储器。

⑤ 扩展总线上的扩展存储器。

(10) 数据的字长可编程:每个通道可以独立设置数据单元为字节、半字(16 位)或字(32 位)。

(11) 自动初始化:每传送完一个数据块,DMA 通道会自动配置下一批数据块的传送参数,为下一个数据块的传送做好准备。

(12) 事件同步:读操作、写操作以及一帧数据操作都可以由指定事件触发同步。

(13) 中断反馈:一帧或一块数据传送完毕,或是出现错误时,每一个通道都可以向 CPU 发出中断。

在下面的介绍之前,需要先介绍一下 C6000 的 DMA 传输中的几个概念:

① 数据的读传输(read transfer)　DMA 控制器从源地址中读出数据。

② 数据的写传输(write transfer)　DMA 控制器将读出的数据写入目的地址中。

③ 数据单元传输(element transfer) 数据的读传输和写传输的结合。

④ 一帧传输(frame transfer) 传输一定数量的数据单元构成一个传输帧,帧的大小可编程设置。

⑤ 块传输(block transfer) 若干帧的数据传输构成一个块传输,每个 DMA 通道也可以独立定义每块中帧的数量。

⑥ 发送数据单元的传输(transmit element transfer) 在通道分裂模式下,数据单元从源地址中读出并写入分裂目的地址。

⑦ 接收数据单元的传输(receive element transfer) 在通道分裂模式下,数据单元从分裂源地址中读出并写入目的地址。

8.2.2 DMA 寄存器

每一个 DMA 通道都有一套寄存器完成传输控制,启动 DMA 之前,必须对它们进行初始化。表 8.6 列出了有关的控制寄存器及其映射地址。

表 8.6 DMA 控制寄存器

地　址	缩　写	寄存器名称
0184 0000	PRICTL0	DMA 通道 0 主控制
0184 0008	SECCTL0	DMA 通道 0 副控制
0184 0010	SRC0	DMA 通道 0 源地址
0184 0018	DST0	DMA 通道 0 目的地址
0184 0020	XFRCNT0	DMA 通道 0 传输计数
0184 0040	PRICTL1	DMA 通道 1 主控制
0184 0048	SECCTL1	DMA 通道 1 副控制
0184 0050	SRC1	DMA 通道 1 源地址
0184 0058	DST1	DMA 通道 1 目的地址
0184 0060	XFRCNT1	DMA 通道 1 传输计数
0184 0004	PRICTL2	DMA 通道 2 主控制
0184 000C	SECCTL2	DMA 通道 2 副控制
0184 0014	SRC2	DMA 通道 2 源地址
0184 001C	DST2	DMA 通道 2 目的地址
0184 0024	XFRCNT2	DMA 通道 2 传输计数
0184 0044	PRICTL3	DMA 通道 3 主控制
0184 004C	SECCTL3	DMA 通道 3 副控制
0184 0054	SRC3	DMA 通道 3 源地址
0184 005C	DST3	DMA 通道 3 目的地址

续表

地　　址	缩　　写	寄存器名称
0184 0064	XFRCNT3	DMA 通道 3 传输计数
0184 0028	GBLCNTA	DMA 全局计数重载寄存器 A
0184 002C	GBLCNTB	DMA 全局计数重载寄存器 B
0184 0030	GBLIDXA	DMA 全局地址寄存器 A
0184 0034	GBLIDXB	DMA 全局地址寄存器 B
0184 0038	GBLADDRA	DMA 全局索引寄存器 A
0184 003C	GBLADDRB	DMA 全局索引寄存器 B
0184 0068	GBLADDRC	DMA 全局地址寄存器 C
0184 006C	GBLADDRD	DMA 全局地址寄存器 D
0184 0070	AUXCTL	DMA 辅助控制

DMA 主控制寄存器(PRICTL)分别独立控制各个 DMA 通道,如表 8.7 所示。

表 8.7　DMA 主控制寄存器各字段的说明

位	31～30	28～29	27	26	25	24	23～19	18～14	13
控制域	DST ELOAD	SRC RELOAD	EMOD	FS	TCINT	PRI	WSYNC	RSYNC	INDEX
控制作用	自动初始化模式下,目的/源地址的重载设置		仿真模式	帧同步	传输控制中断	优先级模式	写传输同步	读传输同步	索引寄存器选择

位	12	11～10	9～8	7～6	5～4	3～2	1～0
控制域	CNT RELOAD	SPLIT	ESIZE	DST DIR	SRC DIR	STATUS	START
控制作用	自动初始化模式或多帧模式下,传输计数的重载	分裂通道模式	数据单元大小	数据单元传输后,目的/源地址修改方式		DMA 工作状态	DMA 启动控制

DMA 通道副控制寄存器(SECCTL)用于一个帧同步数据传输的控制,如表 8.8 所示。DMA 其他寄存器具体类型和字段含义可以参考不同类型芯片各自的用户指南。

表 8.8　DMA 通道副控制寄存器字段的说明

位	31～22	21	20	19	18～16	15
控制域	保留	WSPOL	RSPOL	FSIG	DMAC EN	WSYNC CLR
控制作用		写/读同步事件极性(不包括 C6201 和 C6701),在 EXT_INTx 选择之后有效		电平/沿检测模式选择(不包括 C6201 和 C6701),在非帧同步传输时必须置 0	DMAC 管脚控制	写同步状态清除

续表

位	14	13	12	11	10	9	8	7
控制域	WSYNC STAT	RSYNC CLR	RSYNC STAT	WDROP IE	WDROP COND	RDROP IE	RDROP COND	BLOCK IE
控制作用	写同步状态	读同步状态清除	读同步状态	写同步拥挤中断使能	写同步拥挤事件	读同步拥挤中断使能	读同步拥挤事件	块传输结束中断使能

位	6	5	4	3	2	1	0
控制域	BLOCK COND	LAST IE	LAST COND	FRAME IE	FRAME COND	SX IE	SX COND
控制作用	块传输完成条件	最后一帧结束中断使能	最后一帧结束事件	帧完成中断使能	帧完成条件	分裂传输中发送过分超前于接收 中断使能	分裂发送条件

8.2.3 DMA 的初始化和启动

启动 DMA 必须按照下列步骤设置有关控制寄存器：

(1) 设置 DMA 通道 PRICTL 寄存器的 START=00b。

(2) 设置 DMA 通道 SECCTL 寄存器。

(3) 设置 DMA 通道源/目的地址寄存器，以及传输计数寄存器。

(4) 向 PRICTL 寄存器 START 域写 01b 或者 11b，启动传输。

每一个 DMA 通道都可以独立启动、暂停和停止。启动可以由 CPU 程序控制，也可以由 DMA 控制器自动初始化启动。DMA 通道 PRICTL 寄存器的 STATUS 域表明了相应 DMA 通道的当前状态。

1. 手工启动

向 DMA 主控制寄存器 START 域写入 01b 将立即启动该通道的 DMA。一旦启动，STATUS 的值变成 01b。

2. 暂停操作

DMA 执行期间，向 START 写 10b 可以暂停 DMA 传输。如果某个数据单元传输的读传输过程已经完成，此时 DMA 通道会继续完成对应的写传输。STATUS 在 DMA 完成当前写传送后变为 10b。

3. 停止操作

START=00b 时，DMA 控制器被停止。停止操作和暂停操作类似，除非是 DMA 工作于自动初始化模式下，否则一旦 DMA 完成数据传输，该通道便进入停止状态，STATUS 的值变为 00b。

4. 自动初始化

向主控制寄存器 START 位写入 11b 将以自动初始化方式启动 DMA。每次块传送任务完成后，DMA 控制器会自动调用 DMA 全局数据寄存器的值重新设置有关传输参数，为下一批数据传送做准备。自动初始化可以使DMA进行连续操作和重复操作。

1）连续操作

通常CPU必须在当前DMA任务结束后才能重新设置DMA。利用重载寄存器，CPU可以在传送开始后的任何时间配置下一次传送需要的参数，使DMA连续操作。

2）重复操作

这可以看做是连续操作的一个特例。传送完一块后，DMA控制器将重复前一次相同的块传输。这种情况下，CPU不需要反复设置重载寄存器，而只需在开始传输之前设定一次重载寄存器的值。

对于自动初始化，相邻两次数据传输的参数总是比较相似的。因此，只需对操作过程中值改变的寄存器(传送计数器和地址寄存器)进行重载。DMA传输计数器、源地址寄存器和目的地址寄存器都有其相应的重载寄存器，由该通道主控寄存器的RELOAD域分别选择。一旦当前的传输结束，该通道传输操作有关寄存器的值就会被相应的重载寄存器的值代替。对于多帧数据传输，不论是否使能自动初始化模式，每帧数据传输完毕，都需要重载传输计数器。

在自动初始化模式下，如果DMA传输地址固定，可以设定不重载地址寄存器，从而节省一个DMA全局寄存器资源。

8.2.4 DMA的传输控制

1. DMA传输计数

DMA的通道传输计数寄存器包含两部分，分别负责当前传输的帧计数和每帧的数据单元计数，如图8.5所示。DMA的全局计数重装载寄存器结构与传输计数寄存器的结构相同，如图8.6所示，负责在传输过程中对计数器进行重新加载。

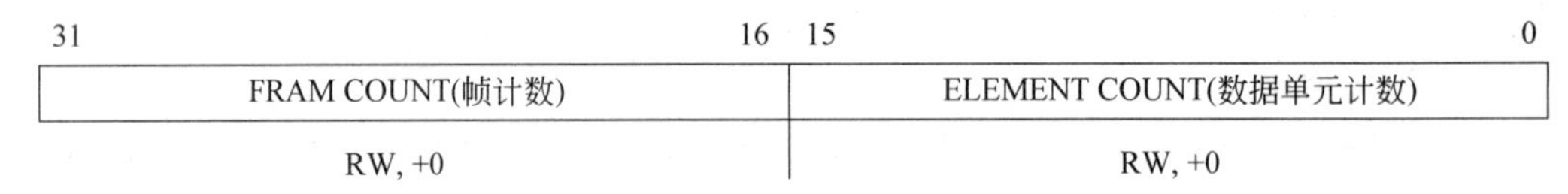

图8.5 DMA的通道传输计数寄存器

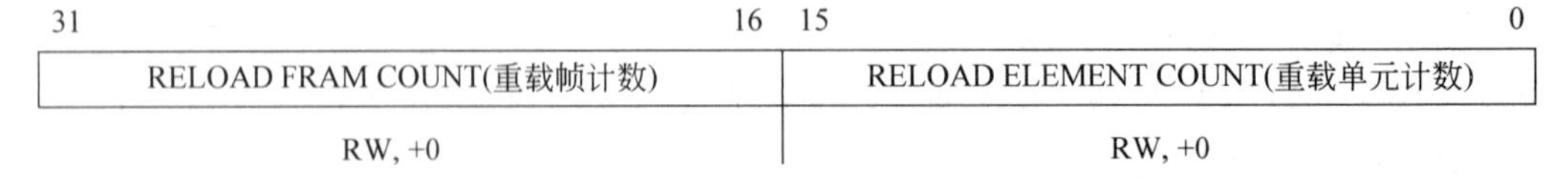

图8.6 DMA的全局计数重装载寄存器

FRAME COUNT：

字段内16位无符号数记录了当前传输数据块的帧数，每块最多包含65 535帧。当一帧内的最后一个读操作完成后，该值递减。最后一帧传送完毕后，整个计数器会被由DMA通道主控寄存器的CNT RELOAD域所指定的DMA全局计数重载寄存器内的值重载。FRAME COUNT最小值为1(若设置为0，将当做1处理)。

ELEMENT COUNT：

16位无符号数，记录每帧传输的数据单元个数。每次数据单元的读传输完成后，该值减1。每帧最多包含65 535个数据单元。最后一个数据单元传输完成后，该字段会被DMA全局计数重载寄存器(由DMA通道主控寄存器的CNTRELOAD域选择)的低16位值重载。块传输开始时，计数器及其对应的全局计数重载寄存器的ELEMENT COUNT字段的值必须相同，以保证每帧长度相同。除了自动初始化模式下需要这种重载以外，对于多帧数据传送，也需要数据单元计数的重加载，因此也必须设定重载值。如果数据单元计数初值为0，操作无效。

2. DMA传输的同步控制

同步机制使用户可以利用某些事件来触发DMA的传输过程。每一个通道可以有3种同步方式：

(1) 读同步　每次读传输都等待选定的事件发生后再进行。

(2) 写同步　每次写传输都等待选定的事件发生后再进行。

(3) 帧同步　每帧的传输都等待选定的事件发生后再进行。

同步事件的选择由DMA通道主控寄存器的RSYNC和WSYNC这两个域控制。如果该寄存器的FS=1，那么由RSYNC选定的事件就作为整个帧的同步事件，这时WSYNC必须设置为00000b。如果该通道设置为分裂模式(SPLIT≠00b)，那么RSYNC和WSYNC必须设为非0值(必须设置同步触发事件)。表8.9列出了这两个域和同步事件的对应关系。

表8.9　RSYNC和WSYNC字段事件号和同步事件

事件号(二进制)	事件简写	事件描述
00000	无	无同步
00001	TINT0	定时器0中断
00010	TINT1	定时器1中断
00011	SD_INT	EMIF SDRAM定时器中断
00100	EXT_INT4	外部中断引脚4
00101	EXT_INT5	外部中断引脚5
00110	EXT_INT6	外部中断引脚6
00111	EXT_INT7	外部中断引脚7
01000	DMA_INT0	DMA通道0中断
01001	DMA_INT1	DMA通道1中断
01010	DMA_INT2	DMA通道2中断
01011	DMA_INT3	DMA通道3中断
01100	XEVT0	McBSP 0传送事件
01101	REVT0	McBSP 0接收事件

续表

事件号(二进制)	事 件 简 写	事 件 描 述
01110	XEVT1	McBSP 1 传送事件
01111	REVT1	McBSP 1 接收事件
10000	DSPINT	主处理器到 DSP 的中断
10001	XEVT2	McBSP 2 传送事件
10010	REVT2	McBSP 2 接收事件
10011～11111	保留	—

DMA 通道副控寄存器中的 STAT 和 CLR 位与同步事件的控制有关。指定事件的相关信号由低变高时，该通道将捕获同步事件，并导致对应的 STAT 字段被置位。单个事件可以用来触发多个动作。在触发事件的相关操作完成后，捕获事件的 STAT 位将自动清除。用户也可以通过分别向 STAT 和 CLR 写 1，手工设置或清除事件的发生状态。例如，在块传输开始前清除刚发生的事件，可以强行让 DMA 通道等待下一个事件，或者在块传输开始前手工设置事件，强行开始传输第 1 个数据单元。事件标志应尽可能早地被清除，以使两个同步事件之间的时间间隔尽量小。对 STAT 和 CLR 置 0 无效。手工清除与设置的优先级总是高于任何自动清除与设置。

C6202(B)/C6203(B)/C6204/C6205 中 DMA 对外部同步事件的捕获方式更加灵活，通道副控寄存器增加了 3 个控制位：WSPOL、REPOL 和 FSIG。利用 WSPOL 和 REPOL 可以选择外部同步事件信号的触发极性。在帧传输模式下，FSIG 位可控在突发(burst)传输过程中不再将外部中断信号识别为同步事件，DMA 通道监控自己的突发状态，在当前帧传送完成后才重新捕获同步事件。这种新的同步模式为 FIFO 接口提供了更好的支持。

例如，设计人员有时希望利用 FIFO 中某些数据容量的标志信号(FIFO 满/空等)作为同步事件的触发信号，当这些信号有效时，如果 DMA 已经响应该事件并开始读取 FIFO(于是该同步事件自动清除)，而此时又有新的数据被写入 FIFO，那么这时 FIFO 标志信号再次输出有效，又会触发一个读同步事件。通过设置 FSIG 位，就可以避免由上述情况引起的 DMA 误操作。

8.2.5 地址的产生

每一个 DMA 通道都提供了 32 位的源地址寄存器和目的地址寄存器，分别存放下次读传输和写传输的操作地址。DMA 控制器提供了多种地址产生方式，可以支持不同结构数据的传输。例如，DMA 传输过程中可以对来自多个数据源的数据进行归类重组，或者对一个矩阵进行转置。

DMA 传输地址有基本调整和索引值调整这两种调整方式。基本调整是指设置传输地址按数据字长大小递增、递减或固定不变；索引值调整是指采用全局索引寄存器的值修改地址。

主控寄存器的 INDEX 字段可选择该 DMA 通道使用的全局索引寄存器。采用索引值调整时，会根据传输的数据是否为当前帧的最后一个数据单元来进行不同的地址调整。全局索引寄存器的 LSB 16 是单元索引(ELEMENT INDEX)，存放普通调整值，MSB 16 作为帧索引(FRAME INDEX)，存放帧尾调整值，2 个索引值都是 16 位有符号数。每一帧除了最后一次数据传输，其余传输都由 ELEMENT INDEX 作为地址的调整量；如果读写的是该帧最后一个数据单元，则由 FRAME INDEX 进行地址调整。

8.2.6 通道的分裂操作

一般 DMA 操作都是单向的数据传输，通道分裂操作下可以利用 1 个 DMA 通道为地址固定的外设同时提供双向数据流传输。

1. DMA 分裂操作

分裂通道操作分为发送数据单元的传输和接收数据单元的传输，每种传输都包括一次读操作和一次写操作，二者依次执行。为了完成双向数据流的传输，需要利用全局地址寄存器(Global Address Register)提供第 2 套源/目的地址，称为分裂源地址/分裂目标地址。

1) 发送数据单元的传输

(1) 发送读传输 DMA 通道从源地址读出数据，然后按照设置参数对源地址进行调整，传送计数加 1。此事件没有同步。

(2) 发送写传输由发送读传输得到的数据被写入分裂目标地址，此过程具有 WSYNC 字段所指定的事件同步关系。

2) 接收数据单元的传输

(1) 接收读传输 DMA 通道从分裂源地址读出数据，此过程具有 RSYNC 字段所指定的事件同步关系。

(2) 接收写传输由接收读传输得到的数据被写入目标地址，然后按照设置参数对目标地址进行调整。此事件没有同步。

由于每个通道只有 1 个传输计数器，因此收/发操作的帧计数以及每帧的单元个数必须相同。为了让分裂通道正常操作，RSYNC 和 WSYNC 字段必须设为非 0 值，同时禁止帧同步方式。

以上传输过程中，发送数据单元传输并不需要等前一次接收数据单元传输完成后才进行。这意味着在分裂通道模式下，发送数据流有可能超前于接收数据流。DMA 通道的硬件会自动维持其内部状态，使发送数据单元传输的次数不会超前接收数据单元传输的次数 7 次，以免发生意外。整个发送数据单元传输结束后，源地址寄存器重新初始化。

2. 分裂地址产生

由 DMA 主控寄存器的 SPLIT 字段选择相应的 DMA 全局地址寄存器可作为分裂地址寄存器：

(1) 分裂源地址作为 C6000 的输入数据流的地址，保存在选定的 DMA 全局地址寄存器里。

(2) 分裂目标地址作为 C6000 的输出数据流地址，固定比分裂源地址大 1 个字(word)。

分裂地址寄存器的最低 3 位固定为 0，以确保分裂源地址始终在偶数个字的边界上，因此分裂目标地址是在奇数个字的边界上。对于外部设备，用户在设计地址译码时必须符合这个规定。

8.2.7 资源仲裁和优先级设置

DMA 访问可能会与 CPU 访问产生资源冲突。用户可以通过设置优先级确定哪个请求者先获得资源的控制权。

优先级的设置包括两方面：

(1) DMA 与 CPU 之间的优先级。

通道主控寄存器的 PRI 位决定每一个 DMA 通道与 CPU 访问之间的优先级，辅助控制寄存器中的 AUXPRI 位决定辅助通道和 CPU 之间的优先级。

(2) DMA 通道之间的优先级。

4 个通道的优先级是固定的，通道 0 最高，通道 3 最低。辅助通道的优先级可由辅助控制寄存器中的 CHPRI 位任意设置。分裂通道模式下发送部分的优先级高于接收部分。

如果同时有多个通道以及 CPU 请求访问同一资源，首先进行 DMA 通道间的仲裁，然后，比较在 DMA 通道间优先级最高的通道和 CPU 的优先级。

DMA 通道间的优先级仲裁在每个 CPU 时钟周期独立进行。任何通道在等待同步事件期间会将控制权暂时交给较低优先级的通道，收到同步信号后，再重新取回控制权。进行通道转换时，允许当前通道已经进行的所有读操作继续执行。当 DMA 控制器决定了哪一个通道可以获得控制权之后，新的通道开始读传输，此时允许前一个通道完成其剩余的写传输。

8.2.8 DMA 通道的状态

用户可以通过 DMA 通道副控寄存器中的若干 COND 标志位判断 DMA 的工作状态。各 COND 标志对应的 IE 位(中断允许)控制 DMA 通道中断 CPU 的方式。如果某个状态对应的正位被使能，则该状态可以触发通道的中断信号。当该通道 TCINT 置 1 时，所有的状态标志位相“或”产生的中断申请将触发中断信号 DMA INTx 送往 CPU。

副控寄存器中的 SX COND、WDROP COND 和 RDROP COND 是出错警告标志，一旦它们被触发并被使能，不论 TCINT 设置如何，都会立即使 DMA 通道进入暂停状态。对 COND 位写 1 操作无效，即用户不能以手工方式强制触发某个状态。

另外，DSP 还提供了 4 个输出管脚：DMACO～DMAC3(DMA Action Complete Pins)，可以向外部逻辑反馈 DMA 传输同步状态。通过 DMA 副控寄存器的 DMAC EN 字段，可以选择 DMAC 管脚是映射 RSYNC STAT、WSYNC STAT、BLOCK COND 状态还是 FRAME COND 状态，或是作为通用输出口。在输出前，DMAC 信号会由 CLKOUT1 同步，输出信号的最小宽度为 CLKOUT1 周期的 2 倍。

8.3 增强型直接存储器访问

8.3.1 概述

增强型直接存储器访问(EDMA)是 TMS320C621x/C671x/C64x 系列特有的访问方式。EDMA 控制所有二级高速缓存和 DSP 外设之间的数据传输，如图 8.7 所示。

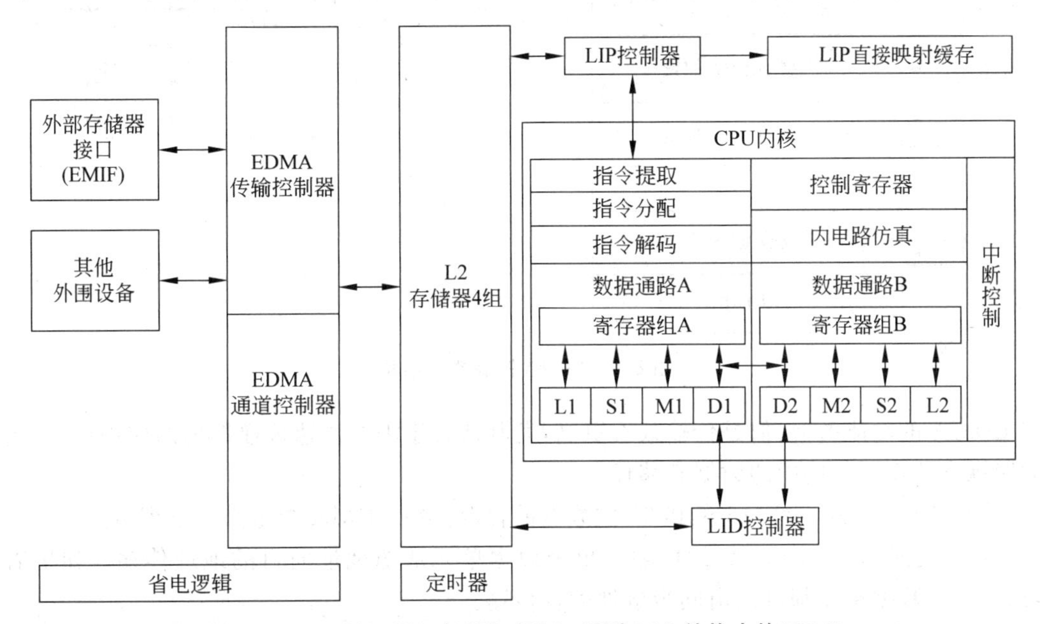

图 8.7 TMS320C621x/C671x/C64x 系列 DSP 结构中的 EDMA

C621x/C671x/C64x 中，EDMA 控制器负责片内 L2 存储器与其他外设之间的数据传输。EDMA 控制器和 DMA 在结构上有很大的不同。其增强之处包括：

(1) 提供了 16/64 个通道。

(2) 通道间的优先级可设置。

(3) 支持不同结构数据传输的链接。

EDMA 控制器(如图 8.8 所示)由以下几部分组成：

(1) 事件和中断处理寄存器。

(2) 事件编码器。

(3) 参数 RAM。

(4) 硬件地址产生。

其中，事件寄存器控制对 EDMA 事件进行捕获。一个事件相当于一个同步信号，由它触发一个 EDMA 通道开始数据传输。如果有多个事件同时发生，则由事件编码器对它们进行分辨。EDMA 的参数 RAM 中存放了有关的传输参数，这些参数会被送入地址发生器硬件，进而产生读写操作所需要的地址。

C621x/C671x/C64x 中还提供了另外一种传输方式：快速 DMA(QDMA)。QDMA

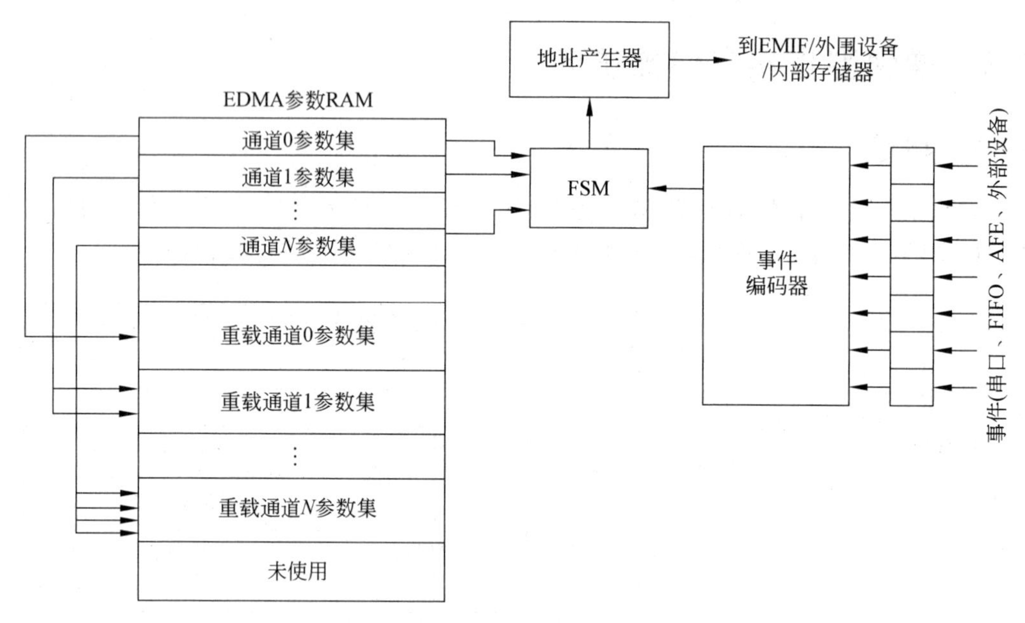

图 8.8　EDMA 控制器的结构

与 EDMA 的功能类似,但是传输效率更高,尤其适合于需要快速传递数据的应用场合,例如紧耦合的循环代码中的数据搬移任务。

EDMA 支持对 8 位、16 位和 32 位数据的存取。在 EDMA 中定义了下列概念:

(1) 数据单元(element)的传输。单个数据单元从源地址向目的地址传输。如果需要,每一个数据单元都可以由同步事件触发传输。

(2) 帧(frame)。1 组数据单元组成 1 帧。1 帧中的数据单元可以是相邻连续存放的,也可以是间隔存放的。帧传输可以选择是否受同步事件控制。"帧"一般在一维传输中提及。

(3) 阵列(array)。1 组连续的数据单元组成 1 个阵列。在 1 个阵列中的数据单元不允许间隔存放。一个阵列的传输可以选择是否受同步事件控制。"阵列"一般在二维传输中提及。

(4) 块(block)。多个帧或者多个阵列的数据组成 1 个数据块。

(5) 一维(1D)传输。多个数据帧组成 1 个 1D 的数据传输。block 中帧的个数可以是 1～65 536(相应的 FRMCNT 值为 0～65 535)。每一单元或每一帧传输都可以一次完成。

(6) 二维(2D)传输。多个数据阵列组成 1 个 2D 的数据传输。第一维是阵列中的数据单元,第二维是阵列的个数。block 中阵列的个数可以是 0～65 535(相应的 FRMCNT 值为 0～65 535)。每一阵列或者整个块传输可以一次完成。

8.3.2　EDMA 控制机制

1. EDMA 控制寄存器

EDMA 有 64 个(C64x)或 16 个(C621x/C671x)通道,每个通道都有一个事件与之关联,由这些事件触发相应通道的传输。基本上控制寄存器的每一位对应一个事件的控制。

事件寄存器(ER)可获取所有事件(包括事件被禁止的情况),TMS320C621x/C671x只有一个事件寄存器,而TMS320C64x有事件低位寄存器(ERL)和事件高位寄存器(ERH)两个事件寄存器。

事件使能寄存器(EER)可以使能(置1)/禁止事件(清0)。不论事件是否被使能,EDMA都会捕获该事件,以保证EDMA不会遗漏发生的任何事件。这类似于中断使能和中断标志之间的关系。一旦重新使能某个在ER中记录有效的时间,EDMA控制器按照优先级对该事件进行处理。

事件寄存器中有效标志有自动清除和手工清除两种清除方式。如果该事件被使能,那么一旦EDMA响应事件进行传输,相应的标志将自动清除。如果该事件被禁止,可以通过向事件清除寄存器(ECR、ECRL和ECRH)对应位写1,完成对该事件标志的手工清除。事件置位寄存器(ESR、ESRL和ESRH)可以实现事件标志的手工设置。

C621x/C671x中由事件信号的上升沿触发EDMA控制器,C64x中增加了EPRL和EPRH寄存器,可以选择事件的触发极性(上升沿或者下降沿)。

事件的捕获由事件寄存器完成。如果多个事件同时发生,则由事件编码器将同时发生的事件进行排序,并决定处理的顺序。

2. 传输参数与参数RAM

EDMA控制器与DMA控制器在结构上有所区别。C620x/C670x的DMA控制器是基于寄存器结构的,而C621x/C671x/C64x的EDMA控制器是基于RAM结构的。

1) 参数RAM

参数RAM(Parameter RAM,PaRAM)的容量为2KB,总共可以存放85组EDMA传输控制参数。多组参数还可以彼此连接起来,从而实现某些复杂数据流的传输,例如循环缓存(circular buffer)和数据排序等。

参数RAM中保存的内容包括:

(1) 16个(C621x/C671x)或64个(C64x) EDMA通道对应的入口传输参数,每组参数包括6个字(24字节)。

(2) 用于重加载/链接的传输参数组,每组参数包括24字节。

(3) 空闲的8字节RAM可以作为“草稿区”(scratch pad area,暂存区)。实际上,只要该区域对应的事件被禁止(意味着不会用到该参数区),EDMA PaRAM的任何部分甚至整个PaRAM都可以用做“草稿区”。如果该事件后来又被使能,则用户必须合理设置其相关的传输参数。

一旦捕获到某个事件,控制器将从PaRAM顶部的16/64组入口参数中读取事件对应的控制参数,送往地址发生器硬件。

2) EDMA的传输参数

图8.9给出了1组EDMA传输参数的内部结构,总共6个字(32位/字) 192位。

(1) EDMA可选参数(OPT)。

图8.10为EDMA通道参数入口中的可选参数(OPT)的控制位。

(2) EDMA通道SRC/DST地址参数。

31　　　　16	15　　　　0	
选项(OPT)		字0
源地址(SRC)		字1
阵列/帧计数(FRMCNT)	单元计数(ELECNT)	字2
目的地址(DST)		字3
阵列/帧索引(FRMIDX)	单元地址索引(ELEIDX)	字4
单元计数重载(ELERLD)	链接地址(LINK)	字5

图 8.9　DMA 的参数存储结构

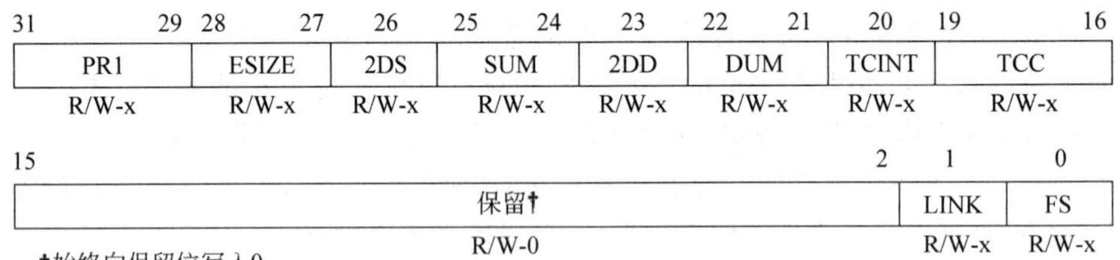

†始终向保留位写入0

注：R/W:读/写，-x：复位后不确定的值

图 8.10　EDMA 通道参数可选参数控制位

EDMA 通道参数中 32 位 SRC/DST 地址参数存放 EDMA 访问起始的源地址和目标地址，可以通过可选参数中的 SUM/DUM 位设定对 SRC/DST 地址的修改方式。

(3) 数据单元计数(Element Count，ELECNT)。

数据单元计数是一个 16 位无符号数，为一帧(1D 传输)或者一个阵列(2D 传输)中的单元个数，其有效范围为 1～65 535。如果该值为 0，操作无效。

(4) 帧/阵列计数(Frame/Array Count，FRMCNT)。

帧/阵列计数为 16 位的有符号数，存放一个 1D 传输帧的个数或者 2D 传输阵列的个数。传输的帧/阵列的最大值为 65 536。当计数值为 0 时，为一个帧/阵列；当计数值为 1 时，为两个帧/阵列。

(5) 数据单元和帧/阵列索引(Element/Frame/Array Index，ELEIDX，FRMIDX)。

数据单元索引和帧/阵列索引段为 16 位有符号数，作为地址修改的索引值。数据单元仅用于 1D 传输中，为每一帧传输中的下一数据单元提供了地址的偏移值(2D 传输不允许数据单元间隔存放)。帧/阵列索引用于控制帧/阵列的地址索引值，帧索引用于 1D 传输，阵列索引用于 2D 传输。

(6) 数据单元计数的重载(Element Count Reload，ELERLD)。

单元计数的重载为 16 位的无符号数，当一帧中最后一个数据单元传输后，重新加载传输计数值。该参数只应用于 1D 的同步传输；对于多帧传输，单元计数的重载是必须的。

(7) 链接地址(Link Address，LINK)。

16 位无符号数。EDMA 提供了一种链接多组 EDMA 传输的机制，与 DMA 中的自动初始化类似。EDMA 参数 RAM 的 16 位链接地址定义了在多 EDMA 帧传输中，下一个事件触发 EDMA 传输采用参数的装载或者重装载入口地址的低 16 位。由于整个 EDMA 参数 RAM 位于 01A0xxxxh 区，因此只需要 16 位确定低位地址就足够了。

8.3.3　EDMA 的传输操作

1. EDMA 传输启动

EDMA 有两种启动方式，一种由 CPU 启动；另一种是触发事件启动。每个 EDMA 通道的启动是相互独立的。

1）CPU 启动 EDMA

CPU 可以通过向 ESR 相应的事件位写入 1 来触发一个 EDMA 通道事件。与通常的事件类似，EDMA 的 PaRAM 中的传输参数被送到地址产生功能模块，以执行对 EMIF、L2 存储器以及外设的访问。由 CPU 初始化的 EDMA 属非同步数据传输。在 EER 中对事件的使能与否不会对 EDMA 传输的初始化造成影响。

2）事件触发 EDMA

事件编码器捕获一个触发事件并锁存到 ER 寄存器，将导致 PaRAM 中对应的参数被送到地址产生功能模块，并执行请求访问。尽管由事件触发该传输，但事件本身必须先由 CPU 使能。EER 寄存器负责该事件的使能控制。

事件同步触发 EDMA 传输时，该事件可以是外围设备、外部硬件的中断或者 EDMA 通道结束事件。事件和通道是固定的，每个 EDMA 通道都有与它相关的事件。事件的优先级能够通过存储在 EDMA 参数 RAM 中的传输参数独立设定。

EDMA 有两种同步传输方式：

（1）读写同步（R/WSYNC，FS=0）。

在 1D 传输中，每个 EDMA 通道收到读写同步事件后，从源地址向目的地址传输 1 个数据单元。在 2D 传输中，EDMA 通道的 R/WSYNC 事件将触发 1 个阵列的传输。

（2）帧/块同步（FS=1）。

EDMA 通道可选参数的 FS=1 时，对 1D 传输，同步事件会触发 1 帧数据的传输；对于 2D 传输，帧同步将导致整个数据块（1 组阵列）被传输。

2. 传输计数与地址更新

1）单元和帧/阵列

EDMA 参数 RAM 中有 2 个 16 位无符号的单元计数（ELECNT）和帧/阵列计数（FRMCNT），另外还有 16 位有符号的单元索引（ELEIDX）和帧索引（FRMIDX）。帧或阵列（二维传输）中单元计数最大值为 65 535，块中帧数的最大值为 65 536。

对应于某个事件相关的传输，数据单元和帧计数的更新取决于传输类型（1D 或 2D），以及同步方式的设置，表 8.10 总结了这些不同的计数更新方式。

表 8.10　EDMA 数据单元和帧/阵列计数更新方式

同步方式	传输模式	单元计数更新	帧/阵列计数
单元(FS=0)	1D (2DS&2DD=0)	−1 当 ELECNT=1 时重载	−1 当 ELECNT=1 时重载
阵列(FS=0)	2D(2DS | 2DD=1)	无	−1
帧(FS=1)	1D(2DS&2DD=0)	无	−1
块(FS=1)	2D(2DS | 2DD=1)	无	无

对读同步/写同步(单元同步,FS=0),一维传输的单元计数重载是一种特殊的情况。在这种情况下,根据 SUM/DUM 段的设置,地址由单元大小或单元/帧索引更新。因此,EDMA 控制器通过跟踪单元计数来更新地址。当一个单元同步事件发生在帧的结尾时(ELECNT=1),EDMA 控制器发送传输请求后,用参数 PaRAM 中单元计数段重载 ELECNT。当单元个数为 1 且帧计数非零时单元计数重载发生。对于所有其他类型的传输,不使用 16 位单元计数重载段,因为地址产生硬件直接跟踪地址。

2) 源地址/目的地址的更新

EDMA 传输参数中,SUM/DITM 参数字段可以控制源/目标地址的更新方式。地址更新是指一个数据块的传输过程中源/目标地址的修正,该操作由 EDMA 控制器自动完成。不同的地址更新模式可以使用户创建多种数据结构。需要明确的是,由于地址更新发生在当前传输申请已经发出之后,因此该操作影响的是下一个事件触发的 EDMA 的地址。

地址的更新模式同时取决于源/目的数据类型。例如,一个从一维源到二维目的的传输,要求源地址仍然要在帧的基础上更新(而不是在数据单元的基础上),以便向目的地址提供二维结构的数据。

注意,只要源/目的任何一方是 2D 结构传输时,并且传输是帧同步的(FS=1),则整个数据块都会在帧同步事件的控制下进行传输。因此在这种情况下,没有地址更新的操作。另外,在 EDMA 连接过程中也不会发生地址的修改,而是直接拷贝连接的传输参数组。

3. 单通道 EDMA 参数连接(linking)

与 C620x/C670x 中 DMA 的自动重新初始化功能模式相比,C621x/C671x 的 EDMA 控制器提供了一种更加灵活的传输机制,称为“连接”(linking),可以将不同的 EDMA 传输参数组连接起来,组成一个参数链,为同一个通道服务。在 EDMA 传输中,一次传输任务的结束会自动从参数 RAM 装载下一次传输需要的参数。这一功能可以实现复杂的数据格式控制,例如复杂的排序和循环缓存等。

连接由 EDMA 参数 RAM 中的 16 位连接地址和 LINK 位控制。LINK 位负责连接操作的使能,连接地址用来指向传输链中下一个传输参数组。图 8.11 给出了一个 EDMA 传输参数连接的例子。

连接只有当 LINK=1,并且当前参数组失效之后才会有效。当 EDMA 控制器完成

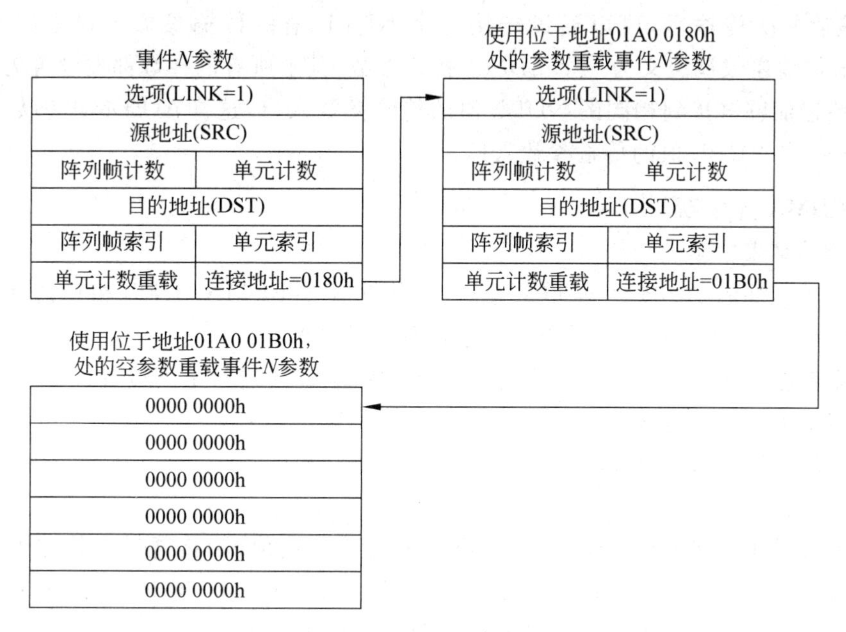

图 8.11 EDMA 传输链

当前传输任务之后,事件对应的参数失效。表 8.11 给出了通道执行连接的条件,图 8.12 给出了一个 EDMA 传输终止的例子。

表 8.11 通道连接的条件

LINK=1	1D 传输	2D 传输
单元/阵列同步(FS=0)	帧计数=0 和单元计数=1	帧计数=0
帧同步(FS=1)	帧计数=0	始终

事件N参数

选项(LINK=1)	
源地址(SRC)	
阵列帧计数	单元计数
目的地址(DST)	
阵列帧索引	单元索引
单元计数重载	连接地址=07E0h

空参数位于地址01A0 07E0h

0000 0000h
0000 0000h
0000 0000h
0000 0000h
0000 0000h
0000 0000h

图 8.12 EDMA 传输终止

如果将一个传输参数入口链接到其本身,则可以重复地自动装载,从而能够循环缓存和重复传输。在一个 EDMA 通道当前传输参数无效后,传输参数被重载,传输重新开始。

一旦相对于一个事件的通道完成条件满足,位于链接地址的传输参数被读入事件参数空间中的对应事件的传输参数入口,此时 EDMA 为下次传输准备就绪。为了消除在参数重载过程中可能产生的时延,EDMA 控制器不在此时对事件寄存器监控,但是,事件仍被 ER 获取,在参数重载完成后被处理。

在最后一次传输后，可以通过链接一个 NULL 值的传输参数入口来终止。一个 NULL 值传输参数被定义为一个 EDMA 传输参数，其中所有的参数都被设置为 0。多个 EDMA 传输能够链接到相同的 NULL 值的传输参数入口，这样在 EDMA 参数 RAM 中只要求有一个 NULL 值的传输参数入口。

4. EDMA 的中断

1) 传输结束中断

EDMA 全部的 16/64 个通道共享一个中断信号 EDMA_INT，相比之下，C620x/C670x 的每一个 DMA 通道都能够产生彼此独立的中断。

如果希望某个 EDMA 通道能够触发 CPU 中断，需要进行下列设置：

(1) CIER 寄存器中 CIE*n* 位设 1。

(2) 使能 TCINT(置 1)。

(3) 设置 TCC 设为 *n*。

EDMA 结束后，EDMA 控制器会根据传输结束代码值(*n*)将通道未处理中断标志寄存器(Channel Interrupt Pending Register，CIPR)，CIPRL 和 CIPRH 的 CIPR*n* 位置 1。如果对应的 CIE*n* 位使能，该通道将触发 EDMA_INT 中断。类似中断标志，不论 CIER 是否使能，只要 TCINT=1，EDMA 通道的结束状态始终会触发 CIPR 寄存器标志。

2) EDMA 中断服务

EDMA 通道数据传输结束后，EDMA 控制器会按照传输结束代码值设置 CIPR 寄存器中的相应位为 1。16/64 个 EDMA 通道共享 1 个 EDMA_INT，因此发生 EDMA 中断时，CPU 的中断服务程序需要读 CIPR 寄存器，判断是否有通道事件发生，以及是哪一个事件，然后进行相应的操作。在中断服务程序中，还需要手工清除 CIPR 中的中断标志，以保证可捕获后续发生的中断。

3) C64x 的可选(Alternate)传输结束中断

除了传输完成中断外，TMS320C64x 的 EDMA 还允许由数据块传输的中间状态产生中断，称为可选(Alternate)传输结束中断。例如，在 1D 单元的同步传输中，在每个数据单元传输完成时触发 Alternate 传输结束中断。

C64x 的 EDMA 可选参数中增加了 2 个字段：Alternate 传输结束中断使能(ATCCINT)和 Alternate 传输结束中断代码(ATCC)，用于完成该功能的控制。其控制方式与传输结束中断类似。

5. 多 EDMA 通道的链接(chaining)

EDMA 控制器还提供了一种通道链接的机制，允许由一个 EDMA 通道的传输结束触发另一个 EDMA 通道的传输。这一功能使用户能够利用某一个外设/外部器件产生的事件，将多个 EDMA 通道的传输操作链接起来。需要注意的是，通道链接(EDMA chaining)不同于前面的参数连接(EDMA linking)。参数连接是利用多组参数依次重加载某一 EDMA 通道参数，而通道链接不会修改/更新任何通道的传输参数，它实质上只是为所链接的通道提供了一个同步事件。通道链接由通道链接使能寄存器(Channel Chain Enable Register，CCER)控制。

对于 TMS320C621x/C671x,用户定义的 4 个 4 位传输完成码可以用来触发其他 EDMA 传输通道的传输,通过设置 TCC 的值为 8、9、10、11,每个 EDMA 通道可以同步该 4 个通道中的任何一个。

TMS320C64x 的 EDMA 传输链接是 TMS320C621x/C671x 传输链接的扩展,TMS320C64x EDMA 的 64 个通道传输完成码中的任何一个可用来触发其他一个通道传输。用户定义的传输完成码扩展为 6 位的 TCCM: TCC 值。

8.3.4 快速 DMA

快速 DMA(QDMA)用于快速的一次性传输,从而不能重载计数或者链接。QMDA 几乎支持 EDMA 所有的传输模式,而且 QDMA 递交传输请求的速度远快于 EDMA。在实际应用中,EDMA 适合完成与外设之间固定周期的数据传输。如果需要 CPU 直接搬移一块数据,则更适合采用 QDMA。

1. QDMA 寄存器

QDMA 的操作由两组存储器映射的寄存器来控制。与 EDMA 传输参数入口寄存器类似。在第一组的 5 个寄存器中定义了 QDMA 传输需要的参数,该参数和 EDMA 的 PaRAM 中内容相似。只是由于 QDMA 用于快速一次性传输,因此没有重载/链接控制参数。QDMA 寄存器结构如图 8.13 所示。第 2 组的 5 个寄存器是第 1 组寄存器的"伪映射"寄存器,如图 8.14 所示。

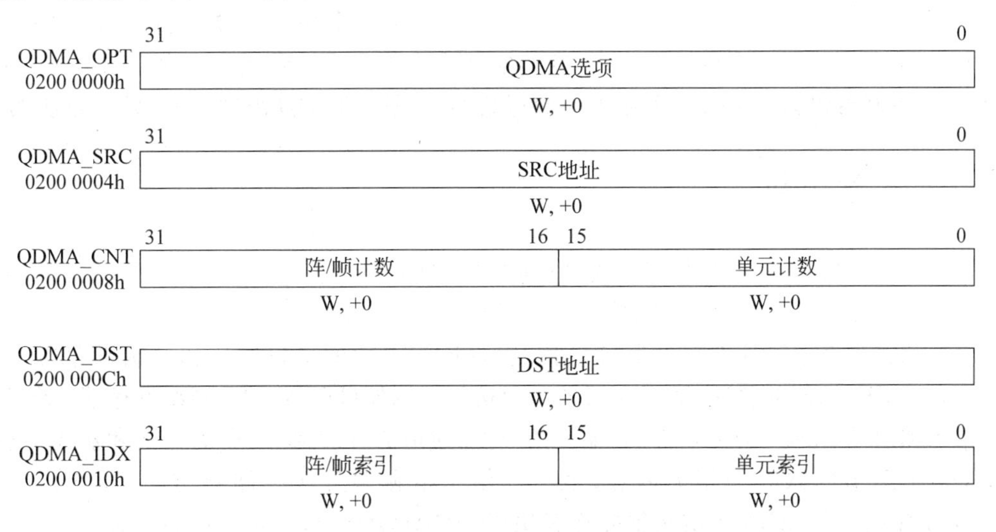

图 8.13 QDMA 的存储器映射的寄存器

尽管 QDMA 的机制并不支持事件链接,但支持中断完成机制,这样使 QDMA 传输完成可以与 EDMA 事件进行链接。QDMA 完成中断的使能与设置方式与 EDMA 完成中断是一样的,QDMA 传输请求具有与 EDMA 一样的优先级限制。

2. DMA 的性能

QDMA 机制在提交 DMA 请求时具有极高的效率。对 QDMA 寄存器的写操作与对

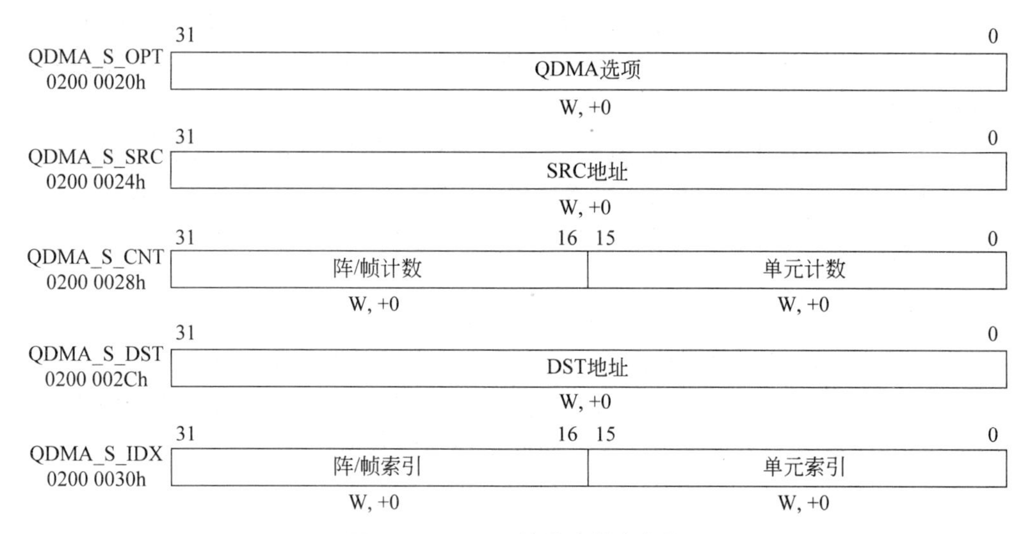

图 8.14　QDMA 的伪映射寄存器

L2 的写操作类似，但不同于对外围的写。一个 QDMA 传输请求只需 1/5 的 CPU 周期(5 个 QDMA 寄存器中每个进行写入操作需要一个周期)来提交，依赖于需要设置的寄存器的数目。因此，可将 QDMA 应用于紧循环算法内。

3. QDMA 的优先级

QDMA 可能在几个条件下出现阻塞。一旦对某一个伪寄存器进行写入，在其后对 QDMA 寄存器的写操作将被阻塞，直到传输请求完成提交。该情况一般需要 2～3 个周期。L2 控制器包括一个有 4 个输入口的写缓冲器，所以通常此阻塞对 CPU 是透明的。

8.4　本章小结

C6000 系列 DSP 片内外设大部分具有相同的操作过程。本章以 EMIF、DMA 和 EDMA 为例介绍了其相关原理、接口信号、控制寄存器和操作。

本章首先介绍了外部存储器接口控制器(EMIF)中的接口信号和控制寄存器、接口设计和 EMIF 访问的仲裁；随后介绍了内存访问控制器(DMA)的 DMA 寄存器、DMA 的初始化和启动、DMA 的传输控制、地址的产生、通道的分裂操作、资源仲裁和优先级设置和 DMA 通道的状态等相关内容；最后介绍了增强型直接存储器访问(EDMA)中的 EDMA 控制机制、EDMA 的传输操作和快速 DMA(QDMA)等相关内容。其他外设有类似的内容，希望同学掌握并能够举一反三推广到其他外设的学习和掌握过程中。

8.5　为进一步深入学习推荐的参考书目

为了进一步深入学习本章有关内容，向读者推荐以下参考书目：

1. 江金龙等编. DSP 技术及应用[M]. 西安：西安电子科技大学出版社，2012.
2. 郑阿奇主编，孙承龙编著. DSP 开发宝典[M]. 北京：电子工业出版社，2012.

3. 邹彦主编. DSP原理及应用[M]. 北京：电子工业出版社，2012.

4. A DSP/BIOS EDMA McBSP Device Driver for TMS320C6x1x DSP(Rev. A), Texas Instruments Incorporated, 01 Jun 2003.

5. A Multichannel Serial Port Driver Using DMA on the TMS320C6000 DSP(Rev. A), Texas Instruments Incorporated, 22 Jun 1999.

6. TMS320C6000 Enhanced DMA: Example Applications (Rev. A), Texas Instruments Incorporated, 24 Oct 2001.

7. TMS320C6000 DMA Example Applications (Rev. A), Texas Instruments Incorporated, 10 Apr 2002.

8. TMS320C6000 EDMA IO Scheduling and Performance, Texas Instruments Incorporated, 05 Mar 2004.

9. TMS320C6000 EMIF to External FIFO Interface, Texas Instruments Incorporated, 19 Apr 1999.

10. TMS320C6000 EMIF to External SBSRAM Interface, Texas Instruments Incorporated, 06 Apr 1999.

11. Comparison of the TMS320C55x DSP EMIF and the TMS320C6000 DSP EMIF, Texas Instruments Incorporated, 28 Feb 2001.

12. TMS320C6000 EMIF to External Asynchronous SRAM Interface(Rev. A), Texas Instruments Incorporated, 31 Aug 2001.

13. Interfacing the TMS320C6000 EMIF to a PCI Bus Using the AMCC S5933 PCI Controller(Rev. A), Texas Instruments Incorporated, 30 Sep 2001.

14. TMS320C6000 EMIF to External Flash Memory(Rev. A), Texas Instruments Incorporated, 13 Feb 2002.

15. TMS320C6000 EMIF to TMS320C6000 Host Port Interface(Rev. B), Texas Instruments Incorporated, 12 Sep 2003.

16. TMS320C6000 EMIF to USB Interfacing Using Cypress EZ-USB SX2(Rev. A), Texas Instruments Incorporated, 20 May 2005.

17. TMS320C6000 EMIF-to-External SDRAM Interface(Rev. E), Texas Instruments Incorporated, 04 Sep 2007.

8.6 习题

1. C6000系列DSP的EMIF可以与哪些类型的存储器直接接口？
2. EMIF支持的异步器件特点有哪些？
3. C620x/C670x中，EMIF处理的外总线请求包括哪些？
4. EMIF接口由哪些寄存器进行控制与维护？
5. EMIF访问的仲裁机制和特点是什么？
6. DMA控制器的主要特点有哪些？

7. DMA 寄存器设计有哪些?
8. 启动 DMA 的步骤是什么?
9. DMA 的传输如何控制?
10. DMA 通道的分裂如何操作?
11. DMA 通道资源的仲裁机制和特点是什么?
12. 简述 EDMA 控制机制。
13. 简述 EDMA 的传输操作。

第 9 章

其他外设及芯片引导和程序烧写

教学提示：多通道缓冲串口、主机接口和定时器等是 C6000 系列 DSP 片内集成的重要外设。C6000 DSP 还有一系列管脚用于芯片工作模式的设置。本章主要介绍基本的多通道缓冲串口、主机接口和定时器等相关片上外设内容以及芯片的配置、引导和程序固化等相关知识。

教学要求：本章要求学生了解 DSP 的多通道缓冲串口、主机接口和定时器等片内集成外设构成、工作原理、接口信号、控制寄存器和操作等内容，并掌握 C6000 DSP 芯片工作模式的设置，芯片引导和程序烧写等知识。

9.1 多通道缓冲串口

9.1.1 概述

TMS320C6000 的多通道缓冲串口(Multichannel Buffered Serial Port，McBSP)是在 C2x、C3x、C5x 以及 C54x 串口的基础上发展的，它具有如下功能。

(1) 全双工串行通信。

(2) 允许连续的数据流的双缓冲数据寄存器。

(3) 收发独立的帧同步和时钟信号。

(4) 与工业标准的编/解码器、模拟接口芯片(AICs)以及其他串行 A/D、D/A 转换设备接口连接。

(5) 数据传输可利用外部时钟或者内部可编程时钟。

(6) 当利用 DMA 为 McBSP 服务时，串口数据读写具有自动缓冲能力。

(7) 支持以下方式的直接接口：

① T1/E1 帧方式；

② MVIP 兼容的交换方式和 ST-BUS 兼容设备，包括 MVIP 帧方式、H.100 帧方式和 SCSA 帧方式；

③ IOM-2 兼容设备；

④ AC97 兼容设备；

⑤ IIS 兼容设备；

⑥ SPI 设备。

(8) 可与多达 128 个通道进行多通道收发。

(9) 支持传输的数据字长可以是 8、12、16、20、24 和 32 位。

(10) 内置的 μ-律和 A-律压扩。

(11) 对 8 位数据的传输，可以选择 LSB 先或者 MSB 先传。

(12) 可编程设置帧同步信号和数据时钟信号的极性。

(13) 高度可编程的内部传输时钟和帧同步信号。

不同芯片中 McBSP 串口的个数不同，另外，C621x/C671x/C64x 中还增加了若干串口的控制选项。

9.1.2 McBSP 接口信号和控制寄存器

1. 信号接口

多通道缓冲串口可以分为由连接外部设备的数据通道和控制通道，原理框图如图 9.1 所示。通过 DR 和 DX 引脚进行数据的接收和发送，其他几个引脚提供控制信号(时钟和帧同步)接口。设备通过可由片内外设总线访问的 32 位控制寄存器实现与 McBSP 的通信。表 9.1 总结了与 McBSP 有关的管脚信号。

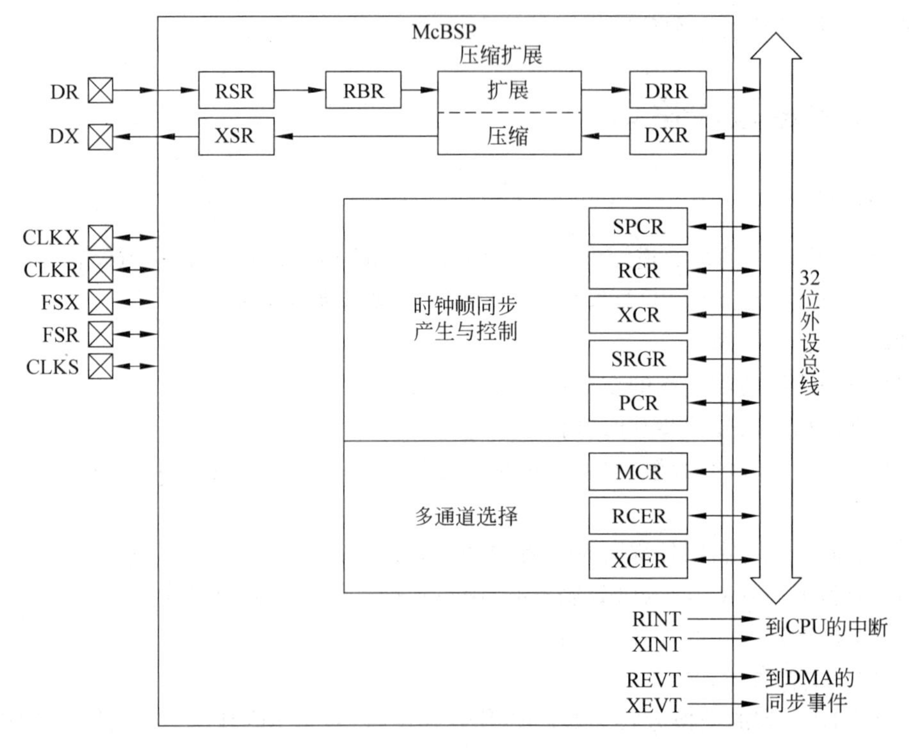

图 9.1 McBSP 原理框图

表 9.1　McBSP 管脚信号

引　　脚	I/O/Z	描　　述
CLKR	I/O/Z	接收时钟
CLKX	I/O/Z	发送时钟
CLKS	I	外部时钟
DR	I	接收的串行数据
DX	O/Z	发送的串行数据
FSR	I/O/Z	接收帧同步
FSX	I/O/Z	发送帧同步

每个 McBSP 在内部可以分为 1 个数据通道和 1 个控制通道。数据通道完成数据的发送和接收。CPU 或 DMA 控制器向数据发送寄存器(DXR)写入待发送的数据,从数据接收寄存器(DRR)读取接收到的数据。写入 DXR 的数据通过发送移位寄存器(XSR)移位输出至 DX 管脚。同样,DR 管脚上接收到的数据先移位进入接收移位寄存器(RSR),然后被复制到接收缓冲寄存器(RBR)中,RBR 再将数据复制到 DRR 中,最后等候 CPU 或 DMA 控制器将数据读走。这种多级缓冲结构使片内的数据读写和外部的数据通信可以同时进行。

控制通道完成的任务包括内部时钟产生、帧同步信号产生、对这些信号的控制以及多通道的选择等。控制通道还负责产生中断信号送往 CPU,产生同步事件通知 DMA 控制器。

2. 控制寄存器

通过使用串口控制寄存器(SPCR)和引脚控制寄存器(PCR)来配置串口。所有的 McBSP 的控制寄存器及存储映射地址如表 9.2 所示。McBSP 控制寄存器只能通过外设总线来访问。用户应该在改变串口控制寄存器(SPCR)、引脚控制寄存器(PCR)、接收控制寄存器(RCR)和发送控制寄存器(XCR)之前暂停 McBSP,否则会导致不确定状态。

表 9.2　McBSP 的寄存器

十六进制地址			缩　写	McBSP 寄存器名称
McBSP0	McBSP1	McBSP2		
-	-	-	RBR	接收缓冲寄存器
-	-	-	RSR	接收移位寄存器
-	-	-	XSR	发送移位寄存器
018C 0000	0190 0000	01A4 0000	DRR	数据接收寄存器
018C 0004	0190 0004	01A4 0004	DXR	数据发送寄存器
018C 0008	0190 0008	01A4 0008	SPCR	串口控制寄存器

续表

十六进制地址			缩 写	McBSP 寄存器名称
McBSP0	McBSP1	McBSP2		
018C 000C	0190 000C	01A4 000C	RCR	接收控制寄存器
018C 0010	0190 0010	01A4 0010	XCR	发送控制寄存器
018C 0014	0190 0014	01A4 0014	SRGR	采样率发生器寄存器
018C 0018	0190 0018	01A4 0018	MCR	多通路控制寄存器
018C 001C	0190 001C	01A4 001C	RCER	接收通道使能寄存器
018C 0020	0190 0020	01A4 0020	XCER	发送通道使能寄存器
018C 0024	0190 0024	01A4 0024	PCR	引脚控制寄存器
C64x 单独拥有的寄存器			RCERE1	增强型接收通道使能寄存器 1
			XCERE1	增强型发送通道使能寄存器 1
			RCERE2	增强型接收通道使能寄存器 2
			XCERE2	增强型发送通道使能寄存器 2
			RCERE3	增强型接收通道使能寄存器 3
			XCERE3	增强型发送通道使能寄存器 3

对 C621x/C671x/C64x，DRR/DXR 寄存器还存在第 2 套映射地址，如表 9.3 所示。用户可以选择采用 3xxxx xxxxh 或者 018C xxxxh/0190 xxxxh/01A4 xxxxh 这两种不同的地址对 DRR 和 DXR 进行访问。由于访问 018Cxxxxh/0190xxxxh/01A4xxxh 地址空间时必须通过外设总线，因此，EDMA 在访问串行端口时最好使用 3xxxxxxxh 地址，这样可以让出外设总线给其他模块使用。

表 9.3　C621x/C671x/c64x　McBSP 的 DRR/DXR 寄存器映射

引　　脚	通用 I/O 按以下条件使能时	输　　出	
		外 围 总 线	EDMA 总线
McBSP0	DRR	0x018C 0000	0x30000000～0x33FFFFFF
	DXR	0x018C 0004	0x34000000～0x37FFFFFF
McBSP1	DRR	0x0190 0000	0x34000000～0x37FFFFFF
	DXR	0x0190 0004	0x30000000～0x33FFFFFF
McBSP2	DRR	0x01A4 0000	0x38000000～0x3BFFFFFF
	DXR	0x01A4 0004	0x38000000～0x3BFFFFFF

其余的 McBSP 控制寄存器只有 1 种映射方式，位于地址 018Cxxxxh/0190 xxxxh/01A4 xxxxh 中，负责对串口的控制通道进行设置。CPU 可以对它们进行读写。

9.1.3 数据的传输和硬件操作

McBSP 的接收操作采取 3 级缓存方式，发送操作采取 2 级缓存方式。

接收数据到达 DR 管脚后移位进入 RSR。一旦整个数据单元(8 位、12 位、16 位、20 位、24 位或 32 位)接收完毕，若 RBR 寄存器未满，则 RSR 将数据复制到 RBR 中。如果 DRR 中旧的数据已经被 CPU 或 DMA 控制器读走，则 RBR 进一步将新的数据复制到 DRR 中。

发送数据首先由 CPU 或 DMA 控制器写入 DXR。如果 XSR 寄存器为空，则 DXR 中的值被复制到 XSR 准备移位输出；否则，DXR 会等待 XSR 中旧数据的最后 1 位被移位输出到 DX 管脚后，才将数据复制到 XSR 中。

1. 串口的复位

McBSP 有以下两种复位的方式：

(1) 芯片复位使接收器和发送器以及采样率发生器处于复位状态，当芯片复位被清除时，FRST＝GRST＝RRST＝XRST＝0，整个串口处于复位状态。

(2) 通过设置串口控制寄存器 SPCR 中的 XRST 和 RRST 位，分别复位 McBSP，SPCR 中的 GRST 复位采样率发生器。

2. 确定就绪状态

1) 接收就绪状态

RRDY＝1 表示 RBR 中的内容已搬移到 DRR，并且 CPU 或 DMA/EDMA 控制器可以读取该数据，一旦 CPU 或 DMA/EDMA 控制器读取了此数据，RRDY 将被清零。

2) 发送就绪状态

XRDY＝1 表示 DXR 的内容已经搬移到 XSR 中，并且 DXR 已经准备好载入新数据，当发送器从复位状态变化到非复位状态时，XRDY 也从 0 变为 1，说明 DXR 已经就绪，一旦新数据被 CPU 或 DMA/EDMA 控制器加载，XRDY 被清零。

3. R/X 中断模式及设置

通过 SPCR 寄存器的接收/发送中断模式位可以配置 4 种方式中断。

(1) (R/X)INTM＝00b，通过跟踪 SPCR 中的(R/X)RDY 对每个串行单元产生中断。

(2) (R/X)INTM＝01b，在一个帧内部的子帧结束时中断。

(3) (R/X)INTM＝10b，当检测到帧同步脉冲时产生中断，仅当发送/接收器处于复位时，也可产生一个中断，这是通过同步输入帧同步脉冲并通过 INT 将同步脉冲送到 CPU 来实现的。

(4) (R/X)INTM＝11b，帧同步错误时产生中断，注意，如果选择任一个其他中断模式，则当响应检测该条件的中断时，可以读取(R/X)SYNCERR。

4. 时钟和帧同步信号

McBSP 的时钟和帧同步信号的一个典型时序如图 9.2 所示。

时钟 CLKR/CLKX 是接收/发送串行数据流的同步时钟，帧同步信号 FSR 和 FSX

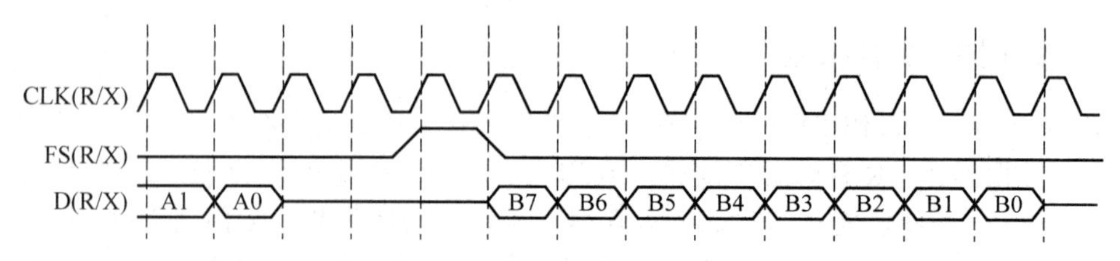

图 9.2　收发时钟与帧同步

则定义了一个数据单元传输的开始。McBSP 的数据时钟以及帧同步信号可以设置的参数包括：

(1) FSR、FSX、CLKX 和 CLKR 的极性；

(2) 选择单相帧或二相帧；

(3) 定义每相中数据单元的个数；

(4) 定义每相中 1 个数据单元的位数；

(5) 帧同步信号是否触发开始新的串行数据流；

(6) 帧同步信号与第 1 个数据位之间的延迟，可以是 0 位、1 位或 2 位延迟；

(7) 接收数据的左右调整，进行符号扩展或是填充 0。

9.1.4　McBSP 的标准操作

将串口的各个寄存器设置为需要的值后就可以进行收发操作了。下面讨论的标准 McBSP 串口传输操作中，假设串口采用如下设置：

(1) (R/X)PHASE=0，指定单相帧；

(2) (R/X)FRLEN1=0b，每帧一个数据单元；

(3) (R/X)WDLEN1=000b，每个数据单元字长 8 位；

(4) (R/X)FRLEN2 和(R/X)WDLEN2 字段无效，可为任意值；

(5) CLK(R/X)P=0，时钟下降沿接收数据，上升沿发送数据；

(6) FS(R/X)P=0，帧同步信号高有效；

(7) (R/X)DATDLY=01b，1 位数据延迟。

1. 数据的接收

串行接收操作的时序如图 9.3 所示。一旦接收帧同步信号(FSR)有效，其有效状态会在第 1 个接收时钟(CLKR)的下降沿处被检测到，然后 DR 管脚上的数据会在经过一

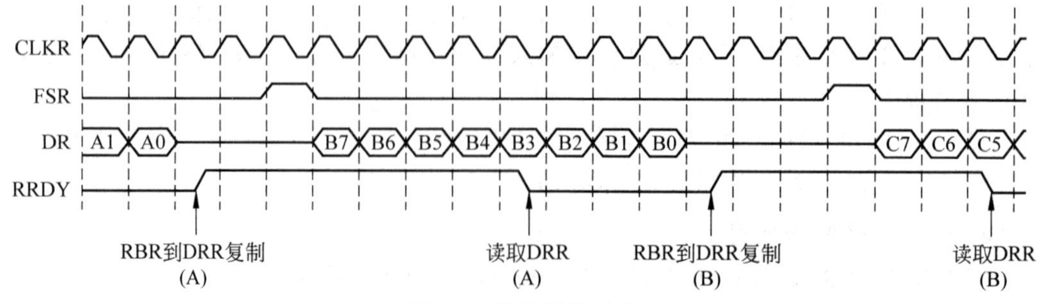

图 9.3　接收操作时序

定的数据延迟后(在 RDATDLY 中设置)依次移位进入接收移位寄存器(RSR)。若 RBR 为空,则在每个数据单元接收的末尾,CLKR 时钟上升沿处,RSR 中的内容会被复制到 RBR 中。这一个复制操作会在下一个时钟下降沿处触发状态位 RRDY 置 1,标志接收数据寄存器(DRR)已准备好,CPU 或 DMA 控制器可以读取数据。当数据被读走后,RRDY 自动变为无效。

2. 数据发送

检测到发送帧同步(FSX)有效后,发送移位寄存器(XSR)中的数据经过一定的数据延迟(在 XDATDLY 中设置),开始依次移位输出到 DX 管脚上。在每个数据单元发送的末尾,CLKX 时钟上升沿处,如果数据发送寄存器(DXR)中已经准备好新的数据,DXR 中的新数据会自动复制到 XSR 中。DXR-XSR 复制操作会在下一个 CLKX 下降沿处激活 XRDY 位,表示可以将新的待发送的数据写入 DXR。CPU 或 DMA 控制器写入数据后,XRDY 变为无效。图 9.4 给出了数据发送的时序图。

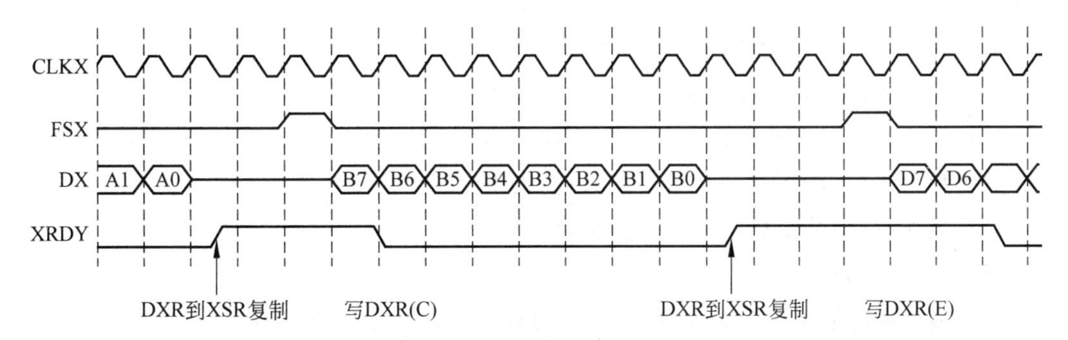

图 9.4 数据发送的时序图

3. 帧信号的最高频率

帧频率可以由以下等式计算,并且可以计算帧同步信号之间的周期:

帧频率=传输时钟频率/帧同步信号之间的传输时钟周期数

减少帧同步信号之间的位时钟数将增加帧频率。随着发送帧频率的增加,相邻数据帧之间的空闲时间间隔将减小到 0。此时帧同步脉冲之间的最小时间就是每帧传输的位数,这就定义了最大帧频率:

最大帧频率=传输时钟频率/每帧数据的位数

McBSP 运行于最大帧频率下时,相邻帧传输的数据位是连续的,位与位之间没有空闲间隔,图 9.5 说明了最大帧频率的 McBSP 操作。如果设置了 1 位的数据延迟,帧同步脉冲将和前一帧的最后 1 位数据传输交叠在一起。

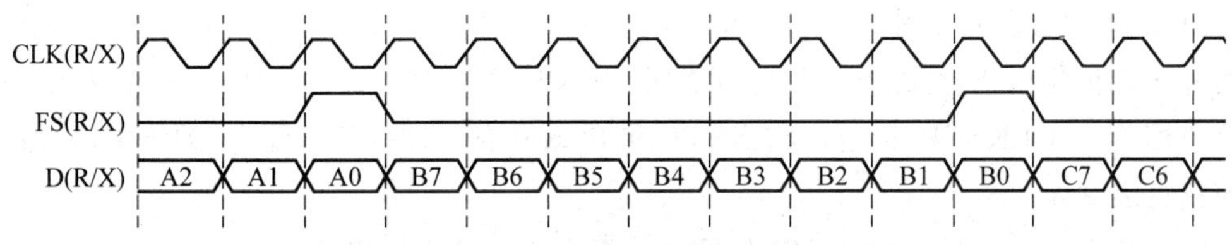

图 9.5 最大帧频率下的接收和发送

9.1.5 多通道传输接口

McBSP 对多通道串行传输具有很强的接口控制能力，这也正是 C6000 将其串口命名为 McBSP(Multi-channel Buffered Serial Port)的一个重要原因。

如果换一个角度看，1 帧串行数据流也可看成是 1 组时分复用的数据传输通道——这正是多通道传输的基础。对于 C6000 的串口，多通道传输要求设置在单相帧(Single-phase Frame)模式下，在(R/X) FRLEN 1 字段中设置的每帧数据单元的个数实际上也就代表了可供选择的通道总数，发送和接收端口可以独立地选择在其中一个或一些通道中传输数据单元。在后面的叙述中，"数据单元"就等同于"数据通道"。

C6000 串口传输的一帧数据流最多可以包含 128 个数据单元，多通道模式最多可以一次使能其中 32 个通道进行发送或接收。对于 C64x，一次最多可以使能其中 128 个通道。

对于接收，如果某个数据单元未被使能：

(1) 收到该数据单元的最后 1 位后，RRDY 标志不会被置 1。

(2) 收到该数据单元的最后 1 位后，RBR 的内容不会被拷贝到 DRR 中。因此，对于这个数据单元来说，RRDY 状态不会变有效，也不会产生中断或同步事件。

对于发送，如果某个数据单元未被使能：

(1) DX 处于高阻态。

(2) 相关数据单元发送结束时，不会自动触发该数据的 DXR-XSR 拷贝操作。

(3) 有关数据单元串行发送结束时，$\overline{\text{XEMPTY}}$和 XRDY 标志都不受影响。

对一个被使能的发送数据单元，用户还可以进一步控制其数据是输出或是被屏蔽。如果数据被屏蔽，即使对应的发送通道已被使能，DX 脚仍然输出高阻态。

9.1.6 SPI 协议的接口

SPI 是 Series Protocol Interface 的缩写，这是一个 4 根信号线的串行接口协议，包括主/从两种模式。4 个接口信号是串行数据输入(MISO，主设备输入从设备输出)、串行数据输出(MOSI，主设备输出从设备输入)、移位时钟(SCK)和从设备使能(SS)。SPI 接口的最大特点是由主设备时钟信号的出现与否决定主/从设备间的通信。一旦检测到主设备时钟信号，就开始传输数据，时钟信号无效后，传输结束。在这期间，从设备必须被使能(SS 信号保持有效)。

McBSP 的数据同步时钟具有停止控制选项，因此可以与 SPI 协议兼容。McBSP 支持两种 SPI 传输格式，可在 SPCR 寄存器的 CLKSTP 位中设置，由 SPCR 寄存器中的时钟停止模式位(CLKSTP)指定。CLKSTP 和 PCR 中的 CLKXP 相配合，配置串口时钟工作模式见表 9.4。

图 9.6 和图 9.7 为在两种 SPI 传输格式下表 9.4 的 4 种传输接口的时序。

表 9.4 SPI 模式的时钟停止方式设置

CLKSTP(极性)	CLKXP(相位)	时钟方案
0x	x	禁用时钟停止模式,时钟使能为非 SPI 模式
10	0	传输无效期间时钟为低,没有延迟。McBSP 在 CLKX 上升沿发送数据,在 CLKR 的下降沿接收数据
11	0	传输无效期间时钟为低,有延迟。McBSP 在 CLKX 的上升沿的半个周期前发送数据,在 CLKR 的上升沿接收数据
10	1	传输无效期间时钟为高,没有延迟。McBSP 在 CLKX 下降沿发送数据,在 CLKR 的上升沿接收数据
11	1	传输无效期间时钟为高,有延迟。McBSP 在 CLKX 的下降沿的半个周期前发送数据,在 CLKR 的下降沿接收数据

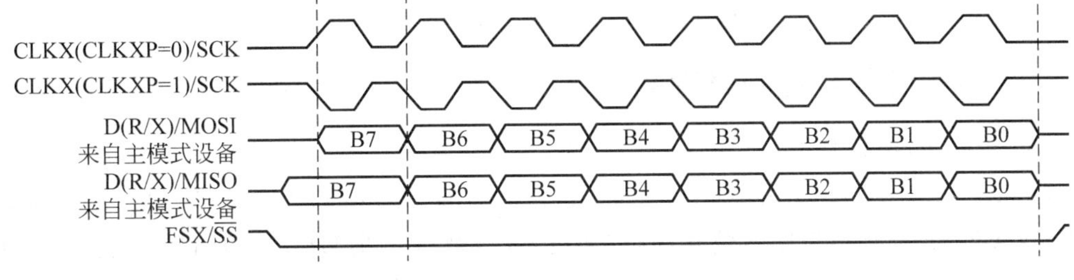

图 9.6 CLKSTP＝10b 时的 SPI 传输

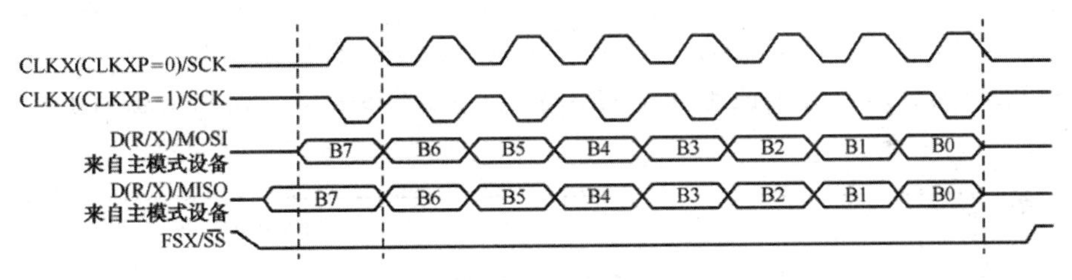

图 9.7 CLKSTP＝11b 时的 SPI 传输

9.1.7 McBSP 引脚作为通用 I/O

两种情况下允许串口引脚(CLKX、FSX、DX、CLKR、FSR、DR 和 CLKS)用做通用 I/O 引脚。

(1) 串口的相关部分(发送器或接收器)处于复位状态：SPCR 寄存器的(R/X)RST＝0。

(2) 将串口的相关部分设置为通用的 I/O：PCR 寄存器的(R/X)IOEN＝1。

9.2 主机接口

9.2.1 概述

通用主机接口(HPI)是一个高速并行接口,主机(也称为上位机)掌管该接口的主控权,通过它可以实现一个外部主控制器同 TMS320C6000 系列 DSP 器件的通信,实现直接访问 DSP 的存储空间(包括映射的片内外设)。

HPI 与主机的连接是通过 DMA/EDMA 控制器实现的,即主机不能直接访问 CPU 上的存储空间,需要借助 HPI,使用 DMA/EDMA 的附加通道,完成对 DSP 存储空间的访问。主机和 CPU 都可以访问 HPI 控制寄存器(HPIC),主机一方还可以访问 HPI 地址寄存器(HPIA)以及 HPI 数据寄存器(HPID)。对于 C64x,CPU 可以访问 HPIA 寄存器。

为了跟不同总线类型的主机相匹配,HPI 提供了多种可选模式,其特性如下:

(1) 主机可以访问 DSP 存储器(RAM、ROM 和连接到 EMIF 上的外部器件);

(2) DSP 可以将主机限制到一个单独的 64KB 存储器页面上;

(3) DSP 可以完全禁止主机的访问;

(4) 主机可以通过 HPI 启动 DSP;

(5) DSP 和主机可以通过 HPI 中断来发送信号。

9.2.2 HPI 信号与控制寄存器

1. HPI 的接口信号

C620x/C670x 和 C621x/C671x 的 HPI 对外的信号接口基本一致,唯一不同在于 C621x/C671x 没有字节使能信号,其中通过 16 位数据总线 HD[15:0]的访问必须成对出现。TMS320C64x 的 HPI 是 C621x/C671x HPI 的增强版,具有 32 个外部数据引脚 HD[31:0],因此,TMS320C64x HPI 支持 16 位或 32 位两种模式的外部引脚接口。图 9.8 至图 9.10 给出了简化的 HPI 接口结构示意图。在控制信号上,C6000HPI 提供了多种冗余的信号,目的是便于和不同类型的微处理器接口。表 9.5 总结了 HPI 接口信号。

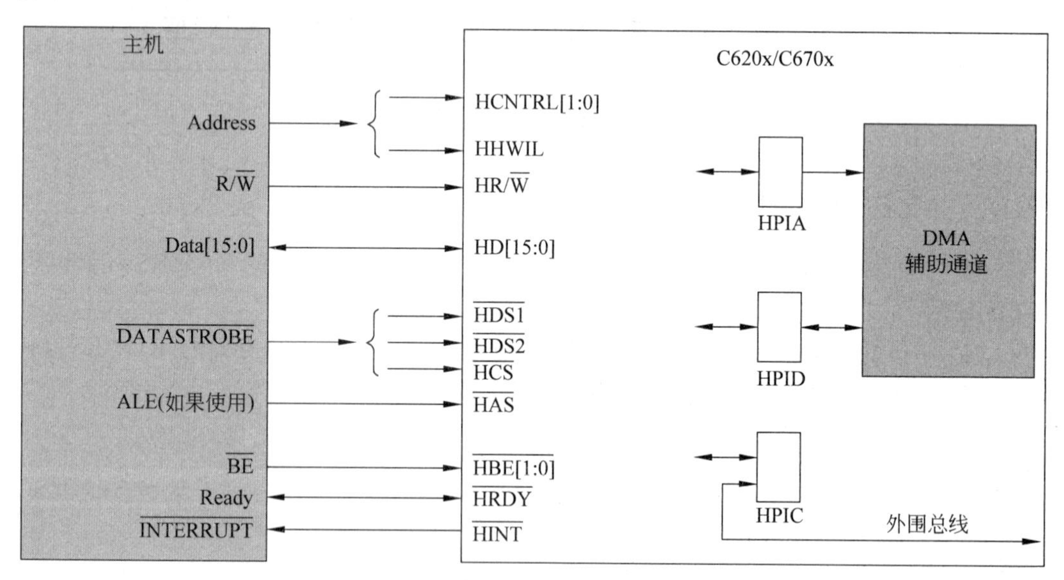

图 9.8 TMS320C620x/C670x 的 HPI 引脚接口

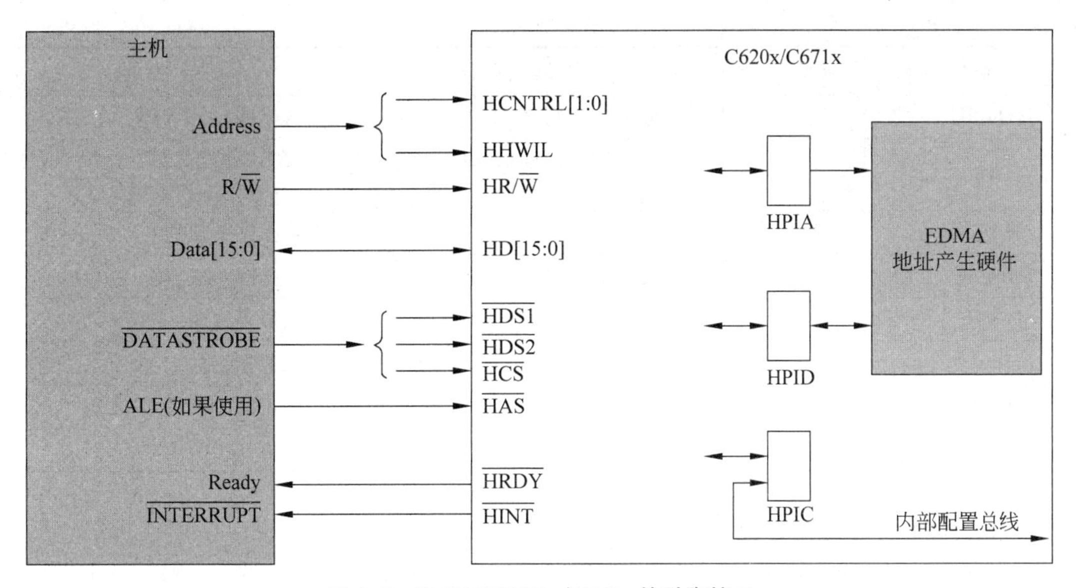

图 9.9 TMS320C621x/C671x 的引脚接口

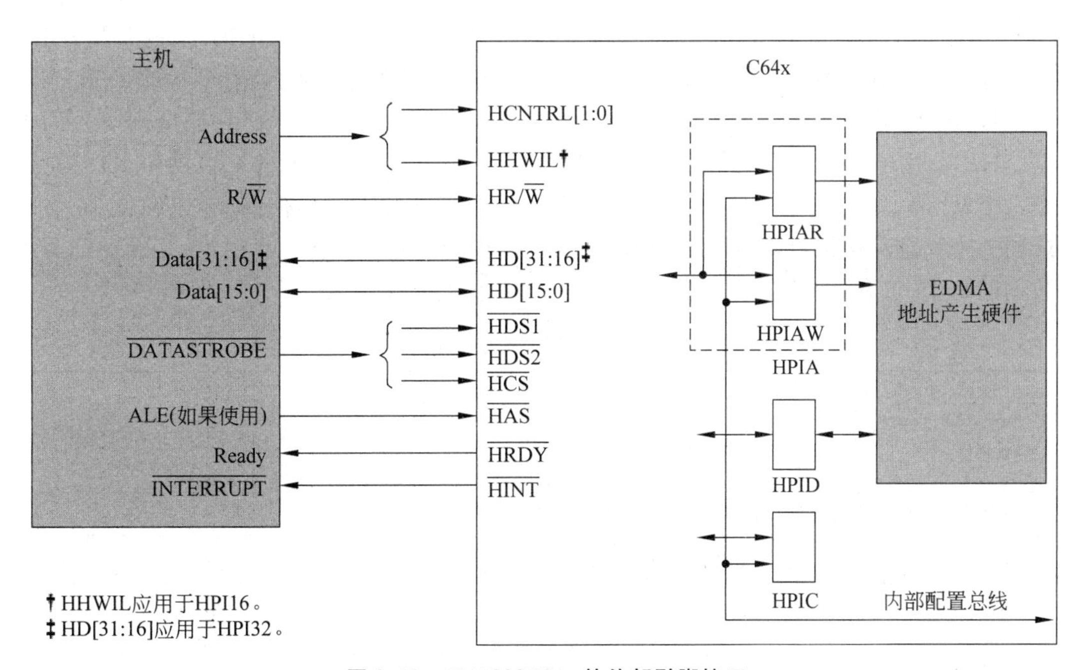

图 9.10 TMS320C64x 的外部引脚接口

表 9.5 HPI 接口信号描述

信 号	类型	管脚数	主机对应信号	信 号 功 能
HD[15:0]或 HD[31:0]	I/O/Z	16/32	数据总线	
HCNTRL[1:0]	I	2	地址或控制线	HPI 访问类型控制

续表

信　号	类型	管脚数	主机对应信号	信 号 功 能
HHWIL	I	1	地址或控制线	确认半字(16-bit)输入
/HAS	I	1	地址锁存使能(ALE),地址触发,或者不用	对复用地址/数据总线的主机,区分地址和数据
/HBE[1:0]	I	2	字节使能	写数据字节使能
HR//W	I	1	读写触发	读写选择
/HCS	I	1	地址或控制线	输入数据选通
/HDS[1:2]	I	1	读触发,写触发,数据触发	输入数据选通
/HRDY	O	1	异步 ready 信号	当前访问 HPI 状态准备好
/HINT	O	1	主机中断输入	向主机发出的中断信号

2. HPI 的控制寄存器

HPI 通过 3 个寄存器完成主机与 CPU 的通信：HPI 数据寄存器(HPID)、HPI 地址寄存器(HPIA)和 HPI 控制寄存器(HPIC)。主机对于这 3 个寄存器都可以进行读写，CPU 只能对 HPIC 进行访问。对于 C64x,CPU 和主机都可以访问 HPIA 寄存器,HPIA 内部分成 2 个寄存器：HPI 读地址寄存器(HPIAR)和 HPI 写地址寄存器(HPIAW)。

HPID 用于存放主机从存储空间读取的数据,或是主机要向 DSP 存储空间写入的数据。HPIA 用于存放当前主机访问 DSP 存储空间的地址,这是一个 30 位的值,也就是说是一个 word 地址,最低 2 位固定为 0。HPIC 寄存器字长 32 位,但高 16 位和低 16 位对应同一个物理存储区,因此高 16 位和低 16 位的内容一致。写 HPIC 时,也必须保证写入数据的高 16 位和低 16 位的内容一致。HPIC 各位的意义见表 9.6。

表 9.6　HPIC 的控制意义

控 制 字 段	功　　能
HWOB	Half-Word Order Bit,控制传输的第一个 16 位是 MSB 还是 LSB,对传输的数据和地址都有影响,只能由主机修改该位的设置
DSPINT	主机处理器向 DSP(CPU/DMA)发出的中断
HINT	DSP 向主机发出的中断
HRDY	输出到主机的 ready 信号
FETCH	主机的取数申请,读该位返回值始终为 0;由主机写入 1 表明主机申请到 HPID 取数(对应地址在 HPIA 中),但实际上该位并不会真正被置 1

9.2.3　主机口的存取操作

主机按照以下的次序操作完成对 HPI 的访问：

(1) 初始化 HPIC 寄存器。

(2) 初始化 HPIA 寄存器。

(3) 从 HPID 寄存器读取/写入数据。

对 HPI 任何一个寄存器的访问，主机都需要在 HPI 总线上顺序进行两次 halfword 的存取。一般主机不应打断这样的两次存取，一旦打断可能会引起整个数据的丢失。如果前一次 HPI 的访问尚未完成，那么当前第 1 个 halfword 的存取就需要等待，此时 HPI 会置/HRDY 信号为高。

在存取数据之前，必须对 HPI 进行初始化，包括设置 HPIC 和 HPIA 寄存器。关键是设置 HPIC 中的 HWOB 位，明确 MSB 16 与 LSB 16 的传输次序。

HPI 的数据传输模式有 4 种：

(1) 不带地址自增的读操作。

(2) 带地址自增的读操作。

(3) 不带地址自增的写操作。

(4) 带地址自增的写操作。

这些模式由 HPI 的 HCNTL[1:0]信号控制，其中地址自增功能便于主机访问一个线性存储区域，而无须反复向 HPIA 写入访问地址。

9.2.4 HPI 的加载操作

C6000 的引导(boot)模式中，有一种方式允许复位后由主机通过 HPI 对 DSP 进行初始化，称为 HPI boot 模式。

C6000 DSP 复位时，如果选择了 HPI boot 模式，则加载顺序如下：

(1) 只有 DSP 内核进入复位状态，其余模块保持激活状态(active)；

(2) 主机通过 HPI 接口访问 C6000 的整个存储空间(包括片内的外设寄存器)，对它们进行初始化；

(3) 完成有关设置之后，主机向 HPIC 寄存器的 DSPINT 位写 1，将 DSP 从复位状态唤醒；

(4) DSP CPU 接管 DSP 的控制权，从地址 0 开始执行程序。

过程如图 9.11 所示。

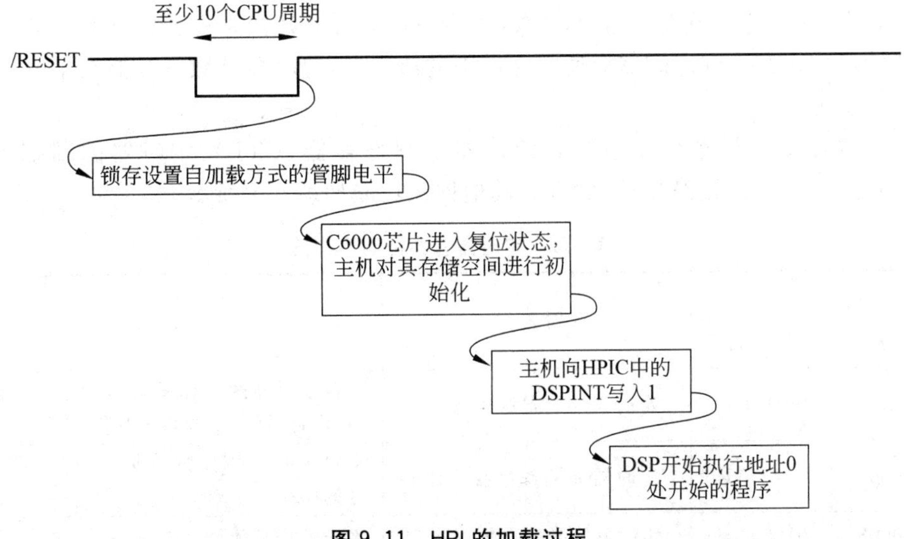

图 9.11 HPI 的加载过程

在 HPI boot 模式下，主机对 DSP 可以进行的操作包括：初始化 CPU 和 EMIF 以及向 DSP 加载程序和数据。这些都可以在主机端编程实现。另外，在 HPI boot 模式下，主机与 DSP 间的通信，同样也必须按照前面介绍的 HPI 存取操作步骤进行。

9.3 定时器

9.3.1 概述

定时器(Timer)可以用于操作系统或测试试验代码的优劣。C6000 系列 DSP 在片内集成了两个独立的 32 位的通用定时器，由内核时钟或外部时钟驱动，可以实现：

(1) 事件计数；

(2) 事件定时；

(3) 产生脉冲信号；

(4) 产生 CPU 中断信号；

(5) 产生 DMA 同步事件。

定时器可以选择由内部时钟或外部时钟驱动，输入输出管脚既可以作为时钟信号的输入输出，也可以设置为通用 I/O 口。

定时器的应用的程序流程图如图 9.12 所示。

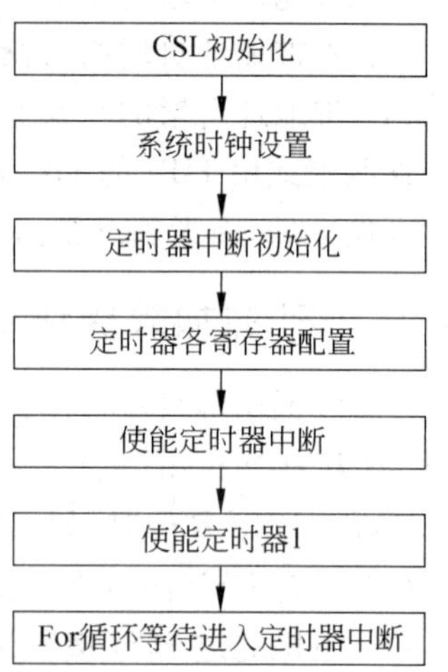

图 9.12 定时器应用程序流程图

9.3.2 定时器的控制寄存器

定时器的内部结构框图如图 9.13 所示，在表 9.7 中列出了完成定时器操作所需的 3 个控制寄存器。

C6000 的定时器执行的是加计数，定时器周期寄存器(PRD)存储着定时器的输入时钟的计数周期值，这个值控制着 TSTAT 的频率，定时器计数寄存器(CNT)在其能够计数时开始增加。在达到定时器周期寄存器中的值之后，定时器计数寄存器在下一个 CPU 时钟被复位为 0。

定时器有关控制寄存器主要有定时器控制寄存器(CTL)、定时器的周期寄存器(PRD)和定时器的计数寄存器(CNT)，其地址和功能如表 9.7 所示。

表 9.7 定时器有关控制寄存器

Byte0 地址		寄存器名/缩写	功能
Timer0	Timer1		
09140000	09180000	定时器控制寄存器/CTL	设置定时器的工作模式，监视定时器的状态，设计 TOUT 管教的功能
01940004	01980004	定时器周期寄存器/PRD	设置定时器的计数周期，决定 TSTAT 信号的频率
01940008	01980008	定时器计数寄存器/CNT	当前的计数值

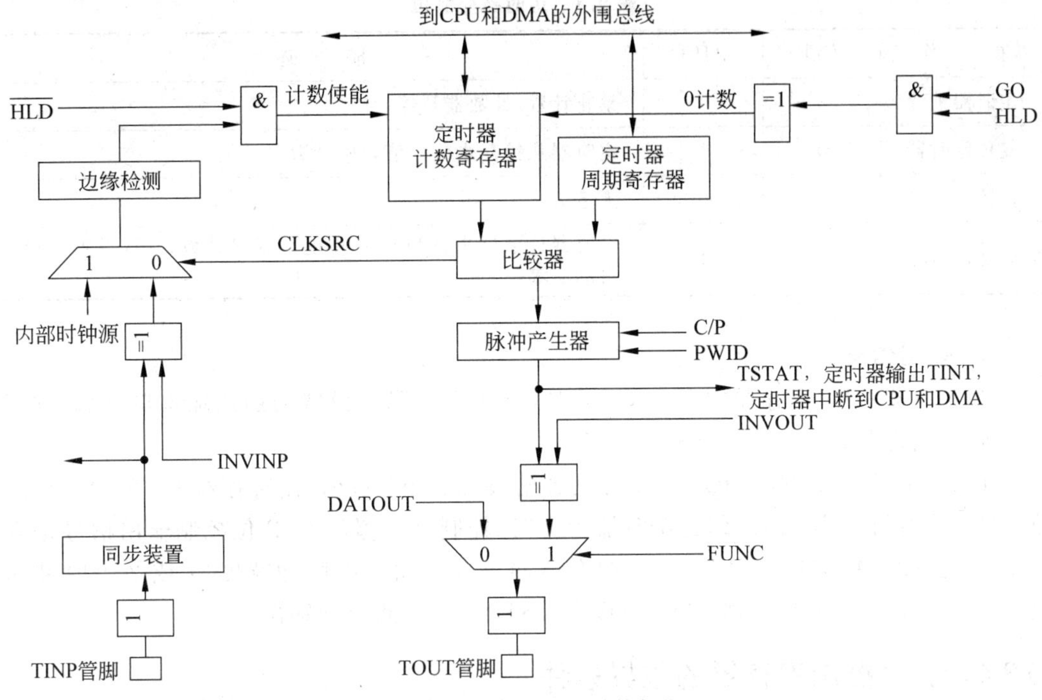

图 9.13　定时器内部结构框图

9.3.3　定时器的工作模式控制

1. 时钟源

定时器的时钟可以采用 DSP 的内部时钟，或由 TINP 管脚外部输入，由控制寄存器 CLKSRC 位设置。另外，用户可以通过 INVINP 位设置计数操作由时钟上升沿还是下降沿触发。

2. 计数

计数器并不是按输入时钟进行计数操作。实际上，计数器固定按 CPU 的时钟速度运行，输入定时器的时钟信号只是作为内部计数使能信号(count enable)的触发源。它由一个边沿检测电路对该信号进行检测，一旦检测到有效的边沿，就会产生宽度为 1 个 CPU 周期的计数使能脉冲。在计数使能由低变高时，允许计数器进行计数操作。对于用户而言，计数器就像是由输入时钟产生的使能信号驱动进行计数。

当定时器计数达到 PRD 寄存器中设定的值后，会在下一个 CPU 时钟处立即复位为 0。因此计数器计数范围是 0～N。

3. 启动与停止

定时器的运行状态包括启动、暂停和重新开始等，由 GO 和/HLD 这两个控制位来决定，见表 9.8。

表 9.8　定时器控制位

操　　作	GO	/HLD	描　　述
定时器锁存	0	0	禁止计数，计数器暂停
复位定时器	0	1	定时器从锁存之前的值开始计数
保留	1	0	无定义
启动定时器	1	1	定时器计数器重置为 0，且使能后即可计数，一旦设置，GO 自动清零

4. 输出信号

当定时器 CTL 寄存器中 FUNC=0 时，TOUT 管脚被设置为通用输出口，此时它直接反映控制寄存器中 DATOUT 位的值。

设定 FUNC=1 时，TOUT 作为定时器管脚，此时它反映控制寄存器中 TSTAT 位的值，即计数器的计数状态。作为定时器管脚时，控制寄存器的 C/P 位控制输出信号是方波形式还是脉冲形式。PWID 位控制在脉冲形式下输出的脉冲宽度（1 或 2 个时钟周期）。另外，还可以利用 INVOUT 位设定 TSTAT 值是否反向输出。

9.3.4　有关控制寄存器的边界条件

以下几种边界情况对定时器的工作会产生影响。

1. 周期寄存器（PRD）和计数寄存器（CNT）的值全部为 0

在设备复位后并且在定时器启动之前，TSTAT 保持为 0 值。如果在 PRD 寄存器和 CNT 寄存器中的值都是 0 的情况下启动定时器，TSTAT 的值会出现以下两种情况。

（1）脉冲输出模式下：不论定时器是否挂起，TSTAT 始终为 1。

（2）时钟模式下：如果/HLD=1，TSTAT 保持以前的值不变；如果/HLD=0，TSTAT 值会按 CPU clock/2 频率变化。

2. 计数器溢出

如果 CNT 寄存器中设置的值超过了 PRD 寄存器中的值，定时器在计数时，会首先计数到最大值（FFFFFFFFh），然后恢复为 0，再继续计数。

3. 对工作中的定时器进行寄存器写入

对于定时器 CNT 寄存器，写入的值作为更新值，对于定时器 CTL 寄存器，定时器的状态决定其更新值。

4. 脉冲模式下周期值设置太小

脉冲模式下如果设置的周期值≤PWID+1，则 TSTAT 保持为高。

9.3.5　引脚配置为通用 I/O 口

在设备复位前，定时器引脚 TINP 与 TOUT 分别作为通用的输入输出引脚，通过设置定时器控制寄存器，引脚 TINP 与 TOUT 能够在定时器运行时作为一般的引脚。

当定时器不运行时，TINP 引脚作为一般的通用输入引脚；定时器运行时，如果 CLKSRC=1 则 TINP 引脚为一个通用输入引脚，即说明了一个内部时钟源用于代替 TINP 引脚，当 TINP 为一个通用的输入引脚时，输入值在 DATIN 位上是可读的。

当 CTL 中的 FUNC=0 时，TOUT 引脚为一个通用的输出引脚，不依赖于定时器的运行与否，FUNC 位用于选择将 DATOUT 的值或 TSTAT 值传输给 TOUT 引脚。

9.4 芯片的配置、引导和程序固化

9.4.1 概述

C6000 DSP 有一系列管脚用于芯片工作模式的设置。芯片复位时，首先检测这些管脚的输入电平，决定芯片的主频、地址空间映射方式和芯片的引导模式(boot mode)等。

TMS320C6000 芯片内部不带 FLASH 或 EEPROM，系统掉电后，驻留在内存中的程序和数据将完全丢失。TMS320C6000 系列 DSP 的系统设计过程中，DSP 器件的启动加载设计是较难解决的问题之一。在 CCS 开发环境下，PC 通过不同类型的 JTAG 电缆与用户目标系统中的 DSP 通信，帮助用户完成调试工作。当用户在 CCS 环境下完成开发任务，编写完成用户软件之后，需要脱离依赖 PC 的 CCS 环境，并要求目标系统上电后可自行启动并执行用户软件代码，这就需要用到自启动(bootloader)技术。DSP 系统的(bootloader)技术是指在系统上电或复位时，DSP 将一段存储在外部的非易失性存储器中的代码搬移到内部的高速存储单元中去执行，从而实现 DSP 目标系统的脱机运行。这样既利用了外部存储单元扩展 DSP 本身有限的 ROM 资源，又充分发挥了 DSP 内部资源效能。

C6000 系列 DSP 的启动加载方式包括不加载、主机加载和 EMIF 加载 3 种。不加载方式仅限于存储器 0 地址不是必须映射到 RAM 空间的器件，否则在 RAM 空间初始化之前 CPU 会读取无效的代码而导致错误；主机加载方式则要求必须有一外部主机控制 DSP 的初始化，这将增加系统的成本和复杂度，在很多实际场合是难以实现的；EMIF 加载方式的 DSP 与外部 ROM/Flash 接口较为自由，但片上 bootloader 工具自动搬移的代码量有限(1KB/64KB)。

9.4.2 芯片的设置

1. CPU 主频、PLL 和系统时钟

C6000 系列 DSP 片内集成了锁相环 PLL 模块，可以对外部输入时钟信号进行倍频，进而产生 CPU 所需的时钟。芯片的输入管脚 CLKMODE 负责片内 PLL 的配置，不同芯片中 CLKMODE 管脚的数目不同。对于 C6201/C6701，另外还有输入管脚 PLLFREQ [3:1]可设定 CPU 的主频范围。

C6201 的系统时钟如图 9.14 所示，具有两种倍频选项，CPU 最高频率 233MHz，SSCLK/SDCLK 分开，能够产生 4 个输出时钟信号，需要进行 PLLFREQ 设置。

图 9.15 为 C6202 的系统时钟发生模块，具有两种倍频选项，其 CPU 最高频率为

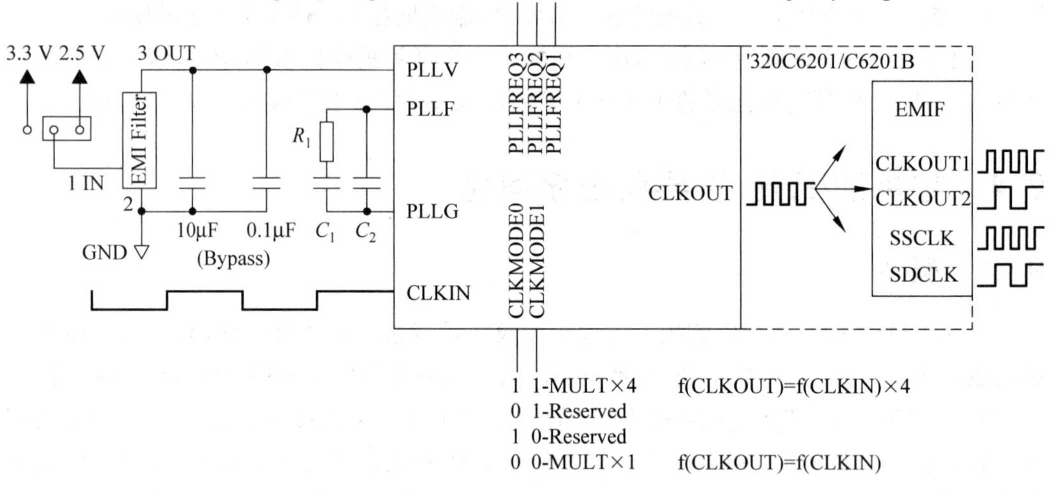

图 9.14 C6201 的系统时钟

250MHz，能够输出 2 个时钟信号，与 C6201 相比没有专用的 SSCLK/SDCLK 时钟，扩展总线的时钟由外部另外供给。

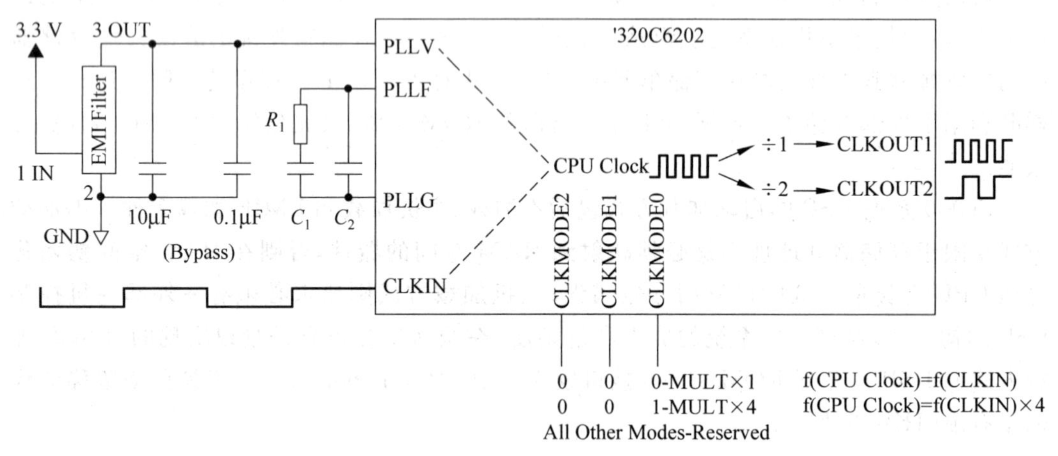

图 9.15 C6202 的系统时钟发生模块

C6203 的系统时钟具有 8 种倍频选项，CPU 的最高频率可达 300MHz，能够输出 2 个时钟信号，也没有专用的 SSCLK/SDCLK 时钟，扩展总线的时钟由外部另外供给（见图 9.16）。

图 9.17 中的 C6701 系统时钟同样具有两种倍频选项，CPU 最高频率为 167MHz，SSCLK/SDCLK 分开，能够输出 4 个时钟信号，需要 PLLFREQ 设置。

C6211/C6711 的系统时钟（见图 9.18）具有两种倍频选项，CPU 最高频率为 167/150MHz，能够输出 2 个时钟信号，没有专用的 SSCLK/SDCLK 时钟。

C6713 的片内集成了一个灵活的时钟发生器模块（见图 9.19），包括 PLL、振荡器和

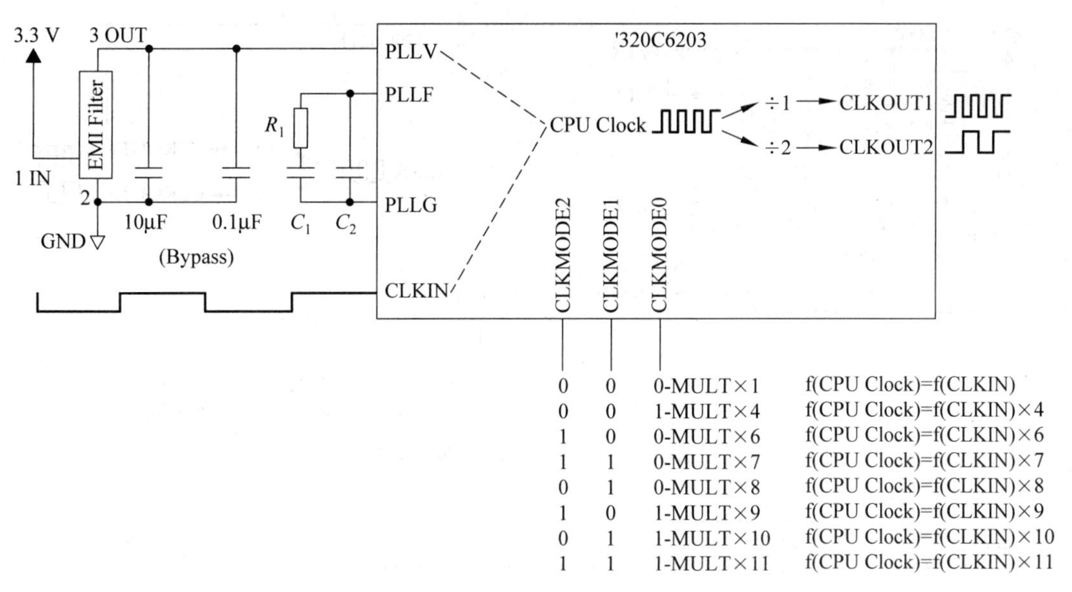

图 9.16 C6203 的系统时钟发生模块

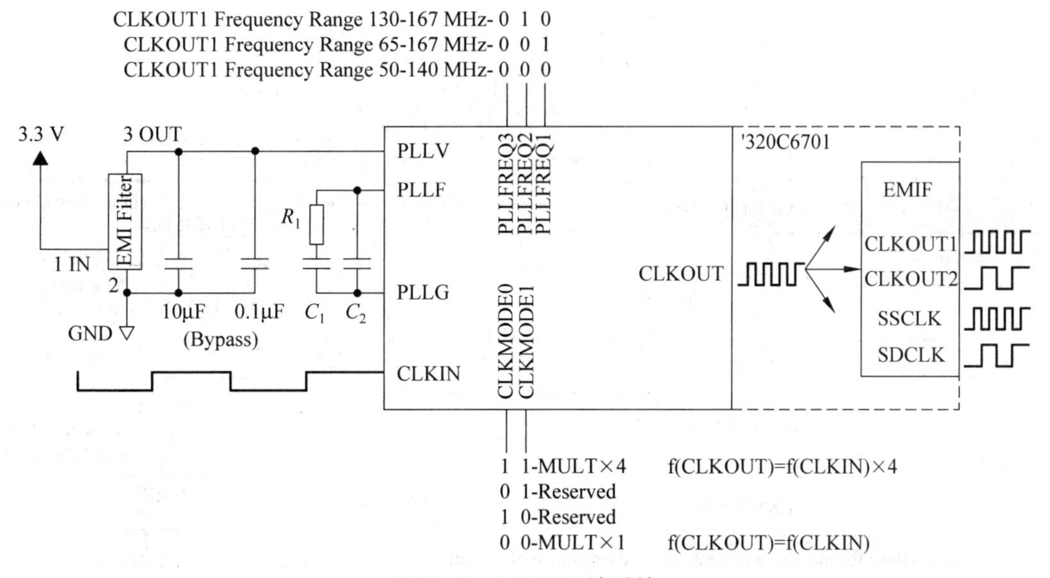

图 9.17 C6701 系统时钟

分频器等，可以为系统的不同部分提供不同的时钟。DSP 的时钟源可以由片外输出，也可以直接由内部的振荡器产生。芯片的主频参数不再由 CLKMODE 管脚配置，而是由寄存器 PLLCSR、PLLM、PLLDVx 和 OSCDIV1 配置。

2. 存储空间映射方式

存储空间映射方式（memory map）决定的是 DSP 各种资源的访问地址，可通过 BOOTMODE[4:0]管脚设置。

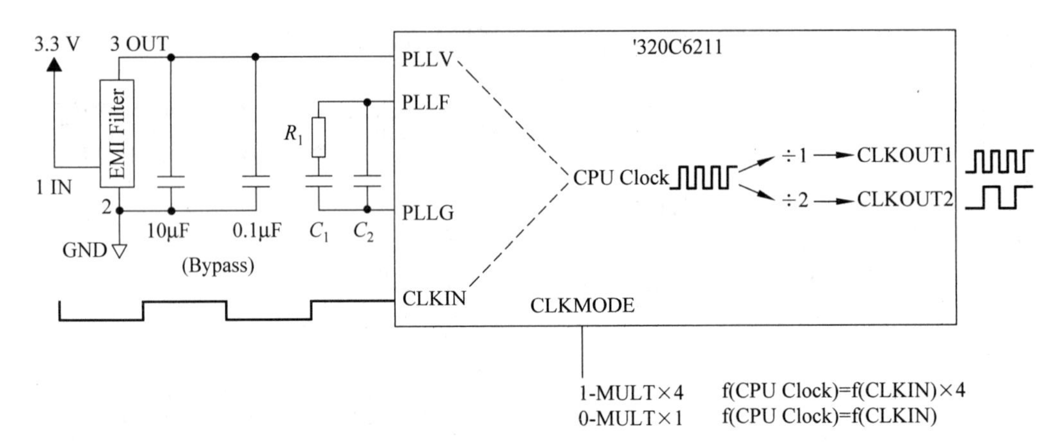

图 9.18 C6211/C6711 系统时钟

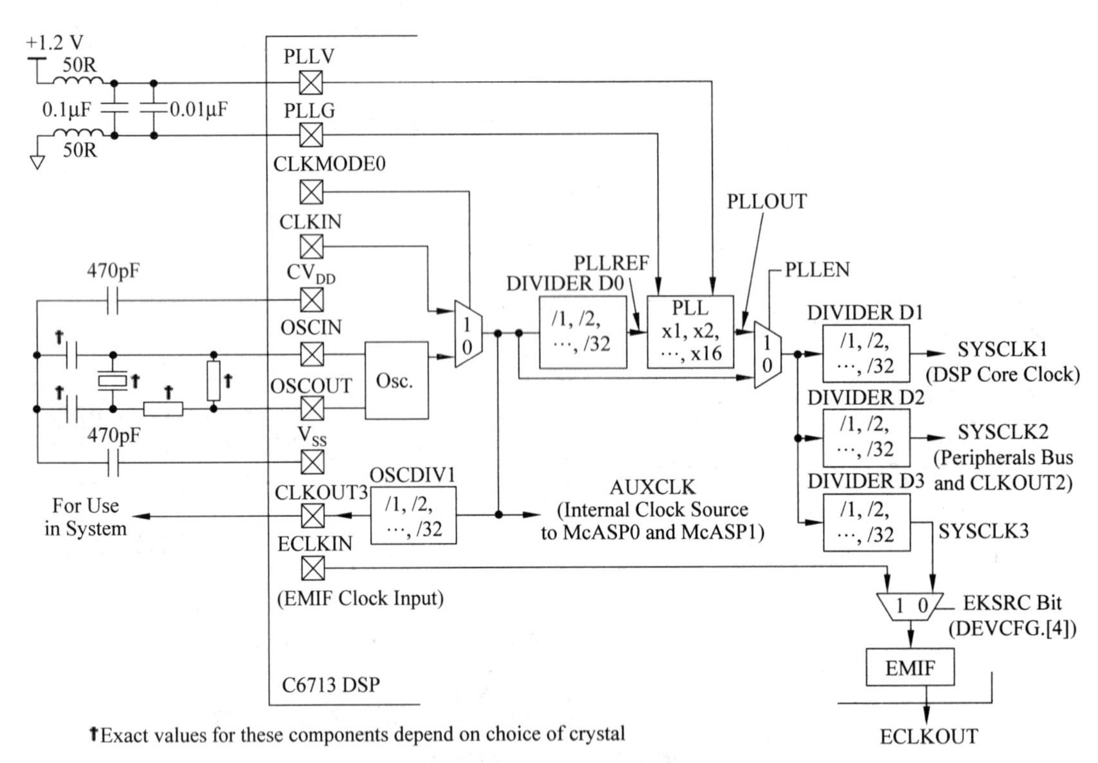

图 9.19 C6713 的时钟发生器模块

1) C6201/C6204/C6205/C6701

C6201/C6204/C6205/C6701 的存储空间有两种映射方式：MAP0 和 MAP1，如图 9.20 所示。

2) C6202(B)和 C6203(B)

C6202(B)同样有两种存储空间映射方式，可以看作是 C6201/C6701 存储空间映射的一个超集(superset)。不同点主要有 3 个：增大了片内存储器容量、增加了扩展总线的 4 个扩展空间和增加了第 3 个串口。

Starting address	Memory map 0 (Direct execution)	Block size (bytes)	Starting address	Memory map 1 (Boot mode)	Block size (bytes)
0000 0000h	External memory space CE0	16M	0000 0000h	Internal program RAM	64K/(256K on'C6202)
0100 0000h	External memory space CE1	4M	0001 0000h (0004 0000h on'C6202)	Reserved	4M-64K (4M-256K on'C6202)
0140 0000h	Internal program RAM	64K/(256K on'C6202)	0040 0000h	External memory space CE0	16M
0141 0000h (0144 0000h on'C6202)	Reserved	4M-64K (4M-256K on'C6202)	0140 0000h	External memory space CE1	4M
0180 0000h	Internal peripherals	8M	0180 0000h	Internal peripherals	8M
0200 0000h	External memory space CE2	16M	0200 0000h	External memory space CE2	16M
0300 0000h	External memory space CE3	16M	0300 0000h	External memory space CE3	16M
0400 0000h	Reserved	1G-64M	0400 0000h	Reserved	1G-64M
4000 0000h	Expansion bus (on 'C6202)	1G	4000 0000h	Expansion bus (on 'C6202)	1G
8000 0000h	Internal Data RAM	64K/(128K on'C6202)	8000 0000h	Internal data RAM	64K/(128K on'C6202)
8001 0000h 8002 0000h	Reserved	2G-64K (2G-128K on'C6202)	8001 0000h 8002 0000h	Reserved	2G-64K (2G-128K on'C6202)

图 9.20 C6201/C6204/C6205/C6701 存储器映射

C6203(B)的存储空间映射方式与 C6202(B)基本相同，只是进一步增大了片内存储器的容量。

3) C621x/C671x

C621x/C671x 只有 1 种存储器映射方式(见图 9.21)。与 C620x/C670x 不同的是，地址 0 处始终是片内存储器 L2，外部存储空间从 80000000h 开始。片内的外设寄存器的分配地址与其他芯片一致。

4) C64x

C64x 的存储空间映射方式是 C62x1 的一个超集。片内存储器位于地址 0 处，EMIFB 片外存储空间从 0x60000000 起始，EMIFA 片外存储空间从 0x80000000 起始。

3. 引导模式(bootmode)

芯片复位后，DSP 可以直接执行程序，也可以自动从片外加载代码，然后执行程序，这取决于芯片的引导模式设置。引导模式由 BOOTMODE 管脚设置。

4. Endian 模式

C6000 系列 DSP 可以设置工作在 little-endian 或者 big-endian 模式下。根据复位时 LENDIAN 管脚的电平可决定到底工作在哪种模式。

起始地址	存储块	块大小
0000 0000h	片内RAM(L2)	64KB
0001 0000h	保留	24MB-64KB
0180 0000h	片内配置和外设	8MB
0200 0000h	保留	224MB
1000 0000h	外部存储区	512MB
3000 0000h	保留	256MB
4000 0000h	McBSP 0/1数据	256MB
5000 0000h	保留	256MB
6000 0000h	HPI扩展总线	256MB
7000 0000h	保留	2GB+256MB

图 9.21　C621x/C671x 存储器映射方式

5. 扩展总线的配置

对于有扩展总线模块的 C6000 DSP，XD[0:31]在复位时作为芯片的配置管脚。配置的内容除了芯片模式，还包括 XBUS 总线内部仲裁使能/禁止、扩展总线主机口的模式、扩展总线每一个空间的存储器类型、FIFO 模式、XW/R 以及 XBLAST 信号的极性等。

6. C64x 的外设选择使能

C64151/C6416 的部分集成外设模块对外复用相同的管脚，因此不能同时存在，需要由用户选择使能，包括：

(1) UTOPIA 与 McBSP 复用，由 UTOPIA_EN 选择使能(见表 9.9)。

表 9.9　UTOPIA 和 McBSP1 的选择

UTOPIA_EN	选择的外设	
	UTOPIA	MCBSPI
0		Yes
1	Yes	

(2) HPI、GP[15:9]，PCI 和 PCI EEPROM 接口与 McBSP2 复用，由 PCI_EN，McBSP2_EN 选择使能(见表 9.10)。

表 9.10　HPI/PCI/McBSP2/GPIO 的选择

PCLEN	MCBSP2_EN	选择的外设			
		HPI	PCI	MCBSP2	GPIO
0	0	Yes		Yes	GPIO Pin0～15
0	1	Yes		Yes	GPIO Pin0～15
1	0		Yes		GPIO Pin0～8(没有 GP[9～15])
1	1		Yes(不带 EEPROM)	Yes	GPIO Pin0～15(没有 GP[9～15])

另外，由于 C64x 的主机口有 HPI16 和 HPI32 这两种接口模式，因此可由 HPI_

WIDTH 选择 HPI 的宽度。

9.4.3 芯片的引导模式

DSP 在复位时会对片上部分设备进行配置以确定设备该如何操作，这些设置包括启动配置、输入时钟模式、端模式及其他设备的具体配置。启动过程由所选的启动模式来确定，而 TMS320C6000 系列的 C64x DSP 芯片提供以下 3 种启动模式。

1. 无启动模式(No Boot)

CPU 直接从存储器的 0 地址开始执行。若系统中用到了 SDRAM，则 CPU 会被挂起直到 SDRAM 的初始化完成。注意这种模式并不适用于 TMS320C621x/C671x 系列的芯片。

2. ROM 启动(EMIF 加载)

实际应用中，通常采用的是 ROM 启动方式(EMIF 加载)，把代码和数据表存放在外部的非易失性存储器里(常采用 Flash 器件)。

DMA/EDMA 控制器会将存储在外部 CE1 空间的 ROM 的程序搬移到地址 0 处。加载过程在复位信号撤销之后开始，此时 CPU 内部保持复位态，由 DMA/EDMA 执行 1 个单帧的数据块传输。在搬移完成后，CPU 会退出复位状态并从地址 0 开始执行指令。

ROM 启动过程对于不同的 C6000 芯片有细微的差异。就数据存储格式而言，区别如下：

1) C62x/C67x

用户可以指定外部加载 ROM 的存储宽度，EMIF 会自动将相邻的 8/16 位数据合成为 32 位的指令。

2) C620x/C670x

ROM 中的程序必须按 little-endian 的模式存储。对 C621x/C671x，ROM 中的程序存储格式应当与芯片的 endian 模式设置一致。

3) C64x

只支持 8 位的 ROM 加载，ROM 中的程序存储格式需要与芯片的 endian 模式一致。

对于不同的芯片，加载过程有以下不同。

(1) 对 C620x/C670x，DMA 从 CE1 空间中拷贝 64KB 数据到地址 0 处。

(2) 对 C621x/C671x/C64x，EDMA 从 CE1 空间(对 C64x 是 EMIFB 的 CE1 空间)拷贝 1KB 数据到地址 0 处。

3. 主机启动加载

核心 CPU 停留在复位状态，芯片其余部分保持正常状态。引导过程中，外部主机通过主机接口将 CPU 的存储空间初始化，包括内部配置寄存器，即控制 EMIF 或其他外设的寄存器。主机完成所有必要的初始化工作后，向接口控制寄存器的 DSPINT 位写 1，结束引导过程。这一设置将使 CPU 退出复位状态，并从地址 0 开始执行指令。主机加载模式下，所有的存储器均可由主机写入或读出，以保证在需要的情况下主机对写入处理器的数据进行校验。对于不同的芯片，主机加载模式利用的接口也有所不同。

(1) 对 HPI 接口,具有 HPI 外设的芯片可通过 HPI 接口实现主机加载。HPI 本身是从设备接口,不需要额外的设置。

(2) 对扩展总线,具有扩展总线的芯片可通过 XBUS 实现主机加载(复位时需要根据一系列配置决定接口的类型)。

(3) 对 PCI,具有 PCI 资源的芯片可通过 PCI 实现主机加载。

9.4.4 boot loader 和 C6000 的 ROM 启动模式分析

1. boot loader

引导加载程序是系统加电后,操作系统内核运行之前运行的第一段软件代码。回忆一下 PC 的体系结构可以知道,PC 中的引导加载程序由 BIOS(其本质就是一段固件程序)和位于硬盘 MBR 中的 OS boot loader(比如 LILO 和 GRUB 等)一起组成。BIOS 在完成硬件检测和资源分配后,将硬盘 MBR 中的 boot loader 读到系统的 RAM 中,然后将控制权交给 OS boot loader。boot loader 的主要运行任务就是将内核映像从硬盘上读到 RAM,然后跳转到内核的入口点去运行,也即开始启动操作系统。

而在嵌入式系统中,通常并没有像 BIOS 那样的固件程序(注,有的嵌入式 CPU 也会内嵌一段短小的启动程序),因此整个系统的加载启动任务就完全由 boot loader 来完成。比如在一个基于 ARM7TDMI core 的嵌入式系统中,系统在上电或复位时通常都从地址 0x00000000 处开始执行,而在这个地址处安排的通常就是系统的 boot loader 程序。

CPU 上电后会从 I/O 空间的某地址取第一条指令。但此时 PLL 没有启动,CPU 工作频率为外部输入晶振频率,非常低;CPU 工作模式、中断设置等不确定;存储空间的各个 BANK(包括内存)都没有驱动,内存不能使用。在这种情况下必须在第一条指令处做一些初始化工作,这段初始化程序与操作系统独立分开,称为 bootloader。从上面可以看出,boot loader 就是在操作系统内核运行之前运行的一段小程序。通过这段小程序,可以初始化硬件设备、建立内存空间的映射图,从而将系统的软硬件环境带到一个合适的状态,以便为最终调用操作系统内核准备好正确的环境。

boot loader 是严重地依赖于硬件而实现的,特别是在嵌入式世界。因此,在嵌入式世界里建立一个通用的 boot loader 几乎是不可能的。每种不同的 CPU 体系结构都有不同的 boot loader。有些 boot loader 也支持多种体系结构的 CPU。

从固态存储设备上启动的 boot loader 大多都是 2 阶段的启动过程。boot loader 的操作模式也可以分为两种:"启动加载"模式和"下载"模式。

(1) 启动加载(boot loading)模式:这种模式也称为"自主"(autonomous)模式。也即 boot loader 从目标机上的某个固态存储设备上将操作系统加载到 RAM 中运行,整个过程并没有用户的介入。

(2) 下载(downloading)模式:在这种模式下,目标机上的 boot loader 将通过串口连接或网络连接等通信手段从主机(host)下载文件,从主机下载的文件通常首先被 boot loader 保存到目标机的 RAM 中,然后再被 boot loader 写到目标机上的 Flash 类固态存储设备中。

2. C6000 的 ROM 启动模式(EMIF 加载)分析

在上述各种启动模式中,ROM 启动模式实现简单,速度较快,在实际系统应用中也最为广泛。下面以 C621x/C671x 系列的 DSP 芯片为例,介绍这种启动模式。

ROM 加载,也就是把程序固化在 C6000 外扩的非易失类存储器中,利用 DSP 的 boot 机制自动加载存储器中的程序。如前所述,此系列的 DSP 芯片只能从 CE1 向地址 0 处搬移 1KB 的代码,所以当应用程序代码小于 1KB,EDMA 在默认的 ROM 时间内会将其全部从 CE1 向地址 0 处搬移。通常情况下,用户应用程序的大小都会超过这个限制,这时就需要二级启动。所以,需要在外部非易失类存储器的前 1KB 范围内预先存放一小段程序,在 CPU 复位时,片上 bootloader 工具(DMA/EDMA 控制器)把此段代码搬移入内部。所搬移的 1KB 的代码就是二级启动代码(这 1KB 程序就是 DSP 的二级 boot loader)。该二级启动代码实质上将程序从外部存储器搬移到内部 RAM 中再跳转到程序入口地址 c_int00 处开始执行。当需要访问外部存储器时,二级启动代码应包括对 EMIF 寄存器的配置,这些寄存器包括 EMIF _ GBLCTL、EMIF _ CE0、EMIF _ SDCTL 及 EMIF_SDTIM 等。对这些寄存器的配置可根据原理图的设计及程序的要求,由用户自行编写。除了对 EMIF 寄存器的配置,还应包括代码搬移,也就是为 bootloader 提供的启动表。

图 9.22 为使用二级 bootloader 时的 CPU 运行流程图。

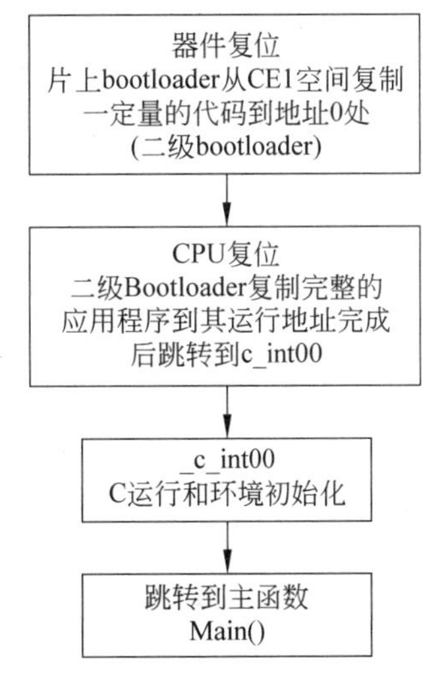

图 9.22　使用二级 bootloader 时 CPU 运行流程图

使用二级 bootloader 需要考虑以下几个事项:

(1) 需要烧写的 COFF (公共目标文件格式)段的选择;

(2) 编写二级 bootloader;

(3) 将选择的 COFF 段烧入 Flash。

一个 COFF 段就是占据一段连续存储空间的程序或数据块。COFF 段分为代码段、初始化数据段和未初始化数据段 3 种类型。

对于 EMIF 加载方式,需要加载的镜像由代码段(如.vectors 和.text 等)和初始化数据段(如. cinit、. const、. switch、. data 等)构成。另外,可以单独定义一个. boot-load 段存放二级 bootloader,此段也需要写入 Flash。所有未初始化的数据段(如.bss 等)都不需要烧入 Flash 中。

9.4.5　二级 bootloader 的编写

由于执行二级 bootloader 时 C 的运行环境还未建立起来,所以必须用汇编语言编写 bootloader。

1. 启动表的建立

如上所述，为了完成系统的自启动，需要为 bootloader 提供启动表。该启动表包括将某一数据块搬移到指定的目的地址的记录，可以使用 TMS320C6000 汇编语言工具包提供的十六进制转换工具来生产，该工具文件名为 hex6x. exe。

可通过以下步骤生成 C6000 的启动表：

(1) 链接文件(Link the file)。

启动表里每一部分数据都和 COFF 文件里已初始化段相关，包括. text、. const、. cinit，而未初始化段会被十六进制转换工具忽略掉，包括. bss、. stack、. sysmem。在多数情况下，需要为所有代码段及初始化数据段定义两个地址：装载地址和运行地址。装载地址一般在外部慢速存储器中(ROM 等)，而运行地址一般在 CPU 内部快速存储器中(RAM)。在链接文件时，需要装载地址以定位程序代码段和初始化数据段的物理空间位置，同时需要运行地址以确定数据在运行时使用的实际存储器映射地址，在运行该段时将其从装载地址搬移到运行地址。注意当代码长度大于 1KB 时须将程序与引导路径(二级启动代码)进行链接。

(2) 确定可引导的段(Identify the bootable sections)。

可使用选项-boot 将所有已初始化的段转换到启动表里，也可使用 SECTIONS 命令将指定的段转换到启动表中。注意，SECTIONS 的优先级大于选项-boot。

(3) 设置启动表在 ROM 存储器的地址(Set the ROM address of the boot table)。

使用选项-bootorg 能设置启动表的源地址。例如要从地址为 0x90000400 启动，就要用-bootorg 0x90000400 来定义，那么经过十六进制转换工具后，启动表在输出文件的地址就是 0x90000400。若没有使用选项-bootorg，那该工具就会将启动表放在由命令 ROMS 规定的第一个存储器范围的起始地址。如果也没有使用 ROMS 指令，启动表就会放置在第一个段的装载地址。

(4) 设置 bootloader 的特定选项(Set bootloader specific options)。

主要是设置入口点，若没有指定，就会默认为是在 COFF 目标文件中指定的入口点。

(5) 描述引导路径(Describe the boot routine)。

若使用了-boot 选项，就必须使用-bootsection 选项来告诉十六进制转换工具包含的引导路径的段名。该选项能防止引导路径被放置在启动表中，同时也向该工具说明了引导路径在 ROM 存储器的位置。对 C621x、C671x 及 C64x 系列的芯片，该地址一般都是 CE1 的起始地址。而当使用命令 SECTIONS 时，就明确了启动表应该包括的段，同时参数 PADDR 指示了应该将包含引导路径的段放置的位置。

(6) 描述系统存储器配置(Describe your system memory configuration)。

(7) 运行十六进制转换工具 hex6x 对用户 COFF 文件进行转换。

最后运行十六进制转换工具 hex6x 对用户 COFF 文件进行转换，即可得到启动表。

2. 十六进制转换工具 hex6x 调用格式及常用选项

要正确执行 bootloader，就必须正确应用十六进制转换工具。

十六进制转换工具 hex6x 的调用格式为：

```
Hex6x[-options] filename
```

-options：提供附加信息用来控制十六进制转换处理过程。可在命令行里或一个命令文里使用多个选项，并且除了-q(quiet) 必须用在其他选项前外，不区分顺序与大小写。

filename：COFF 文件名或命令文件名。

其常用选项如下。

(1) 通用选项：用来控制转换工具的全部操作。

-map filename：该选项能生成转换报告。

-o filename：指定转换输出的十六进制文件名。

(2) 映像选项：建立一段目标存储器的连续映像。

-fill value：指定填充在段与段之间的值，只有使用选项-image 时才有效。

-image：指定使用映像模式。

-zero：在使用映像模式时将起始地址复位至 0。

(3) 存储器选项。

-memwidth value：定义 DSP 系统存储器宽度(默认值为 32 位)。

-romwidth value：定义用户 ROM 存储器宽度(默认值由使用格式确定)。

(4) 输出选项，指定输出十六进制文件的格式，如表 9.11 所示。

表 9.11 指定输出十六进制文件的格式

输出选项	输出格式	可寻址宽度	默认用户存储器宽度
-a	ASCII-Hex	16	8
-i	Intel	32	8
-m	Motorola-S	32	8
-t	TI-Tagged	16	16
-X	Tektronix	32	8

其中，可寻址宽度决定了输出格式所支持的地址信息位数，所以 16 位寻址宽度最高仅支持 64KB 地址。

(5) 启动选项。

-boot：将所有已初始化的段转换到启动表里。

-bootorg：定义启动表的源地址。

-bootsection sectiname value：指定包含引导路径的段名及该路径在 ROM 的位置。

-e value：指定代码搬移完成后开始执行的入口地址，value 可为数值地址或全局符号。

除了以上的常用选项外，还有两个比较重要的命令 ROMS 和 SECTIONS。通常在下面 3 种情况会使用 ROMS 命令：

① 将大量数据写入到大小固定的 ROM 存储器中；

② 限制输出文件，使其只包含指定的段；

③ 使用了映像模式。该命令的语法定义如下：

```
ROMS{
romname:[origin=value,][length=value,][romwidth=value,]
[memwidth=value,][fill=value,]
[files={filename1,filename2,…}]
⋮
}
```

romname：定义存储器的名字。

origin：指定一段存储器的起始地址，输入的数据必须是十进制、八进制或十六进制的常数，默认值是0。

length：指定存储器的物理长度，默认值是整个地址空间。

romwidth：定义ROM存储器的宽度。

memwidth：定义系统存储器的宽度。

fill：定义填充值的大小。该值优先于选项-fill所定义的值，且必须在使用了选项-image后才能使用该选项。

files：定义对应于一段存储器的输出文件名。

命令SECTIONS的作用是将COFF文件中指定的段转换为输出文件。其语法定义如下：

```
SECTIONS{
        sname[ : ] [paddr=value]
sname[ : ] [paddr=boot]
        sname[ : ] [boot]
⋮
}
```

sname：定义在COFF输入文件中的段名。若给出的段名不存在，将给出警告并且该段名无作用。

paddr=value：定义该段在ROM存储器的地址。该值优先于由链接器给出的段装入地址，必须是十进制、八进制或十六进制常数，若该值是boot则表示该段是用于BootLoader的启动表。注意，若文件有多个段且有一个段使用了该参数，则所有段必须都使用该参数。

boot：设定该段是用于装载启动表，该参数作用等同于paddr=boot。

注意：当命令SECTIONS与选项-boot同时使用时，选项-boot无效。

3. 启动表实例

最后本文以DM642为例说明当代码长度大于1KB时启动表的生成。当用户使用CCS开发完成一个较为大型的DSP软件，其生成的COFF文件一般大于1KB，所以需要编写二级启动代码文件，同时需要对链接命令文件进行修改，然后使用十六进制转换工具将编译后的COFF文件转换为hex文件，最后将hex文件烧制到用户EEPROM中。

```
            .title  "Flash bootup utility for DM642 EVM"
            .option D,T
            .length 102
            .width  140

COPY_TABLE  .equ    0x90000400
EMIF_BASE   .equ    0x01800000

            .sect ".boot_load"
            .global _boot

_boot:
;*********************************************************************
;* Debug Loop - Comment out B for Normal Operation
;*********************************************************************

          zero B1
_myloop:  ;[!B1] B _myloop
          nop   5
_myloopend: nop

;*********************************************************************
;* Configure EMIF
;*********************************************************************

        mvkl  emif_values, a3     ;load pointer to emif values
        mvkh  emif_values, a3

        mvkl  EMIF_BASE, a4       ;load EMIF base address
        mvkh  EMIF_BASE, a4

        mvkl  0x0009, b0          ;load number of registers to set
        mvkh  0x0000, b0

emif_loop:
        ldw   *a3++, b5           ;load register value
        sub   b0,1,b0             ;decrement counter
        nop   2
[b0]  b     emif_loop
        stw   b5, *a4++           ;store register value
        nop   4

;*************************************************************************
;* Copy code sections
```

```
;*************************************************************************
        mvkl  COPY_TABLE, a3      ;load table pointer
        mvkh  COPY_TABLE, a3

        ldw   * a3++, b1          ;Load entry point

copy_section_top:
        ldw   * a3++, b0          ;byte count
        ldw   * a3++, a4          ;ram start address
        nop   3

[!b0]  b copy_done                ;have we copied all sections?
       nop   5

copy_loop:
       ldb    * a3++,b5
       sub    b0,1,b0             ;decrement counter
[b0]   b      copy_loop           ;setup branch if not done
[!b0]  b      copy_section_top
       zero   a1
[!b0]  and    3,a3,a1
       stb    b5, * a4++
[!b0]  and    -4,a3,a5            ;round address up to next multiple of 4
[a1]   add    4,a5,a3             ;round address up to next multiple of 4

;*************************************************************************
;*  Jump to entry point
;*************************************************************************
copy_done:
        b     .S2 b1
        nop   5

emif_values:
        .long 0x00052078      ;GBLCTL
        .long 0x73a28e01      ;CECTL1(Flash/FPGA)
        .long 0xffffffd3      ;CECTL0(SDRAM)
        .long 0x00000000      ;Reserved
        .long 0x22a28a22      ;CECTL2
        .long 0x22a28a22      ;CECTL3
        .long 0x57115000      ;SDCTL
        .long 0x0000081b      ;SDTIM(refresh period)
        .long 0x001faf4d      ;SDEXT
```

该二级启动代码的主要作用是配置EMIF寄存器及搬移代码，同时应注意由于DSP需要响应不同的中断，而中断向量表的初始化是在main()函数之前，所以应该在boot.asm中对其进行初始化。由于从地址0x0开始的1KB的空间已预留给bootloader，所以中断向量表的位置应定义在0x400以后。编写完后将该文件添加到CCS工程文件中。

4. 链接命令文件的编写

生成启动表的第一步是链接文件，所以应当正确理解和编写链接命令文件(Link Command File)。链接命令文件是以文件的方式定义链接参数，描述系统生成的可执行代码段、初始化数据段、未初始化数据段的段名及段映射在DSP内的物理空间。一般需要对链接命令文件添加以下内容，将包含二级启动代码的段.boot_load映射到地址0x0处，而用户代码段从地址0x800开始。

```
MEMORY
{
  ISRAM      : origin=0x0,        len=0x100000
}
SECTIONS
{
        .vectors >  ISRAM
        .text     >  ISRAM
        .bss      >  ISRAM
        .cinit    >  ISRAM
        .const    >  ISRAM
        .far      >  ISRAM
        .stack    >  ISRAM
        .cio      >  ISRAM
        .sysmem   >  ISRAM
}
```

5. .map文件的理解

CCS中用户工程编译链接后产生的.map文件包含了存储器的详细分配信息。一个典型的.map文件中包含的存储器分配信息如表9.12所示。(注意，不同的芯片不同的加载程序表中的数值可能不同)。

表9.12 存储器区间分配信息

名　称	origin	length	used	attr	fill
BOOT_RAM	00000000	00000800	00000060	RWIX	
VECS	00000800	00000800	00000200	RWIX	
IRAM1	00001000	0000efff	00009ad0	RWIX	
IRAM2	00010000	0001ffff	000012d8	RWIX	

与.cmd文件不同，.map文件不仅包含了各段存储在哪一段内存空间的信息，从.map文件中还可以具体知道每个内存区间中有多少被实际使用(烧写Flash时会用到这个参数)。内存区间中未被使用部分是不需要写入Flash内容的，实际被使用的部分才是真正需要写入Flash中的内容。

6. hex6x的使用

使用上述链接命令文件运行CCS生成COFF文件后，接下来运行十六进制转换工具hex6x。工程上常用两类方法使用十六进制转换工具hex6x，一是将使用到的选项写为命令行，做一个批处理文件，例如下例批处理文件boot.bat。

```
hex6x-a filename-o filename.hex    -image    -memwidth    8
```

当在DOS输入：

```
C:\boot.Bat filename
```

boot.bat调用hex6x将输入的COFF文件转换为ASCII格式的输出文件。

另一类方法是使用命令文件，该方法适用于用户根据自己的需要，使用ROMS和SECTIONS两个命令来操作转换过程。例如下例命令文件boot.cmd。

```
/* boot.cmd */
filename.out
-a
-image
-memwidth 8
ROMS
{FLASH: org=0, len=0x10000, romwidth=8, files={filename.hex} }
```

将上述boot.cmd及filename.out同时拷贝至C驱根目录，然后在DOS下输入：

```
C:\hex6x boot.cmd
```

同样也可得到ASCII格式的输出文件。最后，使用通用编程器将该文件烧到EPROM中，则DSP目标系统在上电或复位时可自行加载用户代码，即实现了bootloader。

9.4.6 Flash的烧写

把代码等写入Flash的办法大体上可分为以下几种：

(1) 使用通用烧写器写入；

(2) 使用CCS中自带的FlashBurn工具；

(3) 用户自己编写烧写Flash的程序，由DSP将内存映像写入Flash。

其中，使用通用烧写器烧写需要将内存映像转换为二进制或十六进制格式的文件，而且要求Flash器件是可插拔封装的。这将导致器件的体积较大，给用户的设计带来不便。

使用TI公司提供的FlashBurn工具的好处在于，使用较为直观。FlashBurn工具提供的图形界面可以方便地对Flash执行擦除、编程和查看内容等操作。但这种方法的缺点也不少：首先，FlashBurn 工具运行时需要下载一个.out 镜像（FlashBurn Target Component，FBTC）到 DSP 系统中，然后由上位 PC 通过仿真器发送消息（指令和数据）给下位 DSP，具体对 Flash 的操作由 FBTC 执行。然而，这个 FBTC 一般是针对 TI 公司提供的 DSK 专门编写的，与板上使用的 Flash 的接口宽度（默认是 8 位）、操作关键字（因生产厂商不同而各异）都有关，所以，对用户自己制作的硬件不一定适合。例如，如果用户自己的电路板上使用的是与 DSK 同品牌的 Flash 芯片，接口为 16 位数据宽度，那么，使用 FlashBurn 工具烧写将最多只有一半的 Flash 容量能够被使用，要想正确实现 EMIF 加载就必须选择 8 位加载方式。这就造成了 Flash 存储器资源的浪费，同时限制了用户开发的灵活性。

虽然 TI 公司提供了 FBTC 的源代码供有需要的用户修改，但这样用户需要去了解 FBTC 的运行机制及其与上位机的通信协议，并对 Flash 烧写函数进行修改。用户可能需要修改的几个地方如下：对 Flash 编程的关键字和地址，BurnFlash 函数中的数据指针和 EMIF 口的配置（针对 1.0 版本 FBTC）。这就给用户开发带来了不便。把开发时间浪费在了解一个并不算简单的 Flash 烧写工具上并不是一个好的选择。

其次，FlashBurn 工具不能识别.out 文件，只接受.hex 的十六进制文件，因此，需要将.out 文件转换为.hex 文件。这个转换的工具就是 TI 公司提供的 hex6x.exe 工具。转换过程的同时，需要一个.cmd 文件（即图 9.23 中的 hex.cmd）指定作为输入的.out 文件、输出的.hex 文件的格式、板上 Flash 芯片的类型和大小和需要写入 Flash 中的 COFF 段名等。

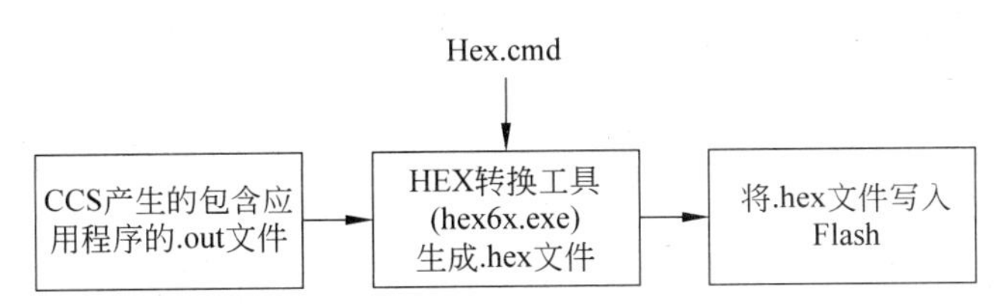

图 9.23 使用 FlashBurn 工具或烧写器的 Flash 编程顺序

使用用户自己编写的烧写 Flash 的程序较为灵活，避免了文件格式转换的烦琐。不过，此方法要求用户对自己使用的 Flash 芯片较为熟悉。

通常采用的 Flash 烧写程序是单独建立一个工程的办法：先把用户应用程序（包含二级 bootloader）编译生成的.out 文件装载到目标 DSP 系统的 RAM 中，再把烧写 Flash 的工程编译生成的.out 文件装载到目标 DSP 系统 RAM 的另一地址范围，执行 Flash 烧写程序，完成对 Flash 的烧写。这个办法要注意避免两次装载可能产生的地址覆盖，防止第 2 次装载修改了应该写入 Flash 的第 1 次装载的内容。

实际上，可以将 Flash 烧写程序嵌入到用户主程序代码中去，比单独建立一个烧写 Flash 的工程更为方便。在系统 Flash 加载之后，CPU 就会跳过此段代码，实现正确运行。

9.5 本章小结

本章主要介绍C6000系列DSP的多通道缓冲串口、主机接口和定时器等片内外设和芯片工作模式的设置、引导和程序固化等相关知识。

本章首先介绍了多通道缓冲串口(McBSP)中的接口信号和控制寄存器、数据的传输和硬件操作、McBSP的标准操作、多通道传输接口、SPI协议的接口等相关内容和主机接口(HPI)中的信号与控制寄存器、主机口的存取操作、HPI的加载操作知识以及定时器中的控制寄存器、工作模式控制、控制寄存器的边界条件、引脚配置为I/O口等内容。最后讨论了芯片的配置、引导和程序固化,包括芯片的设置、芯片的引导模式、bootloader和C6000的ROM启动模式分析、二级bootloader的编写和Flash的烧写等问题,从而能够使构建的DSP系统自行启动运行,完成系统的开发。

9.6 为进一步深入学习推荐的参考书目

为了进一步深入学习本章有关内容,向读者推荐以下参考书目:

1. 郑阿奇主编,孙承龙编著. DSP开发宝典[M]. 北京:电子工业出版社,2012.

2. 邹彦主编. DSP原理及应用[M]. 北京:电子工业出版社,2012.

3. 李方慧,王飞,何佩琨编著. TMS320C6000系列DSP原理与应用[M]. 2版. 北京:电子工业出版社,2003.

4. 李忠武. TMS320C6000系列DSP的Flash引导研究[J]. 信息化研究,2010-04-20.

5. 李宝林. 基于TMS320C6000DSP和小波分析的实时图像压缩系统研究[D]. 重庆大学,2006-04-20.

6. 张谦,李世杰,李红波,高淑慧. TMS320C6000系列DSP可选择引导加载方式的设计与实现[J]. 电子测量技术, 2009-07-15.

7. 王鹏,简秦勤,范俊锋. 基于TMS320C6000 DSP及DSP/BIOS系统的Flash引导自启动设计[J]. 电子元器件应用,2012-12-15.

8. Using a TMS320C6000 McBSP for Data Packing(Rev. A), Texas Instruments Incorporated, 31 Oct 2001.

9. Creating a Second-Level Bootloader for FLASH Bootloading on C6000(Rev. A), Texas Instruments Incorporated, 18 Aug 2004.

10. TMS320C6000 Tools: Vector Table and Boot ROM Creation(Rev. D), Texas Instruments Incorporated, 26 Apr 2004.

11. TMS320C6000 McBSP Initialization(Rev. C), Texas Instruments Incorporated, 08 Mar 2004.

12. C6000 Boot Mode and Emulation Reset, Texas Instruments Incorporated, 24 Nov 2003.

13. Using DSP/BIOS I/O in Multichannel Systems, Texas Instruments Incorporated,26 Jun 2000.

14. Using the TMS320C6000 McBSP as a High Speed Communication Port(Rev. A),Texas Instruments Incorporated,31 Aug 2001.

15. TMS320C6000 Host Port to the i80960 Microprocessors Interface(Rev. A), Texas Instruments Incorporated,31 Aug 2001.

16. TMS320C6000 System Clock Circuit Example(Rev. A),Texas Instruments Incorporated,15 Aug 2001.

9.7 习题

1. TMS320C6000 的多通道缓冲串口(Multichannel Buffered Serial Port,McBSP)具有哪些功能?

2. 简述 McBSP 数据的传输和硬件操作过程。

3. 简述 SPI 协议的特点和控制位含义。

4. HPI 的特性有哪些?

5. HPI 的控制寄存器涉及哪些?

6. C6000 DSP 复位时,如果选择了 HPI boot 模式,则加载顺序是什么?

7. 定时器的工作会产生影响的几种边界情况是什么?

8. 芯片的设置主要包括哪些内容?

9. TMS320C6000 系列的 DSP 芯片提供了几种启动模式,各自特点是什么?

10. boot loader 的含义是什么?

11. 试分析一下 C6000 的 ROM 启动模式(EMIF 加载)。

12. 如何编写二级 bootloader?

13. 开发的 DSP 系统大部分都要把代码写入非易失性存储器实现自启动,程序烧写的办法大体上可有几种? 各自优缺点是什么?